中国建筑工业出版社

冯纪忠
百年诞辰
研究文集

THE CENTENNIAL OF
FENG JIZHONG :
A RESEARCH ANTHOLOGY

赵冰主编冯纪忠研究系列

赵冰 王明贤 主编

总序

赵冰

　　冯纪忠先生是中国老一代著名建筑学家、建筑师和建筑教育家，中国现代建筑奠基人，也是现代城市规划及风景园林专家、中国城市规划专业及风景园林专业的创始人。自 1947 年执教同济大学任教授六十余年，为我国培养了一代又一代建筑师、规划师和景观规划设计师，桃李满天下，他是中国现代建筑、城市规划和园林景观的一代宗师。

　　冯纪忠先生 1915 年出生于河南开封的一个书香世家，祖父冯汝骙是清代翰林，历任浙江、江西两地巡抚，父亲有着深厚的中文根底。冯先生从小就身受中国传统文化的熏陶。1934 年冯纪忠先生进入上海圣约翰大学学习土木工程，这是他建筑生涯的起点。

　　1936 年冯纪忠先生赴奥地利维也纳工科大学学习建筑专业，1941 年毕业，1939 年至 1941 年获德国洪堡基金会奖学金，1946 年历经艰辛返回祖国。

　　回国后冯纪忠先生先后参加了当时首都南京的都市计划及解放后的上海都市计划工作，设计了武汉"东湖客舍"、"武汉医院"（现同济医学院附属医院）主楼等在业内产生了重大影响的建筑，并在同济大学创办了中国第一个城市规划专业以及风景园林专业方向。

　　1960 年代初冯纪忠先生提出"建筑空间组合原理（空间原理）"，并在教学上加以实施。

　　1970 年代末期冯纪忠先生规划设计了上海松江方塔园。1986 年何陋轩落成，标志着冯先生完成了现代建筑的全新超越，在建筑及园林领域开创了崭新的时代。同时他也通过上海旧区改建探索了旧城改造的新方法，继续着他在规划领域的拓展。直到 2009 年去世前他一直在进行着建筑设计、城市规划和景观园林设计的探索。

冯纪忠先生是一个不断超越的现代建筑师。这种超越是和他早年的维也纳建筑教育及实践背景以及自身深厚的东方根基相关的，更和他所处的东西方文化冲突和融合的时代背景及作为知识分子其所投身建筑实践的中国现代的苦难历史息息相关，所有这些锻造了他不断超越的意志，也正是这种意志使他完成了现代建筑的自我超越。

当人们回顾现代主义变迁的时候，另一条现代之路变得越来越清晰了，这条路就是克尼西在维也纳工科大学开创的如今已被广泛认同的现代之路，这也是冯纪忠先生所承传的现代精神的源头，这种现代精神强调空间形态的生成，它顺应现代的发展，同时又不否定历史，这为冯纪忠先生的现代超越提供了可能。从历史的发展，我们也看到了冯纪忠先生在具有深厚历史的中国所开创的表达生命境界的现代空间规划和设计之路。这条路对冯先生而言更多反映的是对生命、对苦难的体悟和超越，以及如何用空间及意涵去表达和超越这些苦难，追求自由的意志，表达自在的意动。

今年是冯纪忠先生百年冥诞，作为他的首位博士生（1988 年初毕业并获博士学位，是恢复高考后从本科培养起的中国大陆第一位建筑及城市规划领域博士），虽然自己的研究、创作、教学和管理工作十分繁忙，但我始终坚持推动冯纪忠先生学术研究的工作。在冯叶女士、王明贤先生及各位先生同仁的支持下，主持编辑了"冯纪忠研究系列"丛书，今年先推出三本：《冯纪忠百年诞辰纪念文集》、《冯纪忠百年诞辰研究文集》、《与古为新之路：冯纪忠作品研究》，随后会陆续推出相关的系列研究成果。

随着中华全球化的日益深化，我相信今后一定会有更多的人参与到我们推动的包括空间规划与设计等领域的中华全球化的事业中来。

目 录

总序

冯纪忠文选

总论   2
谈话   3
因势利导 因地制宜   4

第一部分 建筑   6
武昌东湖休养所   7
武汉医院   10
关于毕业设计指导工作的几点意见   16
谈谈建筑设计原理课问题   18
空间原理（建筑空间组合设计原理）述要   26

谈建筑设计和风景区建筑   38

实践与理论畅谈会发言（摘要）   48

美国建筑师学会 1990 年年会   50

美国建筑师学会 1991 年年会   52

教学杂记   54

由学院新厦落成想到的   58

《通往现代主义的又一途径：卡尔·克尼西和

维也纳工科大学建筑学教育（1890 — 1913）》中译文的按语   62

所有的建筑都是公民建筑   64

第二部分 城市   65

工业调查   66

访德杂感   70

哥本哈根会议评析——关于城市设计、住宅建设及后现代主义等问题   76

横看成岭侧成峰——上海城市发展纵横谈   83

从下町会议看城市兴建与改造   87

上海市 58 街道 2 号街坊（静安区张家宅街坊）改建规划   90

瑞典 ICAT   93

第三部分 景观   96

在松江方塔园规划方案讨论会上的发言   97

组景刍议   99

九华山总体规划大纲   106

方塔园规划   114

风景开拓议   120

何陋轩答客问   127

人与自然——从比较园林史看建筑发展趋势   132

时空转换——中国古代诗歌和方塔园的设计   149

谈方塔园   154

与古为新——谈方塔园规划及何陋轩设计   158

第四部分 诗论   161

读欧文《秋声赋》   162

屈原 楚辞 自然   164

"绘事后素"解   183

译词评   185

诗中有画   189

地中海随笔   192

断章取义   199

柳诗双璧解读　　　　　　　　　　　　　　　201

读韩愈小品三篇　　　　　　　　　　　　　205

读诗随笔一束　　　　　　　　　　　　　　206

门外谈　　　　　　　　　　　　　　　　　210

新解偶得　　　　　　　　　　　　　　　　218

冯纪忠谈作品

《意境与空间——论规划与设计》、《与古为新——方塔园规划》节选　　226

南京都市计划　　　　　　　　　　　　　　227

上海都市计划　　　　　　　　　　　　　　228

上海曹杨新村规划　　　　　　　　　　　　230

上海公交一场　　　　　　　　　　　　　　232

武汉东湖客舍设计　　　　　　　　　　　　234

上海闵行规划　　　　　　　　　　　　　　239

上海土产展览馆蔬菜馆、药物馆、烟茶馆、林产馆规划　　240

上海同济大学和平楼　　　　　　　　　　　242

武汉同济医院　　　　　　　　　　　　　　243

上海华东师范大学化学馆、数学馆　　　　　246

南京水利学院总体规划及工程楼设计　　　　248

上海同济大学中心大楼 19 号方案   250

华沙英雄纪念碑竞赛作品方案   251

苏州医院和昆明医院方案   253

北京人民大会堂方案   254

莫斯科西南区规划方案   258

杭州花港茶室   260

北京国宾馆方案   262

北京图书馆方案   264

论方塔园规划   266

论何陋轩设计   274

安徽九华山规划及单体设计   298

上海旧区改造   300

江西庐山规划和设计   303

上海佘山银湖居住区规划和别墅设计   306

上海古城公园   308

上海松江博物馆方案   311

上海松江方塔园街区方案   313

北京海运仓明清粮仓改建   314

冯纪忠作品年表   316

冯纪忠访谈

从旧城改造谈公民建筑——冯纪忠访谈　　322

在理性与感性的双行线上——冯纪忠先生访谈　　333

中国第一个城市规划专业的诞生——冯纪忠访谈　　343

冯纪忠：做园林要有法无式 思想开放敢于探索　　347

话语"建构"　　352

冯纪忠思想与作品研究

第一部分 论文　　358

通往现代主义的又一途径：

卡尔·克尼西和维也纳工科大学建筑学教育（1890-1913）（冯叶）　　359

维也纳之路的东方践行者——冯纪忠的现代之路（赵冰）　　368

不辞修远 守志求真（王明贤、孟旭彦）　　374

现代的、中国的——松江方塔园设计评价（邬人三）　　383

冯纪忠先生（张隆溪）　　386

方塔园与维也纳（范景中）　　388

孤独而庄严的方塔（许江）　　392

"冯纪忠和方塔园"展的缘起及一点感想（严善錞）　　395

什么是同济精神？——论重新引进现代主义建筑教育（缪朴） 398

解读方塔园（赵冰） 416

冯纪忠的方塔园及其人格遗产（王伯伟） 420

《空间原理》的学术及历史意义（顾大庆） 424

冯纪忠先生的风景园林思想与实践（刘滨谊） 428

尊重与呵护——旧城改造和保护之常道（王欣） 433

小题大做（王澍） 438

冯纪忠的"与古为新"与中国文人建筑传统的现代复兴和发展（赖德霖） 446

到方塔园去（刘东洋） 455

小中见大——我读方塔园"何陋轩"（黄一如） 468

因何不陋（童明） 470

时间的棋局与幸存者的维度——从松江方塔园回望中国建筑三十年（周榕） 478

空间原理——第一个以空间为主线的教学体系（刘拾尘） 492

冯纪忠，中国错失了的东方现代主义（殷罗毕） 503

第二部分 会议发言实录 508

"第一届冯纪忠学术思想研讨会"发言实录 509

"第二届冯纪忠学术思想研讨会暨冯纪忠讲谈录首发式"发言实录 536

冯纪忠文选

总论

上海某宾馆设计方案

谈话

教学相长，教有苦、有困、然而有乐。

我觉得，在当今中国，建筑的理论、评论还很少。我们需要更多的理论，需要更多的交流，在我的学生中，就有不同的意见，就是要有不同，才能有所促进。

年纪大了，回想过去，可以看到建筑意识的变化。过去考虑功能，后来发展到空间，再后来就是环境，但还是停留在物，到了20世纪七八十年代，人的问题提出来了。

这两年，在国外。这次回来，感觉变化很大，有个重要感觉，就是理论方面，你说你的，我说我的，我们需要交流，需要有个共同语言，这就要求我们能贯通中西古今。但我总觉得，我们好多思想是西方的，有些又是未能融汇西方和古代中国的复制品。对中西都未吃透，这个问题在理论上要说清。在贯通中西古今时，认识和发现中国古代的思想精华尤为重要。

我觉得这个问题和日本曾经有过的经历相似，日本人也不知自己过去的东西好，是西方人发现了桂离宫，发现了桂离宫的价值，日本人自己才觉悟到。

我们在理论上也有桂离宫，发现中国古代的思想精华并将它转换出来是我们的目的，我们一步步向前走，不是单搞出自己中国的东西，而是和西方同步搞出世界的系统。我们现在既有介绍西方的丰富资料，也有这几年建设的正反资料，现在正是时候。

1995 年 5 月

因势利导 因地制宜

因势利导、因地制宜，空间形态就可以自然呈现出和的境界。

何谓因势利导？"势"就是当前这个世界的趋势，它是对一切事情导向具体的方面的要求。"导"很重要，导有主观的因素在里面，跟我们主体的自发性有关。因势利导并不是刻意地往势上努力。从主客体的角度讲，对于设计，势是客体，利导是指往我们主体的自发性去导向。使用者的需求也是势的一部分。所以做设计先要做调查，看使用者的需要。做调查实际就是为公民服务。调查了才会有理念，那么这样的理念就适合使用者的需求，同时也是属于你自己的理念。再靠主体自发性来把调查获得的结论也就是你自己的理念运用到设计过程之中。

何谓因地制宜？"地"字有很多解释，它应该是广义的"地"，包含主体和客体，包括心地，也包括外界物理空间的实地。主客体必须结合才能制宜，制宜就是找到恰当的空间。每个人自己都有个"地"，这个"地"是从修养、学习得来的，当然也有天赋做根基。真正优秀的设计确实要依靠主体，所以主体自己一定要去修养、学习。主体一定是有其存在的客体环境和熏陶的过程的，包括所在本土文化的熏陶，比如中国文化里面就有很多是中国特有的东西。但现在所处的全球化时代，又不会光是中国的东西，还有世界上其他东西。在什么时代、在什么世界里生活，就会浸润在那个世界的文化之中。举个例子，我并不是都住在中国，我还在国外求学、客居过，我在国外感受过的东西能够完全不存在于内心吗？不见得。所以我的思想有我经历的时代的世界文化在里面。因地制宜，就是把这些东西都整合起来进行设计。

设计就是要因势利导、因地制宜。借助着势来引导，最终产生具体的形；借助着心地与实地的结合，做出适宜的空间形态。有势才能推动，象是推动出来的，而有了象才会产生具体的形。象前面还有意，借助着势，意推动成象，象然后才成形。这就是我说的意动。意动的过程最后罗成为形，而不是凭空有个形在脑子里直接出来。意动过程也同时将心地与实地加以结合，使生成的具体的形称为适宜的空间形态。因势利导、因地制宜，主体和客体在互动中使最终的空间形态达到了和的状态、和的境界。

2009 年 4 月 15 日

原载于《新建筑》2009 年第 6 期

第一部分　建筑

东湖客舍效果图

武昌东湖休养所

1951 年初我接受了武昌东湖公园管理处委托设计两幢休养所的任务，第一次得作武汉之游，东湖给我留下了很深的印象。从地图上看，东湖在武昌市区之东，水面比杭州的西湖还大一些，堤岸曲折，汀渚湾环，湖的南边是山区，北边在湖与长江之间是一片丘陵地带，湖的东部岛屿纵横，东岸的地势比较平坦。整个湖面的形状大体是东面宽，向西逐渐收小，成为一个三角形。东湖公园在湖的北岸偏西，休养所的基地是一个小小的半岛，在公园西首。南岸珞珈山的武汉大学倚山面湖正和这个半岛遥遥相对。

这次去勘察基地，下榻于湖滨公园管理处。这里距离市区并不算很远，而市区的嚣杂和这里的安静、汹涌的江流和这里清澈的湖水，都形成了强烈的对比。过去只知道武汉三镇是繁华的大都市，不晓得竟还蕴藏着这样优美的一带休养胜地，景色爽朗妩媚，完全出乎我意料之外。虽然除了公园和武汉大学一带，树木还不很茂盛，但是据说夏天这里的气温也比市区要低好几度，游泳、划船、爬山都很相宜，鱼虾、蔬菜、水果都很丰富。东湖的自然条件真无愧于西湖，而前者全然没有人工造作的气息。当时我想，这两幢休养所除了必须很好地满足使用要求之外，配合与点缀美好秀丽的风景应该是我们此项设计最重要的努力方向。

半岛是一个土阜，漫步其上，顿觉心旷神怡，举目四瞩，湖光山色，云烟幻化，

东湖客舍俯瞰

朝夕不同。把这些四面八方无限的天然图画，结合了室内活动，收入眼帘，应该是建筑布局的原则。

舍陆乘舟，绕岛而行，见岛脊高不到十米，要避免头重脚轻产生负担过重的感觉，建筑物是不能高大的。全岛微微隆起在水面之上，要配合这种柔和的轮廓，建筑物应该高低错落，符合因地制宜的原则。

通过勘察，大自然已经给我们规定了设计的体裁，提供了设计的依据。

休养所于1952年春全部落成，而我在1955年夏季才有机会旧地重游。几年来的大力建设，武汉已经面目一新，从武昌市区到东湖公园开辟了公共汽车线，沿途出现了大量的办公楼、学校、住宅等建筑。东湖公园设置了游泳场、餐厅、茶室、疗养所，花木繁茂，游人络绎。当时车行已过休养所的基地而我竟然没有察觉，经路人的指点，我才找到了那条绿荫遮地的车行入口。进入，方才看到两幢休养所西向环抱着一片小小的湖湾，花香扑面，不觉深深地吸了一口气；沿车行道婉蜒栽着一条稠密的冬青矮绿篱，非但起了指示方向的作用，还把两幢建筑物连成一气。由小径绕到临湖一面，见甲幢前面原来岛上仅有的几株木樨也被审慎地保留了下来，此外又或疏或密地添植了不少树木，全岛到处都铺上了一层草皮，没有几何形的花坛，没有多少高贵的品种，不是花团锦簇，而是很自然地和公园一带的绿化呵成一气，这都说明管理处造园同志们的成功。湖光潋滟，轻舟容与，南望起伏着的峰峦，但见深深浅浅的一片绿色，湖山依旧是那样的纯。回顾休养所，屋顶用的是青瓦、砖墙面兼用了当地石料冰纹砌法和微加米黄色的石灰粉刷，粉前不剔灰缝，钢窗漆的是栗壳色，没有俗气刺目的色调。我们设计的意图就是想做到"我受自然的孕育而不要众人瞩目于我"，这个目的总算是达到了。但是民族的风格是不够鲜明的，新颖的气氛又不够浓厚。

建筑的内部布局，在"借景"手法上也收到了一些预期的效果。甲幢中自餐厅远眺湖的东部横着的汀渚成了一根细线，好像是水天之间隐约的分界，自会客室西望，夕阳与丛荷相映成趣，起居室前树丛映掩，微透山水。乙幢中起居室窗外，南岸沿湖层层山峰和开阔的湖面构成一幅深远的画面，朝南的起居室窗缘恰好成了武汉大学全景的镜框，从餐厅西望，平冈茂林的上面露出青黛的远山。这一切不同的景色随着人们在室内流动而变化；为了促使流动无阻，室与室之间多不用门扇隔断；为了加强变化，地坪标高也略有起落；各室净高根据不同的使用性质而高低不等。

可惜，窗扇在初步设计时原是考虑木造的，后来改用钢窗时，我们疏忽大意，没有重新研究把窗格放大；内部处理也没有经过详细的通体设计；甲幢北部加添的两层卧室部分显得十分生硬，这些地方都使之减色不少。后面的水塔，体型与整个环境极不协调，现在已经废而不用，我们建议最好把它拆除。

现在离开进行设计的时候已经 7 年，离武汉之游也已两年多了，全凭回忆写成此文，为的是借托具体的东西来说明我对休养所建筑的设计步骤、原则、手法等等的意见，说明建筑设计是和总体、绿化、内部设计不可分割的；至于这项设计本身缺点很多，我对它越来越不满意了，照我自己的看法，造价和应该收到的效果之间还有很大的距离，在设计的手法上，大处不够有力，小处不够细致，当留待在今后创作中不断地努力提高。

原载于《同济大学学报》1957 年第 4 期

武汉医院

  武汉医院是武汉医学院附设的一所综合性教学医院。坐落于汉口市解放大道航空路武汉医学院校园之内。1950 年医学院开始建校时，这一带还是汉口市建成区的边缘，几年来，出现了大量的新建筑，汉水公路桥也已落成，已成为汉口繁盛的中心区。医学院这块校址在解放前原是帝国主义者行乐用的跑马场，现在已变为中南区最大最完善的医学中心了。

  按照医学院的建设计划，武汉医院的总容量为 1000 张病床，分两期进行。第一期建设项目包括主楼 500 张病床外科住院部（现容 660 张病床，暂供内外妇产等科共用）、病理解剖室、营养部、洗衣房等，第二期建设项目包括内科住院部、门诊部和办公楼。第二期的各项现在还没有拟订详细的任务书。第一期的各项均已落成投入使用，本文仅将其中主楼作一个简单的介绍，至于其他项目由医学院另行委托设计，这里不作说明。

  主楼建筑在 1952 年春开始设计，经半年的设计，本拟在秋季动工，后延至 1953 年 5 月开工，1954 年底土建部分完工，1955 年 5 月全部落成，其间曾因武汉大水一度停工。总面积约 19300 平方米，总造价约 590 万元，其中建筑工程约 460 万元，安装工程约 130 万元，每平方米建筑造价约合 300 元（编者按：照现在看来，这个医院的标准是过高了）。

医院的基地是不够理想的，医学院的大批宿舍和几幢教学用房已经先期建成，医院基地屈居一隅，在布局上难以取得协调。基地面积太小，只有东南一边临路，宽度不过百余米，病人和供应等对外通路不易分开。建筑只能向纵深发展，所以把主楼放在中部，后面留出内科住院部的地位，前面留出门诊部和办公楼的地位。日后倘若前面左右两邻划归医院，则门诊部和办公楼也可以考虑分设两旁，布局或可开朗一些。这是原设计时的初意，后来添建了一些零星建筑，其中变电间和冷却池的位置选得不很恰当，对第二期项目中的梯型大教室是有妨碍的。原来计划全院的营养部将设在内科住院部内，而将现建的营养部改装为工作人员休息进餐的场所，现在添建的永久性走廊与主楼也是不够调和的。总平面图中的第二期建筑只是示意。

建筑体型的确定，一则受了基地形状的限制，一则考虑尽量节省基础工程，所以全部以四层为主，局部三层和五层，不设地下室。每层四个护理单元形成四翼，诊断治疗组成后翼。各层内容如下：

底层：进所、入院部、物理治疗部、化验室、药房、两个护理单元（原设计为职业治疗部和总库房及工作人员更衣室）教室、设备间。

二层：分娩部（将来改为研究室）、四个护理单元、X光部（暂划部分供办公之用）。

三层：中心供应部、四个护理单元、手术部。

四层：四个护理单元、特殊护理单元、手术观察台。

五层：日光所、平台。

至于第二期建造的内科住院部建议采用高层建筑。

医院建筑必须满足安静、清洁和交通便捷三个要求，务使病人得到最好的护理环境，医疗工作发挥最高的效能。其实在医疗卫生设施的规划工作或在医院的基本建设工作中，事无巨细，都是要从解决这三个问题着手的。也就是说不论从规划医疗技术设施的分布，选择医院院址，布置基地；一直到运用材料，处理细部，安排设备等等，满足这三个要求就是我们的基本任务。医院的内部布局当然更不例外，这是医院设计的关键，首先要在内部布局上体现出这三个问题的完善解答，然后才能进一步在细节上推敲，例如地面材料是否容易保持清洁，墙角是否注意做圆，门的构造是否避声等等。通过武汉医院设计，在设计方法上谨提出两点意见。①进行医院设计首先应当力求医

图 1. 武汉同济医院
图 2. 病房

院内部的各个部门形成尽端；一个部门中使用上有紧密联系的各组房间亦复如此。这样，院内交通的主线支线方始分明，主线交通集中之后，非必要的穿越得以避免，各部门内部自然安静，也自然容易保持清洁，也就基本上消除了感染可能性。②其次是主线上分配人流和货流，清洁和污染交通的问题。为了尽量避免混合，减少交叉，应当按照交通的不同性质，把它们的走向加以组织，使得有些走向是先平面后垂直，而有些走向是先垂直后平面，互相参差。而且走向不得借助于路牌或规则条文，而是要在布局中极其自然极其简单地表达出来。这样在主线上取得交通负荷的均衡是解决上述三个问题的第二个保证。

下面再把各个部门介绍一下：

护理单元容纳病床 40 张，将来拟提出大病室一间改为进餐休息室，则容量将减至 34 张。病室沿走道的内墙隔成玻璃窗是为了护士来往的时候便于随时照应病员。护士室设在适中的地位。其他辅助房间的安排考虑了护士使用频繁的应当靠近护士室，又考虑了设备比较多的为节省管线应当接近单元入口。两个单元之间设置合用的探病等候厅和小化验室一间，一个污衣投送竖道。各单元尽端均有平台，上设手摇吊车将垃圾箱由此运下去。每个单元的面积分配如下：

(m^2)

	病房	辅助房间	交通面积	结构面积	合计
单元甲	267.1	125.2	134.4	61.9	588.7
单元乙	264.5	124.1	120.3	53.8	562.7
合用面积	—	30.0	2.0	7.0	99.0
总面积	—	—	—	—	1250.4

按 80 床计每床占 15.63m^2

入院部内分急诊检查、观察病房和卫生处理三个部分。主要是把进口及走向分划清楚。

手术部设有手术室 10 间，包括有菌、无菌、石膏、食道、膀胱等室。其中 4 间上有看台，学生由侧梯上下，不致干扰内部。

中心消毒供应部与手术部同在三楼，地点居中以便供应全院。

X 光部清楚地划成三组房间；治疗各室自成一组，这组照顾门诊使用，设有侧梯通达户外。诊断则分照相和透视两组。X 光部后面将来开门设廊接通内科住院部，所以登记等候居于三组的中间，使内外科病人均不必迂回。

物理治疗部设有水疗、水电疗、光电疗、人工发烧、运动治疗等。对外另有入口。

分娩部将来拟迁入内科住院部或迁入另行兴建的产科专院。现在所占的部分将改为研究室，前面可架天桥与医务行政办公楼接通。

其余各部从略。

结构采用钢筋混凝土构架。四条沉降缝将全部分为五段。纵向主梁，以便在走道平顶夹层安装冷暖气管。内外墙身填料用现场制造的煤屑水泥空心砖。外墙采用汰石子和斩假石饰面。地坪大部分为磨石子，局部用马赛克和硬木地板。全部钢窗，装有纱窗，用统一尺寸的玻璃。手术室的窗式没有考虑其特殊要求是缺陷。原设计中遮阳板下每米装压铁钩一个，夏日悬挂苇帘，施工时省去，理由是怕生锈，可惜没有代之以更好更简单的措施。

安装工程一律采用暗管暗线。现在手术部和分娩婴儿部已装就冷气设备，全院则将逐步装置冷暖气，因此，一切横向管道、进风竖井、回风竖井、以及段落打风设备间等的走向及地位均经仔细考虑，结合结构，预留空间。分段打风可以降低噪声强度。在冷暖气尚未全部安装之前，现在暂以水汀（今暖气）供热。其他各种管线设备不一一详述。各项管线均经组织汇合隐蔽在竖井中、平顶夹层中或墙角柱侧。可惜施工时注意不够，例如，一部分出风管就没有隐藏在女儿墙的墙身里面。

设计工作的过程是由大到小、由粗到细、步步全面、反复修正、逐渐具体、通盘完成的。医院设计非但必须在建筑师和结构安装施工工程师密切配合之下进行，更重要的是必须取得医院组织管理者、医师、护士们的支持和协作。武汉医院设计时这方面是令人满意的。还有值得谈一谈的是设计过程中的准备阶段和初步设计阶段，医院在计划期间吸收设计者参加是有利的；一方面设计者得以明确建设意图，另一方面在研究医院的规模内容、分期先后时，设计者可以提供技术性的参考意见。制作轮廓性的图解，研究组织系统、作业关系，在这一阶段中也是必不可少的，目的是帮助确定建筑方式和建造分期。建筑面积的初步估计应充分考虑到辅助面积、设备用房面积、管道竖井面积以及结构面积，这样才能使计划不致落空。凡此都是设计者在计划阶段本分的工作，初步设计阶段最重要的是不必急于求出完整的草图。首先，按各部门的作业作出图解，根据分配所得的估计面积个别设计出草稿，与各部门使用人进行磋商，这样才能摸清面积比重是否恰当，以便进行相应的调整，设计全院草图，初步讨论结构及安装的轮廓性要求并结合到草图中去。然后，与医院方面联席讨论研究选定方案补充修正。这时可由各部门提出设备的具体要求，进一步研究结构及安装系统，完成初步设计，制作模型，最后征求意见。以上两个阶段的工作做得愈是精细周到，愈能保证此后技术设计平行作业能够迅速地进展。武汉医院设计时限还是太紧，所以做得还很不够。

前面已经说过，由于这所医院是分期建设的，又因节省基础工程的费用，所以现在落成的主楼以四层为主，前后还要通达第二期的各部分。将来全部建成之后作为一个完整的 1000 床的大型医院，这种方式似嫌不够集中，层数太少，走道必将过长，尤其是底层的交通较为繁杂。此外医院建设还产生了几个新的问题，值得今后分析研究：1）中西医协作在医院组织上将带来新的变化；2）配合保护医疗，如何加强护理单元的生活气氛；3）门诊各科和住院各科如何配置才能更好地发挥高级医师的力量。所有这些问题还都期待着建筑设计工作者和医务工作者共同的努力。

原载于《建筑学报》1957 年第 5 期

关于毕业设计指导工作的几点意见

关于题目的内容

　　全班的题目应当大致分量相等，宁可小些，才能令学生全面深入细致地完成设计。但必须指出，教师在指导过程中就要及时纠正学生可能花去大量时间在无谓的图纸表现上。题目的大小不是只看建筑的体量，也要从各类型建筑在设计、结构、安装上的繁简来平衡分量。题目的内容必须完整，不能由于建筑设计的分量已重就省略了另一部分，这样就不能培养学生正视设计工作。例如工艺设计要做，图纸是建筑师的语言，说明也应尽量用简图、图解、或在正图的晒本上表示设计意涵，所以说明书的页数宜少。少而明白正足以说明学生的能力强，不能和结构计算工作分量时可用页数规定的情况一概而论。建筑学专业毕业设计施工部分是否可用扩大指标，这样可以节省重复计算的时间，希望讨论。

　　毕业设计一般分建筑、结构、施工三个部分，但城建专业的毕业设计按我个人的意见应分初步规划、详细规划和建设计划三部分。如详细规划中的管网综合、垂直设计等即相当于结构。

　　结构系各专业的毕业设计在建筑设计部分常遭到困难。可以利用做好的初步建筑设计来做结构比较方案，在结构比较的基础上修正建筑设计。这样既切实可行也正符合实际工作中的需求。培养结构工程师掌握建筑师合作的工作方法是很重要的。

毕业设计是教学工作的一面镜子，是教学工作的开花结果：建筑学专业的毕业设计反映了教学上还有缺点。工程材料课偏重于结构材料而建筑材料较轻。结构课程没有总的概论。一系列的设计课程没有明确的重点，不是相互联系的有机体，不能逐步培养学生正确认识到设计是综合性的这一特点。非但规划和工程的知识尚感不够，即便是对建筑内部布局也还不够。工业建筑设计中布局体形必须满足工艺设计的要求。而在民用建筑设计则容易忽略或轻视决定布局体形同样的依据。民用教研组本学期设计课程中开始要求学生在草图之前先做图解。希望逐渐消除这种缺点。

关于指导毕业设计

大学中培养独立思考能力非常重要，毕业设计中学生独立思考能力不够反映了学习制度存在问题。

毕业设计是总结全部课程，但现阶段还要在此时补足空白。学生做比较方案前教师要多介绍解决问题的方式方法来启发学生。对比较方案则只进一步分析评论不能代为决定，尤其不能由于指导分工而限制学生选择合理的方案。教师也不应强使学生选择自己预先做出的答案。学生工作步骤不正确要及时提出加以纠正。

还有几点

学生还应重视外文，借以扩大参考资料的范围。

各专业设计题目可以互相结合。

1956 年 4 月在校务委员会扩大会议关于毕业设计的发言

谈谈建筑设计原理课问题

1963 年，建工部教育局贾一波副局长来校了解我系教学情况，由系总支出面，召集了"建筑设计原理座谈会"。这篇谈话是冯纪忠教授1963 年11 月21 日上午在文远楼207 室会上的发言，系根据吴庐生、戴复东等先生的听讲笔记整理而成，仅供参考。

先回顾一下过去，建筑设计原理课过去经过很长时期的发展。

在 1952 年院系调整时，只有民用建筑部分，而没有工业部分，以后内容逐渐增加。开始是结合课程设计题目讲建筑设计原理，主要是讲房间用途、设计定额、国内和国外的实例……等换了一个新的课程设计题，又另外再讲一通。但是在六年之中不可能接触各种类型，因此不能满足同学的要求。后来，为了多讲类型，不管出什么课程设计题目，设计原理课自成一套系统，这样原理课归原理课，课程设计归课程设计，两者完全无关，学生不能吸收，听了也不重视，同时在讲课方面的排队总是先讲居住建筑，后讲电影院，因此学生认为居住建筑最简单，到高年级时往往容易轻视居住建筑。再后来，有了工业建筑原理。工业建筑原理不是按类型讲，而是讲共同的要素，如车间、通风、采光、交通运输……但它仍不能包括全部的工业建筑。民用、工业建筑当时是两门不同的主课，这样也容易造成学生对民用与工业建筑的不同对待。加以民用建筑强调内部作业活动，工业建筑要做到这一点就要请外面人来做报告，因而更加深重民用轻工业这个影响。

不管用什么讲法，过去的设计课都只是谈到了定额等，仅仅是课程设计的手册、依据、资料，而没有牵涉到设计本身，未讲出如何进行设计，设计是一个过程，如何进行？顺序、考虑都没有谈到。设计课仅有建筑经验而无设计经验，只有建筑成果经验，而无过程经验。设计知识是通过设计课自发地、无计划地、碰运气地、偶然地教给学生。建筑设计的过程就是这样来教给学生，因此对设计能力方面不可能达到心中有数和有计划的要求，而只凭学生的"领悟"，但学生的"领悟"有高低，于是有人认为建筑师必须有"天才"，所以又出来"天才"的问题。

这也牵涉到科研的问题，建筑设计原理过去都是讲的物理、经济、规划……而没有设计，"不入于黄则入于老，独缺儒家正宗"。反映在学报上，也只有建筑施工、设备、构造、规划……那些只是科学或自己的实践创作，但是建筑是技术科学和艺术的综合。

建筑师的"看家本领"是建筑设计，综合各项科学，既是工程技术又是艺术，于是有科学规律，有艺术法则，因此设计必然是科学。我们在找、在摸设计课程规律，但一般都通过设计过程来研究，这是一门极其特殊的科学。从个别中抽象出一般，如何掌握一般规律是主要任务，光靠学生"悟"是不够的，教师要研究一般规律，我们应保证学生达到一定的水平，少走弯路，这样才可以贯彻"少而精、学到手"。所以一方面固然由学生"悟"，一方面也要讲解给他们听，他们听了以后，剩下的问题则是"因材施教"。而过去是知识性的东西，建筑经验学到了，设计过程的经验则任其自流，各人有多有少。

过去学生毕业时感到资料不够，于是就拼命收集资料，但学生有了资料之后却不知如何用法？用在什么地方？没有举一反三的能力。

刘部长报告后，我们清楚了：建筑是有理论的，即是有最基本、一般的和最高的理论。最高的理论是适用、经济在可能条件下注意美观，这既是建筑规律，也是建筑设计过程的规律。在最高与最低之间还有相对的一般规律，此相对的一般规律则需在建筑设计原理中来探讨。要讲设计过程，要谈相对的各种建筑的一般规律，且从最特殊的规律归纳到最一般的规律，作为党的方针政策的桥梁，不使最高规律停留在口号上，而是很具体的。

因此建筑设计原理就不能不搞！

要不要？敢不敢？能不能？会不会？肯不肯？

搞建筑设计原理也要考虑这些问题。我们了解以后认为有思想基础、有条件，但是怎么个搞法？

建筑设计原理，在设计中哪一段是我们的主题？什么是"看家本领"？

首先是"规划"问题，如地区、规模、要求、条件，这些是规划工作、计划工作，与建筑师有关，但不是主要问题。建筑师应根据使用要求，各方面条件来组织空间；也就是分析各方面的要求，并将它们换算为空间，如把"空气新鲜"的要求换算为空间；声的均匀是物理要求，也要通过空间如何组织来体现，变为看得见的空间要求。主要是由空间与实体来构成空间，而细部设计是施工图的问题。

如何用墙、地、楼板构成空间？根据功能要求，物质技术条件构成，这项组织工作是最主要的看家本领。当然有各方面的工程师与我们一道合作、研究，但建筑师在这中间起主要的组织作用，是调整空间之间的关系，也就是条件设计，而前段"规划"与后段构造细部当然也要配合。

设计是一个组织空间的问题，应有一定的层次、步骤、思考方法，同时也要考虑，综合运用各方面的知识。

室内设计、构造、建造过程、施工等，这些都应当是属于建筑设计的，建筑设计并不是规划、制图都不管，不能只停留在组织空间的第二阶段，但也不能不承认，第二阶段是最主要的阶段，是建筑师的"看家本领"，其后过程是修正这个阶段。如是以组织空间为主线是比较合理的，这样易与其他课程分工及配合，这就要靠教学计划。完整的建筑设计培养工作不能缺少前前后后的课程，但建筑设计原理则着重在空间组织。

在课程安排上有前后，有先修后修关系，但各年级中都有前后课程的内容，应当由浅入深，但因排课上有困难与设计课程不能很好配合，因此建筑设计理论方面要对有关的课程加以适当的介绍。

有人认为空间太虚、太玄，人们会问：空间是不是空间流动、空间穿插等？这是空间组织中的艺术问题，不是空间组织的全部。

我们知道进行测量工作需要先有导线，设计则须有一个纲。

设计课的目的，对学生来说，不但要掌握建筑知识，而且要掌握设计过程知识，才能使学生举一反三。

仅了解过程是不够的，还需要与其他课程配合。仅有一般规律是不够的，还要有特殊规律，因此不排斥按类型来讲，但可以大大删减，节省很多重复的地方。

工业建筑与民用建筑中有很多共同的东西也可以合并，例如：工业、民用部分都有办公部分；工业有铁路问题，而民用火车站设计也涉及铁路；工业展览展馆是工业还是民用？游泳池的更衣室和工厂生活间也相同；飞机库算工业还是民用？工业有天窗、采光、流线问题，在民用中也有，有些是资料性的共同的问题，有些是设计过程的共同问题。

一般规律是包含在特殊规律之中，在用特殊规律来实践时，就需要有特殊规律来辅助一般规律，因此不能把过去的方法都放弃。

主线是重要的，还要支干，对这些应当分析，要有辅助讲课，应当有系统、不重复。

必须分析哪些是一般规律，哪些是低一些的一般规律，哪些是特殊规律或资料。这样才可以做到"少而精"。

建筑设计原理分成三个部分。

第一部分，设计过程基本知识。

这是在二（年级）上、二（年级）下、三（年级）上三个学期讲授的，把最最基本的知识教给学生，此时学生一无所知，应当教他们如何考虑问题。有人说：先平面、后立面、再透视。有人说：先教初步设计、后技术设计、再施工图。这些说法都不解决问题，建筑设计是组织空间！所以应当：

1. 先将要求换算成空间。空间有大小、尺度、形状，主要是根据人与人的工具（手和手的延长，现在有的工具已经脱离了人体的尺度）活动的范围，求出长、宽、高。各个空间之间有相互关系，如联系、分隔，要研究联系什么、分隔什么（视线、声音、活动等）。用物质构成起来，把使用效果的空间与广大的宇宙空间分隔开（保暖、隔声、防水等）。因为功能要求，要考虑用什么材料。屋顶的重力，则有传至墙、柱、地面等力的传递问题。力的问题又限制了空间要求，例如为了承重，不得不加根柱子。这就牵涉到各种构件的分与合的情况。如承重墙、柱和围护墙三者可合亦可分。而这些就限制了功能要求的分隔与联系。将所需空间用物质构成，物质有厚度（本身的厚度、分隔的需要），空间的形成是内轮廓，因而内外空间有时是不完全一致的，这就牵涉到体型问题，体型要从空间使用出发，不了解功能则必然从形式出发。不要从体型出发，这一从体型出发的概念从一开始就要打破。

2. 设计必须由内而外。古典建筑设计是从外往内，由内往外是由勒·柯布西耶（Le Corbusier）提出的，我们认为设计是从内到外又从外到内的反复过程。

广而言之，建筑包括室内外，如我们采用小学校、幼儿园的课题就体现这一点，室外面积必须与室内关系同时考虑，不能先搞好建筑本身再布置室外。

建筑设计上的这种由内而外、由外而内的反复性是肯定的，但反复到什么程度应研究，不能无原则地全盘推翻，每个反复都应承上启下，否则不留下脚印会形成返工。

3. 建筑设计的全面观。不能够说平面保证适用，立面保证美观，这样就会使美观变成附加物，事实上任何一种构件也都是适用、经济、美观三者的统一。而适用、经济、美观应当贯彻在设计的每一个阶段，不因阶段而分工，而是全面的各阶段的要求，可以有轻、重、主、次之分。有的项目建筑师看了平面就觉得好看，说明平面也是既有经济、适用、又有美观。

这些都是设计中最基本的问题，不论民用建筑和工业建筑都一样。

4. 小学校、幼儿园等是有特殊规律的，一方面要有题目，一方面要有辅助讲课。

第二部分，次一等的一般规律即组合类型问题。

1. 一个大空间为主体空间，其余围绕的为辅助空间——大空间。

2. 很多相同空间排列起来——空间排比。

3. 空间安排主要根据流动程序——空间程序。

4. 几组空间相互间有错综复杂的关系——多组空间组合。

能把这四类共同规律摸清弄好，对设计思考就可以有帮助。

第三部分，归结成一般更高级的规律——建筑理论。

以上的这些内容会引起很多问题，需要引起争论，深入研究。

这样的提法（次一等的一般规律四个问题）不是将建筑分类，因为每一种类型的建筑都有上述的几种问题，有纯与不纯的问题、轻重缓急的问题。如水泥厂是一条线，教室排列是排比问题。

此外，根据物质技术的发展，有些建筑物在类型上会引起改变，例如：办公楼过去是长条形，现在是一大片；印染厂过去是干湿问题，不是流线问题，机器不动布动，现在是布不动机器动，则成为流线问题；展览馆也由条形变成大片分隔。所以不要对某些类型有固定的成见，如果固定讲类型则会造成一种固定的概念，不可能有发展的看法，并且也难包括所有建筑，能理解这些就会虚心地加以对待。

这四个问题既指空间组合现象，又指设计过程主题，为什么要这样分？ 每个问题有主要矛盾的焦点，这样分也是为了突出主题。

我个人的看法，例如排比，各空间可能各有不同的功能，但是为了物质条件简单化，经济地统一起来，调整成统一一致的空间，以满足更大限度的空间使用。例如画图、上课、开会都用了同一空间，在使用上不可能全都合适，如各功能稍稍让步，不是个个能满足，则大家都能达到90%以上的合适。也可以用同样的构件构成 x · n 的空间，但为了统一功能和技术条件的矛盾，目的是为了经济，要求在一定技术条件的情况下，最大限度地满足空间使用（其实是不最大的满足），力求空间单元与结构单元一致，达到功能与技术统一（在大空间中应保证100%满足的问题），但也可能一种结构单元作几种空间单元使用，也可能一种空间单元有几种结构单元形式。在事实上，结构与空间完全吻合是最理论的（Theoretical）。

多组空间组合的主题：多组空间之间的关系可以由数学及线性规划来测定（系数靠统计、观察），全如此则可以用电子计算机来设计，全靠脑子估计则太灵活，难保证经济，但还有主观评价等问题。

空间程序问题的主题在什么地方应当找一找。

下面谈谈大空间问题。

以大空间为主体，加上附属服务空间为辅来达到它的功能。大空间不在于"大"，而在于主体。附属空间有不同类型，例如放映间，本来必须在大空间内，但由于技术要求发展而提高，因此从大空间内拿出来，但又与大空间相联系；而配电、倒片等其他房间是为放映室服务的，只有放映间的放映孔须与大空间直接相连，而且有角度问题；其他如厕所由分开到贴合，有些需要覆盖。附属空间有三类：

1．内部调到外部，如放映间；

2．外面调到内室，如厕所；

3．联系覆盖的，露天改为室内，如前厅。

我们应最大限度地找出构成内轮廓要求的空间。

1．进行活动的实体（如发电厂的炉子）和活动空间（虚的，如炉前距离、喷砂空间、网球场球所经过的空间即最大球轨迹外廓）对空间轮廓起决定性作用。最大可能性的外轮廓，加吊车本身已保证了室内活动的内轮郭空间，所以不必研究吊车本身。所谓工艺流程懂不懂，对建筑师来说，也就是说要了解设计时起作用的那一部分。

2．通风问题：应当组织空间形状来保证通风流量流速。

3．视线问题：决定底平面坐标及平面轮廓，对顶界面只起影响，不起决定作用（音质对顶界面起决定作用），所以视线对三度空间只起影响，不起决定作用。

4．采光、疏散问题：是派生的，不起决定因素，疏散是视线要求带来的附带解决的问题；采光也是在一种技术条件下需要解决的问题，它们不决定空间大小。

5．顶盖是否恰好盖住空间是最好？这取决于经济与可能性，在一定的条件下，结构空间不能低于功能要求——小于内轮廓。技术条件与功能内轮廓的矛盾问题，牵涉到造价、经济问题。外轮廓与内轮廓的统一取决于技术条件，但这不能绝对化，通风和采暖能够达到经济了，结构就不一定能经济。

6．大空间的造型与艺术性问题：大空间艺术性主要在何处？我们的脑筋应当用于何处？我认为在两个方面表现得最突出：

1）人体尺度与大空间相比为空间感知性问题，即人在空间内感觉到人在空间的地位和空间尺度感。用什么手法能使人感知空间尺度，有时建筑师则希望使人感觉不到大小，如何用手法模糊人的尺度感（感到大些或小些）？这些是感知问题。在巴洛克时期故意将尺度模糊，使人不易觉察空间边缘，有无边无际感，使人觉得渺小。用什么手法使人易于感知呢？用划线、点的方法，可以使人感到大小及形状，所以应当用手法使空间易感知或不易感知。只有大空间有这个问题，其他无此问题。

2）大空间的物质技术条件比较难，能表达技术水平，应将最能表达水平的点露出来，显示结构的特点和力。要表现技术水平，不能虚饰，例如钢桥应表现铰。赵州桥最能够表现应当表现的东西。装配式表现缝并不一定表现水平。

7．音质问题：音质（声学）决定一个空间形状。

声学如何讲法？不是讲建筑物理和科普，主要问题是音质问题，是音质的客观物理性质和主观感觉评价，即清晰、丰满、平衡问题。

先将这些主观评价译成客观物理量。

通过那些客观物理量译成空间那一部分问题（如体量大小、形状、界面、材料分布、细部、吸声量、声源等等）。

然后理成各阶段重点，即哪一个设计阶段解决哪一个客观物理量，或空间哪一部分问题。

对声音的特性，我们不从建筑物理的角度去解释（如音速在一般条件下 340m/s）。

8．如何与其他课程联系，以及学生接受能力问题，应当避免过于复杂。

空间原理
（建筑空间组合设计原理）述要

一 如何着手一个建筑的设计

（一） 思考方法和工作步骤

1. 配合第一个小设计进度讲以下几段：

1）对此事、此地、此时的全面了解。

2）总体对单体的要求与制约，单体与邻近用地及建筑的关系。

3）安排家具设备，组织活动空间是各个房间平面具形的依据。

4）从发挥使用效果出发组织单体平面。

5）分隔联系的物质手段。

6）从平面到立体的发展。

7）顶与承重结构。

8）形体与总体。

讲授以上八段应说明几点：

1）次序不应是：总体→单体→室内，而应是：总体→单体←室内。

2）用分析房间之间分隔联系的需要来组织单体平面初稿。

3) 明确分隔什么、联系什么，才能分别地或综合地运用物质手段。

4) 先按使用要求拟出高度，覆盖上屋顶再调整高度，则内部空间既有其功能目的性，又受物质手段的制约。顶的内面保证形成内部使用需要的空间，而顶的外面则是结构本身条件和外来影响的结果，不能混淆。

5) 正确理解承重结构和平面的相互关系，承重和分隔的物质手段两者分与合的关系。

6) 通过这一过程试图说明，不要从形式出发，但要照顾总体协调，不要拘泥于结构，但要受其制约，这样才能保证适用。

2. 配合第二个设计题——小学校设计讲以下几段：

1) 认真对待室外用地。

2) 室内空间分组。

3) 室内外通盘布置示意。

4) 功能布局与结构系统之间的矛盾与解决。

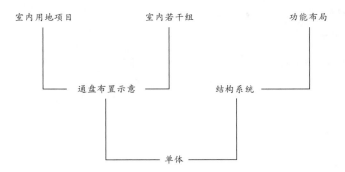

讲授以上四段应说明几点：

1) 它们是前面八段的进一步。着手设计的次序不应是：基地布置→单体布局→结构→室内，而应是：

2) 室外用地的安排不能拿建筑单体定案后被动地填充，也不能剩下多少空地就用多少，对室外各项用地必须先有分析估计。

3）把室内空间组成使用上不可分的组，但不忙于组成单体。以这样的若干个组与室外若干项用地同时组织总体平面，才能分析比较用地的经济，做到布局紧凑。

4）基地布置除面的分配外，还要合理组织交通和管道路线。

5）基地布置既是单体组成的依据，又要在不打破不可分的"组"的前提下，有助于单体的功能布局和结构系统之间矛盾的合理解决。

（二）小结

1．从"适用"出发，要在方法步骤上体现。

2．设计的整个过程要有空间观念，才能不致片面孤立地考虑和着手解决某个阶段工作或局部问题，从而保证适用、经济、美观等的统筹解决。

3．单体的功能平面布局应结合总体布置，最后构成形体又回过来与总体协调，不能相反。

4．从使用要求组织平面到立体空间。这个立体空间用物质（顶）覆盖起来，就不得不有所调整，首先是高度的调整。随之而来的是承重问题和功能上分隔联系有矛盾，又要进行调整，这时首先是平面的调整。构成形体后再根据多种因素，全面调整，总之，每走一步都要分析矛盾的各方。提"首先"是因为平面和高度互相牵连，总得分先后，但始终应有空间的概念。

5．使用要求的空间和构成空间的物质手段，两者的统一才形成建筑空间。

二 群体中的单体

（一）建筑单体不是孤立出现的

配合居住建筑设计题讲：

1．社会生活组织和建筑群体布局。

2．居住建筑的基本单元和组合形式。

3．室内空间的充分利用及其经济指标。

4．进一步阐明应该大处着眼、细处着手。用全局的观点推敲细处；没有细处的推敲，不能充分实现全局的要求。

（二）设计是反复深入的过程

配合居住生活中心设计题讲：

1. 从规划到建筑到室内不是接力棒，而是一环扣一环。每一步都不是孤立的，而是承上启下，既服从程序的客观规律，又要反复，由里到外、由外到里。古典主义的由外到里和功能主义的由里到外都是片面的。

2. 隔而不围，围而不"打"，是指工作方法。先把问题摆一摆，犹如"隔"，随后把问题与问题的关系弄清，即把各个问题"围"一"围"，然后才能或平行或先后地"打"。不然盲目地深入一个问题只会有两种结果：一种是及至几个问题摆了出来，才发现对原来那个单独深入的全做了虚工；一种是完成设计的时间已到，另外几个问题只好屈从。规划布局，建筑设计皆如此。集体设计中必须统一步调，分工负责，制约与灵活相结合。"隔"与"围"时不能不求甚解，潦草分工，急于各"打"各的。犹如下棋，不急于求活。

3. 土地要算了用，不能用了算，积极地节约用地。

4. 美观是在可能条件下的美观，条件是经济与功能合理。建筑艺术主要体现在空间和空间组合本身。

三 空间塑造（大空间）

（一）建筑空间组合的分类

1. 空间塑造（大空间）。

2. 空间排比。

3. 空间顺序。

4. 多组空间组织。

是按空间组合中的主要矛盾分类，不是指建筑用途的分类。它们既是建筑的现象，又是设计过程的主题。

（二） 概述

1．大空间建筑的产生：

1）遮蔽大型生产设备或运输设备之下的活动，2）储藏大型物体或大量物件，3）进行大规模体育活动，4）群众性集中活动，5）观演性活动，6）适应多种活动的需要，7）纪念性的或显示力量与展示成就的需要。

2．形成使用空间的轮廓，并对建筑空间界面提出要求的因素：

1）物体与设备的尺度和运输，2）活动净空，3）通风采光，4）视线，5）音质。

有的使用空间的轮廓大部分是由实体形成的，但有些是虚的净空，如体育活动的视线、音质；有些无阻碍的活动和运输已包含在某些设备之下，如吊车和舞台吊景；有些需通过空间形状和大小的确定才能实现，如音质、通风；有些还需通过建筑空间界面的处理才能实现，如音质、采光。

使用空间是要求被遮蔽的空间，建筑空间则是物质技术条件形成的空间。建筑空间必然在使用空间之外，或与之重合，如音质。建筑空间是按结构体系及其构造构成。一般地说，结构空间或结构部件必须在使用空间之外，通风例外。在视线降低使用标准的条件下，允许部分部件设在使用空间内。

设计的步骤是先求主体使用空间，其次与附属空间组合起来，然后布置结构，最后处理造型。这是大体的设计步骤，但又要逐步调整。组合在结构布置之前，并在结构布置的同时加以调整，才能使功能要求处于主动。

根据前述诸因素，依次层加、调整，而求出使用空间的过程，简称使用空间的具形过程。因素有多有少，有简有繁，有主有次，所以必须依次解决才有处着力。有的只需层加即能勾出轮廓，如热车间，从设备尺寸、操作净空、安全净空、吊车、通风到采光，诸因素层加考虑，即能具形。有的则需反复调整，如观演场所的视线和音质。

这样从使用空间到建筑空间到实体造型，好像"塑"；而参照已有的实例，结合具体情况加以修正充实，好像"雕"。这一所谓使用空间具形过程的必要性何在？因为功能要求（例如"看得好"、"听得好"、"安全"、"空气流通"等等）是要通过一定形状、大小、性质，及相互有关系的建筑空间来满足的。所以，应先把这些要求具体化，再运用物质手段组织有形的空间。建筑空间和使用空间不一定能完全重合，因那是技术条件问题，也是经济问题。如果越过使用空间的具形，径从组织建筑空间着手，甚或从结构着手，则不易分清需要与可能，不利于方案的分析比较。所以学习过程中掌握"塑"是主要的，然而不能排斥"雕"，即借鉴已有成功实例。但应追溯到彼时彼地的需要，才能针对此时此地的具体情况进行"雕"，从而避免生搬硬套。反过来说，正需要用"塑"的观点分析积累已有的经验，才能不仅借用它的成果，更能借鉴它之得来的途径。

（三） 视线

1．视线设计的含义。

视线设计主要是探求和处理观众与被观看的对象之间的几何关系的过程。

这个关系决定着观演性空间的底界面，并在一定程度上影响边界面和顶界面的确定。

"看得见"和"看得好"是两个概念，两者的标准是相对的。视质要求和造价与容量之间存在矛盾。所以，视线设计就是针对一定的对象在既定的容量要求下争取充分利用视质优良的部位，平衡使用次优的部位，避免使用较差的部位；或者是针对一定的对象，在既定的空间容积中争取合理安排下最大数量的座席。视线设计的意义就在于此。

2．分析对象性质的 6 个方面。

3．模拟视质分区图，以保证"看得好"。

4．以分区图为依据进行三项工作：1) 求底界面的升高；2) 剖面设计；3) 座席分配。主要是解决"看得见"。

疏散问题是带出来的但必须解决的问题。

（四） 音质

一般地介绍大空间的室内音质和设计方法步骤，非大空间的声学问题和对大空间具形不起决定作用的噪声控制问题则从略。

1．声音的主观感受和客观特性的内在联系，其特性既带来麻烦又正好提供空间处理的有利条件。

2．明确对音质有哪些主观评价与要求，这些评价与要求实际上是指那些客观物理量，这些物理量又通过那些空间物质处理手段来达到。这些不同的处理手段应该在设计过程中哪些阶段进行考虑，使之具体实现。

客观物理量的体现是通过空间的容积，空间的具形，界面的形状、大小、性能、位置，和材料的分布等具体物质手段达到的。

3．以音乐厅为例介绍设计步骤和要解决的问题。

不同功能的大空间在不同设计阶段所考虑的问题以及主次是不一样的，但可以此类推。

音质设计不是孤立的。

（五） 物体、活动净空、吊车

1．物体及其必需的操作运输空间形式的轮廓、各类体育活动净空。

2．建筑空间与适当简化的使用空间轮廓相符合关系到经济和使用效果。

3．吊车决定建筑空间的跨度与高度。

（六） 通风采光

1．工业建筑中热车间以及炎热地带的一些冷车间，解决通风问题是为工人创造良好的卫生条件。通风怎样解决，关系到车间的具形，亦即平、剖面，出风进风口的位置、大小和方式，内部安排、外部关系、朝向、风向等等。

通风需与安全问题结合考虑。排热常和烟尘气体结合，而且热车间中操作迅速、运输复杂，安全问题体现于组织与区划操作空间和运输空间、组织交叉运输、防喷渣防水等方面。

2．通风的基本概念、热压风压的决定因素、冬夏的不同要求。

通风、防雨、遮阳的建筑部件; 开敞方式的运用及限制; 多跨工厂的通风组织与具形; 观演性建筑中的通风。

3．采光布置、采光与设备的关系，采光面的清扫与维修。采光不应成为结构的外加负担，应作为结构选择与布置的活动因素。

（七） 组合

1.附属空间不单是消极地完成辅助主体空间的任务，而且也是组合中的活动因素。

2.附属空间的分类。

3.组合的基本方式。

4.组合的思考方法与手法。

1) 主体空间对附属空间的制约。

2) 附属空间本身功能的满足，与主体空间的适当调整 。

3) 附属空间对主体空间的帮助。

　　组合与造型的关系 。

　　组合与疏散。

　　室外室内组合 。

　　考虑全局，衡量主次轻重。

（八） 结构

1. 大空间结构的诸问题中，顶界面是主要问题。一定历史时期中，跨越问题甚至成为整个建筑决定性的问题。

在跨越可能的前提下,选择和运用适合使用空间的结构,同时推动结构进一步发展。

"跨越"和"适合"两个问题又都包含"经济"。

2. 力与结构的关系简述。

3. 使用空间与结构的关系简述。

4. 小结：

1) 力和使用空间形状是决定大空间结构的主要因素。

2) 与根据功能要求塑造使用空间同时的结构设计过程，是两者矛盾统一的过程（力与使用空间形状的矛盾统一）。提出"经济"在于避免片面强调一方。两者统一于经济要求是促使大空间结构发展的重要因素。

3) 对结构的掌握和运用不能只靠所谓"力的感觉"，尚需对结构设计本身进行系统的学习。

（九） 造型

1. 建筑普遍的造型问题和大空间特有的造型问题。

1）空间感知的处理：借助于结构构造布置所形成的棱角、线条、纹理、明暗分布、设备装修等使空间的尺度形状的感知性或加强或减弱，以补不足或使错觉得到校正。主要的手法是比照，即有意识地创造条件，使人们能用熟知的尺度去比照建筑空间的局部并由此推引到全部。人的尺度是最直接的比照。

2）力的表达：力的传递的关键，物质手段发挥其效能的特征，施工上克服困难的迹象等要有恰如其分的流露。

3）功能的表达与加强：注意力的指引、安全条理的强调、活动的衬托、宣传的布置等等。

4）因势利导还是粉饰，两者优劣的分析。

2. 造型是第二性的，在解决功能、经济之后适当处理或在解决功能、经济的同时适当考虑。举例说明：如一车间中吊车行走频繁，多少会影响其下进行生产操作者的注意力，可在选择结构（设为钢构）时注意使屋顶桁架与吊车桁架的杆件布置接近；反之如吊件的运送必须引起注意以保安全，则屋架可选较简明的形式，以与吊车桁架成对比；当然最后运用同一颜色或不同颜色涂饰屋顶及吊车桁架也可起相应的作用。

四 空间排比

排比的大体步骤是先求单元，然后组合。在求单元时已把功能结构以至设备采光等因素综合起来，而在组合时又有上述诸因素的综合问题。平铺或层叠的组合又各有不同的问题。

排比是为了求得功能单元和结构单元两者最经济的结合。但不能把两者在三度空间上的一致作为排比的唯一结果甚或追求的目的。

1. 举书库的架距与柱距为例，说明：

1）架距的考虑与构造、库高、性质、进深等有关，目的是节约容积、便利使用。

2）柱距应与架距符合或是架距的倍数，不然将浪费面积。

3) 柱距的考虑又有结构本身的经济问题，与材料、进深、外墙、采光、层高等有关。

4) 架距、柱距的确定又关系到书库的平剖面布置、结构刚度和工程经济。故大体步骤是先单元后组合，但单元的决定又不能没有组合的初步考虑。

2. 举办公楼的桌距、窗轴距与结构中距为例，说明：

1) 较前例进一步，因为有大小分间，关系到分隔灵活和总面积的节约。采光成为决定单元的重要因素。

2) 窗轴距愈小，则大小分间愈灵活，总面积愈经济。外墙连续愈长，则分间灵活性也愈大。

3) 使用上对灵活分间的要求程度和结构上各种墙体对窗距的限制。

4) 插入体（楼梯、厅、厕所等）的布置对使用面积的影响、插入体本身的需要、及其在结构上应起的作用之间的分割的权衡。

5) 结构整体中刚性与柔性方案和功能布局的关系。

3. 再举实验楼为例，说明：

1) 确定单元时又加进设备这一因素。

2) 组合中又加进设备系统、暖通空调的安排。

3) 平面与垂直的固定设备与设施的灵活分间的矛盾及其解决办法。

这可举办公实验楼为例，有三种解决办法：

(1) 分段按功能确定单元；(2) 根据主要的、大量的功能要求或设备设施确定单元；(3) 求两者适用的单元。

4. 成片厂房的设计也分求单元和组合两个阶段：

1) 决定柱网单元，包括的因素有：

适合于各工段机组排列的交通布置，每机组或每台机器的平均最小占地，适应灵活布置的程度，采光系数、暖通、结构经济，屋面排水等。

2) 组织柱网平面，包括的因素有：

工艺流程、工段划分和交通联系，辅助设施点的分布，特殊插入单元。

5. 举多层厂房的柱网的选择，说明使用灵活和节约面积与节约外围结构的斟酌。

6. 举教学楼为例，说明多种用途的空间单元与相应的结构单元的确定。

此外尚有上下层窗轴不同的分间排比，轴距大小相间的排比，大尺度结构单元内灵活隔断的权衡比较，三度结构单元—盒子式，小型公共建筑的通用单元的确定，功能与结构统一的空间单元的组合等。

结合排比，说明模数化、标准化、定型化、装配化的含义。

阐述多层民用与工业建筑的造型及成片厂房的造型问题。

五 空间顺序

工业与民用建筑设计中组织人流货流，常是能否满足生产使用要求的一个非常重要的问题。民用建筑中大量人流集散的场合，如观演、体育、交通枢纽、展览等都是如此。但作为空间组合设计中的影响因素，却有轻有重，例如观演性大空间中，它是由座席分配附带解决的，并不决定空间的具形；又如车站，这一问题就成为主要解决的问题，它决定使用空间的顺序安排。但是否反映在建筑空间顺序上，则尚需结合其他需要和工程技术而定。在车站和体育建筑设计中，它更是总体布置的一个重要问题。工业建筑设计中满足工艺要求的重要性是不言而喻的，但是工艺是复杂多样的，究竟工艺对建筑设计的各个阶段提出什么要求，对总体、对单体、对构造、对用料分别提出什么要求，工艺和工艺中的流程分别提出什么要求，都应分清。工艺流程的要求既体现在流线组织、空间顺序、建筑空间顺序等方面，又根据不同工业而不同。在设计中必须了解工艺。但了解工艺的深度广度如何，都需加以分析，区别对待，才能抓住关键。例如装配车间的工艺要求主要体现在工段区划、通道组织上，至于流程则已包含在吊车之下。又如纺织车间的工艺流程也是体现在工段区划中，而建筑设计的主题则在于柱网的排比。再如印染车间流程和空间顺序的关系，主要体现在干湿工段的组织，而不反映在建筑空间组合的顺序上。发电站则反映在总体和单体剖面组合上。至于水泥、造纸，则流程直接反映在建筑空间顺序，甚至外部形体上。另一方面，工艺的改进和变化又会促使建筑设计主题的变化，也可举印染。造纸为例。总之，分析工艺与建筑的关系，首先是分析工艺流程与空间组合的关系，为的是使建筑设计既服务于工艺，又不致单纯地处于被动地位。

工业总体布置针对的两个问题是节约用地和缩短流线，两者有一致性和矛盾。首先分析生产流程、辅助线、运输线、交通线、管网线，从工艺的角度考虑缩短诸线的相对关系；估计车间内外用地面积，工段的发展、各面积在组合上涉及顺序要求的强弱关系；然后结合其他影响布局的因素，如防火防爆、上下风、运输进厂线及其半径、排水等等，抓住节约用地和缩短流线的关键，进行总体布置。

举造纸为例说明单线工艺流程决定使用空间顺序和构成建筑空间的过程。

举水泥、选矿和粮食加工储藏为例，说明竖向起伏流程构成建筑空间顾序。

举化纤、胶片等为例说明在满足流程要求下紧凑组合的途径。

以上诸例在遇到地形起伏的情况下，就有一个地形利用的问题，可以说明某些工艺流程对地形的依赖，以及地形对各线处理的制约和有利条件。

举交通枢纽站内部的流线组织和建筑空间关系，说明多线流程的分析、组织及其构成建筑空间的工作步骤。并举车站广场、体育广场说明人流、车流的组织，各线的集散、流动、衔接、交叉和面的分配明晰紧凑的关系，以及进行组织安排的方法步骤。

而展览场所的空间顾序安排在于加强流线的指引作用和平衡流量。

结合以上的举例，阐述建筑体形的整理，建筑物与构筑物的协调等问题。

六 多组空间组织

（注：当时考虑可以医院设计为主要例子）

七 综论

（注：当时考虑第一、二章为第一阶段，第三、四、五、六章为第二阶段，均结合设计题逐步逐个讲授。在这个基础上，最后再对建筑空间组合设计原理作一简要概括的论述）

原载于《同济大学学报》1978 年第 2 期

谈建筑设计和风景区建筑

各位同志：

感谢主人对我们这样隆重地接待，我准备很不充分，以前在练江边住过一年，参加过采茶、炒茶、下田等活动。那时，房间外面抬头就可望见黄山的轮廓，天天向往，可是不准去，今天在这么美好的风景区能和大家交流经验，非常高兴。

在座也有不少校友，又见面很高兴。现在全国工作重点已转向"四个现代化"，要保证生产生活的提高，环境很重要。建筑要怎么才能提高以适应四个现代化需要呢？有什么问题？我们来的几位除了黄总（黄兰谷），都是来自学校，不免讲的东西有点书生气；可能理论和实践还有距离，这点我们也有自知之明，希望大家给我们提意见。大家对我讲的要去芜存菁，如果有几点对大家工作可参考的话就不错了，我希望是这样。

我们大家知道建筑既是科学又是艺术。建筑设计科学在哪儿，有些什么方法，我在书上看到一点给大家谈谈，我刚才说不免书生气十足，实际上书生气也并不大，因为十几年书没看，积压成堆，这两年看的是否看准了、是不是人家的一些皮毛、是不是看懂了，也不一定。要看懂书的话，必须要实践，可是我们实践也没有，只能从在座的诸位经常在实践的人中来吸取营养，来对照书上的东西才能逐渐消化，看看哪些是可用的、哪些不可用、哪些和我们的实践相符合。这里问题很多，所以我再三讲，我们讲的东西要去芜存菁，这次来的几位同志每人都有一个题目，可是建筑问题，这个题目里可能有那个题目，那个题目里可能有这个题目，我们谈住宅不可能没有规划问题，谈规划也不可能没有风景区问题，相互之间都有关系。所以我们各抒己见，这一个人讲的和那一个讲的不一定一样，甚至有矛盾。这很好，可以供各位探讨、研究、斟酌、取舍，而我们希望这次能够吸取养料带回学校，对我们搞教育有好处。这次好不容易能够凑在一起来，天很热，不过，我也有私心杂念，因为我在练江边住了一年，没去过黄山，那时我不敢讲，现在讲，我是耿耿于怀，为什么大好祖国河山我不能看。这次时间凑得对我们上黄山倒是很不错的，要感谢主人的安排。

我们讲建筑是科学，那么，建筑的创作方法应该是科学的；但是建筑又有艺术性。两方面的东西，应该怎样来处理？所以我先介绍一下设计方法，然后再就开辟风景区问题谈谈我个人看法。

首先我向在座的领导同志替我们搞建筑的同志呼吁一下，为什么每当一项设计任务来的时候，要花那么长时间讨论这任务要不要，要花多少钱，造在什么地方，这个时间花得很长；后面设计定案了，施工单位一定叫"要时间备料"，只有我们设计的时间两头挤。"是不是明天可以把方案掏出来"，方案怎么好掏出来？这又不是掏浆糊。方案应当分两步，一是初步方案，一是技术设计。技术设计当然很清楚，它有数学力学，要一步步算的，假使房子算塌了，不行，因此技术设计时间要保证，至于草图设计时间，很多人觉得那就两天差不多了吧。我感觉这样的说法和想法是不科学的，实际上初步设计时间倒应该长，当然我不是说技术设计可以缩短，所以我呼吁，要把初步设计时间放得长一点，相对地商定任务的时间和施工准备时间稍微可以紧凑一些。总而言之，不能在思想上把初步设计时间压得很紧，假如时间没有，无论怎样讲科学化设计也不行。

有人说等将来电子计算机来了可以代替很多人力的工作时间。我们说有一种日常的、一般的重复的工作，电子计算机可以立即见效，可是我们搞建筑创作的到现在为止，计算机国外也还不是用得那么多。是不是能用呢？是有许多地方可以用的。可是不是那么样好用？不一定。建筑还有艺术性问题，因为它们因素很复杂，很多，将来可能逐渐会用得多一些。可是我认为现代化不在于电子计算机，实际上电子计算机是模拟我们人的逻辑思维过程，如果我们人不进行逻辑思维，即使将来引进电子计算机，也不会，甚至不愿用，所以我个人感到对设计要研究一下逻辑思维。其实电子计算机我们人人都在用，脑子就是电子计算中最复杂的。问题是我们没有把怎样考虑设计好好集中起来分析一下，所以才公说公有理，婆说婆有理。自己的方案自己也说不出所以然来，有什么优点有什么缺点，都是概念化的，很难对其他人有说服力，客观上造成就觉得是个人的力量、个人的主见、个人的意志决定方案，所以我觉得大家首先要提倡逻辑思维。

其实很简单，我们知道设计要达到一定目标，可能划分成二三个局部，譬如这个局部目标占 1/2 或 1/3。这个局部目标再分的话可能又可分出几个局部目标，可能这个占 1/3，1/2，所以目标可以分成第一层的，第二层的，第三层的……这些目标在每人心目中不一样，譬如要造一个工厂；甲方总目标与领导、设计人都一样，要造一个工厂，但小的目标不一样，每一工种的要求不一定相同，这就要大家商量。我们看每一层加起来都是 1，如果事先不研究，没有共同语言的话，那很难。要造一个工厂，甲方的目标是这个，地方当局、规划局的目标是那个，互相根本不考虑，到方案出来怎么统一呢。最后大家决定依据是靠透视图，对透视决定的依据是"我喜欢"，"这个好看"。实际上好看是几层目标中的一个，不是总的目标。我们应该说条件最好，土地没有私有、经济是计划经济、大家有共同的愿望，应该搞得好，但是我们如果统筹方法没有的话，就没有办法来算，我们常拿几句话就给否定了，这样是不是"繁琐哲学"，是不是"书生气十足"，是不是"白费"、不值得认真对待？我不是说每一个设计，连一个小的合作社也都要来这么一套，因为任务小，问题比较简单，具体而微；如果是一个大的任务，各方面问题很多，我们事先必须要把目标搞清楚。不计数，以后方案就没有根据。评判方案也没有根据，造好以后到底用去了多少东西也没有根据。因为大工程只造一个，不会造第二个条件和它一样的，有比较才有鉴别，但是有些东西无法进行比较，例如人大会堂，因为只有它一个。但是客观的东西只要分析我看都可以说得出来，所以只有说得出来的东西我们才能真正认识它，这种认识不是很渺茫的。

我和黄总在房间里谈到我们现在很多东西，不肯数量化，很多东西就"算了吧"！不肯用数量来表达，其实，甚至是艺术的东西，也不是完全不能用数量来表达的，能用数量来表达才能上计算机，电子计算机就要数量化，越是数量化，越是 yes，no，很简单。电子计算机程序，等于我们工作程序或者思考程序。举例：有几幢房子在山坡上，每一幢房子都要朝南看风景，这问题要由人来做很麻烦，要试做模型来看行不行，如用电子计算机来扫描，视线碰不碰到前面的房角，碰到了就回头。再试，是不是不碰了，这样人工（做）不行，太费时，我们用的方法是和设计思考一样，仅仅是人家认真把它做出来罢了，我们常说的一句话，调查研究、分析研究、全面观点，不要片面，我们讲得很多了。我们有没有调查？我们有没有分析？我们有没有研究？我们有没有全面观点？有，就是没把这些认真对待。我们常看到外国人，也有我们同学，认真把它做出来了，可我们自己，什么"繁琐哲学"，一下子把它否定了。实际上我们（做）设计，分析实用、经济，实用有许多因素，经济有各种经济，能分到基本上不能再分了、分到数量化，基本就一目了然。美观问题一部分可数量化，一部分不能数量化；如果不能数量化我们也可以给它一个相对数量。比如我们在座 250 人，大家投票，在某一个美观问题上高一点好低一点好，150 人不赞成 100 人赞成这就是一个数量，是一个相对比较的数量，不是科学的，不过在现在我们这范围内、现在这时间是可以的。为什么在这时间内呢？因为现在我赞成，过两年可能看法不同了；在这样条件下现在天气热我投票赞成高的，到冬天我可能投票不赞成。但是相对的讲这是有数——这样可以有很多的数量，局部要素，更小的局部要素，把这些要素排列清楚后正是我们所需要解决的问题。

大而言之，就是这些因素、要素，实用经济美观，再小可以分到可以数量化的要素，如果把这些要素分配列出树形，这个设计就对了。每个要素要满足它可能有一到多个措施，我们可以从中选择。比如有一个要素材料吧可以采取大板，也可以采取骨架，总之，挑选的措施结合起来就成为一个方案，每一个人的方案仅是挑选的措施组合不同而已，如果仅是根据这个总目标判断方案是不行的，我们必须判断它有没有满足这些要素，如果某人在措施里挑了一系列而缺了一个措施，那就是没有应对某一个问题要素。我们就可以把这些要素用不同的挑选方法，做成许多集合，方案就是许多因素的集合，我们在设计之前把因素分解，做了模型，这是因素组合模型，根据这个模型来设计。其实我们在设计时都是这样思考的，仅仅是我们不自觉不自知，我们科学性无非是使人的工作过程更加明确透明，可以后验，互相能有共同语言、有的放矢了。所谓透明就是分析很清楚了，每个人都可以看得很清楚了，根据它进行设计。设计完过滤，就是评价，好像筛子一样，有十个方案用筛子一筛，和我们过去在干校筛梨一样，要出口的梨一定要筛一筛，过得去的太小了，不合格，好像美国的橘子，一个个一样大小。所以才能卖很高的价钱，我们梨大大小小怎么能卖大价钱呢？我们十个方案，筛不过的就是合格的，没话讲；如果是片面的，某一点上非常好，但筛下来了，谁讲喜欢也没有用——这些因素不及格嘛，什么对称，线条，色彩，什么漂亮都没用，一个国家要法治，就是规则，法在没办事前就先制定了。我们在一个方案没做以前先来分析要素、确定目标，这个过程没有问题，大家容易一致的，顶多稍有出入，最后可以统一。假如我们方案做好以后再订就不容易了，为什么呢？因为主观已经形成阻碍，是对科学性的阻碍，正确评定的阻碍，所以我们要提倡分析研究。我在北京搞图书馆，那么多方案我提出有些东西可以比嘛。从大门进去是目录间，从目录间到一般阅览室、儿童阅览室等阅览室有多远，距离乘上每个阅览室的人数，这就是里面总的人走的公里数，再除以总人数，这就是平均每个人从大门一直到阅览桌坐下来走了多少米，这样一比，各个方案相差多到一倍，这是一个数字。另外一个比较，阅览室我们现在不能像人家那样全部人工照明，还要靠天吃饭靠日光，房间暗的地方就不能用，当然可以加些灯，但不能加得太多，越少越好。我把没有采光的房间外墙长度量了一下，占方案房子绝对长度的百分之多少，相对百分之多少能采光，这样一比各方案相差数字也不得了。看这相差的数字比你房子外面高一点低一点重要得多。我刚才讲"四个现代化"就是要提高生产，提高服务水平就是提高效率，现在方案要多走路，这个方案比那个方案多一倍，这要浪费多少人的时间，多少人可以看书的时间走掉了，合算吗？你说经济这个方案要比那个方案用电灯多得多，这些都是数字。提倡这些我们就理直气壮，建筑师理不直气不壮不能全怪别人，也怪我们自己委曲求全，这就是我们建筑师的毛病，我们搞设计没人不想"实用经济可能条件下美观"，确实我们也不是完全从美观出发，当然考虑够不够、考虑全不全是另外问题。另外也不完全是我们的责任，可是自己曲而不守是我们的问题，所以要宣传建筑科学性，争取大家理解、谅解，争取各专业的同行与我们合作，来提高建筑的科学性。

　　本来我想谈谈对建筑的看法，谈谈传统与革新问题、单体与总体问题，多样与统一问题，这样讲比较抽象一点，要不就讲得很具体，举例谈谈一个建筑碰到几个问题，当然也可以，可是我始终认为要抓好关键，一个是科学性问题一个是 艺术性问题。

　　科学性问题中还有一个方法，过去我们做过的示意图。示意图就是把每一点作为一个功能的空间或叫房间，这房间和那房间有关系，这房间和三房间有关系……这样做成了一个网络图，我们把网络图一通就很清楚，某些方案思路是一致的，解决的办法也是一致的，而某些方案完全不一样。网络图没有尺度，有尺度的话就是框图，联系的问题就突出了，究竟是这边联系还是那边联系，是竖的摆在一起还是平的摆在一起，就有各种的线来表示，这也是来检查我们设计，或者说是模型，各因素的模型，有了模型然后来进行设计。又比如一个门诊部有好多科，内科、外科……这些科和药房、挂号都有关系，用 A、B、C、D 来代表，先两间房间两间房间来比较，每天由 A 到 B2 人，到 C3 人，到 D4 人，以此类推，可得出一个房间之间的关系图，可看出使用的频繁关系。不用数字也可用符号代替，用实心的代表有关系，半空心的（代表）关系不密切，这样有了这个关系，排列一大堆房间的话，一眼就看出哪一部分房间有关系，哪一部分房间没关系，这个我们叫它矩阵。当然还有其他许多办法，我只觉得我们需要提倡。我实践得很少，不过我们认为这样做才能保证建筑上的效率，才能取得最佳优化方案，这一套目标确定的方法、设计分析的方法、表达的方法、评价的方法，需要我们大家提倡。我们不能等，不能等人家电子计算机发明完了以后来用，实际上基础还在逻辑思维，没有逻辑思维的基础怎能用逻辑思维的工具呢？

下面我想皖南这么好的风景，就开辟风景问题谈谈个人意见。

风景区不是说要我们造风景区，而是等待我们去开辟，当然不排斥对一些原有知名的名胜古迹加工整理，可是我们不能永远步和尚、道士的后尘，永远踏封建士大夫的脚印。固然，和尚、道士是我们祖先的一部分，他们选择的地方很好，我们应加以整理保护，不过当时有当时的情况，有当时的条件，唐宋时候人口恐怕不太多吧，顶多几千万，现在人口是那时的十几倍。那时旅行可难呀，到这里来玩恐怕太难了，譬如说跑了那么远路到了歙县的太白楼一看不得了呀，经过那么累的路一看前面有练江，对面一个楼，往往诗兴大发，和我们现在比不一样，我们现在要求高。过去空山不见人那种诗意，现在不可能，到处是人。难道就不美？我记得有一次到石林，感到石林有少数民族舞蹈特别美——不一定没有人才好看，有点人的色彩很好。我记得在某地一个山洼演奏交响乐，在附近的山洼都听不见，可一进那山洼，一片人，也很美，所以人多人少也要变的。

对风景，欣赏工具现在有汽车，过去是坐轿、骑马、骑驴，速度不同，因此走的路也不同，我们要平平的宽宽的，转弯半径也不同，走路可以 90°转弯，骑马要稍微有一点半径，汽车的话更大，因此欣赏的风景也不同了。不过有共同的问题，风景主要还是看，给人感受。所以我们要开辟风景就像扫描一样，我们找风景也要扫一遍，不会全国乱跑一遍，要有选择。我们跑到有一点风景很好看，这是个视点。我们找到两个视点看山就看得全一点了，看到立体了。有诗人讲"安得帆随湘势转，为君九面写衡山"，他就是想要围着看山，顺着湘水可以从九个面看，多面的意思。九华山，不一定九朵莲花，意思是很多莲花。不管几面看山，"横看成岭侧成峰"都是景外视点。可在里面看就是景中视点，将许多画面集合起来形成一个空间，当然画面的集合，也包括天、地两面在内。景外视点是人站在外面欣赏，景中视点则是空间的感受，不过实际上没有什么景外视点，实际上还是景中，仅仅是另外几个面的重要性不够。也就是说只有一方面起积极作用，起感受作用，另些方面不起积极作用或起消极作用罢了。我刚才讲景外视点从这一点移到那一点，山峰变化，是逐渐地变化，这是讲一个峰，如果有三个峰，那么在外面视点转移时看到三个山峰的几何位置的变化，给我们的感受还是渐变，如果这条线在标高上不像刚才讲的"帆随湘势转"标高相同，而是起伏的，那么变化更加强化了。动观比静观给人感受更大，这是说景外视点的转移，如果景中视点的转移也一样。从这个景中转移到那个景中的话，变化就更大了。"柳暗花明又一村"的确变的感受很大，所以我们现在可得出这样的结论：只有景外视点转移到景中，或景中视点转移到景外，或是景中视点转到另一景中的视点才能加强我们的感受，而其中从景中到景外感受最强。有人会说李太白说"众鸟高飞尽，孤云独去闲，相看两不厌，惟有敬亭山"，他动也没有动，坐了大半天，他感到敬亭山和他息息相通，这感受怎么解释？因为他坐了半天，虽然没动，但景色还是变了，先是众鸟飞了，后来孤云也飞了，人没动可是还是动，仍是动观，可这个动观由画面集合来给他感受，而不是一个画面，不然就像看一幅山水画了，他怎么能看出山的动态、山的精神，再感到相看两不厌呢？不过取得这样动观要花时间，我相信李太白坐了大半天，像我们旅行团赶鸭子那样从这里赶到那里，我相信得不出相看两不厌的结论，再加上那时他大概有点诗意，一个人坐在那里冥思才和山的精神相通，人肯定很少，不过我在这倒有点启发，刚才说一个视点有一个感受，视点一个个转移后有一个总感受，总感受应该等于各感受之和吗？不是的，总感受可以大于各感受之和，要看你安排，假如一游览线长度不变，可是有几种走法，假定从景外视点到景外视点或是景外视点到景内视点，或者从景内视点到景外视点，反正长度不变，但总的感受不同，所以和总感受有关系的有三个因素，长度、时间，再一个是变化的程度。这四个东西之间是个错综复杂的关系，我们如果掌握这个关系，就可有意识地加大它的感受。刚才讲的李太白坐了没动，变化的程度就靠孤云和众鸟，所以就靠时间，不过时间长到一定程度就厌了，关系是一条曲线，总而言之我们可以把这四个关系好好加以考查，比如时间和速度是相反的东西，时间同长度，如果坐小电动车很快到苏州拙政园走一圈，长度没变肯定总感受少了，因为它的景色就是要你步移景异一点一点逐渐感受，你坐小车很快跑一圈感受一点也没有。有时我们希望把时间加快，比如那里有座山，里面有一湖，高原的湖很漂亮，碧绿的，山是带红色的岩山，到那里去要翻几个山头累得要命，因此开了一个山洞效果完全不同，缩短距离，取得突变的效果，我是不主张有的地方做缆车，假如这地方环境和九华山情况一样都是竹林，那地方也是竹林，吊车上去看到又是竹林，什么也没有变。如果慢慢一步步走的话，连这里的小变化他也能感受到，时间拉长了，总感受不一样。所以我不是一概反对山洞、吊车，而是要看情况，目的是为了加强总感受。这对开辟风景区时对线路的安排，速度的安排有一个基本的估价。当然开辟风景光有这还不行，这仅仅是基本的。我是强调动观，当然静观还是很重要。静观一般讲都是高潮，都是尽端，"行到水穷处，坐看云起时"是感到最开心的，坐下来了，所以动观和静观要辩证来考虑。这样一看苏州园林步移景异这一套是简单的。扩而大之开辟风景、造园都是一个道理，能否用于一般建筑上呢？一般有，不过不是那么强烈，在工厂里也搞什么感受？当然工厂里也有，但不是那么强烈，刚才说如果把目标树分析清楚，把它放在应有地位，第一建筑不一样，道理还是一样，或许有人问风景的美感好像只来自眼睛？是片面又不片面，但是它是主要的，当然我们到这里来"菜鲜饭细酒香浓"，对风景是肚皮一饱，越看越美，所以味觉和视觉，关系很大，所以到山里，鸟语花香，熏风清气，哪一样东西没有关系，听泉声鸟声都属风景美，不过视觉看到画面是最最主要的。讲了半天空间感受好像很虚，我们组织各种空间感受有这条线就可理一理思路。空间感受究竟有哪几种？我们把它有意识进行安排它就会起加强总感受的作用。

刚才讲视点转移问题，现在讲空间感受。说出来也很简单，文人雅士、诗人有很多话来形容空间感受。真正说得出的还是柳宗元，他说"旷如也，奥如也，如斯而已"。他胆多大，空间感受就此两种，一种就是旷，一种就是奥，我们组织空间选择线上有的地方奥，有的地方旷，把它有节奏地加以组合，如斯而已。当然我们开辟风景要根据开发的程度、旅游工具的发展而定，美国的黄石公园是很荒的大自然，也是风景区，我们将来如果可以坐直升飞机到喜马拉雅山去逛一圈的话，喜马拉雅山也算是风景区，这就在于我们的工具问题，在于我们的工具到得了到不了的问题。如果那样的话是不是黄山的生意被抢掉了？当然不会的，因为各有各的美。我们要选择适当的工具来适应各个适当的特色来进行开发，这样我们范围扩大了，就两样了，不是什么文管局专门看"明以前的才算风景，明以后的不算"，当然国家在保管文物上经费分配有一定比例，那没有办法，但作为我们开发风景不一定这样。那些村庄可能没有什么明朝建筑，甚至连康熙乾隆时代的建筑也没有，可它作为一个整体很有保存价值。可惜旅游局觉得不是我旅游的问题，文管局（认为）不是我文物保管的问题，地方上考虑这里搞不上算，反正总而言之将来开辟风景区总有这么个问题，一方面有"一拥而上"的问题，另一方面有"三不管"的问题。

所谓"一拥而上"，这里你要搞一个建筑，我也要搞一个建筑，你要搞一个内容，我也要搞一个内容，怎么办呢，先大家划分土地，然后围墙一围，那就糟了，现在不仅风景区，建筑上也有这问题。明明是邻居，你一个会堂我也要一个会堂，为什么不合起来呢？或者分分工，一个会堂专演电影一个会堂可以多用。这样可以节省很多，演电影的一个无需后台了，视线也容易设计了，声音也好办了；假如要演戏的话，要吸声材料，空间要大一些，问题多了，还有后台，可实际上用来演电影最多。最近我听说北方那里要造二十几个电影院，可是每一个单位都希望多用途，既开会又演电影又演戏，何必呢？如果十个经常演电影起码就可省去十个后台，而且声音可以专门针对电影来搞，多用途的按多用途的搞，又省力又省钱而且又合用，可大家不干，所以才讲一拥而上。

"三不管"，什么问题呀，我觉得这都是意境问题，意境就是思想水平问题。开辟风景首先我们碰到就是路的问题，要开路，举一个例子有一个古迹，准备开放，是一个楼，现在一开放就要考虑汽车，要倒（车）还要停（车）。要车道就要2车道，还不够，将来可能人很多，还是3车道吧；要停车，加上转弯半径一大片水泥地。原来这楼相对讲是很畅的，因为过去路是小路，人是骑马去的，到了也是走上去的，因此从小路、经树林子，一到了楼上，感到很畅，一畅快对这楼的美全感受到了。你现在大马路开到一大片水泥地，一上去就感到楼小得钻都不愿意钻进去，还畅什么？所以路的尺度和风景有关系。我不是主张什么东西都要弄得小一点才符合风景，我看到美国有一位建筑师，在光秃秃石头丘陵地带，他造的一个大学校五六层，很长，二三百米，总而言之很大。这一来敞得很，感觉山势显出来了，丘陵起伏显出来了，房子显得也气魄很大，相互之间很协调。并不是说所有路都要很小才能不破坏风景，我们看到有些路 6 车道，当中可能还有分车带，随着地势起伏有些转弯半径很大、速度很大，可是在大环境中很漂亮，那就要看风景和人工物之间的关系，要协调。大有大的协调，小有小的协调。这就提出一个问题，我们至少要对自然尊重，不尊重就无法协调。真实有的东西不一定很美，可我们也应该尊重，因为它已经存在。可是我们建筑师有的在街上造一房子，原来旁边已有一房子，它檐口离地 10.2m，我搞的 9.8m，差这么一段，这一边造一幢是 10.5m，差这么 30cm，你为什么不尊重旁边的？虽然它并不好看，如果一样平你自己也可显得好一点。这就是尊重问题。所以不光是自然，我们首先要尊重旁人的东西，这样才能协调，所以我讲协调的基础在于尊重。

既然有尺度问题，我们尊重了自然，这就好办了，假使是大的气魄大的东西，几个单位要造的东西可以合起一个大体量的东西和自然相结合。如果自然不允许大的东西，那我一个单位应该把它拆散，让它与自然相结合。几个单位综合总有协调的问题，不一定分得那样清楚。三个单位搞一个大楼四层楼，除非垂直分三条，这段你的那段他的，不然总有"你在底下他在上面"的问题，有"你长一点他短一点"的问题，再有在地上摆起来可能还有一点主次问题，这个主次很难，艺术上主次和单位的主次不一定完全一致，尽且最好一致。

这里都有一个意境问题，所以我们应该首先要有共同的意境无非就是解放思想，开动机器实事求是团结一致向前看。这几句话可不容易呀，我刚才讲的科学性问题就是实事求是。怎么分析实事然后才能求是。无论和自然协调、邻居协调、几个单位协调，都有一个团结一致向前看的问题。最不容易还是解放思想，开动机器，解放思想任何事情都是辩证的，解放思想有一个愿意自己受拘束，也就是法制问题，刚才讲不管目标拟定也好，因素分析也好，然后结合成设计模型也好，不论评价设计也好，每人在里面如果不受一点约束的话，你怎么解放思想？所以解放与约束是两个方面，我是想到什么讲到什么，很可能有许多东西有毛病，如果都等我想通了，想仔细了想完整了想成熟了，再讲，我认为倒是不负责任的，我是想什么讲什么早一点请教各位，对我们带回去对教育有好处！同时我希望也能对建设四个现代化出一点力，希望大家批评指正，讲这些，作为开场白。

1979 年 6 月

实践与理论畅谈会发言（摘要）

听了好多发言，很有启发。我认为"理论与实践"这一个提法比较完整，两者不可偏颇。而且这次会议比起过去的会议来说，更多地侧重于理论，这就反映了当前建筑理论工作很重要，很迫切。从 1969 年到现在，我们理论谈得很少，而且现在的建筑理论也有了很大的发展。所以，今天大家从相当繁忙的工作中抽身出来，坐下来谈理论，这本身就说明了理论是多重要了。而且谈理论，必然会联系到当前的工作、实践。现在学校里老师们的压力也很大，因为学生们也在学习理论。他们读了文章，讨论了问题，就要学了，老师如何引导，这是很不容易的。

我还认为，现在我们应该强调精神功能，因为过去我们实在讲得太少了。不要以为一提精神功能就必须花钱，其实解决问题的方法是不尽相同的，比如公共建筑、纪念性建筑，运用良好的体型、空间，就可以反映出精神功能来。材料是要好一点，但差一点的材料未必就体现不出精神功能来。

还有，有的同志认为物质功能、精神功能的矛盾可以在不同类型的建筑中区别对待。我以为还要加上一点：在不同类型的建筑中对于精神功能的侧重点不同。比如居住建筑，很强调经济性，可是精神功能还是要讲，它的侧重点可以在它的私密空间、半公共空间、公共空间的处理，而不在体型了。空间序列、小品、绿化、室内设计正体现了精神功能，而不是没有精神功能。像其他工业建筑，也要讲精神功能，当然侧重点又不同了。

建筑目的可以通过"建造"来实现，而有的却可以通过"不建造"来实现。比如，上海绿化很少，但是一旦把许多单位的围墙拿掉，绿化就都出来了。上海西区，如果去掉围墙，那环境是相当好的。单位私有观念要打破，"有所为有所不为"，都是为了实现我们的建筑目的。

还有城市设计，也提到议事日程上来了。它就是要打破单个建筑设计各自为政的界限，城市设计比城市规划范围小。做城市设计的工作，是要做好思想准备的，甘心当无名英雄，愿意做打杂的工作。专门要处理人的边角料，是要有一点精神的。

关于建筑评论，应该把握住要点，应该指名道姓，不要含含糊糊，让大家猜来猜去。另外，作为建筑师度量要大，要提高自己各方面的修养，通情达理。这个情，就是人的感受、信息；这个理，就是一系列可量化的标准。过去我们"理"讲得多，"情"讲得少。现在我们就是要多讲"情"，这也是很自然的；就是"理"，我们也有很多不足。像建筑法规，我们也要尽快发展，没有法规，很多矛盾无法解决，这还牵涉到体制问题。所以，要繁荣建筑创作，我们还有很多的工作要做呢。

原载于《时代建筑》1986 年第 1 期

美国建筑师学会 1990 年年会

　　1990 年 5 月 19 日至 24 日美国建筑师学会在休斯敦举行全国性年会，本人作为该学会的荣誉特别会员应邀参加。

　　该学会在世界各国中是最大的建筑师组织，拥有 5.6 万会员，这次年会到会的就有八千多人。

　　与会期间，除大会外，还与一系列演讲会、座谈会、专题讨论、咨询活动、设计竞赛展览、设计展览、产品建材设备展览，当然还有层次不等的宴会、庆祝会。

　　会上授奖仪式有：授与各州推荐通过的本年度特别会员（FAIA），但按各国泛例应译为院士；各种单项奖，最重要的是一名学会年度金奖，今年得主为费伊·琼斯（Fay Jones），得奖代表作品为一不大的林间教堂，这反映了视线已不在于规模多大，不在于争奇，而在于创造美好环境，与自然一体。这也可以说是正在转向。

　　会上又授予 12 位外国建筑师以荣誉特别会员称号，其中吴良镛教授是我国接受此称号的建筑师。

　　会上还改选了该学会领导层。

　　整个大会丰富而紧凑，有条不紊。本人则略感疲于交往，难于作深入学习，其实这样的大会主要是友好交往，同时通过活动氛围取得学术动向的感受，通过各项窗口窥见建筑发展的概貌，我认为这是最主要的，这样短的时间如若消耗在支节毫末上，并非得计。当然如有经费则有些资料或许有选择地带回来仔细咀嚼也是值得的。但这次是自筹经费，可惜未能多做采购。

大会的口号是"向改善的未来世界推进"。要求建筑师们认真对待环境、技术、设计，迎接城市性的、全球性的经济、社会等方面的挑战。具体来说探讨集中在提高环境质量、设计高效住房、开阔职业的途径、寻求新任务等，为下一世纪作准备。

从主席的开幕内容可窥豹一斑：号召建筑师们探讨紧迫的环境课题，包括保护臭氧层和防范酸雨的意识。建筑师的职业应该发挥其特有的智能示人以如何行动来当好我们这一星球的主人。信息驱动着社会的发展，下一世纪将无限渗透到生活的各个领域。哲学家詹姆斯·伯克(James Burke)强调语言是最有力的明证。信息与环境变化可以互动，信息可以反应环境变化，他认为计算机（Computer）对人类智性生活来说是自从创造字母以来最伟大的事件，让我们用新信息技术去扩展我们的集体意识，去认识我们在大自然风云变换中和无数生命体是一体的。

开幕词说：建筑师应成为美国的"边缘城镇"（Edge Cities）的守护者。"边缘城镇"系近 20 年来在商业中心区之外如雨后春笋般发展起来的混合利用的新型聚居点。至于开幕词还引用了普利策文学奖得主约耳·加罗（Joel Garreau）的话说边缘城镇是未来；原中心区应作为 19 世纪市区加以保存下来；边缘城镇造了多于公共空间的大量停车位反映了个体自由的无限价值；是几百年来城建方法的一大变等。本人不尽同意此说。

年会后应邀去内布拉斯加大学林肯分校访问，讲学，并参加了该校硕士班评讲等活动。

1991 年 1 月

美国建筑师学会 1991 年年会

　　美国建筑师学会是世界各国中最大的全国建筑师组织，它拥有 5.6 万多名会员，每年在全国各大城市或游览地轮流举行一次全国性年会。会间改选两位副主席，秘书长、司库等领导层。照章本年度第一副主席即晋升为次年度的正主席。本人于 1987 年年会上被授予该学学名誉特别会员荣称（或译为荣誉资深会员），嗣后作为该会上宾，应邀参加了 1990 年在得克萨司州休斯敦召开的年会。1988 年本人由于正值在加州大学洛杉矶分校讲学，与年会时间冲突，而未能应邀出席在纽约市召开的年会。

　　今年 5 月应邀参加了在首都华盛顿召开的 1991 年年会。会期五天，除大会外，还有一系列分区会、演讲会、座谈会、专题讨论、咨询活动、设计竞赛展览、设计展览、产品建材设备展览、书展、画展、以及游览、参观，还有层次不等的酒会、宴会、庆祝会等。

　　作为大会高潮之一的授奖仪式内容不少，包括：授予各州推荐通过的本年度特别会员（或译为资深会员 FAIA），各种单项奖，最重要的也是众目所瞩的是一名学会年度金奖。今年得主是华裔著名建筑师贝聿铭，他得奖代表作品为香港中国银行大楼，这可说是给那种风水迷信说者当头一棒。学会过去每一年度均有 10~12 位外国建筑师获得名誉特别会员荣称，今年则仅有 6 位。

大会内容可说是丰富多彩，紧凑有序，但是毕竟时间太有限，只能蜻蜓点水、走马看花。虽然窗口信息俯拾可得，但分项细节不足以理出明晰头绪，只能就活动趋向，窥见一般情况，从中拼成自己的整合感受。

本届大会不能不受到海湾战端初告结束的影响，经济衰退的阴影还未消失，建筑这一门行业的复苏特别在东部还未显端倪。前几届所多谈论的迎接全球城市大发展的新挑战，提高环境质量等等话题，本届会中似乎淡化了。因为这些话题多少流露了乐观情绪。另一方面谈论建筑师如何增加自己的适应能力，如何充实自己的多面知识则从一个侧面反映粥少僧多。另外讨论到可承担的住宅或可直接译为廉价住宅，却是以前谈得较少的。

一向提得满高的"边缘城镇"仍然为人所热衷。大会后本人带着这个问题考查了几处。边缘城镇是经过完整规划的新区本身无疑是好的，但对中心城区的败落起什么积极作用颇不明确，会不会起推波助澜釜底抽薪作用？美国不同于欧洲的是欧洲各国古老城市中心或许由于边缘发展城镇而收保住文物便于更新改造之利，而美国是否能取得效果，还要时间考验。

1991 年 5 月

教学杂记

我们的专业叫建筑，这个"业"也有个限定。重要的前提是在一个重力场之中，天上的水下的不在我们的业之内。

重量从上到下直到基础地基。凡承重的叫结构，不承重的和节点处理叫构造。

建筑设计是进行科学分析与主观想像相结合的过程，是一个实现特定的功能需要与特定的环境与条件尽可能完美结合的过程，不宜先有个固定不变的设想，而是应逐步发展设计构思。

城规与单项学科关系：单项认为是功绩者有可能从城规看是蠢事。犹如医疗纪录中手术栏内是"成功"，而人栏内是"死了"。

何谓城市设计（Urban Design）？公共空间的序列设计和边角处理。

◆初步设计是设计的转换。抽象的要求经过组织综合到具象，无形到有形，但不可避免"无"中还是有个"形"的，有个"形"有好处也有妨碍，因为此"形"是心存已有的，源于设计者的直接经验，也可能是人家已有的，不是自己的。所以此"形"必须是可动的、可发展的。

设计的内容就是因素的摆法和由是得出的空间组合。方案的产生、评价、删并、相对的最优化。

城市是不断生长变化的有机体，动是绝对的，静是相对的，建筑其实亦然。

规划者，因势利导，使其合理发展，摆正关系。

部分与总体、部分与部分，因素与因素之间：

◆由有形到无形是规划的转掹。

◆意在笔先，但笔不在手，这就必须反复坚持与调整，无形以观其变，有形以制胜。

◆总之，分析—综合，比较—决断，是我专业的"专"之所在。

发展生产提高生活水平，哪一样不在建筑中进行。保证生产、生活人为环境的"效率"是功能也是经济，而且是长远的经济。施工经济是一时的，但整个说来影响周转也要紧。

如果理解设计快就是效率，那是本末倒置。设计是精心问题，一再呼吁要给设计者时间，以快而沾沾自喜者，不智。要效率就动不动要这个那个设备，不对。首先要逻辑思维。

因此，提供个人臆想、个人主见、个人意志等得以表达出来的客观条件是很重要的。

所有有关的人对目标似乎一致，实际并非真的一致。

这个见解容易被几句话否定："是否书生气十足"、"是否繁琐哲学"、"是否不值得认真对待"等等。

要素求定量化，就可以比较鉴别，科学化就是认真对待。

协作者之间对话求精确判断方法。

目标拟定、检查和修正，使价值估计的进程更透明，可推敲可复核，以扩大对求解问题认识的范围。

◆结构教你选取断面如何合理、经济、精确、详尽，而艺术教你夸张、表现力，两者不能成为对消，弄得好，可成为互补，平衡工作就是设计。

◆街心小园设计重要的是如何看待，是当成自成一块呢，还是当它只是底色，还是当作处理整体的边角。

尺度看得大反而小，尺度看得小反而大。

街景立面的重要性不像臆想那样，由于行道树遮了大部分，统一的需要却像靠右走那样不用多说。

◆历史延续好像：一酒席中，晚到入座，感觉怎样？如果我一到，一桌避席，打断气氛，煞风景，触目。如果我一到，无人搭理，不知往哪坐，局面尴尬。一到就和其中一位不停私语，满席站等，可厌。——招呼到，好些，适可而止，不然显得世故。

首先自己要既谦逊，又有风度。尊古而自重。

建筑情、人情一个样。

社会固然需要一定数量具有宏伟形象和纪念性的建筑，但更需要具有地方风格、传统特色、富于民间和生活气息的、浸染着自然、文化情趣的建筑。

◆反常为趣，但要在知常的基础上。

后现代主义（Postmodern）若没有现代主义（Modern）对材料、结构、功能等等的熟识，没有手法变化的纯熟，何所反？不知"常"为何物，而故作态，搔首弄姿，那是野狐禅，自以为离形写"意"了，则庸俗可憎。

◆反常合道：杨小楼的裂音，杨宝森"文昭关"的爹娘啊、肖邦的即兴幻想曲（Impromptu）正如诗歌中正常韵律中的突破变换，更能使韵律显出提神的美感。

◆说到建筑师的质量，受物质条件、功能要求等等束缚，而不能自拔，因而形成贫血、冷漠、暗淡、平庸的面目，和沉醉于一时"灵感"，生拼硬凑、牵强表面，因而形成空虚、轻浮、畸形、脆弱的躯壳，都是不可取的。拾人牙慧、人云亦云、生搬硬套的陈词滥调，就更等而下之了。

至于业主意志主导、设计思考时间过程不足、利润着眼等等，那都是属于外部原因，非我所知。

◆建筑教学经常是在心、物、情、理、分析、综合等等矛盾之中，例如画法几何透视与徒手素描。素描课中教你画人头时最好不看成人头而是面、线，甚至头与背景一体，这时看到的不是这人头而是人头特性诸项中选取和发现的几项。画法几何透视课中教你画人头则是另一个情况，教你看人头时最好把它归之于几个条条，比如从额经鼻到颌一条经线，耳朵长度与自眉到鼻尖一样等。这时画的不是这个头而是纳入和补充到你背诵得出来的那套二分面四分面五分面等模式之一中去。这两种培养是很矛盾的。

又如结构教你选断面如何合理、经济、精确、详尽，而设计教你夸张表现力。

◆康乾搬抄江南园林，而江南园林正是写的"不满"之意、反正规的意，所谓反常，所以抄了去变成正规了。"死意"了，形也不在了，当然毫无生气。以寄畅与谐趣为例。

◆圆：哥特（Gotik）的玫瑰窗（Rose）圆的高高在上，中国的圆门圆心在人眼高度或按人身高度。

◆如何走向世界？不是自己走向世界，是作品自然而然地走。走向自己的内心愈深，则走向世界的前景愈宽.

◆先要大家敢于、乐于、善于、惜于穿衣，才谈得上建筑风格（自注：是 1980 年代末说的。世纪末果然双双琳琅）。

◆每个人都是一盘棋局的棋子，但要理解为围棋的棋子，一样的白黑，发挥位置上的作用，不是象棋上面有字的棋子。可以是布局的子，是对阵的子，也可以是打劫的子。轮到打劫之用，又有什么办法？

1998 年

由学院新厦落成想到的

　　新楼进还没有进去过，能谈什么呢！我认为建筑文化不仅表现在它的功能、造型上，其实更包含在这一建造活动的历程当中。有精粗之分，文野之分。听说，这座新楼是全院公开竞赛、集体评选。哪个中选就是哪个承担设计，没有论资排辈，没有集中综合，没有外邀评审，也没有热火朝天。有的只是认认真真、平平静静，安静的环境、宁静的情境。凡此种种不正是艺术创作的重要条件？它也显现了我们这个学府充满自信的气息，这也就是今天之所以可喜可贺的。

　　现在新楼落成了，落成的是硬件，而历程远没有结束。我院一向鼓励同学们要"有想法"。听说外界也已经这样称许我们校友了。其实我们何尝没有"看法"和"谈法"？现在下一个阶段开始了，那就是品评、探讨、议论、提炼的阶段，思想活跃阶段。冷谈、沉默倒是不正常的。有什么想说就说，不过言者也要得体、听者应该虚心。这些都是常话。我认为，人与人之间思想交流最要的是一个"诚"字，真诚、坦诚、诚恳。对个别建筑的品评，我们并不奢求什么重要共识，什么超越，而历程之中自然而然蕴涵着收获。我前面用了"交流"两个字而没用"交锋"、"挑战"、"碰撞"之类的字眼儿，因为这些字眼和"诚"字是文脉不通、文野有别嘛。凡建筑建成交付使用了，建筑师急切拍下两卷照片，因为生怕人们心目中常常是银货两清，没你事了。这怎么行呢？那真是"剪不断。理还乱。是离愁"。建筑确乎不会是永远一成不变的，时或有所修正，有所增损。这正是"与时俱进"趋于完美的契机。在这漫长的呵护阶段里，特别是到了需要对它伤筋动骨了，作为物业者、使用者理应身中从事，咨询设计人，避免纵情涂抹装扮，轻率施加拳脚，弄得面目全非。

建筑文化就是这样经过创新、思辨、呵护，逐渐积淀下来的。所以参与推动提高社会的建筑文化自觉是我们建筑师极其重要的敬业内涵罢。

当前，对建筑文化的保护幸已广为重视，而保护的对象不都是前人呵护下来的吗？保护与呵护之间这条线是持续向前推演的，今天的呵护正是为了留点给后人保护，免得历史断裂罢。

我经常说。在专业发展上，永远是时势造英雄。例如，现代城市规划学科的诞生，主要是由于工业化给传统城市建造方式带来的巨大冲击，使人们不得不寻求对于城市建设的新理念，由此催生了现代城市规划学科。在规划史上有所谓的"规划大师"例如霍华德、柯布西耶、吉迪斯，其实并不是他们"创造"了规划学科，他们的贡献在于敏感地发现了工业化时代城市发展的新动态，并能够加以总结，上升为理论。当代国际规划学科的先驱如霍尔 (P.Hall)、佛里德曼 (J.Friedmann)，也是出现在工业化城市向后工业化城市的转化之际，仍然反映了时势对规划学科的要求。体现了时势造英雄这一真理。

同样，同济建筑与城市规划学院的壮大，主要归功于国家建设大好形势带来的机遇。所以，一方面，我们对过去 20 年的成就要有充分的认识，"满怀豪情继续前进"；另一方面对我们的专业和国家经济社会发展的大形势要有敏感的关注，要能够及时反映经济社会发展形势对学科的要求，"与时俱进"。

正是出于为提升同济建筑规划专业做些贡献的愿望，才应《时代建筑》之邀写此短文。要想全面评论同济的建筑规划专业显然是不自量力的妄想。在此我能提供的意见，仅仅局限在有限的观察和听到的议论。

60

成就

我认为，同济的建筑及规划专业的成绩主要在三方面：人才、教材和设计作品。第一是人才。每年从同济建筑规划学院毕业的本科生、研究生有数百人，他们无疑已经成为中国城市建设的重要力量。仅就我比较熟悉的城市规划专业而言，很多大学的规划专业都有同济毕业的教师，这些教师往往是规划教育的骨干力量，由于他们比较全面、广泛的理论基础和设计能力而受到学生和同仁的尊重。在设计院同济的毕业生同样有较好的口碑。设计院的领导反映，同济的毕业生动手能力较强，出方案较快，较有新意。这些评价，和同济规划教育普遍的良好质量是分不开的。

第二是教材。全国城市规划的通用教材，包括全国注册规划师的培训教材，大多出于同济的规划专业。此外，同济的规划教师们出版了很多专业著作，有些专著已经受到国际规划界的注意，加以引用，或曾经合作出版著作。教材建设是百年大计，同济规划专业在教材编写上的贡献，意义重大。

第三是设计作品。近年来，同济的规划教师在全国各地参与了大量规划实践，留下了很多作品。这些作品中有相当部分的质量较高，得到各地的好评（当然也有不足。关于这一点下面还将做些讨论）。

我对近年来同济建筑、景观专业的了解不多，但是感觉在大体上它们和规划专业一样在人才、教材、设计作品方面取得了很好的成绩，正是这些成绩令我们校友以作为"同济人"而自豪。

比较

同济建筑与规划学院的目标是建立国际一流的建筑规划院校，为了和国际接轨，也许可以借鉴美国大学的标准，与之作一粗略比较。美国大学评价学校的质量有三个标准：研究 (Research)、教育 (Teaching) 和服务 (Service)。

第一，研究。衡量一个学校研究水平的标准是该校教师在国际、国内学术刊物上发表学术论文的数目和质量。一般而言，每位教授应该每年在公认的专业期刊上发表一篇论文。在规划学科，JAPA，JAER，Journal of International Planning Research，Urban Studies，Urban Affairs Review 等刊物被公认为较好的专业期刊。拿这个标准衡量，同济的建筑及规划专业仍有相当差距。教授们在这些刊物上发表的文章仍然极少，教授们的研究成果没有能够让国际的同行们认知，交流不多。从客观上来看，中国和美国、欧洲的国情不同，互相理解较难，同时中国规划师面临着语言的障碍，这些都对中国规划师在国际刊物发表文章不利，需要更大的努力。然而从主观上看，由于中国大规模的建设需要规划设计工作，教授们大多忙于上课和设计项目，花在系统研究上的时间有限，能够达到在国际公认刊物出版的成果也就有限。学术研究是老老实实的事，看过多少书，想过多少问题。在论文中表露无遗。不静下心来，就无法在研究上有所贡献。在这方面。清华大学建筑学专业做得较好，他们和国际合作出版的书籍、论文比较多。

教授在学术研究上的表现，直接影响到学生、特别是研究生的研究表现。如果学生过多、过早、过滥从事设计项目而忽视基础研究，可能影响学术研究的水平。无庸讳言，我曾经听到国内规划界的同仁和同济的校友们对同济的某些研究生、甚至某些教授在从事设计项目中的学术水平和工作态度持有批评。当一些优秀的同济教授、研究生在为同济"创牌子"时，有一些同济教授、研究生只是"借牌子"甚至"毁牌子"。

原载于《时代建筑》2004 年第 6 期

《通往现代主义的又一途径：卡尔·克尼西和维也纳工科大学建筑学教育（1890－1913）》中译文的按语

　　得克萨斯大学奥斯汀分校的克里斯托弗·隆（Christopher Long）2001 年 9 月在《建筑教育杂志》发表了题为《通往现代主义的又一途径：卡尔·克尼西（Carl König）和维也纳工科大学建筑学教育(1890-1931)》的文章，把我的母校维也纳工科大学(T.H.)跟现代建筑的发展做了研究。其实现代主义是从各条路去的，维也纳工科大学是一条重要的路。这条路怎么走过来的？早我两三代开始，其主要基础是卡尔·克尼西打下的，但他自己并未走到现代建筑，却教出了很多人，其中几位主要的都是教过我的老师。

　　如卡尔·赫雷（Karl Holey），曾任克尼西的助教，是前宫廷顾问，位置很高，同时又是圣斯特凡大教堂 (St.Stephan's Dom) 维护的首席建筑工程师，教堂的保护修理都要经过他。他主要教我们设计，兼任教历史课，是个很好的人。

　　另外一位阿尔弗雷德·凯勒（Alfred Keller），似乎不是克尼西的学生，但他跟赫雷差不多年纪，地位都差不多的。凯勒在西班牙造过房子，这位老师已经有点现代建筑前期的味道了，他蛮欣赏我。

　　还有艾尔云·乔汉纳斯·依尔茨（Erwin Johannes Ilz），他是卡尔·克尼西的学生，教城市规划，兼建筑法规，也是个不错的人。

　　还有一位也年轻不了多少，也是克尼西的学生，西格弗里德·苔斯（Siegfried Theiss），搞地地道道的现代建筑。在维也纳是不许造高层的，他在中心区设计建造了个高层，但看上去也没什么不得了的妨碍，因为旁边都是六层、七层的。那个楼名字就叫 Hochhaus 高楼，他做的是维也纳头一个现代建筑。后来毕业时，与我同时拿到最好分数"优秀"（mit Auszeichnung）的同班同学奥拓·诺比斯（Otto Nobis），给苔斯做了助教，诺比斯后来也当了系主任，当然这是后话。反正当时教设计的，基本上是那四位老师。

还有一位教室内设计的老师，不是教授，是讲师，我们在他那一定要做个设计的，也算设计老师。

关于工程方面，开始是艾米·阿特曼（Emil Artmann），教的不仅是构造，也包括建造过程等等，但他特别注重强调构造方面。他跟赫雷几人年龄差不多，却在我念书到最后一年时就去世了。还有教师鲁道夫·沙里格（Rudolf Saliger），教钢筋混凝土结构，这个人是很有名的，他写的教科书不光欧洲很多学校用，（前）苏联也用。他教得很清楚，但和艾米·阿特曼想法不太对头，但一个楼上一个楼下，他们也相安无事、并无所谓，学校就这样的。还有马克斯·托依尔（Max Theuer），教建筑历史，年纪很大了；而卡尔·金哈特（Karl Ginhart），教的是绘画、雕塑美术史和建筑史。另外是教材料的格雷恩格（Grengg）了，这位老师规定很严，几天不上课，你就得重新念起，他要我们背着背包到山上去采石头，认了以后，往背包里面扔啊，越背越重。他年纪比较大，也背。助教是一个女的，年纪不大，边背石头边讲解，拿回去，她拿出什么东西要讲得出来的。这课程里还有课是打石头，一般是打花岗石，他教我们打一条边，这活计吃力得很，有时手都打到了，要翘着手指打。还要打铁，这是不单让我们看看工艺，还要你自己试，很累啊。所以我们设计用石料和铁时要多考虑了，工艺多难啊。剩下就是画画和雕塑，水彩，铅笔和炭笔等课了。

克里斯托弗·隆写得蛮好的，写的是现代主义又一途径的过程，最后提到了苔斯做的高层。这个高楼底下都是住宅。我有一个德国朋友住在那里，里头暖气很好，我还去洗过热水澡。在市中心来这么一个东西，居然给通过了。它是维也纳头一个现代建筑。我把这篇文章译了一下，修修改改，前面一段誊得很清楚，外国名字我手写不清楚，又怕拼错了，所以都是剪下来，贴上去的。简单是简单，我自己费劲了。文章写的是通往现代主义建筑的另外一条途径，也就是条条道路通罗马呢。

原载于《建筑业导报》2007 年 11 月

所有的建筑都是公民建筑

这个奖实际上是，在我之前的几代同事，以及在我之后的大家的共同荣誉。

我怎么理解公民建筑呢？应该讲，所有的建筑都是公民建筑，特别是我们这个时代，公民建筑才是真正的建筑，其他的建筑如果不是为公民服务，不能体现公民的利益，它就不是真正的建筑。这句话是否说得太绝对？不！在我工作当中，依照我的理念和我的坚持，现在自问我是在做公民建筑。凡不是公民建筑的东西，我都加以批评或者不满意。

我们要认识这个问题，现在得这个奖，我就更加肯定了公民建筑不只是哪一类建筑，而是整体的建筑。在学术上、在教学上，特别是教育方面，这个理念我坚持了几十年。在我的工作当中，像我的规划和设计工作、我的教学工作，都是贯穿了这一个信念。这次得奖，给我一个肯定，使我能够更加坚定地走这条路。

今天我获得这个奖，我觉得很惭愧，希望能够得到大家的原谅，我在很多地方做得恐怕是很不够，但是我一直遵从着这个理念走下来的。我相信，这样的理念，能够使得中国建筑走向世界顶尖的水平。谢谢大家，也请大家原谅我。谢谢！

2008 年 12 月于"第一届中国建筑传媒奖"颁奖典礼发表的获奖感言

第二部分　城　市

工业调查

一

　　都市为市民居住及工作之场所，如何使居住及工作地区之分配与联系趋于完善，发挥充分效能，实为都市计划之任务。

　　市民工作之部门极多，以都市计划立场言，约分三种：

　　（一）甲、机关部门公司商店手工业学校等，以上各项均可存在于商业区及居住区内，不须特设区域，但必要时亦可另辟政治区或文化区以集中机关与学校而壮观瞻。

　　（二）乙、交通附带工作，如码头车站、修理站等，以上各项可包括于交通用地内，但大型火车站火车厂房等则已接近工业性质。

　　（三）丙、工业，即本篇所述者。

二

　　都市中既有大量人口赖工业生活，都市之荣枯亦端视工业之健全与否而决定，故吾人不可不特加重视并求改善，改善之目标有二：于人则改善其工作环境；于物提高其品质、减低其成本俾能在国际市场上竞争生产力。

欲述上述改善工业之目标，当具备下列各种条件：（一）、便宜之土地；（二）、远近交通客货运之便利；（三）、工作人在工作地近距离中能有健康之居住环境等。

此种之条件于都市计划将涉及：（一）、土地政策；（二）、交通条件；（三）、建筑等级之分划；（四）、居住区之层次；（五）、公园绿地系统等项。

三

谈工业区者，或以为，一切工业均应置于一区，实则不然，且不可能，亦不合理也。小都市或有以工业为其主要命脉者，姑不置论，大都市如将工业全部集中，则其结果将造成交通集中，人口集中，地价高涨之现象。如是则对于交通管理、土地政策、社会组织均多影响，而适与前述条件背道而驰，亦即适足增加前述涉及都市计划各项之困难。

且在现代防卫立场上言更不宜集中。

四

全部工业不宜集中，既如上述，然则何者应分散，何者应局部集中，首须分类，视其与下列各点之关系而别：（一）、方位上与商业区、居住区之关系；（二）、与远近交通之关系；（三）、占地之大小；（四）、地价关系；（五）、与工人居住之关系等。故可将分类之准则归纳如下：

甲，所具骚扰性之程度如何：
（一）、每个厂地占地大小之程度；（二）、其产生之道路交通量；（三）、其需要之铁路及水道量；（四）、其产生之妨碍卫生量（声烟灰尘污秽气味等）。

乙，对于运输之要求程度如何：
（一）、街道；（二）、铁路；（三）、间接水道；（四）、直接水道。

依此准则可将工业分为三类：

第一类工业，骚扰性甚小，或无骚扰性可言，不需要铁路水道之运输。此类工厂多为楼房，占地不大，不产生妨碍卫生量而其出品则多系高价品，此类工厂大多与商店连带，如衣服、衫帽、食品、家庭用具、家具、奢侈品、印刷品等，又修理工作、装置工作，如玻璃五金皆必须在市中心内，以市内顾客集中，便于销售营业也，因此类并不妨碍各区土地之区划，故可任其存在于商业及居住区中。

第二类工业，稍有骚扰性，最好有铁路运输，但不需要水道。此类占地较大，产生大量街道交通，产生相当妨碍卫生量，为分散工业起见，可以不必禁止此类存在于不十分安静之区内，最适宜安置于货运车站之附近。

第三类工业，有大量骚扰性，必需铁路运输，最好亦有水道运输。此类占地甚大，需要便宜地价，产生大量妨碍卫生量，故应单独成区。

照以上之工业分类可将全市划为四种地区：

第一种地区，为安静之住宅别墅区，区内禁止一切工业设备，并禁止其他具有骚扰性之场所如医院、舞厅等。

第二种地区，如商业及居住混合区可准许第一类工业存在。

第三种地区，为商业及车站码头等混合区，可准许第二类工业存在，但第二类工业亦可单独成区。

第四种地区，为工业区，凡第三类工业必需设于此区，区内附带交通设备，第二类工业亦准许存在于其中。

综上所述则区划设计之所谓工业区实指第四种地区而言，工业区之面积并非根据工业之总需，故为区划设计起见，应求得三类工业之比量，推测其发展之途径，以作区划之张本，此调查工业目的之一。

属于第三类工业者有私营、市营、国营之分：私营者如矿厂、钢铁厂、机器制造厂、冶金厂、锯木厂等等，市营者如煤气厂、电厂、屠宰场、垃圾清理场、抽水厂（抽水厂之骚扰性并不大，然而需要大量燃料，故产生大量铁路交通）等，国营者如火车工厂、水利工厂、军事工厂等。

五

工业区地位之选择应取适于工业不甚适于居住及绝不适于绿地之地面。

所谓适于工业者：（一）、最少风向之方；（二）、地形宜平；（三）、土质不可太软而非石层；（四）、地下水不可高；（五）、水之供给充足。

六

工业区设计应考虑下列各项：（一）、与绿地之关系；（二）、与远交通货站之关系；（三）、与商业区之关系；（四）、与附近工人居住区之关系。

工业调查之后，可以根据上述原则，以衡现状之取舍，何者应保留，何者可扩充，何者应迁移，此调查目的之二。

七

都市中有工业工作人，非工业工作人及消费人。三部总数随时代之变迁、都市之性质，常有相当固定之比，其与都市之发展相互为因果，参以其他因素可为预测人口之一法，此工业现状调查目的之三。

1947 年撰写于职南京都市计划委员会

访德杂感

    去年十一二月间参加了中国建筑师及同济大学教授代表团对西德进行的考察访问，为期一个月，走了 13 个城市，真可说是浮光掠影，走马看花，不深不广，所以只能谈点肤浅的感受，如此而已。有一些问题来不及细究，思想上还没有得到解答。我们在西德（前联邦德国）的旅程除了去西柏林是乘飞机之外，全都是乘汽车，北至汉诺威，中经波恩、法兰克福，南至斯图加特、慕尼黑，估计来来去去千五百公里，画了一弯新月形的剖视线，又好像看了一部西德城乡风光的动画影片。那么，就从公路谈起罢。

    德国公路网是发展得比较早的。l958 年访问东德（前民主德国），也是走的公路，整整兜了东德半月形的一个小圈，和这次的路线相合，只是缺了南面和北面那么两段，没有闭合成大圈圈，虽然最南的高山湖泊风景区没有走到，也算足以理出一个概念了吧。可以说，德国的公路网层次清楚，质量极好。用"仆仆风尘"来形容行旅已成道道地地的古语了。的确，我们一路上衣帽都不沾灰尘，一方面这是因为路面平整，另一方面也是沿途草地森林多、荒山泥地极少见，气候又比较温润的缘故。而我感到特别值得一提的是公路的选线和线型，是那么配合地形地貌，蜿蜒起伏，真好比挥毫疾书，振笔山水之间，流畅飘逸，游目骋怀。凡是护坡、堑壁、路肩、分车等等，莫不经过精心处理，绝没有鼠啮虫噬丢给旁人收拾残局的破烂相。桥隧、墩座、栅栏、洞口等等，莫不经过刻意设计。且慢！我的意思绝不是说，多费了些手脚，多加了些花饰，唯恐不够触目，而是说，审情度势，着眼整体，简洁有力，融合于大自然之中。看来德国的工程师们不仅颇为精于其道，富有艺术素养，更在于他们钟情于大好河山，方能臻此境界吧。

公路如果靠近居民点，在一定距离之内必须设置噪声幕墙，其实不论城郊，不揿喇叭早已是国外的通例了。西德公路上车行的允许速度是 l30 km / h，市内是 60 km/ h。市内主要道路上行人过街多有地道，上下用自动电梯。次要一点的道路上，也设人行红绿灯，红灯亮时，虽然老远未见来车，大家还是守规矩不穿越。一次我问一位西德朋友这是为什么。他回答说：一来车快，性命要紧，二来要给孩子们作榜样。我听了眼前蓦然浮现出一个我们这里的情景；小朋友手持宣传旗，反复念着"请走横道线"，而叔叔阿姨们一边却"我行我素"。

说来也怪，西德的汽车何止十倍于我，可是城市道路却没有我们的气魄，我们的城市比较普遍的是，车道宽宽大大，人行道坑坑洼洼，于是行人犯车道，慢车侵快车，综合利用，不分彼此，哪还有通畅的道理？车争道，人摩肩，又何暇欣赏什么雄伟壮丽的街景。这不是路不够多，更不是路太窄，我看倒反是缩小车道，使人车各就各位，虽非治本，或许不失为一治标的良策。这也算是一点感想。

由于历史发展的原因，德国城镇分布本来就是比较均匀稠密的，侯王行宫、骑士城堡、庵院教堂，名胜古迹星罗棋布。公路在这当中纵横交织，穿针引线，交通很是方便，现在西德人住在一个城市而上班在另一个城市已是常有的事。尺度概念扩大了，城市人口密集的倾向已经不复严重，但是如果不加控制仍会有麇集沿线之患。西德在这方面是有远见的，给我们印象最深的是鲁尔区的区域规划。鲁尔区全然不同于我想像之中的工矿区。早在 1920 年代这个区就已经组织进行了规划，井井有条地划出工业用地、城市和居民点用地和宽大的禁建绿化系统，里面连体育休养设施也都在禁建之例。几十年来的建设，物换星移，不知转了多少手，但是一直是严格按照这一规划执行的。这对水陆交通的开辟与改进，对生活环境的卫生保护，都起了极大的保证作用。

在西德一般从郊区进入城市往往感觉不到什么显著分界。林带锲入城中心，城郊房屋和设备与市内没有什么质量上的明显差别，这和 1930、1940 年代是大不同了。那时，城市是向心型的，道路和铁路是事后劈进来的，不得不专拣破旧的地方，易于开刀，房屋因之不是背朝路就是与路斜交，所以每到一个城市就好像要经过住着七十二家房客的厨房进入前室。现在不是了。城市绿化充足，到处满铺草皮，草种很好，即使隆冬雪下仍是绿的。据说用化学除杂草，人力花得不多。我们看到枯树叶也不用人扫，而是皮管马达吹风吹聚拢的，真是"风扫残红，香阶乱涌"，煞是好看。试想，城市有了这么一层碧绿的底色，何患绣不成美丽的画图。加之，我这个习惯喇叭争喧的上海来客，虽然置身于车水马龙之列、刷刷之声不断，还是颇有静悄悄的感觉。各城中心区人车分流，普遍把闹市街段辟为步行街步行广场，倒也熙熙攘攘。当前，城市都有个共同的规划课题，由于郊外居住环境更好，因而日常产生钟摆交通，特别是一到周末，中心区一片寂静，有个星期天我一个人去拍摄建筑照片，竟然等不到一个足充比尺的过路人。城市为了吸引入迁，刺激税收，就必须改建旧区，部分重划土地，部分拆旧建新，部分更新内部，其中大量工作属于财经、法律、社会等的性质，极为繁复细致，不过至今改建之后，据说租金一般仍高于原来，经济收效不一。"第二次世界大战"西德经受严重轰炸破坏，35 年后的今天，除了汉诺威中心有些空荡松懈，西柏林的东北、东南部分地段留有破旧房屋之外，我们所到之处已经不容易发现更多的痕迹了。战后大力建造住宅、据说 1950 年代末平均居住面积已经达到 15 m^2/ 人，现在则发展到 37m^2/ 人，数量和质量都是惊人的。然而另一方面，在旧区改建中却发生了占房闹事，内因何在，还不清楚。

居住建筑的建设，一部分是城区中修复更新，补齐缺口。大部分是城市边缘和远郊成片建造。规划布局和住宅类型多种多样，质量稳定，始终注意管网先行和公建配套，重视"骨头"与"肉"的关系。从层数来看，1950 年代以多层为主（四五层），略嫌单调。1960 年代转以高层为主的高低结合，我们在西柏林参观的麦尔基施（Markisch）区和格鲁比乌斯区是这个时期的典型两例，现多认为高层缺点多，又倾向低层。公共建筑更是丰富多彩，各具一格，反映建筑界思想活跃，勇于创新。规划和建筑方案多是经过公开竞赛或邀请竞赛的。建筑工业比较发达，大量家具、设备、门窗、五金、面材、铺料、地毯等等包括进口货色，可供拣选，为实现建筑设想提供了物质条件。我们也参观了一个高层建筑施工工地，施工机具倒也没有什么我们生疏的，但工地紧凑，施工不影响四周交通。花木草皮严格注意保护。不像我们，工程材料一摊一大片，原有的草皮经不住堆放石子、搅拌水泥，反而沦为不毛之地，这是多么可惜！

对西德的建筑总的印象如何呢？如果把自己贬成为刘姥姥进了大观园眼花缭乱，那也未免过实。因为书刊杂志近乎包罗万象，访问中鲜能期待什么惊奇的发现。但是书本上的建筑身临其境之初，毕竟感觉新鲜，及至经过量的增大，何者是孤例，何者少见，何者普遍，何者行之有效，何者不足为训，心里似乎逐渐有个数。可以不惴冒昧地品评，西德的建筑水平是很高的，但建筑的水平并不在于杰出的佳作有多么多。我们匆匆的旅游就好像凭着直觉进行了一次建筑扫描，示波屏上显现杰出建筑的峰固然不多，可是拙劣刺目的谷却极其少。如台上，荒腔走板、丢枪落棒少，没有一定的基本功是出不了场、也不让出场的。水平还体现在总体上，特别是现代的建筑，概念发展了，尺度扩大了，因素错综 / 条件复杂，建筑与建筑之间，建筑与结构设备之间，建筑与道路、绿化、设施、小品之间，都要配合默契，发挥效能，相得益彰。不能各自为政，自我突出，这就必要有个相互切磋的雅量，相互尊重的气度。同时也必要有一套有效的程序、信守的制度。当前我国建筑界对建筑的千篇一律，抄袭模仿，很不满意，迫切要求创新。这是一个方面，同时不能不看到，倘若立法不周、学用不符、指挥失误、相互掣肘、越俎代庖、滥竽充数等现象还是继续存在的话，建筑又会流于争相搔首弄姿，搞得不堪入目。西德的建筑水平还在于公众基础。建筑反映公众取什么，舍什么。反映使用水平，我们一路看到建筑养护得很好，破损污秽的极少，乱改乱添的绝无。建筑还要受到舆论的检验，这里可以举两个小例。达姆施塔特一个广场上一幢建筑本身设计并不错，但是众议甚多，认为尺度上影响了气氛。另外斯图加特古老教堂小广场一侧建了一个钢架镜面玻璃的建筑，公众反响很好，因为配合得恰到好处。说明舆论是把建筑纳入时空对待，是故与设计者息息相关，而又没有成为创作的束缚。在这样的基础上孕育发展的建筑给我一个总的印象是：矜持、缜密、温厚。

城市规划多以 30 年为期，一旦成法，逐步实现，坚持不懈，重点多放在改进交通和保持特有风貌上。所以每到城市中心区，对我来说是似曾相识，或如晤老友。据说许多建筑是按原样修复的，大部分建筑经过内部设备更新，远距离供暖，形之于外的是门窗改成整块玻璃，普遍用自动门。凡是补齐缺口，插建添建，都要考虑比例、尺度、分化、色彩与邻近建筑的风格协调。对文物那就更是倍加珍惜，特别是由于广场和有些街道都成了步行区，精心布置了小品设施，有的小城镇古色古香，惹人流连；有的城市则时代生活气息和传统情调结合得十分微妙。绝不像我们有些地方那样，城无大小，一概汲汲于"崭新面貌"。西德之所以如此珍视文物传统，并不能从狭隘的发展旅游事业作为目标来理解，更多的是出于历史自豪，慕尼黑古老的市政厅大战中焚毁，只剩下不全的外壳，现在完全复原，石刻、铁花、石膏花饰、拼花地板，无不一丝不苟。广场一侧塔楼大战时全部毁成了瓦砾，曾有不想修复的论调，市民不肯，1950 年代市民自发捐款，复原起来，不过是两例，这还不算，即使是本世纪（20 世纪）二三十年代的名作，也被列为文物，例如斯图加特的魏森霍夫 (Weissenhof) 住宅群，住户不动，但要负有保护之责，不许随意改动。陪同我们的西德朋友们都是自豪感形于色的。使我深思，难道不正是这股历史自豪尊重传统的劲道，振作起战后的精神，鼓舞了西德的复兴吗？

与此联系，使我忆起剧院了。这次参观了几处，有的一带而过，有的看得较细。西柏林看了一次歌剧，观众厅是跌落式。在夏隆 (Scharon) 设计的著名的爱乐厅听了交响乐，它的观众厅浑然一体，音质不错，前厅我则认为略带斧凿痕迹。这且不必细说，我想说的是两次一致的气氛，其实，德国一向如此，欧洲别国何尝不如此：观众礼服入场，屏息危坐，鸦雀无声，一声不咳，绝无走动，谢幕鼓掌，落幕才离，总之是"尊重"两字。有了这两个字，何患不提高，而票价不低也不易买到。当前国内又在议论戏剧改革了，据说京昆没有人看，因为昆曲太雅难懂，那么席勒不雅吗？未闻"强盗"改成现代话，因为京剧太俗吗？有些西洋歌剧的词也并不雅到哪里去。我看艺术欣赏是培养教育的，不容曲意迁就。既然是传统精华、特点特色，哪能不坚持？不然辗转因袭，必定弄到一个模子的地步。

现在再谈谈建筑教育吧！访问了六个城市的七个大学建筑系，看来得深找不同，都不全面。单谈一点：设计初步。这个课是专业的基础，专业的入门，也最能反映教学思想和学术见解，他们的题目举几个例子：1) 发每人相等数量的小木棒，要求构成某一跨度的简易桁架。跨中施以同样压力，以不垮为及格，用棒越少成绩越高。 2) 给定 2 根工字纲，其余用料自拟，要求设计一有栏杆的小桥。 3) 每人发边长 30 cm 的泡沫塑料立方体，要求切割设计曲直虚实的立体构图。 4) 发 30 cm × 30 cm 木板一块；要求任选的单一材料设计浮雕式构图。 5) 十户人家合购一地，要求规划布置；自行调查并拟定细目。这些题目是在没有学过材料、构造、力学、规划等等课程的情况下做的。附带先要提一下：我们所到各校连同访问过的三个建筑设计事务所，竟然没有见过一张彩色渲染图。这说明什么呢？哪些值得参考呢？试作归纳，很不成熟，提供大家讨论罢！他们命题目的有三：1) 唤起运用材料的本能，打下学习工程技术的感性基础；2) 培养空间构图的敏感；3) 树立整体观点和学习工作方法。 表现方法的熟练贯串在三者之中，是手段，不是目的，旧学院式的这门课则适与此相反，取悦于人的彩色渲染图成了最后的目标，因此这之前要有透视阴影、有彩色，再前就要有水墨渲染，再前就要有线条字体；而柱区，立面、树木、详部都是工具是手段；同时把先修后继看得十分死板。看来我们还处在两者之间。如何改进，有待细致研究，必须从更大的范畴来看，不是就事论事所能解决了的。

西德沿莱茵河所产的葡萄酒是颇负盛名的。我们在访问中两次参加了品酒会，见识了德国的饮酒文化。一次是黑森州长邀请到埃泊溪 (Eberbach) 的修道院品酒。由达姆施塔特车行一小时，渐渐逶迤于岗峦之间，那时已经暮色苍茫，满山黑压压不知是什么林木：车道蜿蜒曲折沿着溪流行驶；一个转弯，修道院猛然呈现眼前，傍溪建在谷口，山上暗黑的树林把浅色高墙的建筑衬出一个高高低低的轮廓，有些小窗已经射出光来，车入谷，折至建筑的背后，才是修道院的进口，依稀看出建筑物和三面山林环合着一片平地，足够停上二十部车，稀疏长着不少合抱的树，幽美极了，不由得想起中国一句俗话 "天下名山僧占多"，外国也不例外，他们真会选择地势。

酿造师首先领着宾主参观古建筑内部，酿房里横架着一排大桶，估计直径足足有二三米。品尝是在一间大厅里，装修陈设都很考究，当中一大张长餐桌，每人座前放着一张酒单，精印着这次酒会的名义。席间隆重致词，频频祝酒。每品一种酒酿造师首先介绍一番，从酿技到沿革，从天时到地利。然后教我们先轻摇酒杯，欣赏一下酒的醇色，继之，闻一下酒的芳香，含一下酒的清味，随后品评询问一番，酿造师一一作答，风趣盎然。若有诗人在座，必当逸兴遄飞，不有佳作、何申雅怀吧。

另一次是在一个地下酒窖，布置得极富于乡土味，别有一种风情，品尝情况与前大同小异，我戏把它概括为把酒而望、闻、问、切。从西德品酒、日本茶道，不禁使人联想到我们这个向称习礼之国，整理一下哪些东西确属繁文缛节，哪些属于陋俗，而哪些恰是 "四美" 有所凭依的文化，不是很有必要吗？

1981 年 3 月 18 日

原载于《建筑文化》 (同济大学学报增刊)1981 年第 1 期

哥本哈根会议评析
——关于城市设计、住宅建设及后现代主义等问题

    1928 年现代建筑国际会议 (CIAM) 召开第一次会议。当时正值现代建筑运动的开始阶段，许多第一代建筑师都参加了。到了战后，CIAM 对建筑与城规作了许多重要决议，为重建城市、建筑的进步与现代化起了相当大的作用。但自从 1950 年代末期 " 小组十 " 发起了大辩论之后，意见不一而致破裂，从此长期休会，直到 1980 年代人们希望重新恢复，于 1982 年召开了名为 " 建筑与城规国际会议 " 的预备会议 (德文缩写是 IKAS， 英文缩写是 ICAT)，1983 年召开第二次会议，1984 年在哥本哈根召开了第三次会议，内容仍以住宅建设与城市设计为主。

    这次与会者来自 22 个国家，尽管不足以完全代表世界各国的情况，但会议上所谈论的问题基本可以概括当前出现的问题，可说是当代城规与建筑面临问题的一个窗口，通过这个窗口，可以看到目前一些趋势。与会者很自然地形成了比较一致的看法，大家关心、注意的集中点很接近。主要是关于城市设计、更新、保护问题以及住宅建设公众参与的意义和方法问题。

一、关于城市设计、更新与保护问题

1. 城市是什么?

　　城市是人类当然的生活空间,是积极的生活要素,是许多交织着的功能的高度集中,是复杂事物的特定领域。这是与过去不尽相同的提法。城市应当是复杂的,多因素的,不是越单纯越好,不要分什么大学城、文化城、工业城等。单纯化不能成为城市。不要消极地害怕城市化。

　　城市是本身和自行的服务机制,是交换场所,包括物物交换、思想交换、信息交换等。除了大农业之外,城市还是一切物质和精神产品的生产场所。

2. 城市应具备什么条件?

　　首先,人应当多样化。搞单一化的苦头以前是吃过的。比如有的工业区大都是男工,连结婚也很难。有些城市规划主张分区,如文化区、工厂区等,结果一个区全是同一类型的人在一起。这不叫城市。

　　其次,城市须有足够的密度。没有一定的密度就冷冰冰地没有生气。这是不同于过去花园城市的思想的。当然,我国有些城市是过于密了。不是不要控制大城市人口,但并非单纯为控制而控制,而应相对提高其他城市的水平。苏州人不往上海、北京跑了,就是指不往京沪迁,不是不来逛、不来办事。

　　城市还须具备大量互相影响着的实体性与空间性的造型因素。同时具备有足够多样的可能性,来满足人们一定的隐匿性和私密性要求,又有足够多样化的条件为人们日常接触、交往服务。城市还必须具备足够的灵活性使得新的产品和新的生活方式得以实现。

　　以上这几个方面也许还不全面,但至少是以前不大提而现在受到重视的思想,而且对于城市质量和生活水准的提高非常重要,值得我们注意。

3. 一个规划得好的城市应当有何征象?

　　规划得好的城市应当既有规律又富于变化,应有被明确限定而形成的空间,而不是模模糊糊的空间,有"室内—室外—区段—区—中心"这样的空间序列,空间之间

的关系不是无序的，而是有延续关系的。中国一些旧城市这种序列关系非常明显，家门外小巷，几条小巷汇集于带有井台的小空场，镇中心往往在公所前面有个小广场，空间收收放放，有趣味，也有内容。这些传统应当继承发扬，不像现在的新村，全是一排排的。当然，加点矮墙、圆洞门也算是一种做法，只是比较生硬。

规划得好的城市应有标志组成的网络，这些标志便是某些特殊的、代表性的建筑物等。就像好的建筑那样各面有些标志性的母题，让人在运动中观看时有一个完整的印象和统一的感受，好像一部影片的主题曲调。一个城市也应有这样的标志点，来统摄城市形象，使人感受到的信息有所归纳不致于杂乱无章，例如老北京钟鼓楼和城门楼。标志点的安排与设计应当首先考虑步行者的使用与感受，还应有吸引力，能吸引居民出来使用室外空间，自然而然地参与室外的生活及参与室外空间的塑造，乐于提出自己的看法并动手改造室外环境。塑造城市是公民们共享的权利，也应是共同承担的义务。

规划得好的城市还应当有自己的特色。在住宅与区段之间应能使人产生情感并且有可识别性。群众所要求的环境质量在于环境的识别性、安全感、平和感。这些是依靠建筑造型、城市空间、景观塑造而表达出来的。还应当在不破坏城市基本结构的条件下具备随时更新或重建的可能性。城市是动态的而不是静态的机制，如果城市几十年不变只能表示国家不发展、经济不雄厚。但变化的速度可以控制，变化是逐步实现的，新陈代谢派的思想过于极端了。在城市更新和改建的过程中应将交通等问题用积极的方法组织到整个城市机制之中。的确，对我国来说，否定汽车也是糊涂的，设想用两脚车延续肢体速度怎能挤得进现代化行列。

科技进步使城市尺度、距离、面积扩大了，趋向于近郊型生活，独立小住宅，乡村气息，结果带来城市质量的下降。过去的城市规划方法是以一种理想出发，以设想为起点，以某种既定原则为指导的。这种规划是无法解决当前城市建设与更新的问题的。可以说，这种方法是保守的，甚至是反城市的。今后的城市发展重点在于提高城市质量，在城市设计而不在城市规划。我们的任务是保护和恢复城市性能，创造新的城市模式和城市设计备选方案。从中比较、筛选、优化。城市要"城"与"郊"作为整体来考虑。

城市设计和建筑中互为条件的规则与变化是由具体社会机制所决定的。如果要提高生活质量，提高建造水平，必须少来些规则，而给个人和地方多样化留些余地。这个问题也有争议。难道规则一定会限制或阻碍变化？比如说中国与西方一些国家不同，恰恰是缺少规则，这才使那些表面文章、片面效果、长官"意志"等有机可乘（为什么意志二字有引号呢？ 真正的"意"指意境、意趣，"志"指雄心壮志，而不是臆想的形象）。我国现在一些农村建筑是按传统的规则自发建造的，有些不是既有变化又有统一，效果很好吗？ 当然，发展下去，已有的规则是很快就要不够了。一个城市的大小、公私空间的合理性不仅视单个个体的基本要求如何，也是要以社会性规则为依据的。除此之外，还有地方性和乡情，不能从合理性来解释。

会议对城市质量似乎偏于步行感受，强调的偏于城市设计，这是发达国家的状况，对我国来说，为了大建设中避免重蹈他们的覆辙，也未尝不是值得及时重视的。所不同的是我们还有大量城市规划任务有待研究解决。

二、关于公众参与住宅建设

另一议题是"社会、生态和经济条件对城市和建筑的影响"。提出要尊重生态条件，要节约不可再生的和不能更新的资源。这里主要指的是土地，土和地。还要开发人的资源，人的资源是永远丰富的，人的力量、人的活动、人的创造性。因此，扩大公众参与建设住宅，改善环境，经济合理地进行建设是很必要的而且是可行的。

建筑应当成为公众活动的过程，不应当被视为最终状态，而且它是不断发展着的。建筑师必须认识到居住建筑的建设活动可以成为人类生活的子集，而不是相反，即生活不应成了建造的子集，这就是说，应当把建造活动，包括设计、施工、管理等等，视为人们生活的组成部分，是人们理所当然参与的。这里指的参与并非建筑师设计好，好多个方案让住户选择他所喜欢的，也不是让大家投票来鉴定好与差，而是从拟定任务书到建造以至在后管理变动等从头至尾地参与。这样搞出来的住宅使用者满意、实用、符合自己心愿，市政当局也满意，因为经济，视觉效果也好，既多样又统一，有人情味。只是建筑师的工作量大，繁复细微，很辛苦。

把这种观点引伸下去，一个城市实际上也是公众施政的过程。如果用全过程公众参与的办法，建设活动就能作为人自身发展的工具。所谓自身发展即自身的表达、自身的经验、自我的发现，通俗地说就是"在改造客观世界的同时改造主观世界"。客观世界指生活环境，主观世界主要指对环境质量意义的认识和对造型的敏感性。这些都会随之改变提高。邻里通过参与而互相熟悉、接近，关系趋于融洽。避免现行公寓式那种互相隔阂、互不来往，容易发生摩擦的弊病。通过参与建设，不仅改善了社会关系，还能使人们对生活质量问题不断认识，这是人操纵技术而不是被技术所主宰。这与学院派把建筑作品作终点，作为终极状态，是大不相同的。

用数学模型来看"AVR"模型（约定、协议、谅解的过程）是综合性的全过程，体现为生活的子集。这样就克服了单纯以某个局部模型作为建筑活动的弊病。

任何新的，不论是地方性的或艺术性的建筑语言和新的风格，都必须是通过"AVR"作为建造过程中所有参与者的多层次协议的结果而产生出来的。这种设计方法称为开放型设计。这是超乎一个大师、一个派别、甚或时尚运动等的力量之上的。在荷、比、英、德、奥、瑞等国都有这种做法，据说效果很好。我们也可尝试，不过现还缺乏宣传教育，没有宣传教育这是实现不了的。

会议有意为了集中议题，也由于会期短，所以没有涉及其他方面。建筑的公众参与是指住宅，像一些艺术性强的文化建筑则需要建筑师的独创性，是要他一气呵成的。这样的建筑不可能让所有人接受。特别是这类建筑直接地或折射地反映一个时代、一个社会的总的水平。假如这类建筑让大家参与，七嘴八舌，束手束脚，最后只能出现端平了的一碗平平淡淡冷冷冰冰的凉水，不可能使人惊叹、令人骄傲。相反，居住建筑是人们切身的生活环境要人们从里到外提出意见，按自己的设想去共同创造，才能真正做到适用。不要怕群众不懂建筑，他们会主动认识生活的意义。建筑师要搞开放型设计，不是形式主义和感情用事，是要从思想上认识到建筑是为人民谋福利才行。还有一类建筑设计须有较强的科学性，特别是应当通过评价、比较、优选的方法进行，这类建筑既不宜一气呵成，又无法公众参与。而我们现在的情况呢？往往是住宅搞设计竞赛，笼统地、没有具体环境条件地强分为农村住宅、城市住宅、南方的、北方的等等，到处套用。而公共建筑又多不肯放手让建筑师搞，不敢搞竞赛；要领导提意图，指指点点。当然还有一些是谁投资让谁设计，这叫"孔方兄设计"。而凡是需要分析、评价、优化的建筑设计，却是以结构工程师、工艺工程师为主，建筑师说了不算。其实这类建筑恰恰是需要建筑师加以综合研究才能得出水平来的，建筑师却很少涉足。当然这绝不是说建筑可以如此简单地归类、非此即彼的。

建筑作为城市的立面，形象确是很重要的。从 19 世纪末现代科技发展开始，建筑有了很大变化，到 20 世纪二三十年代出现了现代主义。现代主义立定脚跟是很不容易的，因为长期以来老的建筑思想根深蒂固。现代主义第一代大师们不能不有意无意地把一些方面以前的有些东西略去来强调突出自己的思想体系，这一体系在战后大量建设时起了重要作用。当时大量建筑的问题用以前的方法是不容易或不可能解决的。这就像医痼疾只得下猛药一样，当时也出现了像夏隆、高迪等建筑师，他们也属于现代主义的，但显然用他们的方法解决战后的繁重迫切的任务不如格罗皮乌斯、密斯等理论顶用。当然后人把这些理论滥用，是另一回事。

现代西方建筑思潮中有后现代主义，有重技派，也有群众参与等等，很难分清什么是主流什么是支流。争论比较多的是关于后现代主义，这次会议上虽然没有谈，但是议题定为"统一与变化"、"规则与变异"，我看其实质也有几分是针对大家对后现代主义的争论而提出的。

后现代主义的理论家宣称现代主义死亡了是不对的。现代主义在反古典主义折中主义的过程中的确偏激了一些。现在可怜的建筑师们又把自己的作用想得过大了，把社会性罪过往自己头上安，扮成了替罪羊。社会问题让建筑师来承担是不现实的，就像过去规划者想搞理想城市不能实现一样。不过，建筑和城规对社会是有不小的影响的，因为它是人生活在内的空间环境。人日常直接感受它，它当然对人的思想、对人与人的关系、对意识形态会起很大的作用。但完全归之于建筑也不妥。因为建筑对社会的作用和影响毕竟是有限度的。

自从 1970 年代一方面石油危机、经济萧条、建筑师也有点过剩，学科之间外溢融合，一方面旅游发展了，信息丰富了，见识广了。于是新兴建筑师对各地建筑千篇一律不满，他们要求新的东西，接受新的信息，他们从贝伦斯、霍夫曼、辛克尔、高迪、瓦格纳、西特等人那里去寻找灵感，从中古城镇、第三世界、世俗市井那里寻找启发，找到现代主义时期所忽视的、所遗忘的东西。后现代主义比较注重形式方面的探索，实际上是对现代主义的补充。他们的设计又何尝离开了现代主义的一些原则。以前的原则并没有错，仅仅是还不够丰富和完美，何况现代主义也并不一般地反对形式。姑且不提柯布西耶，如果说阿尔托或路易斯·康是后现代主义的先驱是不为过的，本来就很难划界。

　　以信息的观点来看，人要追求美的事物，从客体接收信息，这不仅与客体属性有关，还有主体条件。如果接收到的信息，都在人们的"料想"之中，一点新的感受都没有，那就是信息量接近于零。现代建筑在其发展过程中，一方面是日趋成熟，同时也出现了程式化和不分地域、千篇一律的现象，自然造成信息量的下降和信号的减弱。后现代主义强调建筑形象的不确定性，强调精神功能，想以此提高美感信息量，我们当然是赞成的。但我们要看到，随着信息科学的进展，信息概念以其表征信息源的不定度推广为表征客体和客体之间关系的变化和差异，与静止最难相容。所以，我认为建筑形象的不确定性，固然有助于加强人们的感受，但仅是其中的一个方面，而且容易引起错误的理解或误用；实质性的问题是在于要有变化，摆脱"静止"。因此，当前很多地方不问所以然地复制后现代主义某些局部手法，已经变成新的程式化，逐渐令人望而生厌，他们的"功劳"只能是催化某些信息的消失。至于有些建筑为了追求新奇而出现了一些"怪"的东西，但怪与不怪不是那么容易分的。我们要历史地全面地看待后现代主义，既不以一些不成功的例子加以全盘否定，又不是不加区别地奉为圭臬。起初后现代主义确乎是经济不景气、粥少僧多时期的产物，但也是文化向细腻发展的现象。这种情况应该说中国人是有传统、有理解力的。我们对朦胧的诗和似与不似之间的画不是很懂得欣赏的吗？

　　进而言之，建筑美一则要看综合价值，二则要看空间信息，更要看信息所引发的意境。必须具有综合评价的观点。据于此，我们可以说不论现代主义也好，后现代主义也好，都有好有坏，有文有野，有珠玑，也有泥沙，不能一概而论。方法手段只要用得对用得好，都是可以的。我们不能再把自己束缚住，过去一道"民族形式"紧箍咒，至今余音袅袅。有人说得好，"现代派的于段我们要用，后现代派的东西也要为我们所用，只不过在用的时候是根据具体情况恰当地用"。

　　我们不能前无古人、后无来者，不能旁若无人、旁若无物、弃旧图新。建筑如此，城市如此。我们赞成文脉延续的创作方法。搞创新不主张"不破不立"，不应从反前人、反常态出发，而是从现实任务、具体时空出发。正是要左顾右盼，承前启后，巧妙地运用所有已知的东西，开阔思想，多途径、多方向、多样地生动地解决问题，才能真正促进建筑水平的提高。

原载于《时代建筑》1985 年第 1 期

横看成岭侧成峰 ①
——上海城市发展纵横谈

战略·总图

按理先有城市发展战略，然后有城市总体规划。但是现已送审的总图是多年不断研究的成果，也并不是没有在战略指导之下进行的，不过那时的战略似带有粗线条轮廓的性质罢了。1985 年国务院批准"关于上海经济发展战略"，提出了上海作为社会主义现代化大城市的物质建设目标，还没有涉及精神建设目标，所以我们再次进行战略的研讨和补充，并不为迟。战略本来就是不断经过反馈，才能深化和完善的，其实"完"字并不确切，因为城市的机制是动态的，规划不会完结，总图没有终点。

战局·战役

城市作为一个系统，有子系统、系统层次。相应而有战局、战役战术的层次。战术在战略指导之下起作用。反过来，没有战役的分析、归纳、提高、抽象，就没有充实的战略，也谈不上战略。

上海不是已经或正在进行不少战役吗？例如：江湾机场改港池、污水出海、水源选择、机场扩建、铁路改线、浦东浦西沟通等等问题。只有各个问题本身的多种方案

84

的可比化，似还不够，更重要的是要放在高一层次的位置上，使问题与问题之间、战役与战役之间可比化，又称之为操作化。这是联系战役与战略两个层次的重要环节，有此环节才谈得上决策，不然的话，单单停留在无谓的思辨的说理上，那是算不得综合分析研究的。公说公有理，婆说婆有理，谁也说服不了谁。桥归桥，路归路，罗列多少幢大厦、多少道旱桥、多少广场和中心，也算不上战略或规划。

憧憬·回溯

研究和制订城市发展战略要有未来的憧憬，从未来推到现在，看现在从何着手，由干而枝而叶地演绎；而另一方面，又要有过去的回溯，从过去推到现在，看现在何以如此，由须而根而干地归纳。两头缺一不可。操作化是横向环节，而这是纵向梳理。憧憬谈得较多了，这里试举回溯一例，就说居住罢，1950 年代情况如何、20 世纪六七十年代情况如何、现在又是如何？ 现在情况是上海还有百分之若干的住户使用不上卫生设备。何日消灭倒便？ 这一问听起来似乎不登大雅，难道不雅就不得纳入规划"宏文"吗？ 但这却是城市文明程度、文化水平的一个母庸讳言的判据呀！诸如此类，有待梳理。

开拓·挖潜

研究战略怎能没有豪迈的气概。但是光有开拓精神而没有挖潜精神也是不全面的。上海还有潜力吗？ 看来还不小。譬如，一些地段把围墙拆掉或透空了，绿化效果立刻可见。许多办公楼用作了住宅，商店用作了仓库，住宅用作了学校等等，调整一下，各得其所，可能既有所松动，又更看得清究竟缺什么、应新建什么。上海路面总的说来确乎将会不够，但现在还是有潜力的。如果部分道路改为单向行驶，或把部分道路按功能分类，不无补于缓解交通——这是现在已经证实了的。相反，若一味拓宽、一概拔直，见树砍树，要不得，这里不拟作详细的讨论。 想说的是，最大的潜力应该是人。试拿大学新村的情况说明，教工每分配到一套新居，都要从头修起，贴墙、铺地、改装厨卫、制作家具，着实要忙上一阵子。设想如果把住宅的建造分成三个层次：市建公司只承担承重框架的施工，区建公司负责根据户室比进行分隔，而把装修和局部交由住户自理，可以自助，也可以委托。当然造价必须相应分配。这样一来，责任分明，目标切实，交接清楚，扯皮减少。马马虎虎的扫尾工程一旦清除，住宅的 质量可能全面改善，个别的意志得以表达，可能会出现住宅内外的多样化。这是释放了人的潜力的结果。

城·郊

我们如用"摊大饼"比喻市区的扩展。上海建成区的面积只约抵日本东京的1/6，而东京建成区的人口不到上海的一倍。看来上海这块大饼摊是要摊一些的，不过，无论是叫"摊"也好，还是叫"疏解"、"疏导"、"有机疏散"也好，话都是站在城区一边说的。我国画论中有句话叫"计白当黑"，黑是落墨处，白不应是被动剩下来的。黑白应是一体，城郊一体，郊不是被动的部分。建成区在外溢，同时郊区也在城市化，不容你视为被动部分。当年开发闵行卫星城，本意原是疏散市区人口，实际上不得不首先吸收当地人口转业，市区去的服务人员增加缓慢，徒添往返交通，始终起不到预想的效果。何况即使城区有疏解之势而郊县无截留之情，还是不行。城郊规划应该一体，建设设计和资金分配也要一体，才能使城郊同步协调发展，这是不言而喻的。

疏·密·高·低

这个问题既然有所误解，就不得不啰嗦几句。"中区密些，外区松些。中间高些，外围低些"。这是糊涂概念，甚至是有害论调，为什么这么说呢？ 上海人口密度过高是历史形成的，为了提高改善居住质量，确有些要疏解一些，松动一些，但是必须明白，不是愈" 松"质量愈高，居住质量如此，若指城市生活质量，也未尝不如此。再则我国人均耕地极少，城镇居住密度宜紧不宜松。这说的是净密度。至于体育、绿化等用地的设置，当然外区较有符合需要的条件，而中区对这些用地只能尽力保护和努力争取。因此，毛密度必然内紧外松，可这是现实而不是战略。两者不可混淆。

城市中高外低似乎成了不移的定式，成了迷醉人的魔影。说什么中区地价高，要

充分利用，高是惟一的出路。这更是大谬。由于地价高而建高层，由于高层而地价将
提高，鸡生蛋，蛋生鸡，如此往复而形成混身带病的纽约，不就是典型？规划正是要
缓和地价的极化，引导地价的平衡，何况我们土地公有，本来极为有利。上海的规划
如若注意城市轮廓起伏，使恰当适度地布置高层成为可能，那是无可厚非的；但是如
果对地价不作科学分析，盲目提高所谓容积度，甚或迁就臆断，急功近利，为投机者
开方便之门，造成恶化交通，破坏肌理，中区趋向荒芜化、"绅士化"（美社会学规划
学家塞乃特语），贻患无穷，坐失良机，那就太可惜了。

更新·保护

　　上海大批棚户简屋有待拆除，去旧更新。不少好的建筑物应该保留，是异口同声的，
难就难在超过住房总面积半数以上的里弄应去应留，牵涉评价标准、评价认识、评价
态度问题。我认为首先谨慎从事为好，应留与不必留之间以暂留为好。有人说，重复
出现的可以留上个把个。这是似是而非的，因为有些建筑的价值不光在单体，还在于
总体构成、空间序列、环境氛围。破坏了总体将会触及社会生活结构。上海是个近百
年建筑史实例的大展厅，在世界上是不可多得的，特别在中西交融方面更是独一无二
的宝库，非常值得珍惜保护。该拆的有的是，何必偏偏在此大手大脚？这一点是应该
摆在战略决策的重要地位上的。

原载于《时代建筑》1986 年第 2 期

注释：
①　根据当时在一次市领导召集的会议上的即会发言整理而成

从下町会议看城市兴建与改造

　　1985 年 11 月 4 日至 7 日召开的下町国际学术研讨会，旨在探讨由于大城市急剧发展带来的种种有待解决的问题，从"第二次世界大战"后 30 年来欧美各国许多城市的经历来看，多以现代城市规划理论为指导，用地功能分区、交通分类分级、住宅按邻里单元结构大量建造起来了。但不论无控制外溢膨胀，还是有计划成片建造，由于经济、技术种种原因，大多宁可采取另辟新区的办法而不愿改建旧区。因此，旧区经济萎缩、环境颓败，居民老化、人口隔离、犯罪率高，旧区成为变态中心。与此同时，新区多迫于时间紧，追求速效和利润，只要数量，忽视质量，缺乏精细考虑，导致粗制滥造，千篇一律，缺乏生气。至于有些为战火毁坏的中心区，清除瓦砾，拆除残存建筑，有如建造新区，效果也不理想。从 1960 年代起，城市建设的要求越来越高，加上旅游业的发展，即使是规划周全的英国、荷兰、瑞典等国风靡一时的卫星城镇，也很快显现它的不足，而且问津者已经不多了。人们虽然乐于游访老城旧区，但是可游与可留可居还不是一码事。1970 年代的一些城市，特别是中欧，把中心旧区加以修整，内部现代化，成为步行区，使内城复苏，已经取得明显的效果，进而使内城建设的理论与方法问题成为规划与建筑学界当前探讨的最重要问题。但是，真正认识内城的涵义与价值，重视内城复苏，正确对待内城建设，还很不够；至于学术界之外，对内城旧区建设就更不重视。正如下町台东区区长在开幕式上所说："日本的经济高度发展时期，偏重于城市功能效率，评价一个城市是要看它能否尽快系统化；而现在不同了，重点已经放到舒适和宜人，人们寻求舒适平和的城市环境。""当前上野（Ueno）新站启用、樱（Sakura）大桥建成，浅草市街一百周年、三条城（Sansoji）重建三十周年和'筑波85博览会'期间游客剧增等等之际，恢复下町活力和繁荣的课题已经提到日程上来。"我们的目标是在保持丰富文化传统的同时，创造先进的台东区。"

下町国际研讨会，由东京下町规划建设委员会和每日新闻社主持，受到日本外务省、建设省、东京都的赞助。下町是东京的一个旧区，因为近水地势低下而得名。会议在下町的精华地段台东区的浅草召开，会期四天，与会者百余人。其中，被会议邀请的26名学者，一半是城市规划、建筑方面的，一半是哲学、经济、文学、卫生、出版、广播等方面的专家。

前任日本建筑学会会长清家清教授作了《什么是下町》的基调讲演，加藤周一医生作了《要使城市具有人情味》的纪念性讲演。Sennette 在《绅士化了的纽约》中，叙说了美国社会阶层变迁动态和矛盾深化外溢现象的情况，阐明了社会结构与城市规划发展的相互关系。印尼的 Danisworo 在《印尼的城乡生活方式的评介》中，主要强调二次施工方式和对旧区宁可就地改善不可完全拆除的必要性。Holland 在《伦敦市区的复苏》中，介绍了由他主持完成的街坊更新和商业设施的改建，说明采用低层住房的优越性和保持公共活动中心气氛的效益。这两项工程均获得了国际奖和国内奖。我在《高密度下的生活气息》中，以上海旧区改建方案为例，论述了城市更新的原则。日本学者就下町的传统、地理、历史、社会、经济、文化、生活和规划精神等，分别作了讲演。主要涉及四个方面：1）下町本身的空间结构；2）下町作为城市的组成部分和城市整体结构的关系；3）下町的生活；4）下町的文化。还讨论了下町复苏的设想，并发表了一个简短的宣言。

日本一向对文物保护极为重视，特别是古代寺庙、园林等。近来已经把保护对象扩大到近代建筑，但城市规划性质的改建只看到意大利街和浅草庙前街，都是从旅游角度改建的。从会议涉及面来看，对旧城改建问题，已经不单纯从经济角度或文物保护出发，它广泛涉及到社会、文化、经济、生活、生态环境等等方面。

对内城新的概念、新的观点的真正出现虽然是 1970 年代后半叶，在此之前三十来年间现代主义的理论曾经历了艰难的历程才取得了大家的承认，而现在却有必要予以补充和修正了，例如密度概念，功能分区、邻里单元概念，等等。从过去强调物质功能到强调精神作用，从过去重分析到重综合，从纯化到叠合到多元层次。

但是当前，我国城市发展迅速，这一课题关系是极大的，规划建筑者也不一定意识得到，接受得了，更不用说，如果从单一学科局部的狭隘视角，囿于所谓科研的固定公式，不去虚心"认真"了解，是不会重视的。

看来，确乎很有必要继续作发聋振聩的疾呼，避免在城市建设中造成不可挽回的损失和无从弥补的错误。

原载于《国际学术动态》1986 年第 4 期

上海市 58 街道 2 号街坊（静安区张家宅街坊）改建规划

上海市旧城区的居住情况历来比较严重，矛盾十分尖锐。由于历史的原因，城市旧区普遍存在着房屋破旧、人口拥挤、环境恶劣等问题，随着时间的推移，这些问题日趋严重。

在积极开发城市新区的同时，着力改造旧的城市结构，缓解紧张的居住问题，改善旧居住区的环境，具有十分重要的意义。这项工作已变得刻不容缓。

然而，旧城改建涉及面极广，极为复杂，除了环境、建筑和居住等方面的问题外，还有至关重要的经济、社会、心理、文化等方面的因素。旧城改建不只是某一住宅，某一街坊的治理，而是要从城市的整体出发，考虑到城市的建设，城市的形态与环境等一系列问题，应该尊重城市的建筑文化脉络，保持城市建筑的可识别性，发扬城市固有的建筑风貌，使旧城富有时代的气息和传统的情趣。

静安区张家宅街道地处市中心，占地 57.73hm^2，人口 50076，15636 户。街区南面为繁华的商业街南京路，东面为成都路，北面为新闸路，西面为江宁路。

该街区规模较大，建筑情况比较复杂。有老式公寓楼、新式里弄住宅、老式里弄住宅以及简易棚屋等，还有一定数量的市、区级和街道的公共建筑以及工业建筑，有一部分还是市、区级保留用地，其中包括公共建筑和工业建筑。由于地处闹市区，有些街坊公共建筑占了很大的比例。

　　该街道九块街坊中，2 号街坊占地最大，面积达 8.4hm²，11445 人，3391 户。而该街坊的人口密度仅为 1300 人 /hm²，略低于上海人口净密度的平均值 1330 人 /hm²。该街坊各类建筑中居住建筑约占 76.05%，居住建筑用地约占总用地的 80.1%，其中可保留的住宅建筑面积约为总建筑面积的 67.4%，可供改建的用地约占总用地的 52%。在该街坊达到就地平衡是有可能的，我们力求通过规划在尽可能不使人口外迁的前提下，增加一些住户，为下一阶段邻近地区的改建创造条件。

　　通过对现状资料分析，确定了现有住宅建筑的类型（新式里弄住宅、旧式里弄住宅、简易棚屋以及新建多层住宅等），结构的形式（钢筋混凝土结构、砖混结构、砖木结构以及木结构等）以及设备状况（厨房和卫生设备等的拥有数）。综合这些因素，同时考虑了现存建筑物在城市中的可识别性以及固有的建筑风貌，将街坊内的居住建筑定为一级保留、二级保留、三级保留（可拆可不拆）和拆除四类。

　　街坊的公共建筑包括市级保留用地内的办公楼、区内的学校、商店等等，公共建筑定为保留、拆除和合并三类。保留了北京西路第三小学，那些拆除或与住宅混合的商店和办公用房，合并后重新规划安置。

　　街坊内还有市区级工厂和街道工厂，工业建筑亦定为保留、拆除和合并三类。其中电子管十厂由于污染应该搬迁，而新建的多层厂房则予以保留。用作无害工业用房或办公用房。那些拆除或与住宅混合的工厂，合并后亦重新规划布置。

　　从现状调查的数据资料来看，该街坊的户型十分复杂，从一口户到九口以上户不等，其中三至五口户型占多数为 56.68%，然而其中一口和二口户型为数达 31.54%。根据国家新建住宅的面积标准，结合街坊内新建高层住宅，新建多层住宅和改建旧式里弄住宅的类型以及居民户型的具体数据，得出规划改建的面积标准：新建高层住宅平均每户建筑面积为 52.2m²，平均每人居住面积为 7.52m²；新建多层住宅平均每户建筑面积为 45.4m²，平均每人居住面积为 7.20m²；更新的里弄住宅平均每户建筑面积为 41.6m²，平均每人居住面积为 7.10m²。总平均为每户建筑面积 46.4m²，每人居住面积 7.30m²。

　　规划方案考虑到改建与市政建设的关系，特别是石门路拓宽工程对改建区域内原有建筑的影响。为使城市旧区建筑不丧失其可识别性，保护原有完整的建筑风貌，建议将石门路慢车道结合街坊内商业建筑一同规划设计。既保留了原有的居民所熟识的标志性的建筑，又避免了在主要交通干道上开设商店的弊端。

街坊内全市性的商业结合慢车道设计，面向街坊内，并在石门路侧的高层住宅低部开设商场。街坊内服务性设施位于街坊的中心，结合绿地和平台，形成街坊的活动中心。街坊内对居民无害的街道工厂，统一设置在临新闸路的高层住宅低部。

改建地区居民长期以来建立起来的邻里关系和生活结构，对于原有建筑的更新和新建建筑的设计都十分重要。里弄住宅多为二至四层，形成了水平的交往空间，不同于现在大量性的高层或多层住宅，把住户的交往仅限于狭小的楼梯间和电梯间。规划方案中的新建多层住宅采用了双层里弄的系统（上层里弄设在二层屋顶上，与高层住宅及街坊内的服务中心相连）。这种系统缩短了住户与地面的距离，增加了居民见面和孩子玩耍的机会，取得了建筑尺度上的亲切感。在独门独房的基础上，门户相对，为邻里交往，扩大社会接触提供了极大的可能性，为居住环境增添了生活气息。上层弄堂增设烟杂、电话、牛奶收发等日常生活设施，生活垃圾由专人集中处理。

街坊内的老式里弄住宅普遍比较破旧，现有平面亦不尽合理，不过保留的住宅都具有改建的可能。根据不同的结构情况和建筑面貌，加一至二层，以提高居住容量。采用压低第二层层高，提高屋面，变二层为假三层等一系列方法。在更新旧住宅内部的同时，亦对旧住宅的外貌加以必要的处理，既使老建筑之间连贯呼应，也使新老建筑之间和谐共存。

在考虑到城市建筑形态、环境等的情况下，局部建设高层住宅，丰富街区的建筑轮廓，可作为改建中分期实施的调节因素，此外也使多层住宅的层数得以降低，利于日照、通风、也与里弄住宅在尺度上比较协调。

规划方案从用地来看，保留了近 39.1% 的里弄住宅。规划从人口就地平衡出发，建筑容积率仅为 2.39。由于规划设计中的具体因素，每户的平均建筑面积比标准略有提高。改建后，住宅建筑面积增加了近 46%，户数为 3373，减少约 18 户。若适当提高容积率以及控制面积标准，则完全可能在就地平衡的基础上，迁入一定数量的居民。

1986 年 10 月

瑞典 ICAT^①

会议中讨论了:

1. 历史条件;
2. 自然资源及应用技术;
3. 建筑质量的意义;
4. 社会、使用者个人、专家之间的关系;
5. 建筑及城市规划教育;
6. 国际合作。

关于历史:

历史不是杂货店,货架上的造型元件可以唾手任选;
历史不是橱窗;
历史是无止境的生动的渊源流长的过程,既含绵长的连续性,也含突然的变革;
建筑历史是历史的一部分;
今天已经不会无视历史了,但要排除因重视而导致的倒退。

什么是建筑的质量：

1. 很难定义，很易辩识。

2. 质量不只是个别建筑物的属性，而是同时反映人与地方位置的关系，所以：

1) 质量好首先必须反映在能够推动社会性的相互作用和支持社会文化性的生活规范。

2) 没有什么放之四海而皆准的标准，只能联系它特有的当地的文脉予以界定。

3. 如何创造质量……

原来给我出的题目是谈此行的感想，我却谈了这些，是离题了吗？ 也不尽然。

刚才谈过瑞典会上谈论的特别关于历史观与质量现，在我心里一直盘旋着。美国之行凡接触观察建筑也就不知不觉或厚或薄地罩上一层这些观点。

国内呢？ 到处仿古街仿古园，还出口。好比西游记孙大圣拔一根毫毛说声变，变成无数的老孙，连二郎神三只眼也找不出哪个是真的，以假乱真，取消了时差。这个问题已经引起大家注意了。

另一方面是曲解了批判现代主义的真义而形成新的千篇一律，现在山墙裂口、筒顶透光、斜门锐角、断柱肥梁，不是又在逐渐超越时空流行起来了吗？ 我认为手法只要在世界上已经出现，就为大家所有，应该可以拿来，这是没问题的。问题在于为何用，不论古今都不是现成的模子，从形式到形式是创不出新路子来的。当然从来没有设计者承认自己没有主意，没有立意。

"意在笔先"。"意"实际上包涵了两个意思，一是意象，二是意境，所谓"笔"者就是表现手法和实现途径罢。

设计者意念一经萌发，就去自己长久积淀的表象库中上下求索、辗转翻腾、筛选融会，意象才朦胧地凝聚起来。意境者是人为环境物境之外的精神之境。从意象到作为形象表现出来，意境才有所附托。其间是反复的过程。三者互为因果，不可分割。

意境之进入、意象之生成，来自于认识水平、生活经验和传统熏陶，其中特别是传统。当然指的不光是大屋顶、四合院等形式。传统是积淀、融合、渗透到各方面的文化，传统给予我们特定的影响，同时又正是属于世界的宝藏。

所以建筑艺术，个性越显著则感人越深，而世界性越强，时代感越鲜明，则恒久性却越大。建筑又不同于其他艺术在于功能、经济技术。没有对载体扎扎实实的功夫，徒有意象，仍然魂兮何所依。不能对语言运用自如也就没有思维的深化。

在佛罗里达（Florida）座谈会后有位丹麦的新 H.FAIA 对我说：你的发言精练，有理论有幽默，我们则是太习惯于啰嗦了。我心说惭愧惭愧，也可以说我是发挥了特定条件的优势，优势是我英语差的缺点转化来的，无法信口开河。而今天可费了大家太多的时间了，如果算在一人头上，那就是多少个工作日。鲁迅说过文章空而长是谋财害命，大意如此，未免言之过重。只求意思是好的，想大家也就不会见怪了。

1988 年 1 月 14 日

原载于《国际学术动态》1986 年第 4 期

第三部分 景 观

方塔园

在松江方塔园规划方案
讨论会上的发言

（松江宋方塔修复一新，其旁明砖刻影壁也完整无损，拟辟地9hm²为公园，计划把原在小学中的唐经幢移此，松江的一些零星文物荟集起来也去公园内建馆陈列；此外还要设外宾招待室、茶室，甚至吃鲈鱼的饭馆。）

前些时参观了上海玉雕厂，看见接待室许多玻璃橱里五光十色，一经介绍，每件都是价值几千几万的孤例，可是，密密麻麻摆满一橱一橱，橱内壁又是镜面，越发热闹，简直（像）杂货铺，哪里显得出珍贵来。其实譬如博物馆的一件珍品，小者应该独占一橱，大者或独占一室，周围应该用暗色补色加以衬托；灯光则射到展品上，更重要的珍藏应该在进入该室之前，安排情绪准备，这才使人不远千里一睹为快。

松江是方塔、经幢、鲈鱼各有千秋，应各有一篇文章好作。古物离开原址毕竟有损其历史价值。鲈鱼巨口细鳞虽然也属雅事，终与塔、幢不是一个味道，所以要把整个松江作为一个点来考虑，不必挤在一起唱群英会。

方塔宜配以少量大小建筑，或廊或墙围成塔院，这是建筑衬托；全园树木宜成片，树种宜单纯，这是绿化衬托。总之塔是主题，路是曲或是折也要统一的格调，路本身统一并统一于塔。敞之为草坪，也不能夺塔的主题。绿化构思譬如减法，塔院、草坪等像是密林中减出来的那样。

　　来开会之前苦思未能解的一点是似乎缺些什么生动的东西。现在有了，方才听介绍，松江古有茸城之名，又拟以地方佳话十鹿九回头为题的雕塑作为点缀。我看何不散养活鹿百头，大可与奈良媲美，况有所本，岂不甚妙，不知鹿的习性如何，绿化布置等就都要相应考虑。

1978 年 12 月于上海园林管理局

组景刍议

    风景点是自然风景区的精华、核心或古迹所在，是其中特别值得逗留、浏览、凭吊的地方，所以开辟风景首先需要对此进行一番搜索，选择观赏景色的视点，更确切一点说，是选择观赏景色的诸观点。设若对象是一座山，从一个视点看，看到的是它的一个面，从多个视点看，看到的画面集合是它的体量体态，那么对它才有"横看成岭侧成峰"的较深一步的印象。不管一个视点也好，多个视点也罢，这都是人在景外，可称作景外视点。如果从一个视点扫视周圈，那么看到的连续画面构成视点所在空间的视觉界面，这里称为界面者当然包括天地二面在内，这是人在景中，可称为景中视点。对于景的感受来说，可以这样理解：景外观点是旁观，景中视点是身受。严格说来，景外视点仍是在大一层的景中，不过从风景美的角度来看，周圈之间只是对象一面含有积极意义而已（图 1）。

    试把多个媒体视点串连成线，如果对象是 3 个峰，那么随着导线上视点的移动，三者的几何位置不断变化（图 2）。有个诗人曾写道："安得帆随湘势转，为君九面写衡山。"这时导线虽然曲折，而视点则始终都在同一标高。设若导线不是湘水，各个视点的标高也不同的话，那么衡山诸峰此起彼伏，变化就更为强烈得多了。又如把景中视点在同一环境中移动，那么这一空间的视觉界面也不断有变化。以上情况都是渐

100

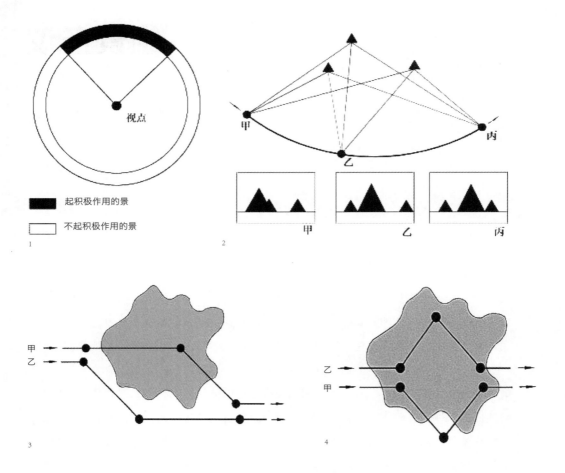

图1 视点与景
图2 对象随视点移动而变化
图3，4 游览路线与景区关系

变的动观效果。只有从景观外视点转移到景中视点，才会取得突变的动观效果，峰回路转，别有洞天，"山重水复疑无路，柳暗花明又一村"，正是这种情况。

譬如图3有等长的两条线，估计甲较乙为好，因为乙是由景外到景外，而甲则是景外经景中到景外。图4也有等长的两条线，估计也是甲较乙为好，因为乙是由景中到景中，而甲则是景中经景外到景中，这是迂回取胜。又譬如图5有景中到景中的一条线，如果在其间设障物一道，这是运用摒去不积极面的手法，人为地形成景外视点。另一种办法是在线上设一院落（图6-1），这叫作在景中人为地形成另一景中，效果都将加强；试想如果上述院落代之以一圈空廊，则肯定是不起作用的（图6-2），而这恰切是我们在许多新建公园中不时见到的。

就这一个景中视点来说，空间感受主要产生于一个个印象集合而成的空间视觉界面，就一条导游线来说，产生于互相联系的空间集合的总感受，却不是简单的各个空间感受的总和，而是较总和加深、扩大、提高或者是减弱了。以上这些说法是否过于强调动观的空间感受呢？或许有人会问，欣赏一幅山水画，岂非平面？李白之对敬亭山，岂非静观？能说感受不深吗？这个问题容易解答。画非空间，而能感人是通过艺术处理而勾起回忆和遐想的结果。至于独坐看山似是静观，实则众鸟有高飞到飞尽之际，孤云有未去与已去之间，山随海明变化，轮廓逐渐清晰，体势逐渐显露，气质逐渐鲜明，步未移而景却在动，有个时空关系，和看画是不同的；何况"行到水穷处，坐看云起时"，静观其实是动观的组成部分，又往往处于导线上的尽端或终点。

从这里我们得到一个启发。静观时，如果空间感受变化的幅度不大，要取得一定的感受量，是要有较长的时间的。静观等于是导线长度为零。当动观的时候假设总感觉的量保持不变，导线的长度也不变的话，那么空间感受变化的幅度越大，则所需时间越短，换句话说，动的速度可以越大。同此理，如果空间感受变化幅度不变，速度也不变，而无谓地把导线拉长的话，总感受只会减弱。或者空间感受变化不变，速度也不变，而缩短时间的话，显然总感受也只会减弱。所以苏州园林细腻的变化，匆匆地兜一圈，是绝不会取得冉冉缓步的感受的。又试想，一个盆地，树木茂盛，本来要经过一大段盘山道路通到另一个海拔更高的山谷，谷当中是碧绿的湖水，沿湖是郁郁苍苍的松林，如果在盆地和山谷之间开辟一条短捷的隧道，那么两地景色的迥异将会给人以多么惊人的感受，这是缩短长度，从而扩大了变化幅度的效果。与此相反，李白有句曰："一溪初入千花明，万壑度尽松风声"。没有度尽松声，哪得花明的喜悦，这是不可或少的长度。今天人们有时好心肠地把汽车路直辟到景点的跟前，反而有损于景点。这就是没有或不知道把保持和扩大总感受量放在最重要的位置的缘故。综上所述，这个总感受量、导线长度、变化幅度、时间或速度四者之间的相互关系，给我们组景规划与设计提供了一条微妙的线索，大家熟知的中国园林的步移景异的手法，不过是这个道理最简单的运用罢了。

既然组景的目标主要是有意识地通过空间感受变化取得一定的总感受，那么所谓空间感受的变化、空间感受究竟有多少种呢？对于这一问题，我国极其丰富的文学宝库应该可以提供解答。可是描写风景美，骚人墨客运用的辞藻实在太多了：有些固然典雅，然而无从把握；有些确实美妙，奈何不可捉摸。这是因为写的多是情，如果不把所以生情的空间感受转译出来，是难于在组景设计中为我所用的。

笔者发现唐·柳柳州说的极为精辟概括。他说："旷如也，奥如也，如斯而已。"可谓一语道破。他还认为风景须得加工，先是番伐刈决疏的功夫，才能"奇势迭出，浊清辨质，美恶异位"，然后"因其旷，虽增以崇台延阁……不可病其敞也。……因具奥虽增设茂林磐石……不可病其邃也"。这就是说要因势利导地进行加工，而所谓势者，非旷即奥，不是非常明白的吗？

然后再把局部空间感受，或者说把个别空间感受贯穿起来，凡欲其显的则引之导之，凡欲其隐的则避之蔽之，从而构成从大自然中精选、剪裁、加工、点染出来的顿挫抑扬富有节奏的美好的段落。这应该就是组景设计的基本内容，所以说，总感受量之所以多于各个局部之和，是从何而来的呢？就来之于节奏，主要在于旷与奥的结合，即在于空间的敞与蔽的序列，由此看来，风景本身是客观存在的，然而它的美的效果，却有待我们去发现和创造。

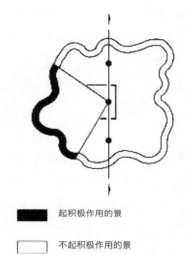

起积极作用的景

不起积极作用的景

5

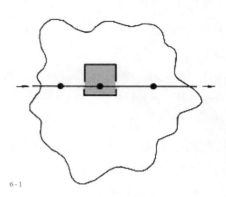

6 - 1

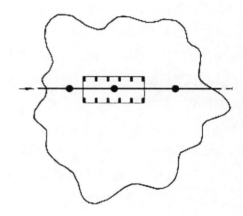

6 - 2

图 5 游览路线的变化
图 6 形成景中的比较

　　既然经过有意识的组景，那么大家从中取得的感受理应基本相同。事实却不尽然，由于各人的性格、情绪、素养、好恶等有所不同，因而在主观成分参与之下，美的感受是有差异的。为了唤起一定的共鸣，促进人们的所谓再创造，运用了起着提示、指点、启发作用的匾对、题咏、史话、传说，从而令人浮想翩翩，这正是我国悠久文化反映在风景名胜上的独特风采，是十分值得珍惜的。

　　说到这里，或许有人会问，难道把风景美感的得来单纯归之于视觉，那岂不片面吗？对的，风景中"耳得之而为声，目遇之而成色"，举凡花香、鸟语、泉声、谷响、薰风、清气等听觉、嗅觉、触觉，固然无一不是参与其间的；可是无疑，视觉印象毕竟起主导作用，刘勰所云，"目既往还，心亦吐纳"。风景之所以能够激豪情发幽思，因景而生情，空间感觉毕竟是基本的方面。与此同时，视觉感受又总是和生活活动感受相结合的，"菜鲜饭细酒香浓"必然与风景的优美相得益彰。昆明石林的突兀和石林脚下少数民族的醋歌曼舞是相互增色的。换句话，体育文化等生活活动实际上也是景的组成部分，人本身，也是景的组成部分。

　　这就又提出了一个什么是风景范围的问题，按传统的概念总是喜欢把风景和喧嚣的人工环境相对立，但是通常却又不把那些人迹罕至而惊心动魄的大自然算在内。其实这也是相对的，幅度是随着速度而变的，"野"与"险"的观念是随着游览工具的进展而发展的。另一方面，有些工业以其有力而鲜明的体形轮廓，例如火力电站的立方体厂房、双曲抛物线淋水塔、高耸的烟囱和大线条的自然环境相结合，可以构成动人的、而且是前代所不能有的景色。所以从城镇到风景点，从风景点到原始穷山恶水之间是没有什么严格而固定的分界线的。已有的名胜固然必须审慎地加以维修保护，但是我们终究不能只是满足于步历代和尚道士的后尘，附封建士大夫的骥尾吧？所以应该强调开辟二字，只要我们对风景的范围扩大来看，那就何患无处着墨。譬如安徽从歙县、绩溪一线去黄山，途径镇头到反书一段，许多山村溪流极为优美，不必定要有什么名泉古庙，这里距黄山车行约 3 小时，正可选辟一个中途点。现在交通比古代方便很多，要求确乎是高得多了。皖南一带作为一个整体来看，九华山建筑群完整统一，由南而北，九华是黄山的补充，由北而南，则黄山是山势的高潮，有待我们去选线布点。

所以说可供施展的条件也多得多了。

开辟风景、发展旅游的目的并非局限于经济收益和外事往来，更重要的是对人民群众的教育作用，在风景中人民接受历史教育是一个方面，而更为直接的则是美的感受。我是这样理解的：譬如经过组景，从而突出的景点，在空间为敞，在空间感受为旷，在情为畅，而在意为朗，朗者心胸开阔，精神振奋，意气风发之谓，将会好一阵子留在人们的脑海，这就是起了作用。而导线组成的节奏所起的作用就更为深刻了。所以组景重在意境，而意境则有高低雅俗之别。试想那种汲汲于一个亭子占一个山头的做法究竟反映什么意识？那种醉心于发现狮峰虎岩马鞍牛头的做法又能给人留下什么回味？又能是什么教育作用呢？

风景中开路修桥建屋，掌握尺度是很重要的。举例来说，马鞍山市有个太白楼，可以想象当时人们或步行或骑马经过一段曲折蜿蜒的石径，上得楼来，顿觉敞亮爽快，而现在呢？经过沿河一条无遮无盖的车道，直驰楼前一片停车场，上得楼来，只觉小得寒酸。设若改为树荫下单行车道，只要有个三五十米的距离下车步行，楼前增种些树木，当可有所改善。又如拟建中的某研究所选址在苏州某山脚下，显然宜于在服从功能要求的前提下，成组疏散、局部紧凑、高低错落、大小相间，而不宜呆板的高楼大厦，才能与妩媚的景色相协调，这都是建设原有古迹名胜容易碰到的问题。另一方面，又绝不能由此而得出风景中尺度小就美的结论。例如部分公路桥梁用了罗马柱头似的桥墩和赵州桥的栏杆格局，而大煞风景。相反，路、桥以及建筑以大刀阔斧的气势结合大线条的自然景色是在现代建筑中不乏范例的。所以，有时风景中几个单位的建筑项目宜于通盘考虑，一气呵成，"各抱地势，钩心斗角"是对风景有损而无补的。总之，从尊重自然照顾原有着眼，应大则大，应小则小，应分则分，应合则合，那就必然是和小单位的狭隘观点、陈腐的形式主义不相为谋的，所谓意境就是思想性。所以，归根结底，提高思想水平，才是开辟风景的最基本问题。

原载于《同济大学学报》（建筑版）1979 年第 4 期

九华山总体规划大纲

前言

    九华山位于安徽省青阳县境内，离县城 40 余里，属黄山西脉，山有九十九峰，以天台、天柱、罗汉、十王、莲花等九大主峰最为峻峭，最高峰为十王峰，海拔1342m。

    地属亚热带中部，全年平均气温 13°C，冬季最低 -10°C，夏季最高气温 30°C，全年平均降雨量为 1900mm，四季分明。

    地质构造大部分为花岗岩体，经年风化形成奇峰、怪石、峡谷、岩洞，山上主要有龙池瀑、龙溪等，山泉过处流瀑飞溅，溪涧泻畅，山上苍松翠竹，景色秀美。

    九华山是我国东南地区的佛教名山，为著名的佛教四大道场之一，供奉地藏菩萨。早在南北朝时，这里已建有寺庙，经过唐、宋、明、清陆续建设，最盛时寺庙达三百多座，僧尼五千余人。清咸丰兵灾被毁殆尽。清末民国初又逐渐恢复，现存寺庙 65 座，僧尼百余人，是国内佛寺较为集中的地区，佛教陈设也尚完整。佛寺布局生动，风格统一，是极有特色的建筑群。九华山历史上就吸引了许多游人，许多文人骚客咏诗著文，留下众多佳作，也有许多古迹遗址。

由于近年公路修设，交通方便，游客日增。1978 年省城建局邀请同济大学建筑系进行调查规划，同济师生于 1978、1980 年先后二次对九华街地区进行了建筑测绘、并作了初步规划，及一些单体建筑的设计，今年 8 月 3 日张劲夫同志在九华山听取了规划与建设工作的汇报，九月初省建委又召开了九华山规划座谈会，发出了一些对九华山建设与规划的有关文件。这些都为九华山的开发与总体规划工作打下了一定的基础。

一、 九华山风景资源的特色与评价

1.著名佛教名胜，独特风格寺庙建筑，众多文人骚客的游踪，具有丰富的人文景观资源。

九华山在我国佛教史上占有重要地位，相传在唐高宗永徽四年（公元 653 年）新罗国（今朝鲜）王族金乔觉渡海来此隐修七十五年，死后被尊为"地藏王菩萨"，过地藏塔，从此香火大盛，成为我国佛教四大名山之一，与四川峨眉山（供奉普贤菩萨）、山西五台山（文殊菩萨）和浙江普陀山（观世音菩萨）齐名，僧尼云集，寺庙林立。历代帝王多有封谕赐赠。九华山佛教在国外也有影响，唐宋以来就有外国僧侣来往，近年来东南亚僧人，香客络绎不断。"文化大革命"以来，九华山的佛教陈设保存较好，年高僧侣大多健在，近年来朝山进香做佛事者日有所增。

九华山的寺庙建造在山崖陡壁之上，丛岭、谷地之间，地形复杂，环境特殊，许多寺庙为配合地形，因地制宜，都不拘泥于严整的布局，采取极为灵活的格局，如祇园寺以大雄宝殿为中心，它的山门、二门、配殿、讲堂、寮房方向都随地形而异；百岁宫就筑在巨大的盘石之上，建筑与岩石悬崖相得益彰，古拜经台依峭壁而立，殿堂随山势而起伏；其他如观音寺、通慧庵、月身殿等等各有特点。这些寺庙除化成藏经楼建于明之外，大多重建于清末民初，历史虽不悠久，但颇具特色，寺庙传统与鲜明的皖南民居形式相融合，风格统一，布局生动，堪称不可多得的建筑组群佳例。

九华山在唐以前称九子山，唐天宝间，李白游秋浦时望九华峰为九朵盛开的莲花，写诗赞曰，"昔在九江上，遥望九华峰。天河挂绿水，秀出九芙蓉。"从此更名为九华山，于是文人骚士，达官显贵纷沓而至，自李白以后有（唐）刘禹锡、杜牧、杜荀鹤，（宋）苏辙、苏轼、王安石、文天祥，（明）董其昌、汤显祖，（清）袁枚等著名诗家，

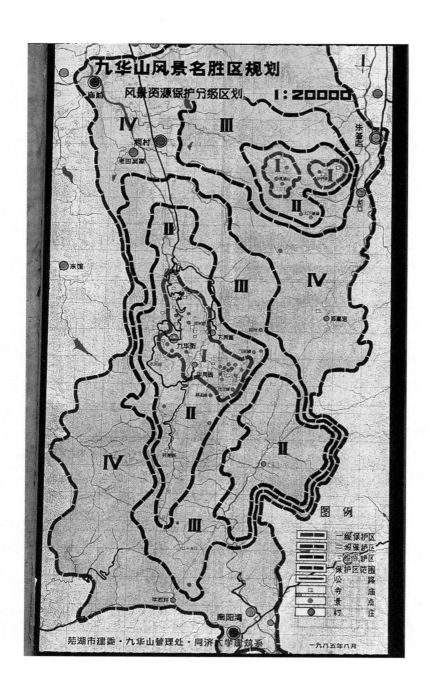

图 1. 九华山风景区总体规划图

留下了五百多篇诗歌，唐皇赐金印，明崇祯题封，清康熙乾隆题额，民国时期黎元洪、林森等也来九华进香题词，留下了不少文物。

因此九华山在佛教建筑及古迹上都具有较高价值的人文景观。

2. 峰峦岩洞、奇松怪石、竹海林泉、秀丽多姿的自然风景。

入青阳县境即可见九华山势突兀、九峰竞秀，山体雄伟而峰峦峭拔，有名峰九十九之称，唐著名诗人刘禹锡写道："奇峰一见惊魂魄，疑是九龙天矫欲攀天"，宋王安石说："楚越千万山，雄奇此山兼。盘根虽巨壮，其末乃修纤。"确是写出了九华山的神韵。

天台峰是九华主峰，为花岗岩石山，植被较好，登山沿途，苍松虬枝，云雾缭绕，峰峻岩奇，景色秀丽。

九华山拥有一些名贵树木，如生于南北朝时的凤凰松，姿态如凤凰振翅，久已炙烩人口。还有千龄古松，如天台的鹦武松、四香阁的迎客松、九华街的金钱树也是国内稀有的品种，被誉为九华三宝之一，其他二宝是娃娃鱼和叮当鸟，前者即蝾鲵，后者鸣声清脆悦耳，都是罕见之物。

九华著名的风景旧有十景之称，如天台晓日，桃岩瀑布，天柱仙迹，化成晚钟等等。纵观九华自然景色虽不及黄山奇特，都也有飞瀑流泉、丛竹、佳树、具有一定的观赏价值。特别是自然景色与建筑相衬托，尤为难得。

二、九华山风景区的规划范围与规划期限

1. 范围

1）目前规划范围从大桥庵——天门—九华街—闵园—天台峰一线，范围约 12km^2。

2）重点建设地段在九华街区，范围约 1km^2。

3）从风景资源的保护要求出发，范围应包括原有九华山 9 个峰的地区，约 100km^2。

4）范围地名略。

2. 规划期限

近期：当前—1985—1990 年

远期：本世纪末（2000 年）

三、九华山风景区的性质与规划指导思想

1.性质：以佛教名胜和寺庙建筑为特点的风景游览区。

2.指导思想：保护发展九华山原有秀丽的风貌，突出景区寺庙建筑特点，充分发掘丰富的人文景观，逐步建成在旅游事业与精神文明上具有较大贡献的旅游区。

四、规划建设原则

1.保护好九华山的自然风景和生态环境，有区别地对寺庙等建筑进行整修和保护，有利于发展景观，保护文物古迹和发展旅游事业。

2.原有建筑的整修要贯彻"整旧如故"的原则，新建筑及设施要与周围环境协调，造型亦应有地方特点，充分利用原有寺庙等建筑，有区别地考虑栈庙结合。

3.以旅游为主，合理安排旅游、宗教、园林、服务等各个方面，安排好职工和居民的生活，合理分区，搞好各种工程设施，注意不要破坏自然环境。

4.以九华街为中心，逐步扩展建设其他景区，逐步开发新的景点。

5.坚持勤俭创业，量力而行，挖潜配套，由小到大，由近及远，远近期结合。

五、风景区的保护和规划设想

1.景区划分

规划分四个地区：山前区、九华街区、闵园区、天台峰区。

1）山前区：为进山路途，作为进入风景区的前奏，一般游客乘车进山，沿途主要设明显的标志如刻石碑牌，门洞，结合茶水小卖设置休息亭廊。较大的佛寺有甘露寺，可设接待国内游客床位。龙池为较好风景点，可开辟途中游览休息点。

2）九华街区：为主要景区，可分为三个部分：一是佛教庙庵，此为主要内容，用一步行道和绿化将近二十处佛寺相连，尽量恢复旧貌，造成浓郁的宗教气氛。但不是宣传迷信。在有些佛寺内增加游览内容如展览、陈列、佛教法事活动，以提高游览趣味。充分利用这些佛寺中原有的客房建筑，整修开辟为接待不同要求的旅客，既减少投资又可创造一种有特色的旅馆环境。二是九华街区，以化成寺前广场为中心，将原有九华老街加以整修，改造成为这个景区游客活动的中心。主要设施为游客服务的酒馆、小吃冷饮、邮电、银行、工艺、书店、百货、杂品、香烛、土特产等商店。建筑形式应保持原有风貌，一、二层楼。瓦顶粉墙，木作门面，石板铺路间以小块绿地，不通车辆，造成一种山村小街景象，与周围具有强烈民居风格的九华寺庙相协调，这符合旅游的心理需求，特别是国外旅客，到中国来旅游就是为了要观赏中国固有的民族特色。

九华街的原有民居应作调整，为旅游服务的及城镇居民们可保留，一般农户要迁出街区，另规划安置在白马队地区，居民禁养家畜、家禽，搞好环境卫生。主要为一般居民服务的公用设施也应迁出街区。三是旅馆宾馆区，设在海螺形，聚龙寺的山凹台地上，包括一组以院落组成的宾馆和九华旅馆，并设一组为游客服务的娱乐设施，内可有俱乐部、影剧院、餐厅等，有单独的车行道与公路相连。

3）闵园区：后山闵园环境幽静，竹林泉边点点庵寺别有风情。除供游客休憩参观外，设少量洁净简朴的客房供游客短期小住并设相应服务设施。

4）天台峰区：山岩突兀，苍松烟云，古庙依壁傍崖，佛家传说妙趣。车行道不上山，步行登山。规划整修山路，维修建筑，增添题字刻石起点景作用。扩建一些寺庙的厢房，以供应游客点心，但品种以素面食为准，体现佛家洁净。

2. 旅游安排及游览路线
旅游安排及游览路线可分为三、五日游，短期休养及朝山进香四种。

1）三日游：当日抵九华街住宿。次日游九华街区，上午向西神光岭，下午登车崖岭，百岁宫。第三日过闵园上天台，晚归宿九华街。次日晨离开。

2）五日游：当日抵九华街住宿。次日游九华街区。第三日游闵园区，宿闵园。第四日登天台，并观晓日晚霞，宿老常住宾馆（目前住拜经台）。第五日从天台后山经十王峰返程。

3）短期休养：可住九华街及闵园，视需要而定，进行建筑、艺术考察、创作、休养等。

4）朝山进香：国外香客视需求而定；国内香客住佛教招待所。

远期考虑向周围扩展，扩大景区范围，增设游览点。并考虑从南面太平湖进入九华山的游览路线。

3. 规模及容量

现有游客集中于每年 4 月至 11 月，平均每日约 1200 人；农历七月三十日为地藏王菩萨生日，是日游客香客最多，可达一万余人（不过夜）；5 月 1 日前后游客也较集中，约 3000 人。

近期考虑：3 日游，每日人数 2500 人。其中九华街 2400 人，闵园 50 人，天台 50 人。

短期一日游，当日返回青阳及周围农村，考虑青阳县设必要的旅馆及其他设施。

4. 旅游设施及其他建设

1）九华街外宾旅馆（二级三级）、对内旅馆、俱乐部、电影院、文化馆等。

2）九华街服务建筑，包括饮食、邮电、银行、百货、工艺、土产等成街布置。

3）为地区及居民服务的供销社、气象站、消防站等。

4）职工家属宿舍、居民宿舍及附属设施、中小学、办公、服务等。

5）旅游风景建筑、景点设施如小卖部、茶亭、厕所等。

6）工程设施。

车行道路：九华街区约长 2000m。

九华街至闵园、隧道约长 400m，加 2000m 连接道路（另外考虑走西侧绕山公路方案供讨论）。

步行道路：爬山石级及步行石板路，新修约 20000m，整修约 30000m。

给水工程：蓄水池、水泵、管道。

排水工程：生物消化水池（荷花池 5 个）

供电工程：配变电站、输电设备。

六、投资与收益估算

1. 投资估算

1) 风景旅游建筑供 5000m²，150 元 /m²　　　　　　　　　75 万元

2) 对外宾馆（华天、闵园别墅、老常住）300 床，2 万元 / 床　600 万元

3) 对内宾馆（九华旅馆）600 床，0.5 万元 / 床　　　　　300 万元

4) 原佛寺整修共 30 处，每处 10 万元　　　　　　　　　300 万元

5) 重建十王殿，包括内部陈设及重塑佛像　　　　　　　100 万元

6) 穿山隧道及两端道路，隧道 1620 元 /m，加 2km 公路　100 万元

7) 新建道路、广场，100 元 /m　　　　　　　　　　　　45 万元

8) 化成寺广场周围建筑整修　　　　　　　　　　　　　50 万元

9) 新建上山石级小路，100 元 /m，20km　　　　　　　200 万元

10) 整修上山石级小路，30 元 /m，31km　　　　　　　94 万元

11) 绿化树苗 20 万株，3 元 / 株（包括种植费用）　　60 万元

　　草皮、花木布置，苗圃　　　　　　　　　　　　　50 万元

12) 上下水工程，上水 40 万，下水 20 万　　　　　　　60 万元

13) 供电工程　　　　　　　　　　　　　　　　　　　75 万元

14) 职工家属宿舍 70 户 *50m²/ 户 *150 元 /m²　　　　68 万元

　　加 20% 福利设施　　　　　　　　　　　　　　　13 万元

15) 农民新村 85 户 *70m²/ 户 *120 元 /m²　　　　　　71 万元

　　加 20% 福利设施　　　　　　　　　　　　　　　14 万元

　　总计　　　　　　　　　　　　　　　　　　　2275 万元

2. 收益估计

　暂缺

1981 年

方塔园规划

　　方塔园在上海松江县。府志载，松江商代为扬州域，春秋时吴王寿梦建华亭，作留宿之所，称松江为茸城。唐宋以后直至清中叶是这一地区的政治、经济、文化中心。今尚存许多珍贵文物，有唐经幢，宋方塔、石桥，元清真寺，明砖雕照壁、大仓桥、一些厅堂楼阁和明清碑碣等等，多具重要历史价值。松江地处淀泖低地，75000 年前是古海岸，后以长江出海淤积为平原。这一地区自松江城才渐次出现冈峦，可称自然风景者有九峰三泖，具备发展为上海郊区游览点的条件。松江城镇本身的发展中，园林绿地也有待大力建设。宋方塔和明照壁的所在地段，既近市廛，又较空旷，所以建园条件很好。

　　建园用地 11.51 hm²，先后系县府、城隍庙、兴圣教寺及城中心地段的旧址。几经战乱和变迁原有房屋毁尽，昔日繁华今已荡然，遍地厚积瓦砾土，而方塔尚存塔体砖心原物。1976 年大力修复了九层塔檐和宝顶。塔为兴圣教寺塔，建于北宋熙宁至元祐年间 (1086~1094 年)，承唐代的形制，平面为正方形，砖木结构，总高 42.5 m。塔体修长，出檐深远，造型优美。塔北有明代城隍庙的照壁，建于洪武三年 (1370 年)，壁上 "狻" 浮雕图案细致生动，是罕见的大型砖雕。塔东南有宋代石板小桥一座。附近还有古树八株和竹林两片。塔南有横贯东西的小河和一段成丁字形的河汊。

　　小土丘数堆分布于塔之西和西南。此外，在规划工作进行之前，已决定将上海清代天妃宫大殿迁入园内。

　　根据这样的现状及任务，方塔园的性质是以方塔为主体的历史文物园林。园中设置的项目应以安静的观赏内容为主，不设置喧闹的娱乐设施，并以叠覆五老峰、美女峰假山石，创造陈列松江文物书画的条件，以丰富园林的内容。方塔园规划力求在继承我国造园传统的同时，考虑现代条件，探索园林规划的新途径。

　　如前所述，松江一般地势平坦，河湖沔荡交织，局部地带冈峦起伏，所以这个特点应该作为方塔园地形处理的蓝本。而规划布局首先应从方塔这一组文物作为主题着手，堆山理水无不以突出主题为目标。规划之初，碰到的第一件事是如何布置迁建的天妃宫大殿。宋塔、明壁、清殿是三个不同朝代的建筑，如果塔与殿按一般惯例作轴线布置，则势必使得体量较大而年代较晚的清殿反居主位，何况塔与壁，一为兴圣教寺的塔，一为城隍庙的照壁，原非一体，两者互相又略有偏斜，原来就不同轴。再则三代的建筑形式有很大的差异，若新添建筑必然在采取何代的形制上大费周折。因此决定塔殿不同轴。于方塔周围视线所及，避免添加其他建筑物，取"冗繁削尽留清瘦"之意，更不拘泥于传统寺庙格式，而是因地制宜地自由布局，灵活组织空间。

　　方塔的地面标高为 +4.17m，而周围地面标高却在 +4.7m 左右，所以地势对显示塔体的高耸是不利的。按照中国的传统形式，塔的周围常有封闭的院落，不同于开敞暴露的纪念碑。塔院的尺度决定于塔高，塔体修长，近观时距离近些当可更感巍峨，故设东、南两段院墙，离塔的中心 23m，院内仰视塔顶的角度为 65°。院墙简洁是为了不致分散观赏方塔的注意力。墙外的地面高于塔院，有此两段院墙的屏隔，将避免感到塔基的低陷。西面扩大原有小丘，塔北则有明壁，从而形成一个各向有变化的塔院。明壁之北为弹街石地面的广场，消防车可以开到这里。广场是三项文物的纽带和进入塔院的前奏，其地面标高应尽可能低于塔院。但此地的高水位标高约在 +3.0m，少数几天的洪水位可达 +3.5m，所以把广场的标高定为 +3.5m，以便由广场经坡道，尚是向上进入塔院。明壁水池前有平台，标高为 +4.10m，便于游人近观砖雕。广场之北，天妃宫大殿之西，结合古树组织了一组标高不同、大小不等的台坛，在此可观看照壁全貌。这组高低错落的台，又是为了保护古树树根，并与较宽阔的广场和方整的塔院形成繁简的对比，广场、塔院、平台等用不同的石料和不同的砌纹铺地，共同起到建

图 1. 宋代方塔（图片来源：冰河）
图 2. 方塔和照壁不同轴（图片来源：冰河）
图 3. 方塔园总平面图
图 4. 方塔 自小河看（图片来源：冰河）
图 5. 东门外观（图片来源：冰河）
图 6. 东门建成时（图片来源：冯纪忠）

筑第五"立面"的作用。宋塔、明壁、清殿及古树，各依其原标高组成起落、繁简、大小相间的空间，把文物点染烘托出来，以反映珍视文物如拱璧之意。这一中心地段是全园的主要部分。在尺度上注意使松散的格局不失之松懈，在格调韵味上试图体现宋文化的典雅、朴素、宁静、明洁，做到少建筑而建筑性强。其中塔院不植一木，也是为了强调主题文物的肃穆气氛。

基地西南角原有小土丘标高为 +10.5m，塔西侧原有小土丘标高为 +10.3 m。从园内西南部看塔，园外新建五层住宅数幢，很不协调，所以挖河取土，在东北角原 +6.0m 标高处，再堆高 2m，并植枫香香樟类加以遮蔽。

将塔西土丘向南北扩大，部分覆以山石，以土带石形成塔院的西面屏障。在清殿北面沿围墙稍事堆土，种植形态苍古的常绿树，以衬托古塔风貌，而且从北门入园，清殿北面不致过于突出，使注意力集中于塔。河之南堆土以形成空间界面，其上主要种植乌桕。全园土丘自东而南连成脉络。

园内原有丁字形河道，规划将中心部分适当扩大成池，增加水景。池北配合院墙，筑整齐的石驳岸，结束于池面的宋桥。宋桥桥面四块大石板中一块为原物，桥形古朴，正位于较为开阔的水面和环境清幽的小河之间，考虑欣赏古桥的需要，桥边设石阶及平台。南北向河汊，原有民居数间，在踏勘时发现此处可以看到塔尖的一段倒影，故规划中在此建水榭，并拓宽一角河面，使倒影完整，但塔不露根，避免像"洋"式公园中的纪念碑。院墙与驳岸简单有力的横线适成塔的衬托，碧波塔影蔚成一景。池之南岸为大片草坪，缓坡入水，散植丹枫，由北岸南眺，想乌桕衬托着背日丹枫，晶莹剔透，秋景必然尤为美丽。池西设一廊桥，作为由东向西的对景。沿西墙设置水闸水泵，将园内水位标高稳定在 +3.0 m 左右。为了保护塔基，将池底分为两阶，近塔一面水深 0.80 m，并置缸种植水生植物，有控制地丰富水面景色，靠南水深约 2m。园之东南隅自成另一景区，凿河北通东大门处的方池，西接原河汊，构成连贯的水系。全园雨水尽量由明沟就近泻入河道。

通过山体与水系的整理把全园划分为几个区，各区设置不同用途的建筑，形成不同的内向空间与景色。这也是学习我国大型园林的布局特点。围绕方塔中心区，东北有茶点厅，东南有诗会棋社用的竹构草顶茶室，南有欣赏塔影波光的水榭，西南有鹿苑和大片可以放养的草地，西面有以楠木厅为主体的园中之园，作陈列展览之用。西北有小卖摄影部等服务设施，再西为管理区。全园通过主题树种乌桕统一起来。只在各景区建筑附近点缀一些传统园林常用的花木，如山茶、玉兰、海棠、梅、牡丹、杜鹃、天竹等，以丰富四时景色。在中心区纵目所及是看不到其他各区的建筑的，这就净化了主体，花费少，见效快，而且便于分期建设，统一中求变化。

来游者的目标是方塔，这是极为明确的，因此对入口的位置和由入口达方塔的路线必须加以经营。游客来源有二，一是本地，一是上海市区。设北门与东门。北门临松江中山路，自北门到方塔，现有一条林荫土径，从这里一进门朝着阳光，透过摇飐透明闪耀的树叶望到背日塔影，已经无需再费多少笔墨。游人由中山路来，沿路建筑遮住了塔，进门后塔始突然呈现，所以任何障景也是多余的。只需因势加工，强调指向，铺砌一段较长的高高低低的步行石板通道。通道两侧原有一排杨树，东侧布置一片以浓郁的树丛为背景的花境，其间保留原有大树三株和水井一口。石板路从地面标高为5.0m的北门起到水井处，按原地形不变升起1m，然后逐步下降，直至标高为 +3.5m 的广场，使人渐近塔而塔愈显巍峨。

临新辟的友谊路设东门，在门的一侧砌边长为 20m 的方池，隔水眺望河道两岸风光，作为泄景。本来车由东来早已望见方塔，入东门一片竹林屏障，只见方塔的上半部，因更设照壁一道、垂门一座，有意导向北行，过垂花门，一片石铺硬地的终端正是两株参天的古银杏，越小丘，经圆洞门，东为青瓦钢架的茶点厅，尝试运用新型结构与传统形式相结合，以富于变 现出园林建筑的气氛。由圆洞门向西进入高低曲折的堑道，堑深约 2.5~3.0m，宽约 4.0~6.0m，石砌两壁。出堑道登天后宫大殿平台看到方塔与广场，顿时感觉为之一爽。这是尝试运用我国园林幽旷开合的处理手法。

实则，不论是北入口的通道或东入口的堑道，高低起落，都是为了弥补塔基过低的不足，通过通道和堑道的标高变化以模糊游人对塔基绝对标高的概念。通道与堑道有所不同的是两者的建筑性一弱一强，通道略有曲折，辅以花境的曲线，以增强游人踏进广场时对较严整的主体空间的感受。堑道的建筑性强是为了尽早给予游人进入建筑总体的感觉，从而积聚期待，以加重方塔突然呈现时的惊喜。

园内道路分为可通车路和步行道，游人车辆不进园。运输和消防可通车的路一般

图 7.垂花门现状（图片来源：冰河）
图 8.堑道现状（图片来源：冰河）

距园内设施，特别是文物，不超过 50m。

方塔之西原有休息厅一座，结合墙、廊、阁、榭以及拟迁来的明代楠木厅组成古典庭园特色的园中之园。园除北有入口之外，与塔院之间辟山洞连通。

松江府志记载，春秋吴王寿梦游松江城南华亭谷，发现大批野鹿群，并有五匹特别高大的雄鹿，从此把松江称为茸城，定城南为御猎场。这是松江建城最早的记载，当地还有"十鹿九回头"的碑刻掌故。方塔园的鹿苑设圈养与管理房舍，并可在西南地段的大草坪上进行放养，以两座桥加以控制，逐步做到游人可与鹿直接接触，增加园林的生趣。

中国园林手法灵活，是一份宝贵的遗产。中国园林的传统在现代园林规划中是具有新的生命力的。通过方塔园规划，我们感到继承传统主要应该领会其精神实质和揣摩其匠心意境，吸取营养，为我所用，不能拘泥形式，生搬硬套。现在造园要满足群众性要求，这就不是简单地将古典园林的尺度放大所能解决了的。江南园林多叠石，现代园林一般面积较大，难以堆叠太多的石山。方塔园以土山为主，运用了草皮和主题树种作为统一全园的底色，吸取英日园林的优点。这都是试图在继承革新的道路上跨出一步，以作引玉之砖。能否收到预期的效果，有待建成之后的检验。

（参加设计者：柳绿华、赵汉光、臧庆生、吴光祖、郭志令、冯纪忠。）

原载于《建筑学报》 1981 年第 7 期

风景开拓议

　　风景问题近年来受重视了，中央发出了文件。风景不仅是艺术问题，也是很大的科学问题。确实现在开发风景已经是迫不及待的了。重要性已经毋庸多说，值得考虑的倒是如何开发。如果还是效法徐霞客那样进行勘察是不行的，他用了毕生的时间，才到了多少地方？我们有科学手段可以利用，应该比他高明。

　　风景究竟主要起的什么作用？风景建设固然与经济建设文化建设都有关系，而主要的是它起的精神作用。是否就在于文物古迹、摩崖发掘等等的教育作用呢？不限于此。柳宗元说得好："清冷之状与目谋，营营之声与耳谋，悠然而虚者与神谋，渊然而静者与心谋"。之状之声是物境，神是情境，心是意境。直观、感受、思，把风景的作用都讲清了，那就是身在风景空间，有感而生情，启迪思考，从而身心得到陶冶。其中很重要的一个字是"静"字。不"静"如何感受？如何思考？上泰山上黄山都像上大街，摩肩接踵，排着队，吹着哨，特别是游地下溶洞，讲解员带领着，这像笋那像瓜，这像猴那像虎，给你不留片刻品味感受独立思索的空隙，又有什么教育作用？我当然不是反对托物寓意，要看是什么意境。我要说的是，这里头有个量的问题。风景实在太少了。何况，过去由于无知，乱砍滥伐，污染了多少水体，毁掉了多少文物。在山里看到破碎巨石，真觉得可惜，别看那么一些顽石，在风景中却很重要。现在农村发展很快，据说农村这几年造房七倍于城市，占了良田也占了风景，即使不一定直接占风景，也有毁风景的可能。造那么多房子，要用砖瓦木石，让人提心吊胆于建设中的破坏。如果不加注意，将会不堪设想，片面观点的危害极大。这次来昆明还没有时间出游，还没有去大观楼，听说"文化大革命"中片面地围垦，可能到那去看，又会有一番沧海桑田之慨罢！

风景量少到何等程度，让我们拿几个数字看看。最近公布了全国风景重点 44 个，毛估一下，其中小的不过十几平方公里，大的像太湖水面是 2500km²，取其中的像黄山，现在是 140 km²，可开发到 400km²。如果就拿它当平均数，充其量总共也不过是 2 万 km²。那么到 2000 年时计划要发展到国土的 1%，960 万的 1% 是约 10 万，也就是现在已有的 5 倍。到那时人这么一疏散，至少比现在好得多了。但又要估计到将来物质生活文化生活的提高，加之外来旅游的发展，那就还难以达到渊然而静的状态。所以，我们的任务很大，不在于个别风景点设计，更不在于个别建筑设计。这里必须说明的是，本文的探讨没有把 300 万 km² 国属海域包括在内。

再看，只就国土而言，2000 年时国土的 1% 成为风景，而现在国土的 12.7% 覆盖着森林，国土的 33% 是山地，10% 是丘陵，45% 是高原和盆地。我国只有耕地 15 亿亩（100 万 km²），那是国土的 10%。那么有多少可能蕴藏着风景呢？会不会百分之二三十？想来数字不会太小。因此，开拓风景的工作是如何在这里面沙里淘金的问题，现在的 44 个点不过是其中小小的一部分，不过是祖先的脚踩出来的、发现的、留下的遗迹。所以不能着眼于扩大黄山、扩大华山，从扩大什么什么点来考虑问题。勉强扩展管辖范围，那是远远不够的。但是百分之二三十是二三百万平方公里，实在是太大了。

那么对待现有的重点能否就把它们圈起来，等于玻璃罩保护起来，变成博物馆的展品似的呢？那也不行，何况圈不起来呢！风景如果没有一般，没有整体，就没有特殊，就没有重点，记得四年前北京刚修好西郊的潭柘寺，我去过，感到很不满足。为什么？寺不错，附近和寺内的树也不算差，但是一路上荒山秃岭给我的印象和回忆比寺更为强烈更为深刻。王安石浙游有诗云："山山桑柘绿浮空，春日莺啼谷口风。二十里松行尽处，青山捧出梵王宫"。把松都砍光就没有捧出的味道了。如果把醉翁亭记头一句"环滁皆山也"删掉，直截了当改成"滁之西南诸峰林壑甚美"，味儿也就没有了。

因为它原来有大环境、有重点，引人入胜。只把好的孤立起来，而把一般的都搞没了，好的也就不可能起作用，所以，景点景区之外也是不能听之任之不花工夫的。以此推论，1% 国土风景会有 10% 的一般的做它的底色，做它的衬托。也就是说，风景开拓工作所面对的还不光是 10 万 km^2，而是上百万平方公里。这个数字比二三百万小多了。但还是够大的。

　　这么大的地方怎么找风景呢？上穷碧落下黄泉？黄泉倒下了，溶洞找得够多了，溶洞毕竟是稀罕而已，适当开辟是可以的，但是要把精力花在更为重要的地方、风景在地面上。而凌长空穷碧落倒确实应该，航测遥感不都可用的高瞻远瞩的现代手段吗？

　　必要的是从风景的角度，以风景的观点把某些可能蕴藏风景的区域来一番扫描。区别出哪些面积是有发展可能性的，哪些是一般的，哪些是重点，哪些又是没有条件的。打个不求确切的简化的比喻罢。不是在搞经济区规化？必然工、农、矿、城市等等方面都在进行扫描，各自作出图来，当然有的也可能只是腹稿。譬如是农业的话，用三种颜色，深的是最宜于农业的面积，中色是可以用于农业的，淡色是不适宜的。工、矿也是这样。风景也需要这么一张图。把各方面的几张透明图重叠起来。矿的深色碰到工、农、城、景各图上都是淡色的，就没有矛盾。但对风景来说也不见得完全没有问题，因为他们要建设，也许要从我们这块里采伐。而颜色相叠时深的和深的重合了，那就是必争之地，需要综合平衡，此取彼舍，要看哪个价值高、哪个低。有评价才能比较。独独风景方面这张图现在仍付阙如，干喊风景重要，如果不和他们平行地赶快搞起来这么张图，在互相比较之中占一席之地，将来景源枯竭，景点踏平，风景就此没了。想修修补补，玻璃罩罩上几个小点，是无济于事的。所以讲景，应该抠一抠字眼，景源、景区、景点：大者为区；小者为点，区中有点；而景源，那要大于百分之一的国土。三者不宜相混。自然风景、人文风景、旅游资源三者也是容易混的。总之，景源保护的重要不下于水源。

　　十年来国外对普查、分析、评价、管理等等工作已经发展了一套科学方法，更确切地说，是应用了一套科学方法。这是我们可以借鉴、可以拿来、在拿来中发展的。

　　运用系统观分析风景，扼要说来就是把风景作为客体加以分解，成为若干参项，按一定的判据对各项分别划等平分，项与项之间进行排队计权，然后合成总分。这样的总分较之笼统的评价更能表达客体的实际质量比值。参项有：地形、植被、水体、人工因素、特异因素等。重要的是掌握这五者的直观格局及其相互间的关系。一般用的评据有：统一性、生动性、多样性、完整性等。为了提高可比程度，一项还可分成若干子项，从而构成繁复庞大的系统，可是工作量将随之大大增加。现在把地图打上方格网，逐格按这一系统予以评价，得出来的是一张景观质量分级图，是供决策之用。普查过程中只要对各个项目的判据订出条例，列举样板，那么不论十个人还是上百人，都可以同步地排除主观性地按图索骥，收到迅速汇集数据之效。

风景要为人所用，除了保持自然和保护自然之外，难免要铺路、修桥、敷线、建屋。怎样控制、预测、指导，才能保证景观不受破坏？同样可以用这种系统方法。作为参项的有一些因素：坡度、植被格局、植被覆盖率、地貌恢复力、土色与植被等的对比度等等。用各项分别对人工干涉的敏感度作为判据。例如土色这一项，对比度越大则敏感度越大，这是容易理解的，长绿草的红土上开一条路就是一条豁豁牙牙显眼的线。再如恢复力这一项，越大则敏感度越小，这也容易理解：腐殖土厚，受损植被容易再生长。用前面同样的方式可以得出一张景观敏感分级图。这还是平面，如果有条观赏线，在线上选定若干视点，那么可以从逐个视点出发，用以下各个因素作为参项加以补充：如各网格可见与否，相对于视点的倾度、视距、视时、频率、视速等等，从而可以得出平面上和画面上的评价，用来具体指导工程建设，这是大略。

系统方法无非是条分缕析，尽可能把质量定量化，求取较为客观的评价。运用这种现代方法，需要处理大量数据，倒好比是做貌似笨拙的聪明人，简单地嗤之为"繁琐哲学"显然是欠妥的，不过，缺陷还是存在的。不用方格网，而用划分景域单元的办法，是进了一步。因为这样更能适应描述风景的空间性这一实质。景域单元者一般是由山脊线所限定的，当然也有其他情况。在这个范围之内风景有其空间的明显特性和一定程度的统一性，观赏者对四围景物和就中景物累积观感而形成一个完整的印象。R.J.Tetlow 和 S.R.J.Sheppard 于 1976 年运用此法时罗列了 20 个因素作为评价的参项。其中着重在空间性和水体。特别值得注意的是空间性一项中列有截面指数这一子项。

　　显然沿用前面所提的那些判据是不足以有力地评价空间质量的。不论是针对线、面或形、色、质地，根据其统一性、生动性、多样性、完整性等等的程度，都还属于二向度的描述。S.Kaplan 在 J-Appleton 从信息的观点对预示空间的探讨和 J.J.Giboen 从反馈的观点对风景环境的探讨的基础上，于 1979 年提出以四个信息因素进行评价。那就是：复杂性、一致性、明晰性和奥秘性。前两者仍属平面分析的判据，而后两者已经是三度分析的，依赖于直觉的不自觉的判断过程的判据，涉及实验心理学的范畴。这种系统观与感受观信息观的结合是又进了一大步。

　　但是正如 R.B.Litton Jr. 所说，风景的动态极为重要，然而仍被忽略，对之还没有办法。确实，季节、朝夕、光影、声响、动观、时空，在影响感受，给风景评价带来不确定的甚至似乎难以捉摸的色彩，有待于继续研究发展。

　　现在回过头来看着我们自己。无可讳言，欠缺的正是科学性。轻视理性抽象地解析地把握客体，因而容易流于任意为之的意志论。这也许是文化历史的基础如此，另一方面，则喜从感性出发具体地整体地把握事物的实质铺陈而成瑰丽灿烂的辞赋，凝炼而成精辟概括警句，这恐怕又是我国文化无与伦比的长处。长处应发扬，短处避不了，扬长补短才是对这门学科的发展作出贡献非常必要的罢！

　　我国有着描绘风景的极其丰富的文学宝库和艺术宝库。山水画滥觞于隋唐，成熟于唐宋。山水成为主要题材在世界艺术史上是独树一帜的。通常说中国山水画不重写实而重写意，似乎有些语病。其实是既重神韵，又重肌理，没有体察入微、概括抽象，怎么建立如此精深的面论？这里面大有值得发掘整理、用来帮助指导风景开拓工作的东西。文学宝库就更不用说了。

　　前曾于"组景刍议"一文中指出柳宗元认为景分旷、奥的精辟，旷或奥可以说就是景域单元或景域子单元基本特征。因此最主要的参项应该是在一定条件下的空间截面指数罢！因为这是所以为旷所以为奥的主要物质基础，这是不受主体因素所左右的。至于旷奥程度以及旷奥单元质量的参项及判据必然各有侧重。

　　R.J.Tetlow 和 S.R.J.Sheppard 已经认识到，"景域单元一般有一个或几个豁口，这对观赏者的方向感和动感是重要的"，但语焉未详。脍炙人口的那副对联，"四面荷花三面柳，一城山色半城湖"，也就好在方向感和垂直深度感。沈括绩溪诗云，"溪水激激山攒攒，苍岩腹封壁四环，一门中辟伏惊澜，造物为此良有源"。这就清楚一些了，壁四环，一门中辟，原来，境之奥者豁口是极为重要的。再看柳文八记中有一段，"四面竹树环合"，中间是个小坛，但有一处"斗折蛇行，明灭可见"，上面封得十分茂密，下面有这么一个豁口，闪闪烁烁，一霎可见，一霎不见，而且曲折富有深度，这个口极妙。用我们的话来说，这个口质量高，这一境之奥者的质量因是口而亦高。

奥者是凝聚的、向心的、向下的，而旷者是散发的、向外的、向上的。奥者静，贵在静中寓动，有期待、推测向往。那么，旷者动，贵在动中有静，即所谓定感。而豁口并不是旷者重要的问题。

有一种评价景观的模型，划分前景、中景、背景，作者自己就说，此法不适用于峡谷，也不适用于小景域。可见层次问题只是对旷者重要。

由此看来，从感受出发进行风景评价，如果境之旷者与境之奥者的参项判据不加区别计权的话，那么得出景域的值是含混不清的。

同一个景域单元，也会云霏开则旷，岩穴暝则奥，其中又有不容忽略的因素存在。要能充分而确切的评价景域的旷与奥、旷奥的值，还有很多诸如此类值得探讨的问题。

设想，这些如果得到满意的解决的话，把景域单元旷与奥的值各分几个级，凭借两者的对比性和互补性，把各个景域单元串起来，有意识地蓄势转换顿挫抑扬，可以构成像音乐那样或跳跃闪烁或婉约舒缓而富有节奏的空间序列，那就大不同于盲目开辟路线了。不过，有互补也就有抵消，有蓄势也就有疲沓，所以选择有个争取最好效果的目的。这里不再赘述了。

中国称风景为山水，确实山与水是风景美丽的两个最基本的因素。山赋予风景以状、以空间，而水则赋予风景以动、以声响，所以景观二字还欠完善。特别是对风景空间序列，水声是多么重要。不妨举个例子。元李孝光《两游大龙湫记》大可一读。他头一次去正值夏山欲滴，一路循声寻来，先是但闻声而不见声之所从来，于是对所见的峰岩峦嶂产生种种联想，如楹、如两股相倚立，如大屏风、如两鳌、如树圭。既见水则产生种种移想，但不是形了，如震霆、如万人鼓。未见水时他把水写得如金少山的酣畅爽亮震慑全场。总之如泼墨如大斧，是一个"壮"字。第二次去是枯水季，水如苍烟，文亦如浅绛如评弹娓娓动听，总之是一个"淡"字。

这里又反映一个我国文化特征，惯于联想类比。具体形象地把握意境，以人象物，以物喻人，浑涵汪茫是以水赞杜诗，奇峭峻拔是以山誉韩文。像雄奇、清远、幽峭、飘逸、劲健、冲淡、瑰丽、隽永、崇高、浑厚这些意境的字眼，真是不胜枚举。这些意境究竟是各从何情境而来？而情境又是从何物境而生呢？物境仍是客体，那么主体条件又是些什么呢？都有待深入分析。真能得到解答，对赏景再创造是不无帮助的，对风景开拓的理论是更前进一步的了。

以上还是说的自然风景。人文风景是另外一套。人文景点如落在自然景点景区之中，那当然相得益彰。人文景点环境如果稍事整理补充就很可观的话，那就尽可能纳入自然风景线上去。如果名为古迹，实为近代重修，或者徒有其名，实无所存，而且又与自然风景毫无关系的话，那又何必耗资不赀，徒添一件假古董呢？当然开辟风景游览线除了从自然景观、文化古迹的角度出发之外，还有科学考察、体育活动，也还有旅游生活条件等等问题，都是不容忽略的。

现在科学发展趋向整体化。科学之间交叉渗透，边缘学科、横断学科不断涌现。多学科大协作的要求越来越普遍，也越来越提高了。风景开拓这一课题不但涉及规划、建筑、美学、工程，也还涉及文学、数学、林学、地质、心理、社会、逻辑等等学科。无庸讳言，规划作为学科是处在其间统筹的位置的。为了把工作做好，规划工作者只有当仁不让，多方请教，努力学习辩证法，学习新知识，才能起到应有的作用。

何陋轩答客问

　　松江方塔园规划中为了从东南部取土，顺应土丘竹林分布原状，凿河北通方池，西接河汊，构成连贯水系，而东南形成了一个景区。拟建简单竹构的饮茶休息设施。

　　记得三年前曾有客与笔者来游。信步过土埂，登小岛，披着没膝荒草，打量着地势，客高兴地说：“是个好去处，略施些亭榭廊桥，真是别有洞天。”笔者想了一想，没有说什么。

　　后来，总算经费有了着落，一个竹构草顶的敞厅，一波三折，差强人意，将要建成了，姑名之为“何陋轩”。

　　客恰好又来游，一同过小桥，绕土丘，进入竹厅。客愕然良久，讪道：“园里这一圈，可真有些累了”。笔者应道：“坐下喝杯茶再逛罢。久动思静，现在宜于静中寓动，我设计时正是这样想的，不然的话，大圈圈之中又来一小圈圈，那就不乏味了”。

　　客道：“原来这就是不采取游廊方式的道理。这个厅确也阴凉轩敞。游廊在楠木厅那里已经有了嘛。”

　　笔者道：“那里不同，那里是游览主体广场之后，收一收神。”

　　跟着笔者指点着介绍说：“全园有几个重点单位，除了主体文物宋塔、明壁之外，

何陋轩入口

有天妃宫、楠木厅、大餐厅。这个竹厅在尺度上和方位上需要和那些单位旗鼓相当，才能各领一隅风骚罢。看！竹构结点是用绑扎的办法，原拟全无榫卯，施工中出于好意，着意加工，显出豪式屋架的幽灵难散啊。客道："竹子施漆，是否想在朴实中略见堂皇，会不会授人以不伦不类的口实？"

笔者笑道："不论竹木，本色确是我素来偏爱的，为什么这里施漆呢？让我解释一下：通常处理屋架结构，都是刻意清晰展示交结点，为的是彰显构架整体力系的稳定感。这里却相反，故意把所有交结点漆上黑色，以削弱其清晰度。各杆件中段漆白，从而强调整体结构的解体感。这就使得所有白而亮的中段在较为暗的屋顶结构空间中仿佛漂浮起来啦。这是东坡"反常合道为趣"的妙用罢！

良久，客扫视四周，猛然诘问道："规律在哪儿？令人迷离惝恍，茫然若失，这又有什么说法？"

笔者笑道："果然好像吹皱了一池春水，倒很使人高兴。若说规律却是有的。"

"请先看台基：三层，依次递转30°、60°，似大小相同而相叠，踌躇不定的轴向正所以烘托厅构求索而后肯定下来的南北轴心，似乎在描述那从未定到已定的动态过程，这叫引发意动罢。方砖铺地，间隔用竖砖嵌缝，既是为了加强方向感和有利于埋置暗线，而且所有柱基落在缝中，不致破损方砖，又好似群柱穿透三层，而把它们扣住了。三层台基错叠所留下的一个三角空隙，恰好竖立轩名点题。"

"再看墙段：这里并没有围闭的必要。墙段各自起着挡土、屏蔽、导向、透光、视域限定、空间推张等等作用，所以各有自己的轴心、半径和高度；若断若续，意味着岛区既是自成格局，又是与整个塔园不失联系的局部。"

客道："厨房忽然又是几个正方块，大概是求变化、求对比？"

笔者答道："也对，说是曲直对比、轻重对比，想象它是帆船的系桩、引鸟的饮钵，均无不可，但我想是为什么厨房非是附属的、次要的不可？"

总之，这里，不论台基、墙段、小至坡道、大至厨房等等，各个元件都是独立、完整、各具性格，似乎谦挹自若，互不隶属，逸散偶然；其实有条不紊，紧密扣结，相得益彰的。

客道："哦！这里包含深一层的观念"。

笔者应道："对。所谓意境，并非只有风花雪月才算"。

客道："我是清楚了，但是总不能经常依靠导游员解说吧？"

笔者答道："当然，那不可能也不必要嘛。一般，要欣赏戏，就得把戏看完；要欣赏乐曲，也得把乐曲听完，听完了也未必就懂；其实这都不用说；同样，只要有了了解建筑的意愿，那不也要花点时间和气力，进行独立体验，才能从无序发现有序，从有序领会内涵吗？另一方面，就多数人来说，来到这里是为了品茗闲谈，并不存心了解建筑，然而不自觉有所感受，却是事实。哦，我想这或许就是你担心令人迷茫进而受到一定影响的缘故吧！涉及建筑的感受问题，那是不能单谈建筑客体的，也要看主体一面罢。譬如，高峰绝顶，一览众山，荡胸沁脾，心情爽朗，这是诗人之所歌，哲人之所颂，上下古今，群体总合出来的常人之情；又哪里晓得，不是也有失魂落魄舍身一跃的吗？那是主体的内心世界不同嘛。再说近一点，当此园中的堑道建成的时候，不也有人怕它易于藏污纳垢吗？再说，为什么对无锡寄畅园的八音涧却没有听说什么叨叨？是古人风雅附庸者多吗？古人雷池难越吗？也许这样推度仍然流于书生之见。"

说着说着，日影西移，弧墙段上，来时亮处现在暗了，来时暗处现在亮了，花墙闪烁，竹林摇曳，光、暗、阴、影，由黑到灰，由灰到白，构成了墨分五彩的动画，同步地凭添了几分空间不确定性质。于是，相与离座，过小桥，上土坡，俯望竹轩，见茅草覆顶，弧脊如新月。

客道："似曾相识。"

笔者道："是呀，途中松江至嘉兴一带农居多庑殿顶，脊作强烈的弧形，这是他地未见的。据说帝王时代民间敢用庑殿是冒杀头之罪的，其中必有来历，那就有待历史学家们去考证了。这里掇来作为设计主题，所谓意象，屋脊与檐口、墙段、护坡等等的弧线，共同组成上、下、凹、凸、向、背、主题、变奏的空实综合体。这算是超越塔园之外在地区层次上的文脉延续罢，也算是对符号的表述和观点罢。"

客点头道："我有同感。符号怎能趋同，不是贴商标，不是集邮票，也不是赶时髦。"

笔者道："农村好转，拆旧建新，孤脊农居日渐减少，颇惧其泯灭，尝呼吁保护或迁存，又想取其情态作为地方特色予以继承，但是又不甘心照搬，确是存念已久了。"

客道："这样看来，小岛设计的灵感盖出于此啰？"

笔者答道："也可以这么说。就艺术创作活动一般来说，意念一经萌发，创作者就在自己长年积淀的表象库中辗转翻腾，筛选熔化，意象朦朦胧胧地凝聚起来，意境随之从自发到自觉。从意象到成象而表现出来，意境终于有所托付。建筑设计更多的情况是，结合项目分析，意象由表象的积聚而触发，在表象到成象的过程中，意境逐渐升华。不管怎样，三者互为因果，不可分割。我们争取的是意先于笔，自觉立意，而着力点却是在驰骋于自己所掌握的载体之间的。

"至于这个方案，那是逐渐展开的。举一点来说：本来因为南望对岸树木过于稀疏，所以有意压低厅的南檐，把视线下引，而弧形挡土墙段对前后大小空间的形成，原是出于避开竹林，偶尔得之的，却把空间感向垂直于厅轴两侧扩展了，纵横取得互补。我总觉得，一片平地反而难作文章……"

客笑道："提起文章嘛，这一番动定、层次、主客体、有无序等等的议论，不觉得似有小题大做之嫌吗？"

笔者不以为然道："《二京》、《三都》俱是名篇，或十年而成，或期日可待，禀赋不同，机遇不同，不在快慢。子厚《封建论》，禹锡《陋室铭》，铿锵隽拔，不在长短。建筑设计，何在大小？要在精心，一如为文。精心则动情感，牵肠挂肚，字斟句酌，不能自己，虽然成果不尽如意，不过，终有所得，似属共通，发而为文，不是很自然的吗？"

客仍坚持道："小题终究是小题，大题谈何容易！"

笔者语塞，嗫嚅道："噢，噢，非我这钝拙孤陋者所知。"

原载于《时代建筑》1988 年第 3 期

人与自然
——从比较园林史看建筑发展趋势

　　历代园林留存下来的东西很少，东鳞西爪，蛛丝马迹，要把这些零零碎碎的东西连贯起来，然后才好看出它的发展脉络，只靠园林本身是很困难的，不得不借助于其他方面的信息，也还要外加一点自己的想象。主观想象很可能有错误，希望大家指正。

　　一般讲中国园林总是从文王说起罢。文王是公元前 1100 年的人，他在灵囿里面造了灵台、挖了灵沼，"与民偕乐"。这种说法不大可信。当时是什么样的时代，只要看发掘出来的青铜器即可分辨，上面饕餮纹饰都是些狰恶的兽面，张牙舞爪。青铜器一度甚至还是烹人的。再看看那个时代留下的《易经》，有好几处讲到人殉①。出师要拿人杀了祭，春季又是杀人，得胜回来庆祝还是杀人，帝王死了又得陪葬。那样的情况之下说是"与民偕乐"，能令人相信吗？美洲古代也有高台建筑，复原图上面有个摆人头的架子，那是为了什么仪式。我看，各个地方高台建筑功能都差不多吧！所以估计这句话是孔孟在美化文王，孟子要为他惊天地的"民为重，社稷次之，君为轻"的宣言树立一个折中的典型、一个膜拜的偶像，才把文王说成这个样子。但是《易经》里倒有一条，说到文王对俘虏说服教育，有一部分甘心情愿做奴隶的，就不杀了②。有这一条就不容易啦！能在历史上大书特书了。所以以到了孔子时候，他说："始作俑者，其无后乎！"人殉制已经是尾声了。当然不等于说变相的人殉就没有了，不等于说更落后一点的地方就完全没有了。不管怎么样，这说明文王时候已经从弱肉强食的世界观发展到能够认识到人的经济效益，这确实也进了一大步。但是那个时代会出现园林，似乎太早。不过从字面上看，孟子提的"与民偕乐"这个"乐"字，确实跟园林有点联系，也就是说超功利的欣赏、享受、审美是园林的内容。

春秋时人才把自然人化了。"仁者乐山，智者乐水"，叫"比德"。在《山海经》当中，自然有时候是很可爱的，但有时候又是很可怕的。有的时候是一副狰狞的面孔，有的时候又是一派幻丽的形象。所以春秋战国时北方出现囿，南方出现园。可以说园林就从那个时候开始了。

到了秦始皇统一中国，建的上林苑是很大的直辖区域[③]，里面造了很多宫殿群，而最最主要与园林有关的是"一池三山"，它象征仙境，实际上是模拟传说中的日本三岛，传说那儿住着神仙，长生不老。这个时候中国人从向往昆仑神界，转到向东，向往仙境[④]。"神"是"示"字旁，"仙"是"人"字旁，也从一个侧面说明，中国对自然的理解、认识是比较早的，憧憬的极乐世界早已从"示"字到近乎"人"字了。所以我们从这两点来看，一方面，"人殉"是尾声了；另一方面，令人羡慕的极乐世界已经接近人间了，这才出现园林。这样说是不是说得过去？后来这个仙境在晋时变成桃花源，真地移到了人间，成了人人去得了的地方，就看你有没有诚心：极乐世界就更加人化了。所以就全世界而言，风景园林数中国发展得最早。

"一池三山"这样一个模式一直延续到清，但是内容、意义不同了。汉武帝把上林苑继承下来加以发展，他死的时候已经悟到长生不死是不可能的，可是帝王哪个不贪生？"一池三山"还是变成了一种模式，它又是帝王显示至高无上权威所专有的东西，同时作为审美对象的成分逐渐增加。苑很大，但是实际上，上林苑里面只能说是一部分属于园林性质。当时除皇帝之外，皇亲国戚，甚至富豪，居然也大胆地建了园。像袁广汉的园跟皇帝的苑可不能比了，小得很，只有大概 2km×2.5km，最后他还是因此被杀了，因为他胆子太大了，园是帝王专有的东西。不过我认为到晋时石崇的受诛就不光是金谷园的关系了，他太残暴。居然还有绿珠为他跳楼，一副奴隶相！这真是人殉的残余思想在作怪，跟托斯卡[⑤]不能相提并论。

汉有司马相如的《上林赋》，形容的无非是自然的山峰、水系，丰富的鸟兽虫鱼、花果香草，"离宫别馆，弥山跨谷"，都是罗列，他对水的动态、声貌描写得特别好。"大禹治水"，水与中国人生存的关系太深了，所以对水的描写在汉赋里头已经很细腻。

班固的《西都赋》里说道，上林苑里面一个最大的宫叫建章宫，宫后有太液池，池中有三岛。可见得这"一池三山"也不是随便什么地方都有的，是他日常最接近的地方。他最贴心、最欣赏的是什么呢？是仙境。

三国时战乱不断，像那样大的苑已经不大可能有了。曹操在邺城造了金凤、冰井、铜雀三台，其实是把城墙扩大在上头造房子而成，这时园到了城里，不在城外了。我看曹操挺辛苦，连游赏的时候都要"在城楼上观山景"，里有池外有堑，防卫意识强烈。

以上可以称为初期。

佛教在汉明帝时已经传入中国，可是兴盛于六朝。那个时候的帝王、官宦、富豪多舍宫殿、府邸作为寺庙。主要的园池也有三山，例如玄武湖；规模小些的可能已经是缩景了吧！这是一方面。另一方面，因为民族矛盾、融合，儒、道、佛交汇，全国分裂，战乱不已。所以文士遁隐、退隐，出现了田园式住宅或庄园。大的氏族子弟像谢灵运在浙江一带占了不少山林，留下很多诗文描写风景和山居情景。另一例是隐者，陶渊明。可是两者有所不同，一个是大氏族的寄情山水，一个是文人的退隐。北方当时有大量石窟，北朝灭佛时佛教南移，过了长江，发展很快。总之，这个时候我们可以说是建筑散开到风景里面来了。象征、缩景渐退，认识自然进了一步，欣赏山水也开始了。

如果我们想象一下当时的城市景观是什么样子，有《洛阳伽蓝记》为据。据说当时洛阳寺庙上千，《记》里就记载了其中主要的 43 所。从这本书中我们可以想象得出，当时洛阳成片高高低低的屋顶跟绿化渗透在一起，浮图相望，散立其间。现在国外一讲到城市布局的漂亮就提吉米格尼阿诺⑥的高低结合，想想当时洛阳岂不壮丽得多。

江南景观又是什么样子呢？唐朝杜牧写道："千里莺啼绿映红，水村山郭酒旗风。南朝四百八十寺，多少楼台烟雨中。"有声有色，风送酒香，烟雨迷蒙，清新湿润，秀丽无伦。这里注意一个字："楼"字。它讲的是寺，有楼台。可是现在的庙除了最后面的藏经楼外，好像楼不多见。难道那是为了押韵？但是杜牧另有一首诗说："秋山春雨闲吟处，依遍江南寺寺楼。"讲得清清楚楚。韩愈也有诗《宿岳寺题门楼》，"夜投佛寺上高阁，星月掩映云朦胧"，这讲得更清楚了，又是高阁，又是门楼。日本寺门有楼源自中国⑦，日本东福寺、南禅寺的门就是阁。东大寺虽然没有楼，但很可能也是从楼简化来的。到了后来，中国的庙门反而没有楼了。

讲这些是什么意思呢？当时庙都在市井、在近郊，或者是在人多去的风景点，而且庙内有楼。韩愈是最反佛的，但是他投宿也是到庙里去。这也许是传统吧！不管文化馆也好，科学馆也好，佛寺也好，都要有旅馆，还吃荤。日本人跟我们就两样，什么东西到了日本，都变成"道"，茶道、花道、柔道，一本正经，焚香沐浴，仪式繁得不得了。人不是国师，就是什么圣。中国传统到底对不对，这里不去细究，只是希望科学会堂还是保持讲科学为好，不要搞成轻歌曼舞的消闲场所。

南朝梁有个名园在南京，叫华林园。梁帝萧绎画论《山水松石格》里面讲道："设奇巧之体势，写山水之纵横，素平连隅，山脉溅溜，首尾相映，项腹相迎"。这已经说到山脉，说到体势，说到山与水、远与近、高与下，很多风景基本点在里面都说到了。萧绎比王维早150年；可是，即使在王维之后，从画的格讲起来山水画只是排在第三。第一是人物，二是禽兽，第三才排到山水，第四是楼阁，即建筑师的界画。讲山水画早在六朝已经是主要的画类，这是不对的。唐·吴道子还是拿他的人物作为代表作的。隋·展子虔的《游春图》，虽然宋徽宗在上面题了"真迹"，但行家们对此还有争议，而且确实拿这幅画和其后的一些画比，似乎过于成熟了。由此可以估计萧绎讲的"势"字与我们后来理解的恐怕不相同。当然，什么事情都有超时代的因子，像《水经注》在当时可以说是超时代的。

以上是风景园林的第二期前半叶。

嗣后有大量的城市名园出现。唐时，庙，特别是城市里面的庙，已经有了公园的性质，限时间地或在某个节日向群众开放。郊游是到庙里去，庙有园、庙即园。庙在风景之中了。

到中唐，佛寺进到山里，逐渐上山。进山上山，也许一是交通有条件，沿途治安比较安定；另外是虔诚信徒多了，肯走大段的路去朝山拜庙。王维的诗"不知香积寺，数里入云峰"还不是上山，是入山，像灵隐、天童、玉皇那样。这个时候的山水画，还是勾勒多、皴法少。勾勒似乎还是从衣褶的画法因袭来的，山水的特点不多。所以当时谈画最出名的两句是："曹衣出水，吴带当风。"至于山水味，则还不是很浓。顾恺之生于4世纪中期，比萧绎大约早200年，他留下的《洛神赋图》山水配景还很幼稚。石头没力，软绵绵的，树叶好像是对称的，枝、叶、根也不成比例：和近代的巧极之拙不同。我们现在欣赏它的装饰味、欣赏它的拙，是受它折射出来的诚与真的感染吧。宗炳比顾只晚出生 30 年，他论山水，提出了"畅神"二字，而且他已不满足于写生，虽然论点还比较浅薄，但提出"畅神"已是非常难得。萧绎时代画也好，园林也好，什么也没有留下来。隋展子虔的画真伪难辨，王维时代也没留下一些山水画，我们不过有一点概念罢了。晚唐张彦远的评论应该可信，他说：唐初的画，树、石还很不成熟。从李昭道《春山行旅图》（台湾藏）和《明皇幸蜀图》来看，"云霞缥缈，岩嶂窅然"，确似仙境。想来吴道子、二李等的庙堂壁画多被写得像仙境，而且人物活动仍然占着重要地位，是符合山水画的发展规律的。所以说以画来论园林还是很困难的。但是有诗有文：王维辋川别业、李德裕平泉山庄、白居易草堂，都有记录、描写。可以说，这时跟第二期前半叶不同。那时是建筑散布在风景中，而这时是镶嵌在自然之中，已经是自觉、有逻辑、有审美地进行布局了。所以可以说这时出现了风景建筑。

　　从文学来看，无论是王维的诗，还是柳宗元的记，已经从寄情发展到移情。什么叫寄情？就是政治上失意，感情寄托在山水上。这种做法很勉强，所以谢灵运最后还是按捺不住出了山，以致丢了卿卿性命。陶潜不同，是退隐，而谢是遁隐，所以有人说王维、柳宗元的文字是从谢那儿脱胎来的，我不同意，因为谢满肚皮是权势。柳宗元说，"心凝神释，与万化冥合"，是情境交融最高的境界，现在叫做"主客体观照"，以前叫做"物我两忘"；柳的八记有些更是超时代的。从这些可以想象得到当时园林和风景建筑的情况。

　　这是第二期后半叶。

　　第三期呢？估计在中唐之后，已经逐渐进入探索山水之理的阶段。唐末、五代初荆浩画论提出"六要"，"六要"跟南北朝谢赫的"六法"不是一回事，"六法"指的是画人物，而"六要"指的是画山水[8]，总结的是山水之理。他提出山水的"象"和"气"，标志着山水之理到这时已经达到相当深度。但是他还是没有提到一个字，就是萧绎提的"势"字，所以估计萧说的"势"字不过是体态的意思罢了。这个时代画家辈出，荆浩、关仝、董源、巨然、李成、范宽、郭忠恕等，他们画的大多是大挂轴，挂轴主要讲宾主，主峰、宾峰，互相怎么呼应，怎么配置树、配置水、配置亭台楼阁、人物等，所以重在布局。皴法到这个时候已经完备，各种石头、各种山的质地、形态，林木的枝叶形态，都有人研究过，并将其提炼了。

荆浩一个半世纪以后有郭熙画论《林泉高致》。他说：山水的云气、烟岚四时不同，春夏秋冬都不同，远看近看不同，正面、背面、侧面不同，早晚不同，阴晴不同，形状意态万变；画山水中人的意态也随四时而不同，春天欣欣、夏天坦坦、秋天肃肃、冬天寂寂；人看到东西反应到行为也是不同的，看风景，或思行、或思望、或思居、或思游。他才提出了"气势"，这个"势"字很重要，有了它，才引申到山有脉络；至于水有脉络，很早中国就有认识。以这个"势"字为标志，客体山水之理就完备：。有势、动态，才有神。当然我们这时还不能把它和园联系起来看，例如当时的文人园像独乐园虽然已经没有了，但是日本园林受独乐园的影响深刻，看来独乐园跟这个"势"字还不足以联系到一起。

以上可以称为风景园林的第三期。

北宋末，"势"字才成画理里面的势，不只是客体的势了。这个时候画从写实到了印象，《梦溪笔谈》里面评论董源的山水说，近看都是些点点戳戳看不出东西来，远看就什么都出来了，可见已有点彩派的味道。如果认为董源不够，那么二米，大米、小米泼墨画都是点子，那就完全是印象派的作风，绝不亚于莫奈，而且更印象。为什么？不用色彩，只用黑白，还下了过滤的功夫。

山水画还是从大轴发展到长卷。在此之前早就有长卷人物，如唐周昉、张萱的画。中文是竖写的，长篇大论要横展着读，连续的、动态的，骆宾王的檄文武则天读得心潮跌宕起伏。西文要竖展着读。也许这就是长卷画独独在中国早已发展的原因吧。北宋长卷风景我们常提的是《清明上河图》，其实它的重要性并不及王希孟的《千里江山图》。王的这卷图一气呵成，山势连贯。《千里江山图》高不到 60cm，长近 12m，真有气势。这个王希孟年纪很小，只留下这一长卷。他是徽宗的学生。园林只有到这个时候，画已经到了这个程度，还要碰上宋徽宗，才出来一个艮岳。没有艮岳那么大的规模，怎么表现势？那幅画是 12m 长，要表现势要一定的长度，园林表现势，不要一定的广度吗？所以独乐园等描写不出势来。秦汉上林苑的时代没有能力表现势，那时势表现在万里长城、南北东西驰道，不表现在园林。之所以讲艮岳是划时代的巨作，是因为它是只有在这样的情况下才能出现的作品，而且高质量。至于后来把艮岳的石头搬到别的地方，重新垒起来，就肯定与原作差太多了，真是历史悲剧。先有了大的艮岳以后才谈得上小中见大。如果从没有大，从没有大中见势，谈何小中见大？小中见大必定是先有大，又下了一番更深的功夫精研浓缩，然后才能够小。

经唐宋到了这时，已经把山水之理穷尽了、研究透彻了，可是始终没有把它程式化。为什么？因为在穷理的同时又有苏东坡、米芾，这些人代表那个时代的思潮。苏东坡论柳宗元的诗，说："诗以奇趣为宗，反常合道为趣。"这里找一首柳诗来看看："海畔尖山似剑芒，秋来处处割愁肠，若为化作身千亿，散向峰头望故乡。"柳跟一位高僧一块儿在广西海边游览，描写的确实是西南的山势；同时他很想发挥才智，干一番事业；故乡是指都城，写下这首诗，准备让人带回给洛阳的亲朋好友。因为是跟和尚一块儿，所以诗中借用佛语，化作千百万个柳宗元，一下子散到峰群上头。何等情感！何等奇想！而且韵味隽永，"散"字用得非常有力。这就是苏的审美倾向。里头我们也可以学到点东西，建筑也要有奇趣，但要合道，不合道的话，那就流于低级趣味、过眼云烟。建筑无非要合乎具体时空、特定需要和载体规律。而米芾是个怪人。一次他在宫里写成一幅字，自己很得意，大喊："一扫二王恶笔，照耀皇宋万古。"照耀皇宋万古就是说宋朝他第一了。而这时宋徽宗就在屏风后头，毕竟也是个艺术家，于是他笑了，一看，连称好，顺手把砚台赏给米作纪念，米不管三七二十一就往怀里揣，一身是墨也没感觉。这也是反常，米芾反的是当时书法界崇拜的偶像"二王"。南宋时，"势"又发展了。有马远、夏圭画一角、半边山水，是从小的推想到大的，从画里推想到画外，这也是一种"势"。南宋严羽论诗也说："诗之极致有一，曰入神。"

李格非《洛阳名园记》里提到北宋已经普遍欣赏石头，还提到有一堆铁看上去有点像狮子，又有点像别的东西。后来就有人注解：这块铁大概是武则天时铸狮子没有成功剩下来的。我估计不是，而是废铁，可这与资产阶级腐朽思想联系不上。能欣赏石头的玉玲珑，为什么就不能欣赏废铁？不是每块废铁，是有选择的废铁。那时居然欣赏。不管怎么样，这反映了那时的石头主要还是作为雕塑来欣赏的。这是第四期。

元明清是第五期。只有到了元明清叠石才成为塑造空间的重要手段。加上墙体的运用，使得小中见大成为可能。此外，小中见大还有个联想的意义。

这个时期画家元初有赵松雪，后来又有黄大痴、倪云林、王蒙，都有画作留传。这个时代书、画、印合为一气了。为什么？难道印章提高了？难道画退化了？我不同意那种每况愈下说。我认为主要是因为单独画、单独字、单独诗，意犹未逮，话没说完是有难言之隐，所以出之于含蓄，但又心有不甘，所以用其他来补充、提示，便于别人再创造，绝不是出于构图等原因。这在园林表现得最充分。例如狮子林，是维则和尚造的，有倪云林等人参加提供意见。当然现在的狮子林已经不全是那时的了，不过，估计大致差不太多。与其说狮子林写的是逸气，在我看来不如说是写的胸中块垒，还夹着一些无可奈何的情绪。

含蓄的另一面是醋畅，这也是风景园林不能遗漏的一面。所以到了明时，写"势"又迸发了一次。代表作品我认为是十三陵。跟十三陵的气魄、气势比，后来的圆明园也好，避暑山庄也罢，都差了一大段。颐和园更不用说了，主体山景拼拼凑凑，龙王庙杂七杂八，大石桥比重失调，谐趣园更是画虎不成。

这个时代有本书很了不起，《徐霞客游记》是科学也是艺术。无论是画还是文，园林也不例外，在这个时期主要是用作抒发灵性，表现情趣，欣赏艺术美、自然美，是超越客体的自由意志之境⑨。正如郑板桥说八大："横涂竖抹千千幅，墨点无多泪点多。"明王世贞则欣赏似是而非，袁宏道欣赏动态，李日华欣赏层次。清·叶燮论诗已经提到主客体，他说："天地景物之无尽，耳目心思之无穷。"他把客体分为"理、事、情"，把主体分为"才、识、胆、力"。称之为"三合四衡"。当然在他之前唐已有人论画时提到"神迈识高，情超心慧"，但没有把主客体结合在一块来讲。清·郑绩谈画时把品格取韵分为：简古、奇幻、韶秀、苍老、淋漓、雄厚、清逸、味外味。清金圣叹提到："人看花，花看人。人看花，人到花中去。花看人，花到人里来。"这是主客体互动。

以上是第五个时期。这个时候我们幸有实物，但是园林的可塑性太大了，易主每变，妙笔、败笔、谁属、何时，都是费周折的。

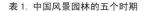

表 1. 中国风景园林的五个时期

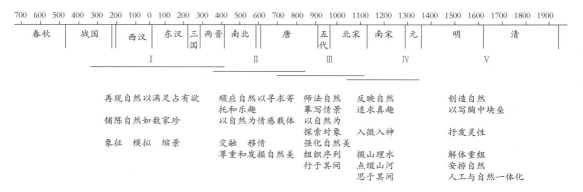

现在我们把这 5 个时期连在一起来看看 (表 1)。

这 5 个时期我把它概括为"形、情、理、神、意"5 个层面。从客到主,从粗到细,从浅到深,从抽象到具体。这里要解释几点。第一,这 5 个字讲的是着重点,不等于说后面就不包含前面的。比如说,重理的时候已经有了"情"的底子。第二,为什么说到了元明清才是写意呢?前面几个阶段就没有主体的"意"吗?有,但是,真正称得上写主体之"意",只有在形神兼备、情理并茂之后。只有掌握了丰富的词汇、熟练于遣词造句之后,才能真正写意。第三,那么前面是否一定没有后面的呢?比如说"情"的第二阶段就没有"理"吗?有,但极其粗浅幼稚。但是也有超时代的情况,比方说,难道说萧绎提到"势"的时候没有一点朦朦胧胧的意识吗?有,但时代不到。因此到很晚,"势"才真正提出来,而且得以发挥。难道柳宗元的《永州八记》这样的细腻不能说是在写"神"吗?在园林上还不可以。事物发展的规律中,在发生以前早就出现过若干因子是完全可能的,比如二米的米点之笔在敦煌的民间艺术中已有了雏形。第四,这样的分期似乎不够明确,每期之间有搭头,我看搭得还不大够。因为引证的不是诗、文,就是画,各种艺术载体不同,有其自身的规律。因此几样东西放在一起统一断代不大可能。就此,我很同意恩斯特·卡西尔(Ernst Casirer)的《人论》中的观点,我们不能把艺术的东西根据政治来断代。比如说唐的诗文书画和宋的诗文书画,文可能断在晚唐,诗可能断到五代,画可能断到南宋。所以载体不同,结构不同,不能"一一对仗"。

另外有一点想解释:这样的分析是否可以完全包容风景园林这个复杂的现象呢?

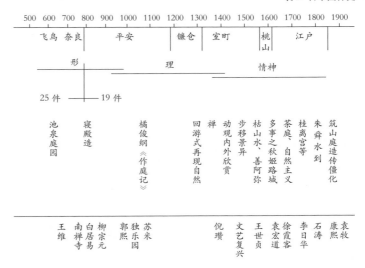

表 2. 日本园林史

我认为只能削尽"冗繁"，才能现出本质，现出最活跃的因素。园林最主要是要从人和自然共生这个问题来看。有些历史上关于园林的描述跟园林发展是不应扯在一起的。比如秦汉苑中，蹴鞠、骑射、斗鸡、走狗、圈、厩、笼、围，这些都对园林发展起不了作用，或起不了主要作用。晋武灭吴，大掠美女置于苑中，随羊车拖到哪里是哪里，像这种内容跟园林的发展有什么关系？因此属于"冗繁"。

下面把日本的园林史和中国的比照一下看看（表 2）。

日本 6~7 世纪已有园林，叫池泉园，一池三岛（其实一池三岛原指的是他们自己）。因为尊重外来文化，像茶道、剑道等，园也成为道的一种。从中国去的文化被一笔未动地保留，造园者尊称为国师。后来是寝殿造，无非是大的三合院、四合院当中置景，模拟山水。因为规模小，所以一开始就是缩景。到了平安时期造园理论家橘俊纲在《作庭记》中强调：造园应当把看到过的、记得起来的东西进行分析、过滤，然后有步骤地重新组合。现在这叫做"解体重组"。橘俊纲这样提法，其原因是总结经验吗？还是不满以前的实践，强调程序，防止不伦不类？可能是为了纠正时尚吧。到了镰仓时代，再回归重现自然，返朴归真的禅意。此时有一位国师名梦窗疎石。到了室町时代，出现枯山水。其代表人物是善阿弥，这时已提出步移景异。再往后桃山时代是一个动乱的时代。庭院缩小，主要精力花在堡垒上。但也有规模小的茶庭、枯山水。枯山水讲求幽、玄、枯、淡；茶庭讲的是和、静、清寂⑩。17 世纪中叶正好外国专家朱舜水到了日本，很受尊敬，古今中外都有这种现象。桂离宫有可能受些朱的影响。朱大概不是一流的学者，他并没有把元、明的园林精神带到日本——当时最好的桂离宫没有写意，没有达到我们的第 5 层面。

日本园林发展的顺序，一是"形"，二是"理"，三是"情""神"。和中国不同，因为理念是外来的，所以橘俊纲感到"理"太不够了，于是强调师自然，这是方法论，总之，都是"理"，最后达到的必然是自然主义。久而久之把自然弄得非常自然，那就是不自然了，感到不够了。禅宗的传播渗入了"情""神"。于是日本的园林很快地发展起来了。

总结来说，中国园林发展是循序渐进、自然的，"形、情、理、神、意"就像老人脸上的皱纹，一层一层叠上去，刻着悲欢离合、喜怒哀乐的痕迹，不知老之将至啊！而日本的园林本源是外来的，一开始有点像纹身、画花脸，纹路不是自己的。所以继之以"理"。道理讲通了，正好遇到禅，于是从"情"走到情理形神交融。

中国现存的只有明清的园子，而且大都已经变了样子。而日本园林可以让我们想象出中国宋园是什么样子，所以是对中国园林史一个极好的补充。像 14 世纪保留下来的永保寺、西芳寺都是宋时期的式子，至今仍保存得很好。有一篇日本的论文讲，奈良、飞鸟到平安时期，日本保存了 25 个古建筑，而中国才有 1 个。日本从这个时期往后推到 11 世纪，还有 19 个项目。我国独乐寺是这个时期的，据说观音阁的梁架都要塌下来了。恐怕以后我们找中国的文化都得去日本了。难道还不足以刺激我们加以深思吗？但我们也有办法，发掘出一个兵马俑，就造它几百个，以假乱真，可以外销，兵马俑世界随处可见，用不着来西安，不过俑终究小巫见大巫。

园林史中国和日本还有所不同的是，中国有两条线。一条是帝王的园林，一直发展到清末。从推动发展来看，作用不是最大；另一条线从六朝开始就已有文人名园，这条线很重要。而日本不同，园林都是王公贵族之物，有的造在得势之时，有的造在失势之日，失势时的如桂离宫。枯山水和中国的遁隐寄情山水不同。桂离宫的主人可不好受，经常处在监视之下。所以园林作用是"韬光养晦"，游赏作用倒在其次。茶庭中，从进门一直到钻进喝茶的小屋，地面参差铺着条条块块的石头，叫你走路低头，把心静下来。中国的步移景异则是扬头欣赏。日本小，地面铺设如此考究，实际上是苦心提醒读者不要重蹈历史覆辙。后唐李煜国破作囚，不是悲吟出"小楼昨夜又东风"，招来了御赐鸩酒吗？日本对中国的历史是读通了的。中国园林讲求"引、趣"，日本园林讲求"抑、静"。

把中日园林具体比较一下：枯山水表现了作者的超前意识，力求把抽象的意向化为实体，来展现预期的价值。通过的方法是：把早先已经由整体分解而成的定型单因子依照选定的程式，组装成整体。追求的是天衣无缝、像自然，恰恰是在摆脱个人意志，从而推向凝固、惨淡、无生气。这正符合出世顿悟的禅意，它留给特定的读者极度寂静、内省的天地。特定的读者要有相当的修养，一般人无法读懂。所以，也容易走向程式化。到了相当于中国清朝时期，日本园林走向和书法中的行、草、楷直接"对仗"的道路而趋于僵化。

而中国的写意园，作者是直觉综合地描写整体的意象世界，追求的是气韵生动、残缺、模糊、戏剧性、似是而非，正是在摆脱客体"形、理"的束缚，任意之所之，任主体之"意"驰骋，从而导向不确定性，导向无序。这正符合入世的陶冶情趣的要求。它留给不同的读者以不同的感知意义和不同的符号意义，也就留给他们广阔的余地去再创造。但是，容易走向庸俗化。

从中日这一点上的区别，可以看出：为什么西方现代主义理性时代发现了日本，而后现代时期必将或者说已经发现中国。

下面再看看英国园林的发展（表3）。

英国的园林发展得很迟，17世纪末才开始，大体分为3期：

第一期为17世纪末~18世纪30年代，这段时间法国园林盛行。英国部分文人反对修剪术，如布里奇曼（C. Bridgeman）、坦普尔（Sir N. Temple）、蒲柏（A. Pope）、肯特（W. Kent）等。他们反对对称、直线型、球体、锥体等，热情于自由曲

144

表3. 英国园林史

17 世纪初输入大量花种
开始反对修剪术（Topiary）
法人一观察到中国叠石

年代				
1700				
	辉格（Whigs） 自由主义 理性主义	第一期 山水园 情	查尔斯·布里奇曼 （Charles Bridgeman） 坦普尔（N.Temple） 蒲柏（Pope） 肯特（W.Kent）	界沟（Haha） 热情与自由曲线 （但仍系 Rococo 型）
	强化自然是艺术 园林是最伟大的艺术	第二期 画意园 理	贝利·兰斯利（Belly Laneley）	步移景异 师造化——丰富、深度 师画——组合、布局
			沃波尔（Walpole） 布朗（Brown）	不对称 追求温文尔雅、完整 伤感、乏力 渐趋程式化
1800		第三期 野趣园 神	马歇尔（W.Marshall） 三本书出版：	审美趣味像王维
			普莱斯（Price）	求反常合理之趣，意料之外引起刺激而刺激是享受之源，喜围合空间，门的效果
			奈特（Knight）	求情景交融，发之于心，野趣，美学先驱
			勒伯顿（Repton）	求手法，嘉者彰之，俗者隐之，远借
			特鲁德·杰基尔（Gertrude Jekyll）	整体效果，不在新奇，园林的目的是使人愉悦、畅爽，是抚慰、陶冶，提高人们的心境，从而进入崇高的精神状态
1900			（法）莫奈（Monet）	求天人合一 "我最大的长处在于能够顺应本能，因为我发现了直觉的力量，让它支配我，使我有了可能把自己认同于大自然并融其中"

参考：Pevsner, Berrrall, Jellicoe

线，但仍然是洛可可式的人工曲线，而不是自然曲线。

第二期是从 18 世纪 20~80 年代，自然园形成。提出了"园林艺术是最伟大的艺术"。代表人物是布朗（L. Brown），他造了不少园子，追求温文尔雅、完整，但是伤感乏力，后来渐趋程式化。当时已提出步移景异、师造化、师画等论点。

第三期，即 18 世纪 80 年代以后，同时出现了 3 本园林理论书。普莱斯（U.Price）求反常合理之趣，求意料之外，引起刺激，他说，"刺激是享受之源"，欣赏围合空间和门的效果。奈特（R.P. Knight）则求情景交融，发之于心，追求野趣。勒伯顿（H. Repton）则讲究手法，嘉者彰之，俗者隐之[11]。

试归纳为：第一期重情，第二期重理，第三期重神。可能分别称为山水园、画意园、野趣园更明确。英国的园林起步晚，但是时代不同了，世界变小了，理性主义和自由主义主导思潮。从古今内外汲取营养，使英国园林迅速摆脱了法国式的"重形"的羁绊，在 150 年内走过了"情、理、神"3 个层面，生命力极强。加之乘对外扩张之势，19 世纪以来，几乎可以说是英国式园的天下，好像非英国式不足以称为公园似的。可是，出口的英国式公园似乎较多地回到了布朗的温文尔雅而较少野趣，仗剑装儒雅，这也是符合历史需要的吧。总之，英国园林还停留在自然主义，没有达到重"意"的层面。

这是为什么呢？从普莱斯等人的 3 本书来看，一切条件都具备了。首先，就自然元素而言，动植物、矿物的科学知识英国是走在前面的。但作为审美对象、组景对象，那似乎不及五代对山水之情理结合的分析。它哪里有那么多皴法？哪里有爱石成痴的米颠？18 世纪英国也效法过中国的叠石，但是很不像样。其次，就园林的作用而言，19 世纪的特鲁德·杰基尔（Gertrude Jekyll）才明确说到整体效果不在新奇，"园林的目的是使人愉悦、畅爽，是抚慰、陶冶、提高人们的心境，从而进入崇高的精神状态"[12]。这不就是"畅神"吗？中国的"畅神说"提出来早多了。普莱斯等人不过把总效果概为三：秀丽、雄伟、画意。而明清的提法要细腻多了。至于手法，除叠石之外，直截了当地利用墙体，那更是中国之最，没人及得上。

若这么说，层面以重"意"为最高，日本、英国的园林都不及。这是否有点自我解嘲呢？动不动从故纸堆里找些东西说，"我们早已有了"，那就没有意义了。层面和质量水平可不是一回事。现存的园林能说日本的西芳寺、桂离宫不是最高水平吗？艺术的发展不同于科学。科学是突破关系，后者突破前者，前者只剩下历史价值。艺术是共存关系，各自因其质量的高下而长存或消逝，如同毕加索和伦勃朗可以共存。层面中重意的"意"是指主体意向，而意境属于审美范畴，则是无层面不有，无层次不在的。所谓境界则又是指对应的经主体意境强化或再现的客体。

对风景的生成和主客体相互作用的认识，中国确实早！郭熙所强调的审美对象——

山水，不是抽象的音、形、色的组合，也不是静止的完整的比例、和谐，而是生动的自然形象，不同于概念化、类型化的山水。他已经触及主体——人的生动⑧。到清代叶燮论诗已经提出"三合四衡"，涉及主客体的结构了。当然他们还都不可能意识到文化积淀、潜意识，也都没有提到哲理的高度。但是，直到18世纪英国哲人休谟不是也只是说："美并不是事物固有的属性，它只存在于观者的感觉之中。而每个人的感觉是对不同的美敏感的。"他也没有说到反过来的一面，那就是：主体审美意识的结构同时也会为了适应客体的结构而改变。

我们再看看明代李日华论画，他把客体分为3个层次："身之所容，目之所瞩，意之所游。"他的话用今天的话来说就是3个层次的环境或景观，是客体。客体被主体接受了，接而受之了，就在感觉中生成为风景，即景色（身之所容），景象（目之所睹），意象或风情（意之所游）。

这时我想举个有意思的例子。初唐四杰之一王勃在《滕王阁序》中开场白写道："星分翼轸，地接衡庐，襟三江而带五湖，控蛮荆而引瓯越。"这是"意之所游"层次。当时太守听到这里没有讲什么话，因为，当时"分野"的概念已经是老生常谈。但他从大的环境定位"襟江带湖"气势不小。他写到"落霞与孤鹜齐飞，秋水共长天一色"，四座皆惊，太守赞叹道："好！"我们今天说好，和当时说好又不同。当时景象就在眼前，而我们是联想当时情景。王勃寻父途中参加文赛，出席的净是些知名人士，能够即席写出这样脍炙人口的名句，和今天张文东连胜日本三位九段无异。棋讲气势，没有功力不行，但更在于气质。格物及人，感染我们的也就是这个亘古及今的"气质"。待王勃再写到"画栋朝飞南浦云，珠帘暮卷西山雨"，已讲的是"身之所容"的层次，就没有什么了不起的内容了。

讲这段的意思是说析"理"，在中国过去不是没有，可惜没有接下去。主客体互动、主客体的结构都接触到了，但是没有达到科学化的水平。现在我们这方面必须向西方学习，来丰富自己。这是值得我们注意的。

西方也有他们的问题。西方的理性主义缺乏直觉整体地把握事物的一面，同时也欠缺对自然的"情"。柯布西耶这样的大师，建造昌迪加尔的意象也还是人体，没有把人和自然结合起来。这是西方传统。巴西利亚又是如此，理念是哲理意象，与自然无关。柯布西耶非常欣赏北京城。当时他还对中国南方城市一无所知。"钟山龙蟠，石城虎踞，负山带江，九曲清溪"的意象或许会给他更丰富的启示。现在的后现代主义，"结构"或"解构"，结的解的都是梁、柱、板、壳一类的人工物，"自然"没有作为元素参与解体和重组，自然而然也就少了综合、直觉、整体地把握事物。

拉维莱特公园（La Villette）公园设计本应是自然和人工物的结合，自然在公园设计中变为几个叠合片中的一片，但设计者却还生怕人掉在自然之中丢失了自己，因此打上方格，在交点上摆上红色雕塑。这样能够"心凝神释，与万物冥合"吗？

其实西方也和我们一样。席勒老早说过："心灵用语言表达出来时，已不是心灵的言语了。"也就是说，不从整体把握心灵，分解组合后就已是心灵的变相了。200年来西方人对他的思想听不进去，就跟我们对"理"听不进去，"不求甚解"一个道理。至于席勒这句话的深刻是无疑的，不过对于心灵变相变的幅度则随时代的认识结构而发展，这点有待细究。

现在西方从发掘老庄、参悟禅理，将会走向明清性灵。这样说难道过于武断吗？有位英国同行巴斯（G.D. Bass）1986年在一篇狮子林游记中写道："……它们好像经受了开天辟地的狂风、暴雨、烈日的肆虐，好像老翁脸上的皱纹。好像是从天外星球飞来似的，扭曲、怪诞、奇异。有些使人联想到早已失落了的远古祭奠仪式上矗立的巨石。另一些又像某些超现实主义画幅上惊人的形象。好像这些石头捕捉到了峰峦的荒蛮神髓，揭露了场所精神，但不是那单纯的现世的场所，而是某个更具深刻含蕴而永恒的场所精神。这场所久远以前是人们熟悉的，而今只有从这些苍老石块的形状和光影上才能或明或暗地领略得到。其中最高大也是最抽象的石头矗立在山顶，那样离群特立，各具庄严自尊的神采。这样异乎寻常的形象吸引着人们持续地欣赏和品味，如入幻乡，如入梦境……"拙见认为，对西方来说，这篇的重要性绝不下于一本"剖析"东方哲理的著作。

今天，东西方算是"殊途同归"了。我们一是要对"理"加把劲，二是不能放松整体把握"情"，因为"情"淡则"意"竭。

再扯得远些。当今对自然的认识，对人与自然关系的认识可是无论深度广度都大大发展了。什么太空、宇宙景观，海底、两极景观，微观宏观，铺天盖地地触动着审美意识结构，扩展着审美客体对象，这还不足以促使我们重新全面审视一番形、神、情、理吗？

人们已经越来越深刻地从生态环境的角度理解智力圈的意义。不见酸雨、核废、垃圾等吗？谁的认识落后是要付出代价的，这用"有了数理化，什么都不怕"的眼光，也是看得到的。但是对理应与物质生态紧密结合的审美精神环境的研究，则只能算是刚刚起跑。信息时代，一旦认识，发展起来是很快的，差距的拉开也就很快。而代价可是深层而更为可观。这就是紧迫感所在。

根据 1989 年 10 月杭州"当今世界建筑创作趋势"国际讲座

和 12 月上海学会年会上讲稿整理

原载于《建筑学报》1990 年第 5 期

注释：

① 李镜池《周易通义》

② 李镜池《周易通义》

③ 张家骥《中国造园史》

④ 顾颉刚说

⑤ 意大利普契尼的歌剧 Toska 女主人公，为了拯救其政治犯的爱人，假意委身于警察总监，最终发现受骗，跳墙而死

⑥ 指意大利古城圣·吉米格尼阿诺（San Gimignano）

⑦ 关口欣也考证

⑧ 俞剑华说

⑨ 李戏鱼

⑩ 程里尧《日本园林艺术》

⑪ N. Pevsner. Architecture and Design, G+S. Jellicoe. The Landscape of Man

⑫ J.S. Berrall. The Garden

⑬ 朱彤说

时空转换
——中国古代诗歌和方塔园的设计

　　方塔园的规划设计一晃二十年了。既然指名要做个介绍，我就权充讲解员给诸位导游一遭罢（早经《建筑学报》、《时代建筑》发表过的内容尽可能从略了）。

　　关于我设计这一文物公园的手法只提一点，那就是对偶的运用。且不说全园空间序列的旷奥对偶，还在北进甬道两侧运用了曲直刚柔的对偶，文物基座用了繁简高下的对偶，广场塔院里面用了粉墙、石砌、土丘的多方对偶，草坪与驳岸用了人工与自然的对偶。与园已多年不见，这一次重会，园的蓊郁与我之龙钟又是多么有趣的对偶啊！对偶真是我国突出普遍的文化现象，春联、喜对、成语、诗文处处都是。而对偶其实可以分为两种性质：一是通常叫的对比，二者比照，以见高下，厚此薄彼，爱憎分明，甚至激化到像杜甫的诗句"朱门酒肉臭，路有冻死骨"；另一是两两对照，相辅相成，和谐统一，"乾三连坤六段"由来可久远了。

　　诗里面对偶或称对仗，对仗的运用则又可分为不同的层面。举例来看：
　　韩翃诗句，"落日澄江乌榜外，秋风疏柳白门前"，似属画面色调的对举而已，这是第一层面。
　　王维诗句"声喧乱石中，色静深松里"，声喧与色静就不光是物境了，后面还有两句，

"我心素已闲，清川澹如此"，原来前两句是后两句心境的外化，主客交融，这是第二层面。

王维诗句"白水明田外，碧峰出山后"，写雨后初晴。雨时一片灰蒙蒙，乍晴，天光一亮，岸、林、山峦都仍然昏暗不变，而水映天光忽然亮了起来，初春苗稀，田里又微微亮些了。而画面上最高处，亦即最远处斜刺里受光的碧峰好像从山后岸然显现了出来，诗人这时犹如好友重逢的喜悦，这是仔细品味"明"、"出"两字可以感觉到的，而诗人自己并没有像前例那样明说，这是第三层面。

李贺《雁门太守行》："黑云压城城欲摧，甲光向日金鳞开"。云是轻的却足以压城，日照甲上却说鳞光向日而开，主副词倒置。黑云与金光强烈对比，云的虚散性和金光的穿透性，云的下掩和光的上射，多方面映发着敌气虽然嚣张，而我军士气昂扬必胜的大局。我们看到两个反常合道的对偶意象的展现，多么有力地惹人寻思求解，这是第四个层面。

对偶若一强一弱，一明一暗，诗中也有不用对仗而用衬托法的。例如杜牧《山行》："远上寒山石径斜，白云生处有人家，停车坐爱枫林晚，霜叶红于二月花"。寒山青黛衬托着霜叶火红，多么鲜明。而"寒"字下得似不经意，"晚"字还藏着山的阴面，枫的背日那双重含义在内，耐人寻味，也属第四层面。

前面提到"意象"一词，那么出于物象、表象、意象、心象以及意境，境界种种名堂的纷至沓来，我们不得不抠抠字眼了，可又不想从概念到概念，让我姑且举个例罢。

郑板桥画竹有所悟，他说："晨起看竹，烟光、日影、露点皆浮动于疏枝密叶之间，胸中勃勃，遂有画意，其实胸中之竹并不是眼中之竹也，因而磨墨展纸落笔，倏忽变相，手中之竹又不是胸中之竹也。"

```
 +情      +意      +情
[眼中之竹] → [胸中之竹] → [手中之竹] → [画幅]
  ‖        ‖        ‖        ‖
  ‖        ‖        ‖        ‖
  ‖        ‖        ‖        ‖ 流露
 物象     表象     意象     意境——→境界
```

他说的"胸中勃勃"就是生情，这时物象之竹已被筛选淘汰，所谓"澄怀味象"，情与物恰而刻画为表象之竹，铭记于心。所以表象之竹绝不是什么简单的表面现象。这个表象再经"意"的锻造和技法的锤炼，或许其间还要借助于其他表象的渗透和催化，才呈现出意象之竹。意境生于象，这里"象"主要是指意象，但也可指表象的并置叠加。意境自身却没有象。意境指诗境或画境，而境界指的则是作者的风神气度，那是从意境中流露出来的。那么回过头来看，所谓对偶只是意象运作的技法，其他如隐喻、双关、联想、变形、背反、嫁接、错觉、夸张、错位等等都是技法，而技法贵在为深层含义服务。

接着他说："意在笔先，定则也。"无意之笔只能是照相机、复印机。什么是"意"？或许有人以为"意"就是意境，若果真如此，那么表象岂不只能向预设的意境迎合？那还有什么意境的"生成"？所以这么说不够确切。"意"者意念也，意念含有两个成分，理性与感性，逻辑与审美。当然两者多少有些侧重，决定于作者的境界。这么说"意"不同于意境，区别何在？我认为"意"可以说是朦胧游离的渴望把握而尚未升华的意境雏形。意象还要经过安排组合，寻声择色，甚至经受无意识的浸润而后方成诗篇画幅。

他后面还有一句话："趣在法外者，化机也。""化"字什么意思？是物化、大化、化生、化工、化育、化境，哪个？其实就是物象化表象、表象化意象、意象生意境嘛。"趣"字呢？"趣"就是情景交融，物我两忘，主客相投，意境生成的超越时空制约的释然愉悦的心态，所以"意境是意与境交融"（引用《辞海》）的说法也是不着边际的。

我们建筑师不是从在学到从业都在不断的"化"中生活吗？有甚者夜以继日地化，化得寝食难安，从任务书化到图纸，从二维化到三维，虚化而为实、实化而为虚，哪有不懂"化"字的呢？化并非玄虚得不可捉摸，只是我们要达到"趣"何其难啊！建筑不论创作还是解读都有可能遇到主观的不化或客观的不化。诚不若于读诗文中寻趣，其乐无穷。

试举两例。苏东坡《念奴娇》："乱石穿空，惊涛裂岸，卷起千堆雪"。先看，"卷起千堆雪"是说心潮似涛而涛似雪，这还停留在"比"，"乱石穿空"有译家一见空字即刻联想到天际，于是把乱石译作乱峰，显然是错误的。乱石是江中大大小小散布着的矶屿之类，浪触乱石，或漫石而过，或受阻而溅，此喷彼落，此没彼现地构成了散乱的穿空似的动象，外化了心潮的澎湃。"惊涛裂岸"涛退岸痕出，似为涛所裂，写的是力度多么惊人的印象。有人或许是不理解其中逻辑，认为裂岸怕是"拍"岸之误，不知细想，江岸裂痕哪一道不是自然力万千年刻画出来的呢？诗人词客只是把瞬息和亘古加以意识化了，这叫做"时空转换"，这些绘声绘色层出不穷的动态意象激起了词人的怀古幽情和人生感慨"浪淘尽，千古风流人物"。

李白《秋浦歌》："白发三千丈，缘愁似个长，不知明镜里，何处得秋霜"。"三千丈"夸张过头了吗？出之于激情可以原谅吗？一次理发，闭目养神，猛有所悟。第二句的重音不应落在"愁"字上，而是落在"缘"字上的。"缘"字不应作"因为"解，而应作"顺着"解，愁顺着发而生，沿着发而长。设想白发剪一次一寸，一年就是一尺，十年就是一丈，一头白发又何止三千根？根根相续，总长何止三千丈？以发的长度测愁的久长，真是妙绝千古的时空转换意象。有人会说诗人不过是信手拈来而已，我说不是，有没有证据呢？有，末句，何"处"得秋霜而不用何"时"得秋霜，何"处"是空间，全诗无一丝"时间"痕迹，不是有意不露吗？更妙的是秋霜宿夕而来化得又快，不正是"久长"的反义？

凡艺术有历时性和共时性之分，而两者都谋求反向趋同，建筑何独不然。一如诗画，谋求转换，粉墙花影，花与墙不动，而花影则随时间的推移而动，这是二向度的变。再如一组空间，流动其中，步移景异，随着滞留长短，流向不同，次序不同而空间序列的韵律不同，这是人动的变。能更超越一步吗？值得尝试。何陋轩就是抱着这一愿望进行设计的。

何陋轩茶厅在方塔园东南角小岛上，岛自北而南微倾，标高距水面平均 1m，东部土丘占了岛的 1/3 面积，下面仅就设计构思中时空转换方面做个介绍。为了挡土和限界空间用了半径与高低都不等的一些弧段墙体。弧墙面正对光则亮，背向光则暗，不言而明。而侧对光呢？那就不论凹面凸面，都是从一端到另一端如同退晕似的由明趋向阴或由阴趋向明，而且这段墙面若是朝南的话，一日之间两端的明和阴持续渐变到最终相互对调。再想，若有两个凹面东西相对的话，那么一日之间这两个界面之间的空间感受不是无时不在变动的吗？不但如此，而且一方弧墙的地上阴影轮廓更是作弧线运动而和对面弧墙体不动的天际轮廓之间一静一动地构成了持续变动的空间感。此外，何陋轩还就近借助两侧弧形檐口，各与本侧弧墙之间同样取得这种效果，这就大大不同于平面线性的变化，而是把时间化为可视的三向度空间。正因为茶厅的特定性质，人的滞留并不短暂，可以想象一壶茶一局棋前后，这种正反、向背、纵横、上下交织的，无时无刻不在变的效果是可以感受得到的。

何陋轩作为全园景点之一就应具有一定的分量才能与清天妃宫、明楠木厅遥相呼应，所以它的台基面积采取大略相当于天妃宫的大小。三层这样的台基依次叠落递移30°、60°，好像是在寻找恰当的方位，而最后何陋轩却并未按三层台基的选择，而决定继承南北轴向的传统跨在三台上面。这种类似间歇录像记下了操作过程，或说是把意动凝固了起来，不是另一种时空转换吗？

于是台基弧墙在整个变奏之中刚柔应对，相得益彰。三层台基错叠还留下了一个空隙，恰好是我们熟悉的三角板形，轩名柱就应立在这儿罢。至于元件都取独立自为、完整自恰、对偶统一的方式及其含义与观感，以前作过一些介绍，这里就从略了。

根据 2001 年 5 月在杭州、安徽等地建筑学会上的讲演整理而成

原载于《设计新潮》2002 年

谈方塔园

编者按：方塔园位于松江镇中山东路南侧，建造于 1980 年代初，是同济大学冯纪忠教授设计的一座古典风格的园林。据考证，方塔园现处的位置是唐宋时期的华亭县城中心区，历史悠久。建造方塔园时，在地下约 2m 深的地方发现了分散较广的大量唐宋遗物和一条东西向的唐代市河部分驳岸等遗迹。

2004 年 3 月初，中央电视台记者在方塔园采访设计者冯纪忠教授。应记者的要求，冯先生谈了方塔园的设计思想。本文是由同济大学张遴伟老师按谈话录音整理所得。

露天博物馆（布局）

松江方塔园是 1980 年代初开始设计的。原址上古迹很多，有宋代的方塔、明代的照壁、元代的石桥，还有几株古银杏树，其余就是一片村野了。上海市政府打算在园中迁入另外的一些古迹，比如位于上海市区河南路畔的清朝建造的天妃宫、松江城内明代建造的楠木厅，以及在城市建设开发中拆迁的私家园林中的太湖石和墨道上的翁仲……我最先的构想就是应将方塔园建成一个露天的博物馆，将这些古物都作为展品陈列，把这些被视为掌上明珠的珍贵文物——一承托在台座上，以示对展品之珍重。设计之初，需要及早确定天妃宫的迁入位置，以便尽快施工。由于宋朝方塔与明代照壁原来所处的位置尽管相距很近，但它们既不平行又不在一条轴线上，所以，只能把清代的天妃宫放在方塔轴线的东北一隅，作为一个独立的展品放在"台座"上。这样，在方塔和照壁的北面便形成了一个广场。

因势利导

广场的设计构思是要将其标高降低，以突出塔的高耸。于是，从北大门进入，一路走过多级台阶，缓缓下降，到达最低处的广场。广场上原有两棵几百岁的银杏，为保护树的根系修筑了石砌的台座。这些石座高低大小各不相同，对树底下原有的土壤起了很好的保护作用。它们与天妃宫的台座一起以自身的石壁强化了广场空间。从北大门进入的道路也是用石头砌成的，由标高不同的矩形平面组成，它们交错叠合，向下层层跌落。道路的一边是曲线形的挡土墙围合成的花坛，另一边则是直线形的挡土墙，一刚一柔，形成鲜明的对比。游客左顾右盼，皆成图画，渐入广场，到达全园的主要景区。

宋的韵味

方塔园在总体设计上，希望以"宋"的风格为主。这里讲的"风格"不是形式上的"风格"，而是"韵味"。这个韵味是"宋"的韵味，而不是"唐"的，也不是"明"或"清"的。"宋"的韵味大家从宋瓷当中就可以看出一些端倪：宋朝的碗底儿很小，线条简单明晰，颜色丰富多彩，形体匀称大方。无论是"官窑"还是"汝窑"，质地都很细腻，富有文化底蕴。我的设计思想就是让方塔园也具有这种韵味。我不希望只要一做园林总是欧洲的园林、英国的花园，再者就是放大了的苏州园林（苏州园林不是宋的味道，规模也不相符合）。

因地制宜

方塔园原址上有丁字形的河道、大片竹林，还有些土堆。我们是以基地地形为设计的出发点，设计中保留了大部分的基地现状。举例来说，从北大门进来原有一排高大的树，设计中墙的走向就是沿着这排树的左侧（西）定下来的。后来，有人以这种树易生虫为由要将其砍去，等我们得知后去阻止时，发现已被砍去了不少，所幸还有一些树留下来，也算是不幸中之大幸吧。竹林是原有的，水面是在原有河面基础上扩大的，方塔旁边的土山也是在原有土堆的基础上叠成的。对基地现状的尊重也是我们规划中一个比较大的原则吧。

四角规划

方塔园总平面上四个角的设计手法有所变化，和主体不完全一样。西南角上要搬来明代的一个楠木厅（它当年曾用作松江的一家工厂厂房）作为该处的主题，所以一些廊榭相应地就采取了明代风格。这组建筑与全园的主体建筑方塔之间有土堆相隔，可以自成一景。东南一隅是以何陋轩为主题，它采用的是大屋顶，平面也比较大。东北角处的设计手法是：从东门进入后，以两棵古银杏作为引导，然后通过狭长曲折的甬道，突然让方塔跃然于眼前，这即所谓的"豁然开朗"。甬道转折处有一块空地，我本打算在这里设计一座餐厅，它既可以从园外进来（从方塔路进入），也可通向园内，可供园内外的人共同使用。这个餐厅方案已经做好，占地很大，钢屋架，局部两层。虽然图纸都画好了，但因为经费等问题，餐厅一直没有建，那块地儿也就一直空着。后来我们曾经建议在此作展览室，也没能实现。也好，为后人创作留有余地吧。

何陋轩

"何陋轩"作为东南角的主体，规模大小要合适，若是采用苏州园林中的小亭子那样的规模，就会与整体气势不相称，不能作为主体文脉的延续。当年方塔园的投资很少，所以在建设时尽量节省。于是，何陋轩的材料采用了竹子和稻草，砖墙抹灰，用的方法都很简单。方砖是定做的，要求相对较高。有一次我陪两个英国建筑师来游方塔园，正值下雨，在何陋轩歇脚。他们问竹结构上面的节点是什么意思？我说是"floating effect"，他们点头称是。黑色的节点，在视觉上造成了白线条断开的效果，产生飞动的感觉。也就是说如果把构件的节点模糊化，就会使杆件本身好像断开了，产生瞬间漂浮的感觉。但现在颜色漆得不太好，当初下面是竹子的本色，上面漂浮的味道会更为突出一些。

我曾在一篇文章中虚拟了一个人物和我一起来游方塔园。"他"一看园中的这个地方不错，可以作为一个独立的景区，"是否可以搞一点儿廊啊，水榭啊，亭子啊……来吃吃茶好不好？"我当时没有回答。我想"何陋轩"应该和"天妃宫"有相同的分量，于是就确定了其屋顶的体量。虽然它是草和竹子造的，但规模较大，可以作为方塔园其中一组建筑的主体。从入口到何陋轩路途较远，如果在这里做苏州园林里那样曲曲折折的廊恐怕会显得小气，而且也没必要再绕小圈。游客一路行来，动态游览园中的景色，在这里就需要停顿一下，坐下来喝茶、聊天或者下下棋。我们要在这里塑造出一种"静中有动，动中有静"的情境，人们坐在其间，能感觉到光影的不断变化。

考虑到厨房有明火，设计时必须有合乎逻辑的处理，所以厨房屋顶的原设计是瓦的，而不是现在的草顶。厨房平面为正方形，四片墙面升上去形成像骰子一样的体块。入口处地面、栏杆等都是采用刚柔对比的手法，同样，大厅的草顶和厨房的瓦顶也形成鲜明的对比。这里强调的是厨房与厅是两个独立的建筑，它们没有大小贵贱之分。我要的就是彼此独立，刚柔相对。何陋轩除了尺度上与园内的规模相呼应之外，与园外的文脉也要有关联。松江当地的传统民居与上海其他地方不一样：屋脊是弯的，四坡顶。在此，我以现代的手法表现出当地民居的形式。

现有不足

多年以后再来方塔园，感到许多地方改变了。经过去往何陋轩的桥之后，原来路两侧的树木形态优美，可惜现在只剩下几株了；厨房改成了草顶；种植在堑道两边的黄馨原来被修剪成不同层面的下垂状，现在也不见了；一些路灯的布置也有不尽人意的地方，很希望在进一步的整修之中恢复原貌或加以改造。

原载于《城市环境设计》2004 年第 1 期

与古为新
——谈方塔园规划及何陋轩设计

　　方塔园整个规划设计，首先是什么精神呢？我想了四个字，就是"与古为新"，"为"是"成为"，不是"为了"，为了新是不对的，它是很自然的。与古前面还有个主词（Subject），主词是"今"啊，是"今"与"古"为"新"，也就是说今的东西可以和古的东西在一起成为新的，这样意思就对了。

　　与古为新，前提就是尊古。尊重古人的东西，要能够存真，保存原来的东西。但有些个别情况比较特殊，比方说，整个这块基地是朝北的，我们由北门进来，但实际上过去这个塔，在一个庙的范围内，是朝南的；但明朝的影壁，应是大门口对面的一个影壁，它是朝北的。这很巧，一个因为你无从考证，一个它现在的现实是朝着北，从北门进来的现实跟影壁原来朝北的位子正相同。这些我们都要尊重，这是一个精神。

　　第二个精神。方塔是最有价值的，所以大家来看方塔，它是主体，因此主体要在全园散布它原有的韵味。这是个原则，能够使得它存它的"古"，同时使其能够显露或者说加强主体宋塔的韵味。整个园子的布局，从其与周围的关系到各个细部，都要能够有这样一种精神。

我主要想从这里讲起，这是总的精神。

要尊古，我们如何才能在最好的条件之下把古塔烘托出来？举个例子，就好像是博物馆里贵重的东西，每样东西都用一个托子托住它。建造这样重要的古迹，都得这样衬托起来。但又不能独立地衬托在那里，要组成一个互相之间的空间关系，根据这样一个原则，台基有高有低，就像手上托着明珠一样。它有些主次，又有些变化，同时有利于观赏，还要有对游人的关注。所以设计整个园子的原则，也就是这些。把这些从粗到细地贯彻下来。

塔院与广场、园子之间的墙都不封闭，所有的空间都是相互贯通的，并且有多种方向的引导。甬道、堑道等引向宋塔、天后宫。几个大块的面积：大广场的地面、大水面、大草坪既独立，又不封闭，相互之间的空间分而不断，构成整体。

何陋轩的灵感，我当然有啊。

首先，它一定要成为一个点，它的分量不能少于天妃宫，这是我的一个点。古人的东西，古人创造的方塔，古人创造的天妃宫，都是用台子抬起来供奉着，如掌上明珠。人家来我这个地方，首先会考虑规模值得跟那些比对。思想上是这样，感觉上也是这样。你在一个公园，走了那么多路了，到这里来，也需要有一个开敞的东西，一个亭子，几个围廊，苏州的那一套东西拿过来，不够分量啊。

第二，既然这样了，连大小我都要跟它比配一下子，所以我就跟那画图的讲，你就量一下天妃宫的大小。何陋轩台基的大小，我用的就是天妃宫的大小，而且是用的三个，且三个一样大小。当时在寻找方向。房子是南北向，但摆的过程是时间和空间相互定位、相互变化的一个过程，所以搭个台子，按照角度在转，最后把它定出来，是南北方向。这就是我说的时空转换。

在"人与自然"一文中，我讲"形、情、理、神、意"，从园林发展来讲北宋到南宋是写自然、写山水的精神，到明清开始写意，苏州园林写主人自己的意。整个方塔园的设计，取宋的精神，以宋塔为主体，通过大水面、草坪及植栽组织等传达自然的精神。何陋轩则从写自然的精神转到写自己的"意"。主题不是烘托自然而是摆在自然中，"意"成为中心。

宋的精神也是今天需要的，"与古为新"的"古"不是完全的宋，但精神是宋的。我要让这种精神贯通全园，在全园中流动。整个设计为何不取明清，而独取宋的精神？不仅仅因为作为全园主体且年代久远的宋塔本身传达出了宋的神韵，而且，宋代的政治气氛相对来说自由宽松，其文化精神普遍地有着追求个性表达的取向。正是这种精神能让我们有共鸣，有借鉴。所以到了我设计的"何陋轩"，就不仅仅是与我有共鸣的宋代的"精神"在流动，更主要的是，我的情感、我想说的话、我本人的"意"，在那里引领着所有的空间在动，在转换，这就是我说的"意动"。高低不一的弧墙，既起着挡土的功能，又与屋顶、地面、光影组成了随时间不断在变动着的空间。它们既各有独立的个性，又和谐自然地融入到整体之中。

原载于《华中建筑》2010 年第 3 期

第四部分　诗论

读欧文《秋声赋》

第一段写听,分两层:"初淅沥以萧飒,忽奔腾而砰湃。"是一层;"如波涛夜惊","风雨骤至","其触于物也,鏦鏦铮铮,金铁皆鸣;又如赴敌之兵……"等三喻是一层。而前层两句,一句含波涛,一句含风雨。后一层中"金铁皆鸣"是波涛触物,而"衔枚疾走"是风雨触物。

妙在第二段转写视。视中又偏点出两个声字。

第三段写想,是状秋。从其色、其容、其气、其意、归到其声。而其声两句"凄凄切切,呼号愤发。"又正是回抱第一段头两句的景中生出的情。

第四段写物的秋前秋后。

第五段提出伤秋,这段铺陈过多,陈腐。

第六段,由物及人写悲秋。

结尾最妙,童子与作者、知悲与不知对比,虫声与叹息、人与物交融,韵味无穷。

1966 年笔记

附录：

秋声赋

欧阳修

欧阳子方夜读书，闻有声自西南来者，悚然而听之，曰："异哉！"初淅沥以萧飒，忽奔腾而砰湃；如波涛夜惊，风雨骤至。其触于物也，鏦鏦铮铮，金铁皆鸣；又如赴敌之兵，衔枚疾走，不闻号令，但闻人马之行声。余谓童子："此何声也？汝出视之。"

童子曰："星月皎洁，明河在天，四无人声，声在树间。"

余曰："噫嘻悲哉！此秋声也。胡为而来哉？盖夫秋之为状也，其色惨淡，烟霏云敛；其容清明，天高日晶；其气栗冽，砭人肌骨；其意萧条，山川寂寥。故其为声也，凄凄切切，呼号愤发。

丰草绿缛而争茂，佳木葱茏而可悦。草拂之而色变，木遭之而叶脱。其所以摧败零落者，乃其一气之余烈。

夫秋，刑官也，于时为阴；又兵象也，于行用金；是谓天地之义气，常以肃杀而为心。天之于物，春生秋实，故其在乐也，商声主西方之音，夷则为七月之律。商，伤也，物既老而悲伤；夷，戮也，物过盛而当杀。"

"嗟夫！草木无情，有时飘零。人为动物，惟物之灵。百忧感其心，万事劳其形，有动于中，必摇其精。而况思其力之所不及，忧其智之所不能，宜其渥然丹者为槁木，黟然黑者为星星。奈何以非金石之质，欲与草木而争荣？念谁为之戕贼，亦何恨乎秋声！"

童子莫对，垂头而睡。但闻四壁虫声唧唧，如助余之叹息。

屈原 楚辞 自然

一、关于屈原的生平

在《离骚》的头一段，屈原就叙述了他自己的出生、命名、品质和抱负，他说："摄提贞于孟陬兮，惟庚寅余以降"。如果望文生义地把"庚寅"二字当成年份的话，那么，屈原的一系列生平经历和历史事件在时空上都将斗合不起来了。对这两句话，直到晚近才弄清楚：战国时代行的是岁星纪年法，"摄提格"是十二个太岁年名称之一，赋中省略了"格"字。"摄提格"与十二支的"寅"相对应，正月为"陬"，"孟陬"即正月之初始，夏历中正月属"寅"。"庚寅"则指干支纪日法中的庚寅日。所以，这两句话说的是：正当寅年寅月庚寅日，我诞生了，推算出来是 343B.C. [①]。但这是根据汉朝的干支纪年逆算的，和战国的历法可能有差异。从更精密的探讨结果，应是 339B.C. 正月十四日 [②] [③]。至于还有人认为，屈原的出生年份应在 353B.C，论据似乎不足 [④]。

傅锦壬根据《离骚》头一句："帝高阳之苗裔兮"，论证了屈原与虎的双重关系，即图腾和属象 [⑤]，其实不止于此。屈原死于五月，而五月相应于十二支中的"午"，夏历又属"寅"，近年有人著文认为屈原并非自尽，而是他杀，"端午"二字是澄清谎言的隐辞，"午"与"忤"通 [⑥]，这就不能不落捕风捉影之讥了。

笔者回忆，晚到 20 世纪二三十年代，民间仍然沿袭着五月节日雄黄泡酒，儿童额上画"王"字、婴孩戴虎头帽、穿虎头鞋的风俗。这份浸润着我族精神的文化遗存，自半个多世纪以来，外患和内忧，无情或蓄意，破坏殆尽了。

一般都说，战国时代是七雄纷争、趋向统一的时代，但是，若要更好地说明屈原的生平，就有必要作较细的时期划分。

战国初期 100 年的局势是以春秋晋、楚南北对峙为主轴的延续；到了 376B.C.，三家分晋，才开始近 80 年的中期，而中期头 20 年只能算是转型的酝酿阶段，到 356B.C.，这具标志性的一年，秦初用商鞅变法图强，齐大事扩充稷下学宫，而楚则击灭越国扩充疆土，秦、齐、楚鼎立之势遂成。

293B.C. 是又一标志性的年份，这年秦白起屠杀韩魏降卒 24 万，是为期约 70 年的晚期的开始。正是在这晚期中，半身不遂的楚已灭越，外强中干的齐灭宋，至此方始名副其实兼并为七国。不过，说不上什么七雄纷争，只是强秦雄踞虎视、鲸吞蚕食的独霸局面罢了。屈原约 50 年生活在中期的后半叶，晚期之始正是屈原被逼退出政治舞台，跨入约 15 年江南放逐生活之时。

然而，楚确曾是独一无二的泱泱大国，中期楚西有巴蜀为其藩属，东直达海，横贯中华大地，重心则在长江以北，江汉和江淮地带，而南以洞庭为腹地。首都郢城，背倚长江，北带汉水，又有方城山为前沿屏障，春秋时齐桓公就已不得不知难而退。秦虽然东据崤函之险，以窥中原，可进可退，但其南隔秦岭，横亘于汉水上游的汉中地带握在楚手，由其西端绕过海拔 3700 m 的太白山可袭秦后，秦如芒在背。

屈原就出生在汉中东端之外、江出三峡、北岸盛产柑橘的秭归。少年时生活于此，比德抒怀的《橘颂》亦作于此。特定的时空，敏感的素质，塑就了他的思维定势和政治主张。

历史上出现屈原的名字时，他以左徒参与楚国的内政与外交。他的政治主张是明法度，育人才，联齐抗秦。显然，这是长远与当前兼顾，吸取秦、齐有效经验的正确大计，可也必然触及既得利益集团和宫闱权势的痛处。在楚接连被秦击败和威胁之后，楚怀王采纳了屈原一派的政策，派遣屈原首次使齐。两年后，屈原被谗，受斥。同年，秦袭下巴蜀，而楚似乎并未重视这一屏障之失。再两年，楚两败于秦，失去汉中，怀王方始猛醒，复起用屈原，加三闾大夫的荣衔，二次使齐。约十年后，再次被谗，首遭放逐汉北，历时四五年之久。其间，楚又败于秦。

怀王再次召回屈原，遣他第三次使齐，并质太子于齐。齐已是昏君泯王世，想稷下当已初显凋零，或许屈原平添了一层惆怅。次年，怀王又一次受骗去秦而被扣。屈原回国，太子即位，是为顷襄王，与秦战而北。

293B.C.战国进入晚期，次年屈原劝顷襄勿去秦迎妇，顷襄不听，被放逐江南陵阳。九年或稍后转放溆浦。 280B.C.自沉汨罗。是年白起攻楚入郢，楚向东迁都淮北，半壁江山尚存五十五年。

黔中是贵州通向湖南的咽喉。柏杨把司马错媲美于西方晚六十余年的汉尼拔越雪山远征罗马，是并不切合的。因为秦袭黔三十四年前已经取得巴蜀，不是远征，若说楚出于无知而疏于守险，也大可怀疑。何者？恰在这时把屈原远从东调至西南角落，何其巧合！何况秦前曾要挟楚割让黔中。疑是欲置屈原于死地不为过。

屈原在怀王时先遭贬斥，后遭放逐汉北，这是第一次放逐。顷襄时先遭放逐陵阳，后遭转逐溆浦，这是第二、第三次放逐。若以屈原的作品与楚史对照，相互阐发，则这一斥三逐的时空顺序，应能豁显。其中，以《哀郢》和《涉江》两篇最属关键。因为从内容看，《哀郢》分明作于二逐陵阳，而《涉江》作于三逐溆浦。但问题并不那么简单。例如，傅锡壬、游国恩、郭沫若采纳王夫之的说法，认为《哀郢》作于278B.C.，秦攻楚郢失守之时[7][8][9]。若果如此，就在同一年，楚被迫迁都皖北，而屈原却从武昌向西、再向南去死于长沙，于理不合。而且，不得不把公认不赀为屈作的《涉江》以及《悲回风》、《怀沙》、《惜往日》等的写作时间压缩在几个月之内。因此有人主张把《涉江》的写作断定在《哀郢》之前，有人甚至干脆怀疑后三者为伪作。另例如良树则说，屈原写《哀郢》和自尽在前，白起破郢在后，从时间上看不可能是殉国难[10]。姑且不论他的见解和证据，但《哀郢》和破郢无关却是契机。"哀"字应释为怀念而非痛失。其实这不是难题。《哀郢》中有这么两句："曾不知夏之为丘兮，孰两东门之可芜？"据此认定是哀伤国破，是大惑不然的。王涛译为：为何不知高殿将化为丘墟，两座东门又怎忍让它荒芜！并且查屈原遭放逐在292B.C.，辞中有"至今九年而不复"句，下推九年，《哀郢》应作于293B.C.[11]。至此，问题可算解决。但为何独独怕东门荒芜，而且强调两东门？王涛注：两东门之一名曰龙门[12]，有些无银三百之嫌。以林庚解得最好，"两"字是再次、二度的意思，前次是吴破楚时自东攻入。意是岂能让郢都再次遭受残破[13]！这就通了。现在可以让我们清楚第二次放逐的路线了。时间是 292B.C. 仲春甲日，由郢都的码头郢浦乘船出发，顺夏水而东，从夏首转入汉水，而达夏口。九年后在夏浦，即今武昌，上高丘，西望，作《哀郢》。

这里又出来两个问题，一个问题是行汉水达夏日之间有这么两句："将运舟而下浮兮，上洞庭而下江"。"下浮"明明是东航，但有人由"上洞庭而下江"句附会为转航向南，这是使人对屈原的行踪与一系列作品的内容与意义纠缠不清的重要原因。王涛解释为，诗人从夏口看洞庭和长江的位置透视浮显的感觉如此[14]，是很精彩的。第二个问题是达夏口之后，没有一句陵阳，也没有一句停顿地点，是九年后从陵阳回到夏浦呢，还是根本未到陵阳呢？有两句话："当陵阳之焉至兮，淼南渡之焉如？"王涛释为："站在高丘之阳该去何方？纵然南渡又当何往"？笔者认为意思重复，岂不犯了合掌之忌？屈原不应有这样的败笔。似是未到陵阳，为什么呢？"陵"字"凌"字不同，本篇就有"凌阳侯之泛滥兮"。陵阳是地名无疑，且"焉至"与"焉如"也不全一样。"至"是"到"，而"如"是"去到"。两句的意思当是：当前陵阳又到不了啊，南渡往哪里去呢？根据楚灭越在 355B.C.，到这时虽已六七十年，推测在楚的黑暗统治下，陵阳虽在安徽境内长江南岸，也还未必稳定。

再看《涉江》的路线。"旦余济乎江湖"是说天亮即将出发，可是下文没有经过湘水，由鄂渚，亦即今武昌，到近贵州的溆浦，也不会经湘水，这也曾费过学人的笔墨。如戴震说："湘水自洞庭入江，故洞庭以下，得兼江，湘之目矣"。不知所云。岂止一湘水自洞庭入江，其实或许早在那时，湘已是湖南地区的泛称，辞中押韵又有何不可？屈原从鄂渚不是费劲地逆水上溯大江，而是从陆路到洞庭附近的方林，再舟行沅水，经枉渚、辰阳而达溆浦。全篇末句"忽乎吾将行兮"译成"将飘然逃往四方"[15]甚为不妥，应译为"又将踏上新的行程"。笔者推测此时应是 280B.C.，秦司马错袭下黔中之前，想必风声紧，折回洞庭。因此估计三逐的约五年当中至少一半时日是在洞庭、沅、湘。

综上所述，屈原遭疏斥约 314~312B.C.，时年 25~27 岁，一逐汉北约自 304~300B.C.，时年 35~39 岁；二逐陵阳约 292~283B.C.，时年 47~56 岁，留夏口一带九年；三逐溆浦约 283~280 B.C. 在溆浦，而 280~278B.C. 则在洞庭、沅、湘一带，时年约 56~62 岁，一生之中流谪生活达 20 年。

屈原流放大江以南 15 年，从未越江而北，何以知？只要看《哀郢》有句："惟郢路之辽远兮，江与夏之不可涉"，来程既是沿着江与夏，何谓"不可涉"，是不许涉，所以"九年而不复"既是不复用，又是归不得。《悲回风》也有句："放子出而不还。"大约到了最后两年返程洞庭沅湘中，《怀沙》中才有"进路北次兮，日昧昧其将暮"之句，是在说，想北归，但自己晚了，朝里晚了，国事无望了。从侧面反映出到那时拘禁才较为松弛。

不仅如此，流放之中使屈原更难以忍受的恐怕是讯息的隔绝。《哀郢》中有"惨郁郁而不通兮"，《悲回风》中有"省想不得"之叹，即使到了写《怀沙》的时候，屈原直觉意识到局势之严峻，极可能对楚的狼狈迁都仍是茫然不知的。

《哀郢》、《涉江》这两个节点定了位，《九章》其余几篇的写作时间次序就更清楚了。

《橘颂》前面已经提到，成篇最早，笔调明快高昂。

《惜诵》作于见疏。

《抽思》篇中有"有鸟自南来兮集汉北"，明是作于汉北。

《思美人》可能是伪作。

以上三篇的情调意态激愤而高亢，壮年气盛。

《哀郢》、《涉江》则是忧愤而求索。

《悲回风》作于自沉前一二年，已是悲愤彷徨。

《怀沙》，从其中"滔滔盛夏"句知是四月下汨罗途中，即死前一个月的绝命书[16]，怀沙的"沙"指长沙而非沙石，仍含"就重华而陈词"之意。

《惜往日》则多被视为伪作，因为不可能在《怀沙》之后重复地表决心，明许学夷早已提出这篇里"不毕辞而赴渊兮，惜雍君之不识"，不似屈原口吻[17]，这很对。因为君君臣臣的愚忠观念非屈原的所有。至于许学夷把《悲回风》也疑为伪作，则值得商榷。这篇系忆往事，屈原之于怀王犹如忘年交，不无知遇情，与顷襄的关系则大不相同。

二、关于《离骚》

《离骚》是屈原放逐夏浦一带时写的。何以见得？因为所反映和表达的情绪和意气属于忧愤求索，而不是激愤高亢，也不是悲观绝望。《离骚》鸿裁丽辞，怆快婉转，哀志荡情，是千古名篇。

《离骚》大致可以分为五个段落：

1. 叙述身世、报负、遭遇、压抑不平。

2. 幻想远就祖神，诉衷情求启示，豁悟，举世污浊，唯有转向天穹，寻觅知己，实现理想。

3. 幻想上悬圃，游春宫，均受冷遇，复下人间，苦追宓妃。简狄、二姚、又告失败，形象地反映曲折经历和不渝精神。

4. 神巫指示： 世既幽昧，美恶颠倒，应早远逝。于是决心上下四方周游。

5. 西赴昆仑途中，朝曦之中，下临故土，逡巡怀乡，以感慨忧愤结束全篇。

全篇出现植物 22 种之多，都是比德性质，分喻香、恶、贵、贱、耐寒等，出现历史人物 16， 传说和神化人物 ⑬， 山川名物等 ⑭， 等等，多是隐喻性质，关于气候，仅仅三五次提到风、云、霓，更未提过节候。所以，若欲从中发掘自然审美，却是徒劳无功的。

汤恩比目中而刘若愚执笔的几段对《离骚》的评论值得拿来审视一番： "离骚有几段无疑与政治道德有关 ， 其余似乎部分是萨满崇拜，部分是由潜意识欲望产生的幻想。同时楚辞或许可以叫做精神错乱之研究。屈原感到和同胞隔绝，并为诸神所弃。……有自怜感，向往着爱，极想遁入隐密，这一切都奇怪地预示着一些流行于西方嬉皮士时代的态度。……楚辞突出人智所不及的东西。……对自然世界以较能引起美感和万物有灵的方式领悟 ⑱。" 这是把屈原极为清醒的比德误解为萨满崇拜，极为清醒的隐喻误解为潜意识幻想。所谓萨满究竟与华夏蛮夷能否拉上本家尚不得而知。中国文学中用典实多，怎能视为精神错乱。嬉皮士或许与魏晋间竹林聊可沾边，至于 "万物有灵方式领悟" ⑲， 则在屈原时代早已超越。这般不辨时、空、迂回曲折的思路，非我老朽所能承受。

清人蒋骥注意到《离骚》中数度出现的"世"字:"世并举而好朋兮"、"世溷浊而不分兮"、"世溷浊而嫉贤兮"、"世幽昧而眩耀兮"。说"世"字指楚以外的广大世界,[20]不如说是指涵盖楚在内的"天下",慨叹到处一样混浊。齐、楚浑浑噩噩,而燕、赵一时风光,屈原又未及见。

"天下"二字的含意既有地理意义上疆土的味道,更指以文化基本价值观而认同的范围。自孔、墨以来,诸子百家莫不以治平天下为己任,不以地域地缘为鸿沟,奔走游说,谋求致用。《惜诵》中,"欲高飞而远集兮,君罔谓如何之僵"是向怀王表示。《离骚》中,"及余饰之方壮兮,交流观乎上下"、"路漫漫其修远兮,吾将上下而求索",显然是寄希望于得遇知己而有力的"明君"[21]。

另一方面,春秋时代的战争进行于统治阶层之间,犹如欧洲中古骑士风,战士专职化,农工并不参与[22],因而引发社会动荡不大。进入战国时代,人口渐稠,城邑渐密,安土重迁渐成社会心理。加之战争方式转变,骑战渐代车战,机动渐代对阵,农工大众被裹挟投入,规模扩大,阵营分明,务致敌于死地,发展到白起坑杀降卒二十四万的空前残酷,从而催动了乡土观念和集团意识的觉醒。

屈原早在《抽思》中叹道,"愿摇起而横奔兮,览民尤以自镇",真想振作起来,远走高飞,目睹民生涂炭,强自镇定下来[22]。《离骚》也有,"长太息以掩涕兮,哀民生之多艰",一再反映他上下求索与哀民恋乡之间的矛盾、冲突、忧闷、痛苦、不得解脱。《离骚》正是辗转反侧、呕心沥血的倾吐,正是转型期历史性悲哀的反照。

三、关于《九歌》、《天问》

宋朱熹在其《楚辞集注序》中引王逸《楚辞章句》并推衍说:"昔楚南郢之邑,沅湘之间,其俗信鬼而好祀,其祀必使巫觋作乐歌舞以娱神,蛮荆陋俗,词既鄙俚,而其阴阳人鬼之间又或不能无亵慢淫荒之杂,原既放逐,见而感之,故颇为更定其词,去其泰甚,而又因彼事神之心,以寄吾忠君爱国眷恋不忘之意。"此语为后世学者奉为圭臬,正因为这一论断并非周密无懈,以致后人往往望文生义,添油加酱,而极有可能偏离史实愈远。首先,郢不在江南,郢被吴攻陷时,楚曾暂时迁都都、鄢,而都、鄀又均在郢之北，史家站在中原立场，统称三地为南郢。及秦攻陷郢，又东迁淮河沿岸的钜阳、寿春，这些地方都不是蛮荆，只有沅、湘之间当时确是楚南边陲。若说放逐后始见而感之，只能指沅、湘，至于郢则不待放逐必已见之。所以，这种含糊其辞无形中造成一个错觉，即当时整个楚文化是尚未融入中原的落后文化。

的确，祭祀正是历史的一面镜子，文化由浅而深反映得最为清楚。中原当时情况如何呢？比屈原早生不过三十年的孟子，见魏惠王时，惠王不是还在假惺惺不忍衅牛？早于屈原不到百年不是还有邺令西门豹收拾贪吏、宵小、遏止河伯娶妇的快事？可想而知那种衅、殉、牺牲、奉献等行动象征方式，在祭祀仪式中尚未扫除净尽。也可想而知，与那种行动象征互为表里，相互烘托的音响语言象征方式，势必也是惊心动魄、触及灵魂的。本来，祭祀一旦发展到表达统治者的需要，无非是掺杂着胁迫与欺骗成分的恫吓或煽动的工具。喧天锣鼓、烹狗、儆猴，绝不是靠舞文弄墨轻易铲除得了的。

对照之下，《九歌》既没有衅、殉、牺牲的场面，又无半人半兽、雕题黑齿、狰狞可怖的形象；邺地娶妇的河伯何如《九歌》中游昆仑、溯河源的河伯？山海经中人脸豹纹，细腰白牙的青面山神，何如《九歌》中已幻化为妙龄少女的山鬼？所以说《九歌》正反映出当时楚的祭祀，从内容到形式，都已发展到十足人化、诗化、美化，较之中原有过之无不及。《汤恩比眼中的东方世界》认为，"长江流域在汉初，几乎尚未同化于中国文化"，岂不大谬[㉓]。

《九歌》也并非都是娱神。《东皇太一》、《东君》两篇属于颂，《云中君》、《大司命》两篇属于祷，《国殇》属于赞，而《湘君》、《湘夫人》、《司少命》、《河伯》、《山鬼》，才属于神神恋、人神恋、人鬼恋，带有娱"神"性质，容或如朱熹所云。

接下来让我们考查一下《九歌》究竟作于何时。《离骚》中有这么两句话，"济沅湘以南征兮，就重华而陈词"，不能理解为真的到了九嶷，而是和"朝发轫于苍梧兮，夕余至乎悬圃"一样，是幻想远济沅湘，往就祖神舜，陈诉衷情，寻求启示，而人实际仍在夏浦。《涉江》中也有这么几句话，"驾青虬兮骖白螭，吾与重华游兮瑶之圃。登昆仑兮食玉英，与天地兮比寿，与日月兮齐光"，也是重华与昆仑并提。《涉江》这几句和前后词不甚连贯。竹治贞夫认为是《惜诵》的句子错置于此[㉔]，颇有道理。果如此，可见屈原早已渴望一谒楚国祖神圣地，只要一读他的《天问》，从他追根究底的精神看，这也是合乎逻辑的。但是何时方在济沅湘之间呢？是由溆浦还下洞庭之后，生命最后的二三年？但那时的心境悲愤绝望，与《九歌》的情调不相符合。所以说，有人把朱熹的"原既放逐，见而感之"铺衍成"浪迹江湖，纵意所之，采集民俗"之类，何等逍遥洒脱，搬的无非是 20 世纪一二十年代政客下野考察的模式，不足以当真的套话。

再则，《九歌》祭的天神、日神、雨神、星神、命运神，以及国殇，山鬼，哪里有地域性？河伯又是黄河之神，各国普遍祭祀的对象，可惜独缺商周以来很重要的风神。

"国之大事在祀与戎"。三间大夫是屈、景、昭三姓贵族参政的代表，想来司祀应是其职责和特权。所以笔者认为《九歌》之作，必在荣任三间大夫之后、放逐江南之前，此时屈原方有条件接触国之大事的典册史籍、档案文献。史称舜作九韶，"韶"与"招"通，"九"是说多数，即招诸神之歌。《九歌》或许是摹九韶之作，这与屈原屡提"重华"不无联系。不过，更可能是润色和更定楚当时原有祭词。

情同此理，《天问》更应是作于此时，系屈原在三间大夫职位上研读国档族谱的质疑笔记。有些零星内容确也早见于庄子、惠施、邹衍，而《天问》的价值在于涵盖面广，从太初天地形成，到天体、天象运行，从神话、传说，到远古、近古，整理得层次井然。但是我们还应从虚的一面，即未问的一面来看，有疑而问，则已明不必问，不信不屑问。成书略早于《天问》的《山海经》，是极好的对照材料。相形之下，《天问》中传说多于神话，近古多于远古，而甚少怪异，独缺图腾。可以设想，屈原禀承的是不敢言不经的儒家精神，故而对三代也是信多于疑，稍逊于荀、韩、竹书了。不过，《天问》提到女娲，是对《山海经》很好的补充。

《九歌·国殇》有句，"霾两轮兮絷四马"，描写的还是车战，而非骑战，那不还是春秋的战争方式？也许属于将帅乘驷马战车，而下级是骑士的过渡方式？

再看《国殇》的描写，"操吴戈兮被犀甲"、"带长剑兮挟秦弓"，戈是吴产，弓系秦制，剑在当时众所周知干将莫邪出于越，只剩甲是国货，荀子也有句话，"楚人鲛革犀兕以为甲"。《招魂》中，"与王趋梦兮课后先，君王亲发兮惮青兕"，按傅锡壬的解释，这两句意思是：前前后后簇拥着王奔向梦，途中王亲自发箭惊起青兕，青兕是犀一类[25]。"梦"指的是长江与洞庭之间那片地区，对江则叫"云"，也就是洪湖一带[26]。显然，在这颇近都成的地区就有犀牛存在。历史上提到楚国带甲百万，可知不仅存在，必然为数不少，这给我们透露了当时的生态环境。至于"鲛"者，鲨也。楚在屈原出生前十多年己经灭越达海，荀子比屈原更晚生三十年，鲛革取之不尽也颇可信。

历来对《国殇》所歌颂的对象说法不一，说是死于二百年前吴楚之战或秦楚丹阳蓝田之役的阵亡楚将也好，甚至推测有名有姓的某某也罢，好像都缺乏说服力，因为这副打扮哪里必定是楚国将军。依我看，应该是一个凝聚的典型化的形象，是一个勇武刚强、终古无绝，受人崇敬并深深悼念的鬼雄，又是一个并不限于沙场上的英魂的展现。这个"国"字，不是狭义上的楚，而是天下，这才符合时代精神。所以，《国殇》与《礼魂》合在一起看，再清楚不过了，有说《礼魂》应是《国殇》的终篇，即所谓"乱"，很同意，因为人亡为魂，《九歌》中惟有国殇和山鬼为魂，神没有什么终古无绝的问题，山鬼又配不上终古无绝的高度。

四、后人评屈

南朝刘勰三十多岁写的《文心雕龙·辨骚》中有：《骚经》、《九章》，朗丽以哀志，《九歌》、《九辩》绮靡以伤情，《远游》、《天问》，瑰诡而慧巧，《招魂》、《大招》，耀艳而深华，……以下是伪作，刘不审，故略。又有直斥为异乎经典并举证说是："谲怪之谈，狷狭之志，诡异之辞，荒淫之意。"他心目中的《离骚》、《天问》的内容和辞藻都是谲怪诡异，《九歌》、《招魂》都有荒淫之意，不足为奇，而狷狭之志，明指《离骚》、《九章》，则不得不辩。屈原上下求索何谓狷？天下为怀何谓狭？

明清之际的王夫之在《楚辞通释·序例》中说："楚泽国也，其南沅湘之交，抑山国也，叠波旷宇，以荡遥情，而迫以釜岭戍削之幽莞，故推宕无涯，而天采矞发，江山光怪之气，莫能掩抑。"屈原直挚热烈的内在气质和外显文辞岂是江山光怪之气孕育形成？这是片面的地域决定论。

最后，让我们看看太史公是如何评的，"忧愁幽思而作《离骚》"、"明于治乱"、"娴于辞令"、"疾痛惨怛"，丝丝入扣。屈原不单是诗人，也是政治家、外交家，可惜有关他的政事和说词未能流存下来，我们只能从字里行间见证了。当时稷下文才荟萃，屈原三使齐而三立功，殊非等闲。在楚与他政见认同者有景鲤、昭常、景差、宋玉、唐勒、陈轸等。陈轸劝怀王不去秦，不果而别楚，事见《战国策》，而不载屈原名，难道纯属史家疏忽？屈原文《离骚》以下《哀郢》、《涉江》、《悲回风》，无不感人至深，至《怀沙》已不忍卒读。

五、楚辞中自然描写的发展

帝子降兮北渚，目眇眇兮愁予。

袅袅兮秋风，洞庭波兮木叶下。

这是《湘夫人》的开头一段。好像秋风、微波、落叶，构成目眇眇的主角出台的背景和愁情的铺垫。其实，风、波、落叶等与悲愁并没有必然的联系。只是这些互离自然物的轻、柔、淡、弱，以及风、水、叶的微动，与夫主角的飘忽悠婉是那么地契合无间，所以非常动人。

下面，我们抄录出《诗·秦风·蒹葭》，以与《湘夫人》这段作个对照：

蒹葭苍苍，白露为霜。所谓伊人，在水一方。

溯洄从之，道阻且长。溯游从之，宛在水中央。

蒹葭凄凄，白露未晞。所谓伊人，在水之湄。

溯洄从之，道阻且跻。溯游从之，宛在水中坻。

蒹葭采采，白露未已。所谓伊人，在水之涘。

溯洄从之，道阻且右。溯游从之，宛在水中沚。

蒹葭、白露、大片水光是整体背景；背景与时推移，苍苍、凄凄、采采，为霜，未晞，未已，变幻不定；伊人则依稀出现在水的那方，忽又岸边，忽又草际；好不容易跟着，明明在水中央，却忽在洲间，忽在阜上。有人叹赏此诗萧疏旷远、一往情深。确是的评。与《湘夫人》对照之下，可知这也是祭水神歌词。或许是在敬鬼神而远之的主导思想之下，隐讳了它的原本归属吧，但无疑也是已经经过了加工润色，人文化，早已失去原貌罢了。是蒹葭苍苍、凄凄、采采的色调变换，白露的闪烁明灭，此方与伊人的时空转换，而演出的一场大自然中的憧憬追逐的抒情剧。《湘夫人》渲染的则是一幅基本上静态的宽银幕画面。而《蒹葭》却是早于《湘夫人》至少二三百年就存在，当然《诗经》中也极为少见的诗篇。但两篇并无比德。

与《湘夫人》大致同时的《山鬼》：

……

余处幽篁兮终不见天，路险难兮独后来。

表独立兮山之上，云容容兮而在下。

杳冥冥兮羌昼晦，东风飘兮神灵雨。

……

采三秀兮于山间，石磊磊兮葛蔓蔓。……

雷填填兮雨冥冥，猿啾啾兮狖夜鸣。

风飒飒兮木萧萧，思公子兮徒离忧。

从歌词中营造的自然氛围看，想来山鬼是以巫装扮少女幻化形象而出现的。与其说幽篁、昼晦、灵雨、雷声、猿啾、狖鸣、颇富鬼气，勿宁说，独立山上、云扬于下、采灵芝、石磊磊、葛蔓蔓、风飒飒、木萧萧，着实更富氤氲仙气。而且从山上穿云而下，婆娑山间，再下到谷中，层次井然。是《九歌》中描写自然的佳作。它之所以动人，就在于自觉地运用自然物的松散叠加，烘托出了人鬼之间那层薄纱般奈何天的愁情。

《涉江》也有一段幽冥山中的描写：

入溆浦余僬佪兮，迷不知吾所如。

深林杳以冥冥兮，乃猿狖之所居。

山峻高以蔽日兮，下幽晦以多雨。

霰雪纷其无垠兮，云霏霏而承宇。

哀吾生之无乐兮，幽独处乎山中。

其中，很值得注意的是第五至第八句，似乎在说，同时间山下多雨，山腰浮云，而山巅霰雪。不禁使人忆起杜甫绝句：

两个黄鹂鸣翠柳，一行白鹭上青天。

窗含西岭千秋雪，门泊东吴万里船。

笔者从未到过溆浦一带，不知屈原是否也是椽笔写实的。

《悲回风》是屈原晚期之作。王涛解释说，这篇抒发的是申冤明志，愤郁忧国之情，将自身遭遇、国家危亡、思想感情，生动形象地融注隐寓到对自然景象的描写中去，乍看是景，细看是情[27]。全篇用了 25 次叠字，笔调沉痛，使读者感悟至深。而且借景言情，以景喻人、喻事，脉络可循的独特艺术手法，是前所未见的。其中一段如下：

上高岩之峭岸兮，处雌霓之标颠。（受倚重而得意之时）

据青冥而摅虹兮，遂倏忽而扪天。（受倚重而得意之时）

吸湛露之浮源兮，濑凝霜之雰雰。（冷遇、悠闲）

依风穴以自息兮，忽倾寤以婵媛。（冷风侵袭，猛悟处境）

冯昆仑以瞰雾兮，隐岷山以清江。（欲廓清迷雾，澄清浊水）

惮涌湍之礚礚兮，听波声之汹汹。（激流可畏，波声汹汹）

纷容容之无经兮，罔芒芒之无纪。（心思纷乱，茫无头绪）

轧洋洋之无从兮，驰委移之焉止。（无所适从，走投无路）

漂翻翻其上下兮，翼遥遥其左右。（好鸟随风，左右摇摆）

氾潏潏其前后兮，伴张弛之信期。（何随意泛滥，不守张弛规律）

观炎气之相仍兮，窥烟液之所积。（让我看一个个春夏过去）

悲霜雪之俱下兮，听潮水之相击。（听秋潮，悲冬之霜雪）

《九辩》是宋玉之作：

悲哉秋之为气也，萧瑟兮草木摇落而变衰。

憭栗兮若在远行，登山临水兮送将归。

泬寥兮天高而气清，寂寥兮收潦而水清。（空空荡荡，物境）

憯凄增欷兮薄寒之中人，（凄凄惨惨，情境，中去声）

怆怳懭悢兮去故而就新。（恍恍惚惚心境）

这是叠字的演化，可说是集循声而得境的大成。尖音、团音字的绝妙运用，显然是李清照《声声慢》的张本。下面更细腻一步：

坎廪兮贫士失职而志不平。

廓落兮羁旅而无友生。

惆怅兮而私自怜。

燕翩翩其辞归兮，蝉寂漠而无声。

　　雁雍雍而南游兮，鹍鸡啁哳而悲鸣。

　　独申旦而不寐兮，哀蟋蟀之宵征。

　　时亹亹而过中兮，蹇淹留而无成。（亹音伟）

　　一片声，虫声、鸟声，特意点出蝉无声，正是提示所在皆有声。燕辞归怎能无嘤嘤细语，雁南游自然闻雍雍和鸣。斯人惆怅也是声，况不平则鸣，无声胜有声。整片是心声的外化，合奏又反凝为几分新愁。物境、心境合一，错落、灵活、生动。在现照自然和文学技巧上非但超过《诗经》，而且较之《九歌》、《九章》有所发展。叠加的自然物不再是抽象的。无论气清、水清、辞归燕、南游雁、鹍鸡悲鸣、蟋蟀宵征，无不是秋天独有的现象。但通篇中景的刻画终嫌薄弱。

　　以上几篇，除《蒹葭》之外，是有意按问世先后编排的。这一系列的最后，笔者认为应以《招魂》的"乱"词作为发展的结束。那就是：

　　皋兰被径兮斯路渐。

　　湛湛江水兮上有枫。

　　目极千里兮伤春心。

　　魂兮归来哀江南。

　　至于，何以这么推崇，那不是几句话说得清的，还要剖析整篇《招魂》。

　　司马迁《史记》说："余读离骚、天问、招魂、哀郢，悲其志，适长沙，观屈原所自沉渊，未尝不垂涕，想见其人"。是把《招魂》非但视为屈原的作品，而且还是代表作。可是王逸在《楚辞章句》中却把它归之于宋玉的名下，后来也有人认为根本都不是。

　　《招魂》是招引亡者或病者游魂回来的仪式中唱的歌辞。除出自何人之手外，对象是谁、地点何处，至今也都说法不一。我们自己必须有个倾向性认识，才好确切把握其中自然环境刻画的含义。

　　首先，歌辞的主体是两大部分，第一部分是吓唬灵魂，四方上下都可怕，切不可去。分做六小段，各以"回来啊"始，"回来啊"收；第二部分是引诱灵魂回来，分作两段，前段铺陈宫室、珍奇、佳丽、群姬，后段描写酒宴、珍馐、歌舞、棋博、狂欢。在这两大部分之前有一段序辞，最后有一段尾声。此外，在这两大部分之间还有一段，姑且称它为中间段。各家对这三段的解释大有区别。

序辞按吕正惠所引，先是倾吐怀才遇祸的怨愤，然后是上帝告诉巫阳地上有游魂，巫阳于是迅速来到人间。据说很多人就是根据这几句怨言证明《招魂》是屈原借来超脱自己的愁魂，有人认为是屈原为怀王招魂㉘，又有人认为是宋玉辈为屈原招魂㉙，不一而足。

中间段中有"魂兮归来，入修门些。……秦篝齐缕郑绵络些"两句话。吕正惠的解释是巫祝一面手拿招魂导具喊叫着，一面后退，引魂进入郢都的城门㉚。

尾声段译成白话，尽可能照原意，是：

一年之始，春天到了，促人及时南征。

菉苹叶子已经长齐，白芷也已发芽。

路沿庐江，左边是长薄。

走在塘边和田垄，遥望去是一片平野。

黑马四匹一驾，千乘齐发。

火把绵延照亮了暗黑的天空。

领路者前，骑者时停，徒步者紧跟。

控制马速，择路行进，引车右转。

随侍君王亲自发箭，惊起了青兕。

黑夜尽，天已明，时光匆匆过去。

皋兰长到漫径，路湿漉漉。

湛蓝的江水与岸上的枫林相映。

目极千里啊，触动春愁。

魂兮归来，哀江南。

吕正惠的解释是：屈原放逐江南，回忆昔日与楚王夜猎，春色动愁怀，思绪飘渺，仿佛当年情景，而以夜尽曦现，时光飞逝，又接回现实。从文气看也证明是屈原之作㉛。但整篇里有几处疑义，并没有澄清。

林庚、傅锡壬考证趋梦指云梦之梦，在长江与洞庭之间，趋梦是由此涉江南征㉜，因此呼唤灵魂入修门，不可能指郢都城门，而是入祭场搭的临时牌坊㉝，认为是屈原陪楚怀王赴梦祭阵亡将士，而在楚败于秦之后，屈原已任三闾大夫之时，理所当然担任主祭，经手修改俚词，而成此篇章㉞，并提出应把尾声段和中间段统统放之于序辞里，形成沿途情景，祭场布置、巫阳登场，顺理成章地进入《招魂》的主体部分[35]，的确，问题基本得到解决，不过仍然留有某些情理上费解的地方值得我们进一步推敲。笔者有以下一些见解提供参考。

首先从两大部分主体辞来推测仪式的过程。第一部分喊的是"回来啊"，而第二部分喊的是"回来啊回家啊"，不同。所以第一大部分可以称之为警魂，警戒灵魂不要游荡了，不要游离了；第二部分则可以称之为诱魂和娱魂。古者，只有巫觋能通地天，警魂是巫觋到鬼界去唤的，常人力竭声嘶也是枉然。魂被稳住之后，需有个大目标。所以这个修门是象征人鬼分界的转折点。所以笔者认为中间段不能移前。第二部分是从铺张夸耀进到热烈表演。可以设想，古代祭祀中免不了一群巫觋扮演众尸。最终，真人伪鬼，杂沓扰攘，跳跃叫啸，假戏真唱，如醉如狂。

请问，若说是招引阵亡将士之魂，何劳国王大驾，兴师动众，涉江远征呢？墨子在《明鬼》中说"燕之有祖，当齐之社稷，宋之桑林，楚之云梦也，此男女之所属而观也"，亦即祀高媒之地。可见云梦既是地理名称，又是象征名词，虽非专指江南，当然春风先绿江南，迫不及待，找个冶游借口而已。再者尾声段中，大队人马"步及骤处兮"、"抑骛若通兮"、"课后先"，既无驰驱，又无围逐，只有国王兴之所至，顺手一箭不大像夜猎。诱魂辞中夸耀的都是极尽豪华奢侈的贵族生活，没有民间俚词，从中可以想像，"青骊结驷兮齐千乘"的奔驰，载的并非尽是战士，还有些巫觋之类和纨绔绮罗。

史称楚顷襄好驰骋云梦，此驰骋似非赵武灵王型的胡服骑射。所以《招魂》与其断定为屈原作，勿宁与《高唐赋》一并划归宋玉之辈陪顷襄时作，更为适合。至于序段中那几句怨愤之语与整篇内容风马牛，恐怕不是错统，就是衍文。

竹治贞夫有说，顷襄王遁江淮，集东方之兵，恢复失之于秦的十五邑，并与秦议和后，曾游猎楚故地云梦，宋玉随侍，作《招魂》以吊屈原云云[36]，真是奇谈怪论。一则秦岂能如此疏于防范，二则岂有以酒色财气招诱尊师之魂的道理。若说顷襄游云梦，尽有自从 292B.C. 迎秦妇，285B.C. 与秦盟，两会秦王于鄢、穰，直到 281B.C. 方起反秦之志，这之间足足十年左右的功夫，被秦布下的和平烟幕所懈而大发游兴，倒是十分可能。招的魂绝不是屈原魂，而是泛指游魂。

尾声段前移为序应该到"惊起了青兕"句，以下仍留为"乱"，因为情调与以上大不相同。

皋兰被径兮，斯路渐。

湛湛江水兮，上有枫。

目极千里兮，伤春心。

一出闹剧歇场了。归途上，诗人似乎冷静下来，喃喃自语："魂归来吧，这才是江南值得迷恋的。"

此中有近、中、远三个层次。被径、路渐，有触觉。蓝蓝的江水，红于二月花的霜叶，有色感，无比动人；目极千里，气息温润，神畅意远，心弦为之动颤。这样直接的自然审美偶发，触景而生情，是前所未有而嗣后三五百也稀见的。至于有人依据蚩尤死，血化枫的神话，解释《招魂》的"乱"。未脱比德，笔者认为是牵强的。

六、《湘夫人》、《招魂》中建筑之比较

先看《湘夫人》：

筑室兮水中。（捣土为筑，应是岛上、坻上）

葺之兮荷盖。（叠覆如鳞为葺）

荪壁兮紫坛，（荪饰的壁紫，贝铺成屋前平台，可见是岛上）

播芳椒兮盈堂。（播椒和泥涂墙面，完成房间）

桂栋兮兰橑，（桂木栋，木兰椽）

辛夷楣兮药房。（辛夷是乔木）

罔薜荔兮为帷。（编薜荔为帷）

擗蕙櫋兮既张。（擗，分也。櫋为檐板）

白玉兮为镇。（白玉压坐席以防掀）

疏石兰兮为芳。（疏，分布，香气）

芷葺兮荷屋，（屋通握，帐幕）

缭之兮杜衡。（缭，绕也）

合百草兮实庭。（户外）

建芳馨兮庑门。（香木檐廊门）

描写不出单栋平房，歌词口气若说是巫扮湘君、想像与湘夫人共营居室，不如说是巫编织了一栋诱人的幽期场所。所以在水中央，是疏离的、内向的。房子的部件、构件、材料、装点都是可行的，所以是写实，而非幻象。只有"茸之兮荷盖"这一句较易引起错觉，似乎颇有幻想的色彩。其实，"茸"字已经明示，荷叶替代了鱼鳞瓦，就地取材。

再看《招魂》：
高堂邃宇，槛层轩些。
层台累榭，临高山些。
网户朱缀，刻方连些。
冬有突厦，夏室寒些。
川谷径复，流潺湲些。
光风转蕙，氾崇兰些。
……
悲帷翠帐，饰高堂些。
红壁沙版，玄玉梁些。
仰观刻桷，画龙蛇些。
坐堂伏槛，临曲池些。
芙蓉始发，杂芰荷些。
紫茎屏风，文缘波些。

较之《湘夫人》，文中建筑大为扩展了。描写的是含有堂、室、轩、榭、厦的建筑组合，是养尊处优的安乐窝。大环境是"临高山些"、川谷径复，流潺湲些。户外是"芙蓉始发，杂芰荷些"、"紫茎屏风，文缘波些"。户内是冬暖夏凉，五光十色。而最值得注意的是"坐堂伏槛，临曲池些"这句话，宛然后世常见的凭槛仕女图张本，说明建筑本身已有出于观照自然的考虑。更有趣的是，日人沾沾自喜于所谓"灰空间"一大发现，无怪国人固安之若素。

原载于《时代建筑》1997 年第 3 期

注释：

① 《屈原赋选》王涛

② 《屈原生年月日推算问题》浦江清， 《历史研究》 1954.1

③ 《屈原传记》谭继山译　竹治贞夫

④ 《屈原生年新考》胡念贻，《文史》 5 辑， 1978

⑤ 《虎图腾的后裔屈原》傅锡壬

⑥ 《屈原自杀之谜新解》良树，《世界日报》

⑦ 《楚辞集释》游国恩等

⑧ 《山川寂寞衣冠泪》傅锡壬

⑨ 《屈原赋今译》郭沫若

⑩ 《屈原自杀之谜新解》良树， 《世界日报》

⑪ 《屈原赋选》王涛

⑫ 《屈原赋选》王涛

⑬ 《楚辞集释》游国恩等，林庚

⑭ 《屈原赋选》王涛

⑮ 《屈原赋今译》郭沫若

⑯ 《屈原赋选》王涛

⑰ 《诗源辩体》卷二

⑱ 《汤恩比眼中的东方世界》梅寅生译

⑲ 《屈原赋今译》郭沫若

⑳ 《屈原传记》谭继山译

㉑ 《赫逊河畔谈中国历史》黄仁宇

㉒ 《屈原赋选》王涛

㉓ 《汤恩比眼中的东方世界》梅寅生译

㉔ 《屈原传记》谭继山译

㉕ 《山川寂寞衣冠泪》傅锡壬

㉖ 《楚辞集释》游国恩等

㉗ 《屈原赋选》王涛

㉘ 《屈原赋今译》郭沫若

㉙ 《楚辞—泽畔的悲歌》吕正惠

㉚ 《楚辞—泽畔的悲歌》吕正惠

㉛ 《楚辞—泽畔的悲歌》吕正惠

㉜ 《楚辞集释》林庚

㉝ 《楚辞集释》游国恩等

㉞ 《山川寂寞衣冠泪》傅锡圭

㉟ 《楚辞集释》游国恩等

㊱ 《屈原传记》谭继山译

"绘事后素"解

《诗·硕人》："巧笑倩兮，美目盼兮，素以为绚兮"。子夏问夫子素以为绚是什么意思，孔子说："绘事后素"。子夏答道"那么礼也后用？"这段对话原来的注释，多嫌语焉不详，未惬人意。近日一些诗学的论著中则又说法各个不同。

《心灵现实的艺术透视》（著者韩经太）解释为绘画之事，后用白色，是受敦煌有先施彩而后以白勾勒轮廓之的启发。子夏所答是说礼在情之后。

《中国诗学》（著者陈庆辉）解释为：子夏问，美人如此动人而画师却何以不以五彩绘之，而只用了淡淡的素描。孔子答后于素，不及素也。即素胜于绘，素之美最充实最丰腴。

《中国诗学体系论》（著者陈良运）解释为：孔子在 "素"、"绚" 两字之间，先素后绚，重本质美、精神美，再加以必要的文饰，才是文质彬彬的真美。所以表现对象的精神品质应先于直接引起快感的形象描写。

以下不揣冒昧，谈谈我的见解：

韩的解释原本于汉郑玄注，其实郑是误会。"绘"字从丝，那时还不会用作绘画解。陈庆辉的结论是对的，但子夏之问面对的是诗，指涉的是人，根本没有画。陈良运的解释也只说对了一半。"素"是与"绘"对举的，"素"是绢底，"绘"是彩绣，而"绚"指美丽。

《硕人》这三句前面还有几句，"手如柔荑，肤如凝脂，领如蝤蛴，齿如瓠犀，螓首娥眉"。都是直接的形象描写。"盼"是黑白分明，"倩"是俏丽，美目、巧笑这两句才勉强可说是间接描写精神。《文心雕龙·情采篇》有这么两句话："夫铅黛所以饰容，而盼倩生于淑姿。"淑姿可解为美的动态。我认为"素以为绚兮"这句仍然在描写庄姜，而且这句最能透露内在美。三句加在一起才较为充分。不然的话，巧笑、顾盼，用到飞燕、貂蝉也未尝不可。《考工记》中有："杂四时五色之位以章之，谓之巧。绘画之事后素功。"可知到了春秋之末齐地已引申到工艺上了。

"素以为绚兮"可解为庄姜所喜，也可解为诗人对庄姜总的观感。孔子是用比法来说的。是说质是本，文是末，是锦上添花。后素应解为后于素。这才接得上子夏的礼后之悟。

"素"是本色的意思。《易》经的贲卦上九是"白贲无咎"。《辞海》申"贲"字有几个读音，这里应读为"闭"，文饰貌。清刘熙载在《艺概》中说："白贲占于贲之上爻，乃知品居极上之文，只是本色"。龚鹏程解说："文饰到了极点，返朴归素，繁华落尽，以本色示人，是中国美学的特殊观念。"

不过，回过头来看，郑玄先彩后白的说法虽然不符孔子的原意，但汉时这种画法却未必不实。

1999 年

译词评

范仲淹的《渔家傲》：

……千嶂里，长烟落日孤城闭，……

译为：

…… Among a thousand mountainpeaks，in the lone，closed city，a smokes rose toward the setting sun，……①

译词强把原词通过添加一些本来没有的字而纳入英文文法的窠臼，变成貌似的确完整的语句，结果恰恰丧失了原词的精神韵味，in 和 toward 两个词是外加的，动词 rose 也是外加的，从而 smoke rose toward sun 升到了主句的位置。

想来译者可能推测以为"长烟落日"出自王维的"大漠孤烟直，长河落日圆"，所以才译成了"a"smoke 和"rose toward"sun，其实原词并无孤烟的意思，译为 smoke rises 也误为孤烟。② 我看对原词逐字揣摩，力求领会词人意图塑造的物境情景应该是重要的一步。

"千嶂里"，"嶂"、"幛"、"障"都有屏、隔之意，是大物境，但和大漠的一望无际不同，岗岭起伏，层层叠叠，在这宽银幕似的千嶂里点缀着犹如点、线、片一般的日、烟、城。构成的是一幅远隔关山的荒陲日暮景象，唐王之涣就有"一片孤城万仞山"的诗句。

长烟不同于王维诗中的孤烟，对孤烟历来众说纷纭，有说是烽烟，有说是龙卷风柱，这里不拟讨论，本词中若竟用孤烟直上恰正违反了日落那种渐沉渐暗的气氛。那么是水平的暮霭吗？也不是，因为词人是在抗西夏的边防，那里并不是茂林地带。所以长烟该是在几乎无风的情况之下几缕冉冉拖长的行伍大锅饭炊烟吧！这个"长"字看来倘若译为 diatory 或者 sluggish 还可带有一些拟人化的味道

再看"孤城闭"的"闭"字。既可作"闭着"解，又可作"闭了"解，这里应作已经闭了解释，这样才合乎情境。并置的三意象的修饰，长、落、闭都含有时间舒缓流逝的意味，衬托得孤城了无孤寒之态，毋宁说是守备自信的写照，也才符合词人前线副帅的身份。

李清照的《声声慢》：

寻寻，觅觅，冷冷，清清，凄凄，惨惨，戚戚……

译为：

I searched here and searched there,only to find my only,

comfortless, melancholy,

sorrowful and miserable heart！……③

原词本无主语谓语介词连词，一旦一五一十，照章办事，立刻僵、淡、平、黯。

译为：

I look for what I miss,

I know not what it is.

I feel so sad,so drear,

So lonely,without cheer,…

毛病同上，而且独具匠心别开生面的叠韵连珠也不见了。

约翰·特纳（John Turner）译为："Pine, peat, linger, languish, wander, wonder……"就好得多，些许触及其中三昧，没有墨守语法成规，是可喜的，当然原词齿音叠字刺人忧思的声韵之妙，可也确实不能奢求。

《声声慢》下片：

遍地黄花堆积，憔悴损，

如今有谁堪摘？

守着窗儿，独自怎生得黑！

梧桐更兼细雨，到黄昏。

点点滴滴，

这次地，怎一个愁字了得！

译为：

The ground is covered with yellow flowers

Faded and fallen in showers.

Who will pick them up now?

Sitting alone at the Windows，how

Could I but quicken

The pace of darkness which won's thicken?

On parasol-trees a fine rain drizzles

As twilight grizzles.

Oh!What can I do With a grief

Beyond belief!

奇怪，又恰恰是"点点滴滴"四个字被跳过去了。设想若译为 Drop drop，dot dot。不是形、声、意三个方面都能相符吗？

贺铸《青玉案》：

……试问闲愁都几许？一川烟草，满城风絮，梅子黄时雨，……

译为：

Do you ask，how much was my sorrow?

Like the misty grasses in the ditch grow，

Like the willow coffins over the city fall

Like the drizzle，when plums are yellow."

几个字值得商榷：

1) "愁"、"忧"、"伤"等字译为 sorrow 或 anxiety 都算切合，而"闲愁"是无针对的愁绪，就不切了。以译为 gloom，gloomy mood 比较好。但这里如果用 gloomy mood 那就只能问 how heavy，而问 how much 就应采用 gloom。

2)ditch 是池、沟、塘之类，大谢诗句"池塘生春草"是他病后出户猛见一池新草而感慨日子过得真快。而"一川"的局面可大得多了。词人的意思是春草到处萌生。川字代表那上面笼罩着一层薄霭的洲、渚、沼、泽、江河近岸浅水和湿地。

3)"风絮"。絮在风中乱舞，正是难于下降，所以 fall 字极不切，而且三度空间的满城上空"满"字不能抹去。

4) 梅雨绵绵是我国部分地区的自然现象，绵绵之意不说自明，西半球人未必有此联想，所以不妨加字。

5)"烟草"有新草萌发之意，grow 字就不如 germinate 或 sprout 更为确切。

6)"都几许"的"都"字似乎用北方口语可以解释清楚，都多么晚了，都多么深了，都多么重了，意思是已达何等程度。

愁怎能计量，不管怎样问都是不情之问，然而"问君能有几多愁"问得极有份量，"都几许"也问得颇为俏妙，闲愁与国愁不同。

答得也更为微妙，三个意象既是象征又是情境。草的萌发，撩人；絮的散乱，烦人；雨的绵绵，恼人。还有一层意思，三者分别是早春、仲春、暮春的现象，恰似悠悠我心，这愁何得了。

试译如下：

If asks,

how much does your gloom reach?

O，just like,

Throughout the swamp,

Misty grasses sprouting,

Ov'the whole city

Willow cottons dancing,

When plums become to be yellow,

Drizzle endless lasting

1999 年

注释：

① 《宋词英译》王季文著

② 《唐宋词一百首》许冲渊 译

③ 许冲渊译

诗中有画

杜牧的《山行》是首优美的诗：

远上寒山一（石）径斜，白云生处有人家，
停车坐爱枫林晚，霜叶红于二月花。

让我们尝试复原一下诗的物境。是车行，所以径不会太陡，不会有台级，不过是缓缓的上坡而已。人家也不在很高处，云生山坳故曰"生处"。"一径斜"三字本身就有舒缓的味道，并非远望一条直上山去的斜线，而是条缓转延伸的透视线。发现了有人家，可知非预期的访友探亲目的地。但是天既已晚，本应赶路投宿，为什么忽然停车？"坐"字应解为"为了"，为了惊喜霜林之美。何以惊喜？难道一路没有枫林？难道是峰回路转另有天地？都不是。原来是傍晚日斜，车行渐转方向中，恰正霜林直背日光，一片透明火红，忽然满眼闪烁，怎不让人惊喜，忙叫停车？再看那"寒"字的妙用。寒山是指那背阳的一片朦朦黛色的山体，不正是霜林极好的衬景？寒字下得似不经意，细查才见。如果有人一见"寒"字"晚"字就曲解为苍凉，为自况，为自喻，都未免离题。固然意象、意境无不反映主体的情，大至气度情愫，细至情思，情绪，但绝不是个别字眼所能一一对应的。

"白云生处"有人说应是"自云深处"。我认为还是"生处"好。为什么？因为"云深不知处"，深了就看不见人家了。"生"字才有云出岫的动态意味。"一径斜"有人说应该是"石径斜"，我认为未必。为什么？因为写的是眼中的大画面，一片平涂的山色，山坳微见几点人家，一痕山径引向那白云生处，随后视线迅即转向仰望枫林，请问谁会注意脚下是石是土？

《山行》或许也有所本。杜甫有句，"含风翠壁孤云细，背日丹枫万木稠"。不过无疑小杜超越了老杜，何以见得？这却要先从另外一些诗篇说起。

王维《新晴野望》，"白水明田外，碧峰出山后"，由田、水、岸、山至峰，层层推远，峰是主题。如果画成画幅，那由下而上近乎水平的一带田、一带水、一带轮廓和缓起伏的山峦，最上或许稍微空出些云气之后，碧峰巍然而立。但是，诗是写傍晚雨后，本来雨时一切灰灰暗暗，雨停了，岸和山仍然灰暗不变，唯独水映天光，突然白得透明澄澈起来。时为初夏，所以田苗尚疏，必然也亮了些。云散了，山后夕阳照射得碧峰似乎是冉冉岸然出现的。"出"字是动词，水由暗而明，峰由隐而现。诗是历时性艺术，这两句既是对偶又是有先后的。所以，特别这个"出"字是共时性艺术的绘画所难于表达的。然而恰恰这个"出"字是诗的精神所在，神来之笔。

祖泳《终南望余雪》：

终南阴岭秀，积雪浮云端，
林表明霁色，城中增暮寒。

头两句写远景，由北郊望终南。城在北，山在南，所以望到横亘的岭阴。第二句如果把积雪释为主词，那么雪浮云上，雪与云岂不融成了软绵绵的一体？终南山海拔超过三千米，上部是草木不生的。诗题已点明望的是余雪，也就是说或多或少露着峥嵘山骨。再试想植被自下而上逐渐由稠到稀再到消失。云层拦腰遮断了渐变部分，必然使云下山麓植被放色和云上裸露山骨淡色之间的色差感大为加强了，那么上部山体真像戴雪腾云驾雾似的了。诗人的确捕住了这一意想不到的直观效果。

再回到前面的问题，"雪"既不是主词，什么是主词呢？我认为一二句应连续读。"岭"才是主词，而"积雪"二字固然是岭的修饰词，而"秀"字也是"岭"的修饰词。不过，"秀"字可不能作"美"字解释。古时"秀"、"秃"相通，其实直到今天文雅谈吐间还是有避称秃头而叫秀顶的。所以连读来就很清楚了： 裸露而戴雪的岭巅好像浮在雪端似的。

第三句写中景。山麓到城之间，层层片片林梢霁色被暮色天光背阳平射得格外醒目，组成了闪闪烁烁如波似"练"的水平向画面。收得也好 ， "寒"是"望"的结束 ， "暮"是特定时空 ， "增"字点出历时性。

现在不妨回到"秀"字。"秀"若解作"美"， 从而作为终南的"价值判断"的话，固然将成赞语俗套。但又设想，若非特定时空的整个境象之美，又是什么激起了诗兴的呢？或许在短短的绝句中不论哪里只要信笔放上一字，未尝不收欸乃一声的效果。恐怕这又是一字双义之妙。

三诗各尽其妙，各有特色。祖诗是由远而近，把壮阔静穆的气势经由林表波澜接引回来，养我浩然之气。王诗是由近及远，一往不复，自我呈现，未尝不可与李白的"相看两不厌"比照。

小杜诗纯是审美，极其活跃，先见远景，继而惊于近景，立即跃回，省去中景，反使寒山得以衬托霜叶，疏朗明快。远近之间有一线弯斜，点出有复、还将有往。

小杜诗并没有点明丹枫的背日，而反观老杜的两句，未免显得万木壅塞反碍背日丹枫。孤云不足为远引视焦 ， 句间关联也就不够。还需指出，这只是就这一点而言，无意褒贬。

杜牧也并不是唯美主义者，试为证。他的《齐安郡中偶题》：

两竿落日溪桥上，半缕轻烟柳影中。

多少绿荷相倚恨，一时回首背西风。

竿高影长一比二，斜线；风动柳条，斜线；地上柳影，斜线。荷斜、叶斜、人影斜，外加横直动静，纵错散乱，溶戚一片，可真是绝妙画面，绝妙蒙塔奇。然而，诗中有画，诗中又有话，留待会心人。

1999 年

地中海随笔

由雅典驶向土耳其的库萨达斯（Kusadasi）港，在茫茫大海中有一天的航程。携带的一本英汉对照《英美名诗一百首》正可消磨一段时间。不期然翻到描写湖海的几首，似有所感，随手记了下来。

亨利·瓦茨沃斯·朗费罗（Henry Wadsworth Longfellow）的《金色夕照》（The Golden Sunset）（见附录）第三四两行是说遥望湖岸与倒影上下对应一丝不爽，之间只有细细一条光带。描写得真实细腻，这是画家们都能领会的。而译成"彼岸隐现，云影缓移，遥望依稀一线"，则很不妥，"隐现"、"缓移"、"云影"等字眼都是外加的。

第七八两行是说金光氤氲水天一体的中间，静静空悬着一叶扁舟。所以第五六行译为"岩如行云，云如巉岩，都化作异彩飘浮"是对的。但按诗人意境，若"行云"改为"停云"就更好些。而第七行译成"注目中流，凝泊一叶扁舟"，则前句不切，而后句的"凝泊"二字也不如"空悬"更为切合原文 hangs 字。

自第五至第十行正是诗的精彩所在。石成停云，云化作石，水失载力，朵朵块块，虚虚实实，四散浮腾。水体、天体的临界面被虚化了。小舟空无所依，诗人沉浸在意象创造中。其实，紧跟着就应该一气到底，物我交融，直贯末节，大彻大悟。当中数行，什么视觉分辨、暮年桑榆，一概多余。但是，意境闲远，仍然不愧为一首名诗，和明张岱小品《湖心亭看雪》，颇有异曲同工之妙。而其奇趣又让人想起李白句，"日落沙明天倒开，波摇石动水萦田"。

此外，这首诗明显写的是湖。湖才会水平如镜，英文大湖也可称 Sea。湖、海一字之差，可关系到诗的氛围和意境。所以，第九十两行译为"茫茫苍天如大海，浩浩大海似苍天"，不若"茫茫苍天如大海，浩浩烟波似苍天"更为妥贴。

马修·阿诺德（Mathew Avnold）的《多佛海滩》（Dover Beach）（略）。

从原诗中 calm, tranquil, only, then again, tremulous cadence slow 这些字眼看，译诗中"惊涛拍岸"、"狂澜"等词不当用。而"袅袅余音"、"不绝如缕"、"消长不息"等也不甚确切。特别是"掀起千礁石"更是不伦不类。显然，赤壁二赋朝夕不同，季节有异，情境变化，是不容生搬杂凑的。

原诗平铺直叙，声形呆板，诗味平淡，不知何以入选。

阿尔弗雷德·丹尼生（Alfred Tennyson）的《拍岸曲》（Break, Break, Break）（见附录）全诗四节，精神就在首节的思绪激起和末节的沉思感慨。译诗虽然未失原貌，而总觉平淡乏味。是什么缘故呢？

原诗的韵脚，除了首行叠用而末节再叠用的 break 和倒数第二行的 dead 二字是短促之音外，其余十三行都是悠婉的音调。

不仅如此，浪花撞击岩脚，冲、溅、洒、退。break 这个叠词，或许是重复不断溅洒的声象？又或许是飞溅状似碎裂的形象？更进一步，break 不也正是诗末两行 heartbroken 的心象？就是这个叠词大有形、声、心通感的意味。诗人用它作为标题，绝不是无意识的。

所以，译好这一字是举足轻重的。击、击、击，碎、碎、碎，都可以在备选之列。或许要问难道就不能拍、拍、拍？刘禹锡的竹枝词"山桃红花满上头，蜀江春水拍山流。花红易变似郎意，水流无限似侬愁。""拍"字不是用得极好？那是写闺怨，和这里有所不同。记不得是在哪本书里说，见过古版宋文集中赤壁赋，"惊涛拍岸"句作"惊涛裂岸"，一如在东坡的《念奴娇》一词中。本来这句意在象征激起历史感，而裂岸意象的切入大大加强了惊涛的力度。

丹尼生这首一开头就点明直述"thoughts that arise in me"，颇嫌显而不隐，诗意不足。

手头适有一本中译英的《唐宋词一百首》，其中有东坡的《念奴娇》不妨对照一下（见附录）。

译者把下片几乎全部阐释为描写周郎一人是错误的。只有"遥想公瑾当年，小乔初嫁了，雄姿英发"是写周郎。"谈笑间，樯橹灰飞烟灭"，无疑是对"多少豪杰"的总赞。"羽扇纶巾"是否在宋时已成诸葛亮的特有标志不得而知，或许只是泛指。

从"故国神游"起是词人感慨。词人拿自己和"多少豪杰"对照之下"应笑我"华发无成，因叹人生如梦，所以绝不能译成"his wife would laugh"。"多情应笑我"即"我自作多情，可笑"的自嘲语。

让我们回到前面讨论的裂岸意象问题。

乱石崩云，惊涛裂岸，卷起千堆雪

译为：

Jagged rocks tower in the air,

Swashing waves beat on the shore

Rolling up a thousand heaps of snow .

这三句可正是全首词的精华所在，不得不详细加以推敲。

首先 tower in the air，意思是破空，把"乱石"误解为矗立的峰岭之类，是不符合赤壁的环境的，何况"崩云"二字全被无视了。

第二句 beat on the shore 意思是冲击着江岸，不禁要问为什么不译出裂字呢？推测译者可能感到裂岸似不合常理，所以才用 beat 加以合理化了。其实，涛退岸痕出，似为涛所裂，写的是力度可惊的印象。再者江岸裂痕难道不是自然力万千年所刻划出来的吗？诗人只是把瞬息和亘古加以意识化了。东坡说的反常合道就是这个意思。

回过头来再说"乱石崩云"。乱石是水中的大大小小散布着的矶屿之属。浪触乱石，有的漫石而过，有的受阻飞溅，此没彼现，此喷彼落，构成了不断散乱幻化的崩云动象和砰訇声象，写的也是浪涛。

至于第三句以雪比拟浪花是否在楚辞中就出现过的。不过"千堆雪"的千字带有"无数"的意味，而译为 a thousand heaps of snow 的"a"字是嫌过于限定，不如 thousands heap of snow 吧。

总之，三句中"崩"、"裂"两字的形、声激烈和"卷"二字的舒缓有致，各尽其妙。浪淘尽千古风流人物，这些绘声绘影层出的动态意象激起了词人的怀古幽情和人生感慨。

圣托里尼（San Torini）岛一瞥。

船上播告前方将过圣托里尼，旅客纷纷来到船头甲板，遥见远方依稀一线平平而断续的陆影。单调的海航虽然还不到一整天，这时不觉已经油然泛起一种下意识的喜悦和期待。船直像蠕动似地向前航行。左右次第迎来三两礁屿，上面既无植被，岸间也不见风帆。在正前方的那条长长的灰灰的陆带，全无峰峦，轮廓极少起伏。已经五月份了，何以上缘似有细细一线雪痕？这时航道右方出现了大片不毛陆地，土石尽呈黑褐，倒像一望无际厚厚平铺的褐煤堆场，惹人寻思。不多时，前方陆带越来越看得清楚了。原来面上并不是那么均匀地一抹青灰，而是夹杂着青、黄、土、红、橙、赭、还密密层层划有水平道道。轮廓线上那条白色无疑是房屋。然而令人浮想联翩，多么像岩上贴附着的簇群牡蛎。山脊上黏扎着的绵头雪莲，越来越逼近了，越令人瞠目屏息。是什么巨灵神力掰开了硕大无朋的千层酥！迎面横亘着犹如绵长的屏障挡住前途，直切入海，不见山麓。扑面展开一幅皱刻苍劲染擦斑驳的抽象画卷，所缺的唯独绿色。

仰望天际，青空衬托着雪白矮小房屋凹凹凸凸重重叠叠板结成条块的聚落。对照之下，愈显那千尺断岸的巍峨雄健，气势磅礴。按航程表此处并不停靠。船只停留片刻，缓缓掉头准备驶回原道。不禁令人一再回头。遐想那些山头人家，下临千尺，俯瞰我们这条浮来漂去的荚果，不知又有什么观感没有。

根据资料介绍，这里本是一大火山岛，距今三千多年前，突然爆发而断裂成几块。那黑褐荒岛正是火山口的所在。其中最大就是这个圣托里尼，一起形成这旷世奇观。圣托里尼岸高达海拔上下 240~300 m。断岸确实是千尺不爽的。

1999 年

附录

Break,Break,Break

Alfred Tennyson

Break, break, break,
On thy cold grey stones, O Sea!
And I would that my tongue could utter
The thoughts that arise in me.

O well for the fisherman's boy,
That he shouts with his sister at play!
O well for the sailor lad,
That he sings in his boat on the bay!

And the stately ships go on
To their haven under the hill;
But O for the touch of avanish'd hand,
And the sound of a voice that is still!

Break, break, break,
At the foot of thy crags, O Sea!
But the tender grace of a day that s dead
Will never come back to me.

拍岸曲

阿尔弗雷德·丹尼生

拍岸，拍岸，拍岸，
波涛拍击灰岩；
思潮如泉涌，
但愿能言宣。

美哉渔家子，
同姐妹嬉笑谑浪！
美哉船家子，
海湾内扁舟咏唱！

巍巍巨轮徐徐驶，
驶入山麓港湾；
忆昔日织手轻抚，
喁喁絮语杳然！

拍岸，拍岸，拍岸，
洪涛拍击巉岩！
柔情如水永不返，
惆怅思绪万千。

The Golden Sunset

Henry Wadsworth Longfellow

The golden sea its mirror spread
Beneath the golden skies，
And but a narrow strip between
Of land and shadow lies.

The cloud-like rocks，the rock-like clouds
Dissolved in glory float，
And midway of the radiant flood，
Hangs silently the boat.

The sea is but another sky，
The sky a sea as well
And which ls earth and which is heaven，
The eye can scarcely tell.

So when for us life's evening hour，
Soft fading shall descend，
May glory，born of earth and heaven，
The earth and heaven blend，

Flooded with peace the spirits float，
With silent rapture glow，

Till where earth ends and heaven begins，
The soul shall scarcely know.

金色夕照

亨利·瓦茨沃斯·朗费罗

波平似镜，映照天宇，
水天金色一片。
彼岸隐现，云影缓移，
遥望依稀一线。

岩如行云，云如巉岩，
化作异彩飘浮；
波光潋滟；注目中流，
凝泊一叶扁舟。

茫茫然苍天如大海，
浩浩然大海似苍天；
何处天上？何处人间？
俗眼岂能分辨?!

因而在人生暮年，
桑榆之景隐现时，
愿天地孕育的光华，
将天地溶为一体。

心灵洋溢着宁谧，
在沉静的欣悦中升华；

性灵与天地交融，
不分何处天上何处地下。

198

Tune:"Charm of a Maiden Singer"　　　　　　　念奴娇

Memories of the Past at Red Cliff　　　　　　赤壁怀古

Su Shi　　　　　　　　　　　　　　　　　苏轼

The Great River eastward flows，　　　　　　大江东去，

With its waves are gone all those　　　　　　浪淘尽千古风流人物。

Gallant heroes of bygone years.

West of the ancient fortress appears　　　　　故垒西边，

The Red Cliff-Here General Zhou won his early fame　人道是三国周郎赤壁。

When the Three Kingdoms were an in flame.

Jagged rocks tower in the air，　　　　　　　乱石崩云，

swashing waves beat on the shore，　　　　　惊涛裂岸，

Rolling up a thousand heaps of snow.　　　　卷起千堆雪。

To match the hills and the river so fair，　　　江山如画，

How many heroes brave of yore　　　　　　　一时多少豪杰。

Made a great show!

I fancy General Zhou at the height　　　　　　遥想公瑾当年，

Of his success，with a plume fan in hand，　　小乔初嫁了，

In a silk hood，so brave and bright，　　　　雄姿英发。

Laughing and jesting with his bride so fair　　羽扇纶巾，

While enemy ships were degtroyed as plamed　谈笑间，

Like shadowy castles in the air.　　　　　　　樯橹灰飞烟灭，

Should their souls revisit this land，　　　　　故国神游，

Sentimental，his wife would laugh to say，　　多情应笑我，

Younger than they，I have my hair all turned gray　早生华发。

Life is but like a passing dream，　　　　　　人间如梦，

I'd drink to the moon which once saw them on the stream.　一樽还酹江月。

断章取义

周邦彦："叶上初阳乾宿雨，水面清圆，一一风荷举。"王国维《人间词话》中说，这三句"真能得荷之神理"。嗣后，人多随声附和。

我却有个疑问久未能解。"一一风荷举"指花是不辩自明的，而"叶上初阳乾宿雨"呢？苏东坡写月夜"曲港跳鱼，圆荷泻露，寂寞无人见"生动逼真。荷叶有细绒，露凝雨落叶上，当即聚而成珠，风动珠滚，怎会留得住宿雨？除非"水面清圆"意图说明叶是静态地贴浮水面，那是水莲之叶。但水莲的花却又出水而不上举，难道唐代荷类不同于今天？怕也不是，为什么这样说？那时孟浩然有句"荷枯雨滴闻"，李商隐也有句"留得枯荷听雨声"，枯荷有声，显非贴水，似无疑问。

难道是我过于求甚解吗？细胞里欠缺诗意吗？"初阳乾宿雨"是诗意地想像，清晓水上从宿雨蒸发而成冉冉烟霭，笼罩着初经雨洗大片田田园叶，衬托着一一上举的风荷，何等明媚清润的气息。的确，千百年来打动多少人心，不就在于此，还不足以相信吗？何必咬文嚼字？

近日重新细读全词，颇有所得，顿觉疑团冰释。

先抄下《苏幕遮》：

燎沉香，消溽暑，
鸟雀呼晴，侵晓窥檐语。
叶上初阳乾宿雨，
水面清圆，一一风荷举。
故乡遥，何日去？
家住吴门，久作长安旅。
五月渔郎相忆否？
小楫轻舟，梦入芙蓉浦。

"燎沉香，消溽暑，"烧香可以消解暑热湿气？怪事！难道是心理作用？不是。是燎香驱蚊聊消烦躁，古人已经满意得足以入诗词了。醒来听得檐间鸟语报晴，抬头窥见窗外斜刺里初阳照射得枝头叶上的宿雨闪烁着丝丝点点的光。此"叶上"并不是指荷叶。随后出户喜见水面上一片清圆的荷叶衬托着一一上举的荷花。所以是由闻鸟而窥枝头，因知晴而出户，见风荷而忆梦入芙蓉浦。一切声、香、形、色、光影、熏风、顺着视觉俯仰与心理推移，这才纵错构成了意象之群，从而引发词人美好回忆和思乡情怀，呈现出一派情景交融生气勃发的意境之美。怎能把写荷当成重点呢！

1999 年

柳诗双璧解读

人称《江雪》和《渔翁》为柳宗元诗中双璧。

《江雪》：

千山鸟飞绝，万径人踪灭。
孤舟蓑笠翁，独钓寒江雪。

宋范晞文说唐人五言四句除柳的《江雪》外，佳者极少。可见他对这首诗推崇备至，但他没有说明理由。清沈德潜赞评此诗"处连蹇困厄之境，发清夷淡泊之音。"近写柳传的著作者谭继山承此说，"孤寂枯淡境界产生画意，正因为诗人仍具备观赏的情怀"，等等诸评似乎都不够透澈。

这首诗短短二十字却用了绝、灭、孤、独、寒五个字，岂非倔强愤悱之气溢于言表，直是到了不克自拔的地步。奈何后世多少画家却从欣赏的角度力求表现淡泊情怀来创作一翁顿悴猬缩的江雪图，那不是背离诗的境界十万八千里？

其实此诗并不难懂，也不像还含有什么潜台词。何况这么多的定向指涉修饰词使得审美经验中读者联想补白之路颇受干扰，已经剩下没有多大的再创造空间了。也就是犯了王国维所谓的"隔"病。试看李白饱经沧桑晚年之作《敬亭山》。其中"两不厌"是在前联景象烘花之下的感慨、自况以及龚鹏程所谓执梏实相之论的彻悟，留给了读者无限玩味的余地。不知范晞文是怎么看的。说到此，让我们把《江雪》暂搁一搁。

《渔翁》：

渔翁夜傍西岩宿，晓汲清湘燃楚竹。
烟消日出不见人，欸乃一声山水绿。
回看天际下中流，岩上无心云相逐。

这首诗的命运则相反。自从苏轼提出末联可删之后，上千年来人们随声附和也就认为是白璧微瑕者多。又有些行家谓此诗颇有奇趣。奇在何处？那不过是不着边际的安抚而已。近来偶见一篇评解这诗的文章，作者姚崇松指出"欸乃"二字不是船声水声，而是曲名。音霭襖，言之甚详。并且以电影喻诗，描述了随着镜头的推移伸缩，欣赏诗中的大小、点面、明暗、清混、旷奥、开合、声色等等的变化，颇有新意。特别是作者持末联不可删之论，不过尚有某些可以商榷的地方。

我也素来主张不可删，不妨说说我的见解。

先看"清湘"的"清"字。若把它简单地视为"湘"的修饰词，只不过是雅称湘水以入诗的话，那是很不够的。试想这句诗写的是未晞时分，岩下一片蒙蒙灰暗，飔飔轻凉，当中出现了燃竹的一丝暖意和微烁火光。"清"字岂不是这气氛再恰当不过的概括？此外，这句"晓汲清湘燃楚竹"竟然窸窸窣窣下了六个齿音字，轻微、清脆的汲水声枯叶声燃竹声真是呈现无遗。真可谓"得象忘言"的大手笔。不仅如此，"清"字还是为下联而设的伏笔呢。要看下去就清楚了。

"烟消日出"由暗渐明，无疑这是作为虚拟主体的西岩渔翁东向所见的景象。此烟指的是霭。若果有位导演强作旁观者竟把特写镜头由西而东从楚竹之烟推引扩展到晓霭，岂非把主题误导成空气污染？

"不见人"更不能解释为渔翁的幽寂。不见人正暗示有人，虽不见而灵犀一点通，虽不见面但闻人语响，恰恰显示幽人不孤。这"欸乃一声"绝不是自己高歌，而是出自不见之人。所以，一声划破，顿觉慰藉与喜悦，心回蓦地苏醒而与山水盎然共色。而诗句却是反过来，似乎在说"欸乃一声"把那灰暗冷青的沉睡山水突然唤醒而呈现出纷绿的本色。这个戏剧性效果也应归功于前面"清"字的辅助——由清而绿。

"回看天际下中流"，也有作"回首"的，以"看"为妙。为什么？从主体动作来说，首联汲水燃竹是俯视，中联是平眺，因而末联应该是翘首遐观，还带有闲适的意味，而不祗是回头。"下中流"的"下"字点出水急舟速。于是，任情飘荡，不觉已到中流。回看天际，岩下来处已远。

"岩上无心云相逐"。我认为"无心"二字正是诗人虚拟主体的境界，是诗眼。唐人不乏以水与云喻心境的诗，且看，杜甫的《江亭》："水流心不竞，云在意俱迟"，是说心随水与云，悟本性而入于自如自在境界。反现《渔翁》这两句则是水虽急而心闲适，云虽动而心平静，高出一筹。杜甫诗还有末联"故林归不得，排闷强裁诗"。可见并没有解脱。再看柳诗并没有把心物一一直接对照，而是极具匠心地作了安排。"相逐"有几种解释，一是追随，一是追逐。舟在中流，云在岩上。云不是追随温舟，而是云与云之间相互追逐。诗人只是无意之间目遇逐云，以我心度云心，想来云当亦染上"无心"而相逐嬉戏罢。这是"以心度物"。再说，莫非还有"托物见意"的一面？"回看"是遐想，"相逐"也可指争逐。是否隐含轻蔑鄙薄长安那班纷争纠斗之徒的不堪？字里行间隐约带有些许幽默。不妨把整首诗用南音读一读，全诗竟有二十个齿音字。韵脚仄声中四个是短促的入声。若使谱入声乐，肯定不合咏叹调更合乎诙谐曲吧。再说，前两联不言无心而无心自喻，何以末句欣赏云趣方始点出，是否恰正勾起"有心"？看来柳宗元从未忘怀入世重伸抱负，何曾含有乘化归尽的意思。有别于王维《终南别业》名句"行到水穷处，坐看云起时"呈现的澄澈豁达。总之，杜、柳、王同借云水而所悟不同。这就是《渔翁》末联不能删的道理，不是很清楚吗？

《渔翁》含蓄要眇与《江雪》大异其趣，判若出于二人之手，应作如何解释呢？柳宗元贞元革新夭折，风云突变，政绩泡影，同道星散，世态炎凉，一股脑儿扑来，身心为之摧残。当时不过三十三岁。贬居永州、十年之久。最初两三年的心境可想而知。嗣后渐趋平静，特别是由于知交激扬，写下了大量珠玑纷陈的诗文。正如他自己小说，"以文墨自慰，漱涤万物牢笼百态，而无所避之"，流露着成就立言的喜悦。晚唐司空图就以"温厉靖深"深许柳诗。宋初晏殊更说，"其祖述愤典，宪章骚雅，上传三古，下笼百氏，横行阔视于缀述之场，子厚一人而已"，是评唐的论。知诗知人，不知人无以知诗。我看不止于晏所说，后世所奉的唐宋八大家之于博大精深言之有物来说也是子厚一人而已。

诗之感人在于见真性情。以诗人这段经历度之，《江雪》当是居永初期之作，而《渔翁》则是居永后期之作。至于"隔"与"不隔"何可划分诗之高下，柳诗双璧正是明证。况且愤极悲极怨极之语往往取"隔"而刻骨铭心。隔与不隔之论似是"温柔敦厚"诗教的余绪。而圣人诗教或许原出于善意的忠告，彼王者霸者则掇来"以愚蚩蚩者耳"。

1999 年终

读韩愈小品三篇

获麟解从行与德可知与不可知，麟与圣人，反复论祥不祥，文章互转，用笔变化，然而论麟为圣人出，待圣人出，终觉牵强，牢骚而已。

杂说，借龙云为喻，一百十二字，真是蛟龙翻腾，变幻自如，龙与云始终纠缠在一起，行文如曲涧急湍。但韩愈真是可怜虫，龙嘘气成云易如反掌，挥之即散，没什么了不起，龙毕竟是四条腿的，哪会听得你的哀求，灵是属于它自己的，涌来的云又有得是。伯乐相马倒有道理，因为行千里要有马来行的。

杂说四借马喻知遇之难。凡五谈，一层透一层。一、只有伯乐识得千里马；二、伯乐不常有；三、千里马常有而白死；四、千里马要吃饱喝足方能千里，不然连常马都不如；五、除了食之不得法之外，策之又不得其道，更可悲的是"鸣之又不解其意，就在身边而唉声叹气曰无马，还执策迁怒，弄不好顺手一鞭，怨哉枉也"。"鸣之"句是点睛之笔，活眼之着，这篇本即作者之鸣。

读诗随笔一束

　　谢灵运，"日没涧增波，云生岭逾叠"，意思是似增波，更显叠。"增"字妙，日落时景色暗而平，波光的层次就显得明而细了。云把岭隔出层次是易懂的。且妙在"没"与"生"都有逐渐的时间味。这都是（作）画与（造）园可借的手法。

　　"连峰竞千仞，背流各百里"。"竞"字有聚意，"各"字有散意。可能王维的《终南山》受其启发。王句固气势胜，而略嫌夸张。我有疑问的是，两诗均写山脊之景，亲历才写得出。浙山海拔不出千六百米，可能性大，终南海拔三千，不知诗人是否到过。

　　"洲岛骤回合，圻岸屡崩奔"。苏东坡的"乱石崩云，惊涛裂岸"，涛如云之崩，岸若为之裂，或许出于谢句。

　　视点转换或称宾主倒置或因果倒置，自有出人意表之效。李白："山从人面起，云傍马头生。雁引愁心去，山衔好月来。"吴经熊说："使人想起相对论，觉得地球跌落在苹果上。"这样的例句不少，如李贺："甲光向日金鳞开，"日照甲光如金鳞，向日开。"雄鸡一唱天下自"，鸡因天晓而唱，也可用共感解。

　　杜牧题扬州禅智寺，"暮霭生深林，斜阳下小楼"。"生"字"下"字，一升一降，时间感。

　　王禹偁《新秋即事》，"石挨苦竹旁抽笋，雨打戎葵卧着花"，有人说是写畸形病态奇景美。评得浮面，应是倔强姿态，生命力的写照。

杜甫《古柏行》，"霜皮溜雨四十围，黛色参天二千尺"，写孔明庙前古柏，夸大得过分。数字太具体，高粗不成比例，实不能和李白的似不经意的"白发三千丈"相比。

韩愈独钓诗："露排四岸草，风约半池萍。"后来陆龟蒙有"晓来风约半池明"句，张高评谓韩诗"约"字好，而陆诗"约"字不好。很同意，因为"约"是约束，约束萍、保住明，妙在动感，有爱憎，有拟人化。陆诗似可改"约"字为"开"字。风开半池明，池随人醒，彰风之功，则情趣自出。

梅尧臣诗《山中夜行》这样的氛围入诗者少。再如"冻禽立枯枝，饥兽啮陈根"，"枯地坼枯龟，断冰流破镜"，"野鸟眠岸有闲意，老树著花无魂枝"。有说梅尧臣继韩、孟、似不恰当。

杜甫《羌村三首之三》，"驱鸡上树木，始闻扣柴荆"。唐时鸡能上树，京剧《打渔杀家》唱词不知是何时之作。词中有"架上鸡惊醒了梦里南柯"句，那时还在架上饲养。我以前似乎自作聪明，觉得不合理，拟改为"稼场鸡"，多余。

论韩愈

刘熙载说："李义山《韩碑》诗云'点尧典，舜典字，涂改清庙生民诗'，其论昌黎也外矣。古人所谓俳优之文，何法不止如义山所谓？"刘熙载外矣，我恐李义山恰正是不满于韩愈耳。至于东坡论韩"文起八代之衰，道济天下之溺"，岂止过奖，而是误导了多少世纪。

"刳肝以为纸，沥血以书辞"，虽是进言中语句，但未免血淋淋，何美之有。诗是内心写照，不是单纯奇、险、已。吴世昌指出自《词材新话》韩愈写残杀小儿女，而名诗为《圣德》，直令人发指。

意卑情薄游戏文章，恃才唬人。

《病中赠张十八》僻字晦词险韵，实无意义，而欧阳修却日天下之至工。

《陆浑山火》耐心等七八月雨潦，大火竟然唤起云谲波诡的逸兴壮思，大有 Nero、殷纣之癖，是麻木不仁的官僚罢了。

《苦寒》雀不堪冻，竟宁被弹死却得亲汤火，不近情理之极。

周邦彦："烟中列岫青无数，雁背夕阳红欲暮。" 吴战垒解释，"青霭不尽，暗红一缕"。似意犹未尽。"无数"应有两个意思，一是青的色调多，一是岫的层次多，但整个是成为一片青的背景。雁背夕阳在大的青色背景衬托之下，一雁不过一丝红，若指雁阵成行则丝成缕。欲字极妙，有时间感。而且丝丝在照射下微微明灭而趋于暗淡，就在烟中才会时有明灭。上下句丝丝入扣，诗人若非观察入微，如何写得出来。

黄鹤楼、凤凰台诗，李不如崔。崔诗低徊三叹，不离眺望，不离愁字，直到日暮才到江上，时空感强烈。李诗吴宫古邱二句涣散了诗情，幽径不论是来时或去时所见，甚至所想，都是旷奥矛盾。尾声更是太露。黄维梁翻译《文心》中二名词"酝藉"、"浮慧"为 showing and telling，这里尾声就属 telling。

杜甫《倦夜》："竹凉侵卧内，野月满庭隅，重露成涓滴，稀星乍有光。"吉川幸次郎解释："竹凉意侵入室，荒野月色充满院落每个角落，竹表面处处积下重重露珠，流集到竹叶末梢，有时间意味。形成水滴，欲落未落，继续吸收着月光。月夜星光稀疏，星光是写细腻之景，露滴是细腻眼光。"尚嫌不足。

应是：星光明灭是掺着疑似星光的露珠之光，所以是"乍"有光。这样解释才彰显诗的朦胧，这是一。再者，"凉"如何由"竹"带进来？是微声或竹影。第二句人被引出，见月色满隅。此隅是竹所在之隅不能说满各个角落。那样月正当头，则于影和反射光都将减色，成了李贺的"月午树立影，一山惟白晓"了。第三句不由得走近竹，见露珠欲滴。第四句仰视星空，真星水星明灭模糊，这时想必凉气袭人，微倦进房。诗次第带你进退出入随诗而动。星光闪闪更是细腻的动态。

宋吴沆《环溪诗话》说"杜诗重露成涓滴，稀星乍有光，露与星只是一件事。"始明白原来日人之见是本于此的。

韦应物《滁州西涧》："独怜幽草涧边生，上有黄鹤深树鸣，春潮带雨晚来急，野渡无人舟自横。"此诗读来 前后联不相属。近见谢霏霏的《诗话·话诗》中说："韦苏州曾有手书刻在《太清楼帖》中是"独怜幽草涧边行（非生），尚（非上）有黄骊深树鸣……"。恍然大悟此诗不虚传。首句中"生"字是不明所以的，雨后草更生，雨中况潮急，怎生？原来是诗人细雨中独行，为什么？因为春色宜人而行。次句中若是"上"字，那就近乎不通了。鸟不在上难道在下？原来是诗人并不孤，尚有黄鹏不知在哪棵树的密叶中在叫，所以说"深树鸣"。潮带雨，水量充分，稍急，但也急不到哪里。

野渡不见人，有渡有舟就是有人。不过，人闲舟横，万物皆自得。这才连贯一气，不知何以流行本始终没有得到更正。

韩翃诗句："落日澄江乌墙外，秋风疏柳白门前。"留奥时，应邀到斯洛伐克同窗伊万·库恩（Ivan kuhn）家度假作客。在马丁市郊，见民间住户皆用粗犷拼板大门，门框宽板白漆，而且边饰各家不同。伊万指着笑道：你看，白框月下也很显眼，夜间酒醉不愁走错家门。后来在 阿姆斯特丹见到市内沿河沿路五六层居住建筑窗框也用白色。据同行介绍，此地阴天雾天多，白框排列组合各幢多多少少总有差别，为本市居家者所默识。无形中对车行舟行，蒙蒙薄雾中定向定位大有帮助。

杜甫《北征》由凤翔回鄜州探家："……前登寒山重，屡得饮马窟。邠郊入地底，经水中荡潏。猛虎立我前，苍崖吼时裂"。

梁鉴江注："从高山下行进入邠郊，就像是走进地底似的。经水穿流而过，虎或谓指怪石如虎蹲伏,四句用夸张手法。"使我想起自西安到延安途中，一带黄土高原的塬、墚、峁、川、峭壁、冲沟所见，如进地底，有水穿流，应是写实，不算夸张。美西大峡谷地貌也仿佛如此。至于崖如吼裂是象征。猛虎立前恐非怪石，而是引起的幻觉，何止夸张。或许难后余悸犹存，有此心境。

大风歌。诗史诗选往往抬出刘邦此歌，什么雄浑、恢宏之类赞声不绝。郭沫若就说："气度雍容、格调高，是堂堂大雅"。莫不是都被那"大"字震住了？其实何大之有，雅在何方。得意忘形，炫耀乡里，岂不狭小？威慑仅及海内，焦虑的是"守"，岂非内心空虚，一副无奈象？至死未悟，对内趾高气扬，与日后毒妇吕后受辱于外夷，低首下心，适成多么鲜明的对比。安得猛士，更要问问自己，一些是被你贤伉俪俎醢吃光了，其余又早被臭脚水熏跑了。曹植说得好，"焉皇皇而更索"。秦皇汉武曹操等莫不望海兴叹，兴叹之余，无非打道回府，继续加威海内，轻松过瘾。求仙拜佛，一贯模式，垂范千古。史家选家推波逐澜之下，至今文艺场合乾隆雍正纷纷出笼，台上皇帝陛下喊得肉麻。看得台下，有的忘乎所以，有的憧憬神往，什么扬州十日、近及南京大屠、日据月据，似乎都属戏剧性不强，不登大雅。哀哉！偶读李贺诗《苦昼短》："刘彻茂陵多滞骨，嬴政梓棺费鲍鱼"。厥名直呼，那时什么时代，吾侪能不愧煞。

2000 年

门外谈

年关将至，而这里却似春光满眼、桃李芬芳，岂能不使人兴奋。

久疏专业，谈什么好呢？姑且作个门外谈，谈谈读诗的体会，关于诗的意象罢。而且是双重门外：在建筑学府谈本门之外的诗，而在诗门来说我可只是个门外汉，最多不过是个欣赏家，所以叫做门外谈真是再切题没有啦。

比与意象

京剧名演员盖叫天说他每天除了练功之外的行动准则是："坐如钟、立如松、卧如弓、走如风。"这是比，以形比形，不是意象。

李贺《苏小小墓》中：

幽兰露，如啼眼，……，草如茵，松如盖，风如裳，水如珮，……

前三个"如"仍然是比，后二者已是意象。因为不是直接以形比形。临风如触轻裳，桨声细如环珮，有了主观判断的参与，可见并不是凡用"如"字就都是比。

白马非马，马是抽象的，白马才具体，才可把握，才能重现，也就是说把物象加以修饰可成为表象。往往并置若干表象才足以强化表现力度。

例如常被提及的马致远小令：

枯藤老树昏鸦，小桥流水人家。古道西风瘦马，夕阳西下，断肠人在天涯。

九个表象在夕阳笼罩之下，烘托着在天涯的断肠人。这末句既是主题又自成意象，可惜"小桥"句不似天涯，恰似江南春，应作何解释呢？路秉杰教授说得好，小桥流水人家是使人意想家园的温暖。这就清楚了，原来，枯藤老树昏鸦是三个表象，是情与象相遇的结果。例如我自己是以枯藤想怀素狂草、以老树想大笔飞白和大斧劈、以昏鸦想倦飞，而收得的是苍古的美感。及至一经与小桥流水人家两相对照，顿觉枯藤老树昏鸦成浪迹荒寒的意象了。接着诗人回到自身处境"古道西风瘦马，夕阳西下"，他们恐怕正在念叨我这断肠人不知漂泊在天涯何方罢。

并置而达到时，空与心境尽出。可举温庭筠的名联为例：

鸡声茅店月，人迹板桥霜。

白樸略早于马致远。他的小令《天净沙·秋》：

孤村落日残霞，轻烟老树寒鸦，一点飞鸿影下。青山绿水，白草红叶黄花。

一连用上 12 个加以修饰的物象，极为和谐统一，枯瘦中又生机盎然。白樸活了八十多岁，宜乎有此曲。

隐喻两例

李白的《鸟栖曲》中：

青山欲衔半边日。

王之涣的《凉州词》中：

春风不度玉门关。

贵在字面本身已然充满情致，解开所指史事则感人更深一层，不同于猜谜。

反常合道

李白《秋浦歌》：

白发三千丈，缘愁似个长。

不知明镜里。何处得秋霜。

　　许多注释异口同声。有说是喷薄而出，起得惊人，跟着下一个"愁"字，何等分量。奇想奇句，不因悖理的艺术夸张而没有人不被诗的激情所震动。也有人说，虽似无理，细想合乎逻辑。但不说下去了。我听了像替李白圆谎，心里总有些不舒坦。一次理发，闭目养神，猛有所悟。这第二句的重音不是落在"愁"字，而是落在"缘"字上的。"缘"不应作"因为"解，而应作"顺着"解："愁"顺着发而生，沿着发而长，有时间感。设想白发月剪一次二寸，一年一尺，十年一丈，除非秃顶，岂止三千根？根根相续，是以发的长度量愁的久长，这叫做时空转换。本以为我这下找到了满意的答案，谁知，无意中发现一首译诗：

My whitening hair would

make a long long rope.

Yet could not fathom all my

depth of woe.

Though how it comes within

a mirrow's scope

To sprinkle autumn frosts,

I do not know.

　　　　　　　　　　Giles

　　多么透澈，真不得不把发现权让给他了。不奇怪，正因为外国人除了对奇想惊奇之外，还对中文陌生，所以一下子闷头逻辑求解，不由得从不确定步入确定。可是，以译诗取代原诗，诗意诗味却趋向淡化。这是从不求甚解又滑向另一极端。

　　或许有人会笑，是嘛，诗是不能这样读解的嘛。诚然，李白哪会像我这样笨算呢。但是，我敢说他绝不是酒醉顺口溜的呀。而是从心所欲不逾矩，一个字都动不得。让我们重读一遍。"三千丈"三个齿音，一个比一个刻骨铭心，一个"长"字，长长舒一口气。估计是他较晚的一首诗。若是早期的话，那就必然是"明朝散发弄扁舟"吧！

奇想奇句

　　李白送别韦八：
　　客从长安来，还归长安去。
　　狂风吹我心，西挂咸阳树。
　　此情不可道，此别何时遇。
　　望君不见君，连山起烟雾。

　　奇在主语谓语宾语作反常的嫁接。风吹心，心挂树。或许后世的成语"挂念"是从这里化来的。念字非象，所以软化得多。外语何尝没有相同的例子。

　　英成语 "kill time""表示消遣浪费时间。猪能杀，鱼能杀，time 竟然也能杀。头一个说出这个意象时使人惊异的程度是不下于头一个吃蟹的吧。
　　李贺在意象方面层出不穷，没有人及得上。
　　他写马："向前敲瘦骨，犹自带铜声"，其实也在写人。

　　看他怎样自画像：
　　壶中唤天云不开，白昼万里闲凄迷。

　　其实是说借酒消愁愁不消，却加以陌生化。酣饮竟幻似溶入壶中，愁情竟广如乌云笼罩，极大幅度地开合张缩，从而收到意想不到的效果，妙在既含蕴着深沉的感慨又浮现着盎然醉态。

李贺《秋来》：

桐风惊心壮士苦，衰灯络纬啼寒素。
　谁看青简一编书，不遣花虫粉空蠹
思牵今夜肠应直　，雨冷香魂吊书客。
秋坟鬼唱鲍家诗，恨血千年土中碧。

是诗人秋夜写作，抒发愤激慨叹之辞，可谓意象纷陈。
"桐风惊心"写伤时，注家都解释为诗人敏感，连风吹枯叶声也使他惊心。

为什么单单提桐叶呢？我有个幼年印象。那时住北京，院中窗下有两株梧桐。桐
叶比一般落叶树大，分果像小叶，左右边缘有两粒种子。叶与果枯透了才会飘落。可
想而知，一阵秋风，枝枝相触，片片争飞，飘舞而下　，地上风扫，簌簌声繁，与络纬
应和，能不惊心吗？
"络纬啼寒素"。诗人耳中络纬声衰，故曰啼。"素"字是说像机杼声。下一"寒"
字是一二句的气氛和心境。"寒素"还有一层贫寒素士的暗喻。
中文用字很有关系。络、纬、素三字同属系部，联想自然。这是中文的优点之一。
苏珊·朗格曾惊讶地说"中文每个字都是意象"。的确，中文与英文相比之下是多出
一个层次的意象。

这里不妨说个小插曲。我去年写了篇短文，信手写上标题"畅遊地中海随笔"。
一想不对，如果付梓，"遊"字被改成"游"，朋友若读到，会不会说这老头儿不简单，
居然畅游地中海。孰不知我是怯水的。若说文字改革是为了简化为了省时省事，那么游、
遊何苦省这"临门一脚"呢？我看还是改回的好，回头是岸。

诗人叹息，谁看你这呕心沥血之作。"不遣花虫粉空蠹"，还不是白白里让虫蛀
成粉末。我们读来诗人愤懑无奈之情溢于言表，也就无暇细研其中词性的更变、句法
的参差，而欧语世界眼里直是语无伦次。不到模糊、朦胧、结构、解构的大兴是不会
欣赏的。李贺的诗并不是孤例。

全诗从惊心到肠直到血碧一步比一步沉痛。在第一二句里下了"惊、苦、衰、啼、寒"五个字，却又掷地有声放上一个"壮"字，和结句恨血千年后终将作为碧玉被人发掘的遥遥相应，信心十足。这是有别于郊寒岛瘦之处。后世给他鬼诗人的头衔极不相称。

李贺《雁门太守行》：
黑云压城城欲摧，甲光向日金鳞开。
角声满天秋色里，塞上燕脂凝夜紫。
半卷红旗临易水，霜重鼓寒声不起。
报君黄金台上意，提携玉龙为君死。

一二句写敌人压境，守军严阵。
三四句写出战迎敌，勇战入夜。
五六句写援军疾行，夜袭敌后。
七八句写将领挥军，号令猛攻。

全诗声色缤纷，情景交融，惊心动魄，如在目前，真是一篇奇诡而浑融的传世之作。

让我把一二两句的意象提出来谈谈体会。

"黑云压城城欲摧，甲光向日金鳞开。"明明云是轻的，却重得几乎欲摧城，是修饰词的反常用法。明明是日脚上光如金鳞，却说鳞光向日开，是主、副词的倒置。黑云与金光形成色彩强烈的对比，但云的虚散性和光线的穿透性，云的下掩和光的上射，再再映发着敌气虽然嚣张，而我军同仇敌忾士气昂扬的大势。

我还有个题外联想。李贺生活于八九世纪之交，"甲光似金鳞"，又在《贵主征行乐》中有句"奚骑黄铜连锁可见当时显然是软甲。可是在我的记忆中欧洲古堡和博物馆所看到的甚至文艺复兴画家们笔下的盔甲还是硬壳虫似的呢。这个现象恐怕不能视为小小的形式偏爱问题罢。

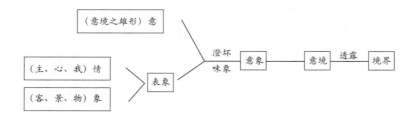

诗的生成

　　主客、心物、物我、情景、心象等都和情与象相遇一个意思。说无象不能成诗指的是表象或意象。英文 image 似乎是不分表象和意象。这也是三象常被混淆的缘故。打个譬方，物象如生矿，表象是物象经情的筛选淘洗，意象是表象经意的锻造。

　　表象、意象皆不离物象。

　　意境不离意象，无意象不能成意境，所谓境由象生，但意境本身却无象。

　　说意境大于意象之和，是说意境的情与理大于意象之和。所谓象外象、味外味、镜中影、水中月等，都是这个意思而讲得玄虚而已。至于何以大于和，容另详谈。

　　说诗有有意境和无意境之别，是不完整的。怎会无意境呢？只有高低之分和是否经由意象已经表述出来罢了。这又是技巧的问题。

　　什么是意境与境界的区别呢？王国维没有讲清楚。意境是指诗境而境界是指诗人的风神气度等等，是意境中流露出来的。所以诗不一定有境界，即未流露，甚至流露而不足信，因为诗人的境界也会有时间性，必要从更大一层系统加以徵信。至于把境界和物境、心境混用更不足为训。

　　上面简图的顺序时程可以短到一刹那间，也可以很长，而且是往复推进的，何况往时词义没有充分约定，所以概念容易含混不清。

　　司空图远在晚唐已经对诗作了那样精细的分析。他把诗分为二十四品。其实，其中有些是指意境，例如冲淡、流动、清奇等，有些是指境界，例如超谐、雄浑、典雅、豪放等，还有些是指诗文本的格调，例如劲健、含蓄、缜密等。

再者，上面的简图，情是由于事物突来的刺激，所谓触景生情。另种情况则是事物厚积而萌生一个模糊而待发的意念，于是一面在尽力理清自己的意念，一面匆匆在自己的表象库存里寻找和建构这个"意"可能藉以附托的象，这时凡遇与心境合拍的景或外来的意象，也就油然生情而成了自己新鲜的表象。建筑设计似乎更符合这种情况。不过，设计"意"的内涵却是极为丰富而繁难，得来艰苦的。忽略了这一点，容易流于虚浮表面。

意象的动态

意象本已非具体物象，而是诗人的主观创作和读者主观再创造的蓝本。它是不确定的，是能动的。意象一经解读可以退化为读者的表象，也可以被一再引用而成成语，起到一句抵三句甚至点石成金的效果。若再不断引用下去，则意义稳定下来，美感逐渐衰减而成象征，甚或被普遍认同为哲理。但有的意象则由于历史条件的变迁或美感讯息的消失而变成陈词滥调。可是这并无损于原诗的价值，因为它是当时内外条件之下的结晶。

人们，这个人们指建筑界，常说建筑师要有哲学家的头脑、音乐家的耳朵、画家的眼睛、诗人的什么什么等等。说的怕是法乎其上的自励吧，实在却是难乎其难啊。若又求之具体应用呢，那我这门外汉在诗园寻寻觅觅，却始终没有见到什么可资借用的模式，也没有惊遇什么什么可攫取的诀窍。想来诗能够提供我们的莫非就在于活跃人的想像，滋润人的意境，甚至养人的浩然之气罢。再说，既然建筑是工程又是艺术，那么，建筑之于诗性、设计之于诗意、建筑师之于诗情果然是鱼水不容分的了。

（据同济学院师生会上谈后整理）

2000 年 12 月

原载于《时代建筑》2001 年第 1 期

新解偶得

李白《菩萨蛮》：

平林漠漠烟如织，寒山一带伤心碧，

暝色入高楼，有人楼上愁。

玉阶空伫立，宿鸟归飞急。

何处是归程？长亭更短亭。

烟怎么如织？首先看"平林漠漠"。比较纯的树种若成林，远望高度基本一致，所以是平林。如果平林是松、杉、桦、棕之类乔木的话，远远望去见干不见枝，密密层层排立着垂直线条，这"密密层层"就是"漠漠"二字的第一层意味，这垂直线群却被那水平的层层烟霭横向里穿透截遮，远处平望，确乎形成了经纬交织的图像。设想，伫立凝望只见竖线都稳立不移，而横向的烟霭则缓缓蠕动，"织"字不又成了动名词？这就是"漠漠"二字的第二层意味。寒山一带作为衬托平林的背景是轮廓起伏舒缓而细部模糊不辩的黛绿一抹平涂。"漠漠"二字是首联物境最好不过的概括，也是伫立的楼上人情怀的映射。这是第三层意味。

"暝色入高楼，宿鸟归飞急"，暝本无色，是天渐暗，能见距离递减，视觉目标不自觉地步步后收而落到近空飞鸟。飞向平林的归鸟在伫立者眼里三五零星先后左右突然出现，又阵阵一掠而过，迅即消失在暝色之中，犹如划破了漠漠愁思，更唤起伊人归来的冀盼和惆怅。

有的注释者把此词释为客中思归去似不切，因为"空"伫立就是徒然等待，所以应是闺中盼归。这个"急"字是从"烟如织"到"思如织"的激化剂。

看！"如织"意象之妙，"入"字之神，以及"急"字、"空"字之用，都是亦情亦景，情景交融，正如王夫之所云"情景名为二，而实不可离"。暝色来而宿鸟去，宿鸟去而盼人归，写的正是往复律动，所谓意识之流。

温庭筠有首《梦江南》不妨拿来作个比照：
梳洗罢，独倚望江楼，
过尽千帆皆不是，斜晖脉脉水悠悠，
断肠白苹洲。

看来，《菩萨蛮》较之《梦江南》可说是"密度"上更胜一筹。但，奇怪的是怎么当中插上句"有人楼上愁"呢？"玉阶空伫立"不是明明已经点出有人？空伫立不是在怅望愁思？再加上一句岂不成了个赘句？一般写闺怨之类的诗词都是假借虚拟思妇之口，那些动人心弦的作品若不看作者之名，真不知其为须眉，例如金昌绪的《春怨》、晏几道的《鹧鸪天》、冯延已的《蝶恋花》等等，不胜枚举。

词本是入乐的，试想若在昆曲中这首词当然属青衣的唱段，那么她唱到"有人楼上愁"恐怕无论身段和眼神都将很是尴尬罢，难道这是作者千虑之一失吗？显然对这么一首传世之作就这样骤下断语是过于轻率的。

促使我回想一下方才读解的过程，发现当我品味词中意象，专注于重构情境的时候，好像自己不自觉地逐渐站到了伫立者的位置，对那句"有人楼上愁"真是视而不见无所触动的。及至词中景象似乎历历在目，沉浸其中而渐有需求，把审美信息还原成词人的意向与面目的时候，这句突然清晰起来，犹如发自旁观者的喃喃自语、指指点点，它打破我的沉浸，指引我脱开了玉阶上的视点而挪移到了他那边来。撇下的伫立者却成了景象的组成部分。这时，若说此词写的是羁客思归，由同情伫立者而联想妻子望夫，确是合情合理的。正如柳永《八声甘州》"……想佳人，妆楼颙望，误几回，天际识归舟"。不禁更进一步转念，若说写的是"因人命兮有当，孰离合兮可为"的千古慨叹，又有何不可？

王国维说过：诗人方物"须入乎其内，又须出乎其外，入乎其内，故能写之，出乎其外，故能观之，入乎其内，故有生气，出乎其外，故有高致"。何谓高致？我看正是那"给人以摆脱时间与空间局限的美感"。使诗义多向、开展、概括、深沉了。这句"有人楼上愁"的重要作用在此。

也有人认为《菩萨蛮》是假托李白之名的作品，至今似无定论。我这外行是无力亦无意卷进考据的行列的。既使作者是假托，何以不假托王维、杜甫、元、白、韩、孟呢？看来作者深知诗情对应诗人的境界，反映他的水平绝非等闲。

不知何以这样不容等闲视之的手法却不曾在诗词中重复出现。倒是在传统戏曲中旁白、旁述、背供等等剧中局外人或局内人暂时脱身而直接向观众透露或交待的手法，运用至今，时有亦庄亦谐画龙点睛之妙。

这种求解诗词而戏曲萦绕不去的情况却给了我启发，以之重读九歌的《山鬼》，出乎意料地获得了新解。

古时的祭礼中，若神为女性，则由巫扮之，而主祭为男性的觋；若神为男性，则由觋扮之，而主祭为女性的巫。为了解说方便起见，我把《山鬼》全文加以分段编号。

1."若有人兮山之阿，被薜荔兮带女罗。
　即含睇兮又宜笑，子慕予兮善窈窕。

2. 乘赤豹兮从文狸，辛夷车兮结桂旗。
   被石兰兮带杜衡，折芳馨兮遗所思。

3. 余处幽篁兮终不见天，路险难兮独后来。

4. 表独立兮山之上，云容容兮而在下，
   杳冥冥兮羌昼晦，东风飘兮神灵雨。

5. 留灵修兮憺忘归，岁既晏兮孰华予？
   采三秀兮于山间，石磊磊兮葛蔓蔓。
   怨公子兮怅忘归，君思我兮不得闲？
   山中人兮芳杜若，饮石泉兮荫松柏。
   君思我兮然疑作。

6. 雷填填兮雨冥冥，猿啾啾兮狖夜鸣。
   风飒飒兮木萧萧，思公子兮徒离忧。"

有人认为这些全部由扮山鬼的女巫唱出。那显然是不妥当的。吕正惠则认为第 1、2 两段是觋唱的，以下直到终篇都是山鬼唱的，而且认为山鬼唱第四段时，觋早已走了。对这种说法我早已发现几个问题：

1) 既然觋唱第 2 段时还很注意山鬼的动静，远远看见她折花拟赠，之后，山鬼降临了，短短唱了两句，未及与之见面，这边觋却转身跑了，未免唐突不合情理，何况主祭怎么可以离场？

2) 既然觋已离去，为什么第 5 段山鬼还会唱那句吕译为"跟你在一起愉快得忘了回去"呢？

3) 第 4 段描写的是物境，若由山鬼唱似应放第 3 段之前才顺理成章，而且既然匆匆而来，何以又独立不前？

现在辗转琢磨，豁然有悟，下面仔细说说我的看法：第1段觋唱“若有人……”是点明远望仿佛有人。

第2段不应由觋唱，为什么呢？前面既然唱“子慕予兮善窈窕”，露着淡淡的傲慢气息，那就不会唱“折芳馨兮遗所思”，“遗所思”含有不知是谁的意味。所以这段应是陪祭唱的“帮腔”，他们顺着觋的指向，也就附和着说仿佛是看到了，骑着豹、捎着狸，既有车，又有旗，穿着兰、佩着花，还好像在“摘花来赠心上人啦！”孙大雨译的显然是加错了主词。

第3段无疑是山鬼出场唱的，“我在森森竹林里不见天日，路又太不好走，偏偏迟到了”独字不能作单独解，更不能作“单单后于他神”解。

在解释第4段之前，先把下段首句“留灵修兮憺忘归”分析清楚是很有必要的。我认为“留”字绝不能释为跟某人在一起，而应作“守候”解释。《辞海》举庄子“蹇裳躩步，执弹而留之”为例。这样看来，山鬼与觋根本没有相遇，“憺”也就不能解为“愉快”，要回去又怕他恰正到来，含有耐着性子的意思。这样才理顺前后情节，所以“留”字之解非同小可。原来，第4段应是由陪祭唱的，而且是全文的关键。“表”字应作“屹然”解。这里“独”字却是独自原意。“她屹然独自伫立在山上，脚下流动着厚厚的云层”。多么高逸出尘，隽秀大方的形像，况且“独”字还暗含着另一层妙用，陪祭在前面唱第2段时山鬼并未出场，可见他们口中什么狸、豹、车、旗其实都不是目中之物而是添油加酱凭空臆度出来的罢。

“遮得下面白天像夜晚一般幽暗，飘着神秘的细雨，又吹着阴湿的东风”，看！分明她是看不见觋的，觋也没法看得见她。这段只能由局外的陪祭唱出，表达的岂不是人神异域，逾越无从吗？

这一唱段颇似我国戏剧中的“旁白”，全凭语词道出一台分成两个空间。推测当时大众对此语词耳熟能详，任何景片、隔断、道具、灯光都不必要。或许后代戏剧的面向扩大了，生怕观众不解，才不得不用上一堂龙套，挥着黑旗象征乌云，碎步穿梭两者之间，权且示意罢了。

第 5 段是一大段极其生动细腻的山鬼唱词：

"只好耐着性子问等罢，迟了应该回去啦，韶华难驻，时不我予，有谁懂得！

找些灵芝采回去罢，这乱石头烂藤葛可真讨厌。

能不叫人怨恨失望！忘了该回去了，莫非是想我而不得闲？是嘛，我山中人芳杜若、饮石泉、荫松柏。哪点不足以自矜？可是，如果只说想我，叫人又怎么相信呀！"

第 6 段应属陪祭的唱词，为什么呢？因为前面口口声声忘了回去，忘了回去，那么像"徒离忧"之类的语气怎会出之于这位少女之口呢？人情若是，神鬼何不然？至于"鬼"字古人并无贬意蔑意，不可不知。要知戴着后世对"神女"之类字眼含义与日俱下地贬值与变质那种有色眼镜是会扭曲诗义的。

仔细玩味这段尾声很像我国传统戏剧的下场诗。末句"思公子兮徒离忧"倒是和李白《菩萨蛮》那句"有人楼上愁"异趣而同工，诗人都是着意设下了一个局外视点，至于是用明眼抑慧眼或冷眼来获取断想那就取决于读者自己罢了。这是我偶然两得新解。

纵观破解《山鬼》的历史性纠葛，关键就在于对主词的推测，这个问题在翻译中呈现得尤其明显，难道归罪于屈原隐晦曲折，故弄玄虚吗？绝不是。那又为什么呢？因为唱词都是扮演局中人、局外人的角色现身唱的嘛，还需要什么主词？至于《菩萨蛮》的时代，诗已与祭脱离，局外视点的运用却是匠心独运。

2001 年 1 月

原载于《同济大学学报 (社科版) 》 2001 年第 1 期

冯纪忠谈作品

《意境与空间——论规划与设计》、《与古为新——方塔园规划》节选

节选自东方出版社2010年3月出版的意境与空间——论规划与设计》和《与古为新——方塔园规划》。

南京都市计划

规划时间： 1947 年

　　沈怡急需搞南京的规划，南京的规划委员会刚刚成立他就找我去。当时已经有主任建筑师董大酉，就是上海市中心的设计者。一块儿工作的还有陈登鳌。还有陈占祥，他不大来，只是挂个名。

　　不像上海，南京规划那个时候是空白，还要调查研究。调查研究主要抓建筑现状，弄清哪些将来能拆，哪些不能拆，这个做的算是完成了一个阶段。另外是想"道路"，怎么改一改道路系统，这个来不及做了。

　　整个调查还是初步的。初步建立一个"概念"："哪些是绝对不能动的，哪些是现在能动的"。有一个概念，做其他的就有一个基础。

　　另一件事是做建筑法规。当时南京没有建筑法规，拿上海的来参考，叫我起草。我起草了一个法规，当然也把我在奥地利学到的运用进来——奥地利的法规我背得蛮熟，因此，南京的法规是参照它和上海的法规做。

　　如果完全根据上海的法规是不行的，南京与上海不是完全一样的。上海当时城市建设比较完备，加点建筑就可以。而南京需要新建的部分比较多，建新的当然要有个法规了。

（2007 年 7 月 18 日）

上海都市计划

规划时间：1948 — 1951 年

上海旧城改造规划设计模型

1948 年底、1949 年初开始直到 1950 年代初，我在上海都市计划委员会参加了上海的规划。

上海都市计划委员会以前是属于公务局，主要是做规划总图，那时我还没有参加，因为我在南京。但是每两个星期回来一次，每次总去看看。所以我对于他们搞的总图，内容基本上都知道。后来都市计划委员会变成"上海建设委员会"，我是顾问，每周去半天。一起工作的有金经昌、钟耀华，还有几个当时年纪轻一点的。

城市规划方面，主要是大量发展居住建筑，因为当时居住建筑质量实在是太差了。

头一个比较大量发展的是曹杨新村，主要还是金经昌他们搞的。我当时就是从朝阳新村开始，慢慢参加这个工作。有些工作我带他们搞，比如：我用模型来设计规划。那时候很简单，建筑就只有一个、两个、三个，这三个类型，只要把它组织到一个楼梯中，几个楼梯是一条，一条可以短可以长，那么你摆就完了。以前没有模型，他们都是量着来的，用尺子画一个格子。我说，这样没有立体的感觉，要用模型布局才有立体感。弄好了以后，给它描下来。这种方案描完了，再试试另外一种摆法再描。多一两个摆法，一下子好了，可以比较，筛选成了很简单的问题。这样一来他们也很高兴，因为轻松很多，实际上也快了很多，思想变化也多了。最后大家讨论怎么样比较好。其实在规划方面，可以通过小区的建设来推进这个规划设计。

（2007 年 7 月 18 日）

上海曹杨新村规划

规划时间： 1950 年

曹杨新村原来是棚户区，后来棚户全部拆除，保留的很少。当时都市计划中的改建，要求的建筑条件很差，给的建筑标准也很差。

最开始，居民的厕所都是建公共厕所，现在看来，这样的条件是不行的。但是当时要救急啊，拆了很多的棚户，不可能让居住条件一下子提高很多。因此，我们主张慢慢提高。

番瓜弄棚户区，可以讲已经实现我的想法。但它仅仅是初步的更新。我们把棚户转变成能倒便的住宅，这也是进步。因为原来住宅里没有倒便的地方，住户要到外面去找厕所。更新以后，这家人有了卧室，有了厨房，能倒便，但是卫生设备还没能力安装，只好等下次更新再装。因此当时整个上海讲起来，更新的水平还是很低，生活质量很低啊。但是对于它本身而言，已经提高一步了。等到第二步更新，它才变成室内有厕所的住宅。所以是在这样的具体情况之下，来照顾所谓"不触动他的生活"。

同时，慢慢提高就要有规定。为什么？因为将来提高，有一部分又要拆了重造。所以，一部分要固定下来，同时一部分要准备将来再改造。特别是绿化方面，我们每规划一块，就要规定这一段绿化要占百分之多少。这个比例很少，因为将来还要改造的。

但是规定以后又有问题。假使按照规定，地面栽上几棵大树，将来这树怎么办？大树五年就可以长大了，房子五年靠不住，说不定就拆啊。所以，要种可以迁动的树、可以迁动的植物。这样的话，将来绿地的面积，还是可以保证的。只是数量保证，位置不一定，它还是可以变动的。这样下一次规划重建，房子拆了，绿地能不动就不动，需要动也可以改变。

这就是我们说的"权宜之计"，但实际上有"新陈代谢、不断发展"的思想包括在内。

(2007 年 7 月 18 日)

上海公交一场

设计时间：1950 年

　　群安事务所的头一个任务是公交一场方案竞赛，就是同济大学对面的公交一场停车场。

　　原来他们的方案是从那边进去的，但是我认为应该从这边进去。先是登记检查，然后是检修，那个时候讲究，不要露天停放。我认为入口应该避开交通干道，从这里进场，两个出口，一入二出。车行线是经过仔细考虑的：登记检查，清洗，再后是修理或驶入车库，由南而北。

　　那个时候我在国内头一个使用大跨薄壳。1951 年，这样做不是盲目的，至少知道是怎么回事、特性何在。可是真做起来，就不是单单一个建筑师担当得了的了。

　　车库采用了大跨钢混薄壳结构的锯齿形屋顶。因为库内既没有行吊也没有任何外力和负荷，而且自重极轻，对基础经济，一个架间就是一整个壳。至于壳型，我选择了"瓦型"：四个边中三个边是直线的，南边是扇形（sector）。成排成行的巨型瓦，形成整个屋顶。这样，车子由南开进，从北面开出，库内光线是均匀的，而且不耀眼。这种特殊类型结构得到了再恰当不过的运用。这边是两个修理厂，是两个筒壳，跨度更大一点。

　　当时主管的人叫靳怀刚，他很赞成这个方案。也有人不赞成。最后我的方案第一。

上海市公共交通公司四平路保养场建筑设计鸟瞰图

"公交一场"效果图

因为从功能等方面讲，都是没有问题的，但在薄壳上就有很多争论。怎么个弄法？争论薄壳对这个方案已经没有什么影响了，因为方案是肯定了的。但是，因为当时我们事务所较小，人家觉得这个事务所可能吃不消，因此当时要三个事务所合作。一个事务所实际上是后来华东设计院的前身，汪定曾是参加这个事务所的。另一个事务所负责人叫方山寿，后来调到西安去了，是西安的总建筑师，还有一个姓华的跟他合作。

我们事务所得标，所以基本上以我们的方案为主，同时分给我们设计一个修理场和前面进口的检查站。办公部分是方山寿设计的。

当时主题就在这个结构上。薄壳怎么办？我坚持一定要做薄壳，因为薄壳有很多好处，而且是作为全国第一个，完全有条件造。当时开了个会，可以讲当时全国有点力量的结构工程师都在。因为好多人那时候还没从华东分到北京去，比较有资格的工程师都在上海。

（2007 年 7 月 18 日等）

武汉东湖客舍设计

设计时间： 1950 年底

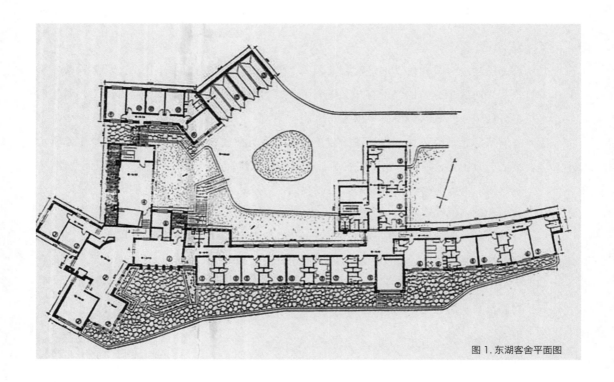

图 1. 东湖客舍平面图

图 2. 东湖客舍效果图

东湖客舍的甲方是周小燕的父亲，他在南方算一个领导，民主人士。东湖公园、客舍的地都是他捐的。设计要求是：用于老干部休养。最初我并不知道是给毛主席住。

这个项目，我首先从这个角度来猜人家的想法：去休养，何必要别人看你呢？是你看四面八方。所以最好人家不要太多看我。景点，主要是看风景，是休养的意思。所以首先要管环境：基地的环境、视线的环境，使用也要考虑。

当时跑去一看，基地有两棵树，我选了一颗比较好的留下来。对面就是武汉大学，看到的是珞珈山的北面，树的颜色很浓，所以看得不是很清楚。向东，一直可以看到对面的磨山，那时候磨山光秃秃的，没什么树。向南，可以看得很深远，岛屿朦朦胧胧，很好。客舍其实是在东湖的一个向东的边角上。地形是这样。

所以甲所摆这儿，乙所摆那儿，路这样进去，这里我想将来种点荷花，这是外部地形。内部布局：当时考虑怎么借景，考虑主要房间里的视线、景观，例如毛主席的房间，他的餐厅可以看到很远的风景。

另外山坡是圆圆的，不高。所以屋顶基本上全部是四落水，没有一点山墙，但又起起伏伏，这样感觉与地形最亲和。

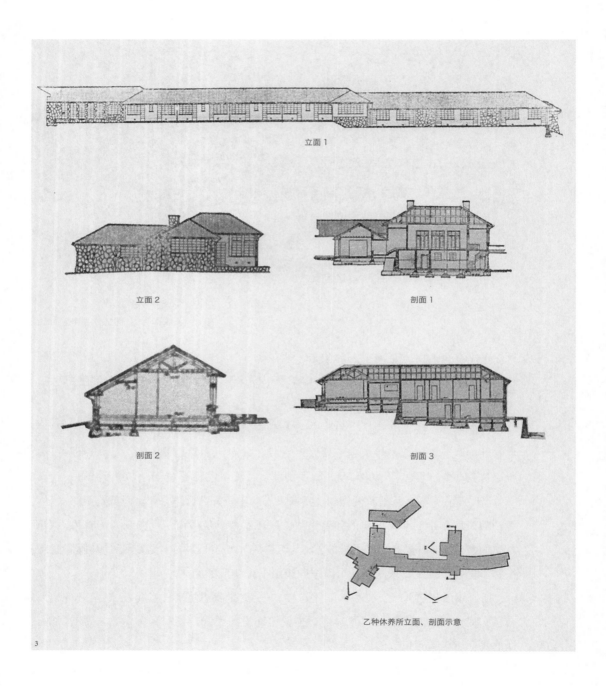

立面 1

立面 2

剖面 1

剖面 2

剖面 3

乙种休养所立面、剖面示意

图 3. 东湖客舍立面、剖面图

层高我都定得很低，其实我认为并不低。特别是在欧洲，一般屋顶都是 2.8m。因为欧洲没有像我们这么热的天，稍微通风，窗户一直到顶——过去老房子上面都有一段像我们这样的窗，这是对的：因为窗户到顶，气流循环，出气就在上面，所以窗户高了，房间里的空气循环就没问题。还有一个好处，窗户高了以后，日照进来远，整个房间的光线比较和谐均匀。所以从各种讲法都是提倡，空间不要太高，但窗户要到顶。

我们不是做完平面再做立面，是同时来。首先，要做到所有的屋顶都是四落水，而且檐口要有高低，脊线要有起伏。那么平面必然要调整，否则脊线兜不过来。其次，四落水的顶要跟里面的功能符合。怎么叫"符合"呢？"脊"一定要在主要房间的上方，如起居等，而吃饭的地方要比起居低一点，所以屋顶的形状要跟下面房间的功能符合。

这方面我和傅信祁两个人设计。我先构思平面，告诉他我的要求，然后他做结构。脊梁出现问题，兜不过去？再改。因此所有平面、凹凸呀，不是先定下来再做结构，而是二者同时进行、反复研究的。有些要把房间加深一点、放宽一点或者缩小一点，才能真正符合这条线。而且脊线不是平的，我特意不要它太平，要跟山坡有点关系。因此在调整屋顶的时候，也要调整地面标高，原来放不下去的地方，根据屋檐的关系我只好放下去，所以里面地坪的高低除了考虑本身功能要求之外，还有点调整以后出现的变化。

在一个小东西上，也可以动脑筋，而且不动我就难过，好像就没意思了。现在觉得也不一定要做一个太完整的四落水。如果那里变一下，这里变一下，这样就活泼了。妙就妙在它不是完整的四落水，而这种活泼又不是有意、勉强做出来的。像苏州园林有许多半亭：亭跟廊的接头出现一些不同的穿插，这个穿插就很自然，但也很合理。如果你有意的要这儿来个斜的，那儿来个斜的，就不行。这方面德国有两位建筑师很会设计，我当然也是吸收他们的一些想法。他们步骤是不是这样就不一定，也很可能有自己纯熟的手法。

（2007 年 7 月 25 日）

238

图 4. 甲所走廊
图 5. 东湖客舍甲所入口

上海闵行规划

规划时间： 1951 年

（闵行规划是上海都市计划的一个课题。）

当时有人提：卫星城镇。"卫星城"就像地球旁边有很多的卫星，这只是一个布局的关系，没有说明它的有机。当时将闵行作为"卫星城"发展的时候，我们发现：最后在闵行的人，好像脱离上海了，而真正要去开工厂，上海人不肯去那里工作。所以不行。

我们还要考虑"有机"地发展，就是它要有一个步骤，考虑要达到一个什么目标。母城和子城的关系要有"时间"、"空间"的关系、性质的关系。各个方面有分工也要有协作。你不把协作摆在那儿，等于是死的东西。要么它自己发展成一套完整的小城市，跟你脱离了，那就不是有机了。

当时我们希望上海是个有机的分散，不那么集中在一块。过去没有绿带，我们就准备把中山路的中区用一个绿带包围。那么跨过这个绿带就是公园，然后发展成一个区，这样可以逐渐把城市变为一个既有一定范围，各部分之间又互相沟通的整体。（这些想法在《绿地研究报告》中有具体阐述。）

可惜现在的中山东路、中山西路、中山北路、中山南路，都没有绿带。

（2007 年 8 月 5 日）

上海土产展览馆蔬果馆、药物馆、烟茶馆、林产馆规划

设计时间： 1951 年

    1951 年，上海举行土产展览会，把整个跑马厅全部收归，布置土产展览会。展览会分好多项目、展览馆。有三个是陈植设计，一个是谭垣设计，还有四个馆没有设计：蔬果、药物、烟茶、林产四个展馆。因为时间太紧，他们两个人都不接受。正好程世抚在都市委员会跟我认识，他是公务局里园林处处长，这个建筑归他负责。没剩多少天，他着急了，找到我。我说可以。

    因为另外两个馆是木结构，木材都是剩下来的洋松，到我设计的时候只有两种尺寸：12 尺（3.66m）、14 尺（4.27m）长，别的尺寸没有了。设计只能用这一种材料，剩下的都是地板、墙上的鱼鳞板、顶板，都是木头的。他说你三天设计行不行，我回答说好。

    我想参展交流的所希望的是不要漏看，一般群众量大，要考虑的是易于维持秩序。所以，馆内应该一条流线贯穿到底。除此之外还有气流、光线，也不过如此。既然只有这样的材料，中国传统建筑就是构架，我把构架一榀一榀联系起来贯穿，折角的地方多一点材料变化就行了。我想就设计一个构架，根据这四个馆需要多少算清多少榀。实际不过一天两天，设计就基本定了。

用土产会后拆下的材料建成的公园陈列馆

　　我粗粗画了一榀构架和总体布局，约了傅信祁第二天算了算构架尺寸和开间数，立即报给他们，一下子百分之八九十的材料可以动起来了。给他几个拼凑的剖面，他就去照样加工。一方面加工，一方面立架，拼好了竖起来，所以很快就成功了。

　　决定这个设计构思与建造过程的时间太短了，但我还是很满意的。它的形态也不难看。有一个木材馆，我要他们找几个带皮的树，没加工带皮的，这样作为一个大门的布置，还有点意思。木材馆还有室外的一部分，所以曲曲折折的室外要布置，这样整体人家转一圈出来很顺利，而且蛮解决问题。陈植的馆在南边，我的四个馆面对国际饭店，正好形成一个小广场。

　　后来两个馆的木材拆下来，还是这样一个结构形式，重新拼好后，摆到了中山公园。

（2007 年 7 月 22 日）

上海同济大学和平楼

设计时间： 1951 年

"三反五反"运动、"思想改造运动"的时候，事务所还没停顿，学校指派我设计和平楼。当时就我一个人设计，后来派来丁昌国当我的助手。所有的梁、板都是他计算的，图是我画的。

我把底下的窗稍微做窄一点，上头的窗稍微宽一点。这样就使得两层楼的建筑看上去底下稳一点，上头稍微轻一点。这个动作很小，但是我认为这种很小的地方、很小的细节正是建筑需要的。

对于建筑设计，我无论如何总会想点"花样"。所谓"花样"不是玩花样，里头得有点"东西"，这个"东西"要有一定启发性。

(2007 年 7 月 22 日)

武汉同济医院

设计时间: 1952 年

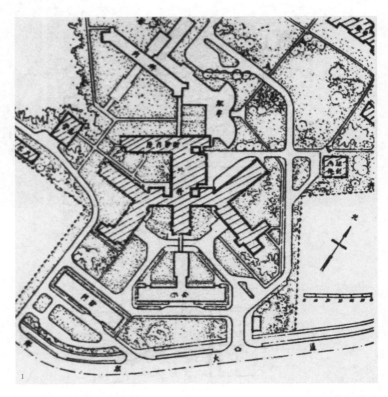

图 1. 武汉同济医院规划总图（1952 年）

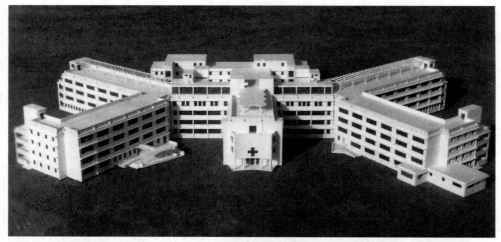

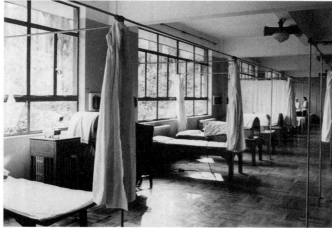

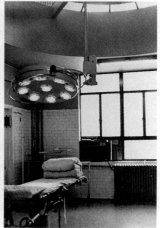

图 2. 模型照片
图 3. 病房
图 4. 手术室

医院的设计很快，连结构带建筑不过半年。我先布置一科一科的分段草图，然后把它发给各个科，问他们需要什么设备、安装在哪里，怎么样安装，组合起来完成草图。然后把设备组织起来：管道、线路都是暗的，都可以打开修理。

建筑不过四五层，但是当时要讲经济，因此墙柱的上面和下面厚度不同，里平外面不平。家具、设备、器具可一律安排，床位安排也上下一致。

从东湖客舍到医院，都是钢窗。当时钢窗很难找，东湖客舍好容易找到一家施工单位，所谓"包作头"，有货，是瑞典的钢窗，窗格子是横的，医院的窗户也是外来货。但是尺寸只有两种，再动就要加工，一加工就麻烦了。所以医院的窗户当中两扇对开，上头一片玻璃，底下一片玻璃。这也有好处：因为底下窗户最好不动，沿窗台要摆瓶子罐子。药房、化验，都是希望又要有光，又要底下不动，中间可以动，上面也可以动，正好符合要求。假使要再大一点，那就上头两扇，底下一片玻璃。比起现在，当时设计的自由度差多了。

我当时已经在结构上考虑到暖通，这个很重要，不然后来加上去很难。例如广东一个大旅馆建筑，开始设计的时候没有考虑暖气，已经建造差不多的时候，一定要装暖气，那么大一个旅馆，安装很麻烦，它的梁管道过不去。我那时候，草图就考虑这个问题：主梁是纵向的，次梁是横向的，那么次梁下，大的管道都可以摆得下。并且连竖井都留好。后来医院的管道就装得很顺利。

现在基本格局和细节都还在，植被都起来了。树长得很高，环境很好。当然，现在这里变成闹市区，周围建筑比当时多。

(2007 年 7 月 18 日)

上海华东师范大学化学馆、数学馆

设计时间： 1952 – 1953 年

　　华东师大的化学馆、数学馆，跟我一起设计的是陈宗晖。我们先设计了化学楼，后来数学楼顺便也交给我们设计。

　　两座楼一西一东面对面，当中北面的建筑是陈植设计的。我记得当中这个建筑是后来建的，为什么？假如不是后来的话，我设计起来，化学楼要跟它配合。现在它跟我这个完全不是一个味道。所以实际上是我这个先有，它应该要考虑既有的环境。它没有照我的味道设计。假使我设计，我倒要找它的味道。这是我基本的一个设计原则。环境要考虑，不光是内部功能，外部环境也是要考虑的。

　　那时我只做了一个很草的图，主要的是进门阴凉山上缺了一个口，这个正口的气势倒不错。

　　陈宗晖和我一块设计，在组里头，他算助教老师。当时带毕业班，有个叫朱保良的学生，那个厅我教他设计。化学楼的进厅，看起来比较简单，教学生要教得很具体了。

　　我说，这个进厅，因为进去以后就直接上楼梯，没有别的地方（停留），一般是这样的做法：上头是两层，有一个平台，这都是很普通的。我让他做一个剖面：进门的时候，这楼梯是两段的楼梯，这楼梯到底要多少级？如果要在这个平台上挂张像，你进大门以后先看不看得到头？看不到头就没意思了。也就是考虑在楼梯的平台摆有一个像，当时不一定是毛主席像，那时还不提倡这个。只不过想，总有一个东西。设

华东师范大学化学馆

计人的思想上不想让人一进门看到都是两条腿，那样情愿什么都看不到。这个剖面要做到：一直看到楼梯上的情况是怎么样的。

楼上也有个厅，这个厅一直到大门口，到这儿已经有个栏杆，在这一点上空间有个变化。这点空间变化你看看具体怎么设想？先要有个东西让他自己研究一下子。

其他的：室内是一条窗轴线对齐两个试验台，一排一排。试验台的中心距离要对应窗户尺寸。窗宽小，就对应四个窗，这四个窗都对应试验台摆起来。试验台边还有一些老师坐的地方，就沿一面墙摆一排桌椅。这样整个窗轴线就很密，但是结构柱不用这么密，是几个窗轴线中才间隔一个结构（线），柱子跟窗间墙一样大小。

我那时在外面，把结构柱所形成的格子突出，所有的格子都是斩假石的，所有填充墙的部分都是白的，那么就是一个灰白相间的构图。

后来他们没问我们，全部改成白的。我说这完了，没意思了。

（2007 年 7 月 18 日）

南京水利学院
总体规划及工程楼设计

规划与设计时间：1953 年

南京水利学院（现河海大学）工程馆

1953、1954 年我设计了南京水利学院。南京水利学院在城区的西南，是山区，校园规划是我做的。

我去那儿画了一个比较粗的方案，之后就照做了。它的特点是：进门那个地方是个山坡，里面有个小的盆地，我在山坡上切一个口，两边是削下来的。

这倒很好，我看别的大学还没这种气氛。

照片上的是它头一个建筑，当时叫工程馆，是我和王季卿设计的。

有几点是我的意见：

一个是大厅。一般一进大厅，当中是楼梯上去，它的大厅正好也是三个方向：一个通往上课的教室，一个通往后面的实验室，一个是楼上的课堂。那就一边上楼，一边到教室，一边到实验室。我说这样的话，不如把楼梯藏起来，摆在旁边，这个大厅就干净了。对面我可以放那个大画。水利学院的这个楼我参与的比师大多，意见也比较多。这样一来，大厅就舒服了。

而且前面的大门，不像一般的大门，顶多有一个踏步，整个地方是一个广场，有个地方上去一两步，这样空间就丰富。门的位置摆后一点，室外空间就比较亲切。

造好了我去看过的，我自己也觉得这个蛮好的：整个建筑是一个院子，实验室部分是个院子，门厅这里又是个院子。

(2007 年 8 月 13 日)

上海同济大学中心大楼 19 号方案

设计时间: 1954 年

当时中心大楼有好多方案,每人一个方案。那么我算是头一个提马头墙的。

过去中国一讲到民族形式其实就是北京形式。从来没想到过其他形式,为什么不能做做其他形式呢?为什么非要用宫殿的形式作为民族的形式?所以我就来了个民居形式。但是我自己想那个时候还是比较幼稚,结合得很勉强。

后来汪定曾做的鲁迅纪念馆,也是马头墙,那时正好是马头墙兴起,大家都接受的时候,他来个马头墙就对了。我这马头墙方案没造成功。假使真的成功也不好:一个是尺度不对;尺度还是小问题,主要是思想偏了,还不是一种整体的想法,它超出于实际要求,也超出于一般想象的东西。假如真造起来,我现在也难过得很。可是那时候还是有历史作用,没造是更好的历史作用。

(2007 年 7 月 18 日)

华沙英雄纪念碑竞赛作品方案

设计时间： 1956 年

华沙英雄纪念碑方案

　华沙纪念碑,我的方案比较简单: 就是两块墙,上面有个盘旋的一圈透明的东西——松的,就好像"解放了"。

　我的这两面墙用的是黑色花岗石,上面用一些线刻表达一些意思。那时我找林风眠说,你给我勾两个吧,他就给我勾了几个人。可惜这个方案的图纸我没有保留。

　那时克涅谢夫在这儿,他来看我们的几个方案,倒是蛮赞成我这个。可我自己觉得也不很好。

(2007 年 9 月 18 日)

苏州医院和昆明医院方案

设计时间： 1956 – 1957 年、1964 年

　　另外还有两个医院是我带人去设计的。一个是苏州医院，当时的苏州市医院，这个医院本来要在苏州城里面。1956、1957 年，做了方案，施工图没有画。

　　另一个昆明医院，和同济医院差不多大。医院它是几个支，几个支是有好处的，每一支都变成尽端，这样的布置比较好。那么云南医院是高层，它要高一点，而且它还要复杂一点。因此我们索性把中心部分放大一点，由中心这块——也就是进去后的一个中心广场，伸出去六个角——平行的六个角，所以我们叫它"一点通六路"。这就是云南医院的设计。后来他们又觉得太多、太复杂，不乐意照那个做，但是又不能没有图，所以估计是要我们做了以后，他再抄。要的就抄，不要的就去掉，这个意思。

　　这两个医院和同济医院差不多大，是没有实现的两个医院方案。

（2007 年 7 月 22 日）

北京人民大会堂方案

设计时间： 1958 年

1958 年，我和黄作燊、赵汉光被指派到北京参加十大建筑概念方案的竞选。

我们三人提了一个人大会堂方案，不同于其他方案，没有入选。后来传说是由于不是民族形式而受批判，那倒是误传。为什么呢？我认为这个方案：一、南北轴；二、多瓣中心型薄壳顶；三、广场立面与天安门大墙的气势，甚至形、色协调一体。恐怕说没有民族形式是说不出口吧。

我认为方案还是很有特色的。强调南北轴，中国的皇宫就是这样。大会堂东边的太庙，也是南北轴。一个是南北轴：从北到南，先是人大办公、人大会堂，然后两边是小的会议室，再南面是政协，政协南面是平时的办公楼；这样一层层递进，当中进大门，人大会堂跟政协之间是个院子。这条线，从南到北，看起来好像一个墙一样的部分，上面有大大小小的洞。形体一边是平的，当中是一个大会堂，院子进口的地方我们做一个弧形的。为什么呢？全体照相，就在这里照了。所以院子的半径就是根据照相的要求来的。你照相时外面车进出都没关系，正常的交通还是可以保证的。

图 1. 人民大会堂方案透视图

　　因为中国的建筑，不是看形式，而是看一个理念。它跟次体、再次的次体互相之间，有统一的关系。南北轴是它的核心。这是内心思想的一种逻辑统一，不光是形式统一。有的还要滑稽：一个北海，南北轴主体，旁边几个次要体离得老远，已经隔着树林子，它还是南北轴。因此它是心理的统一，不一定看得见，是这么个东西。为什么？是因为太阳的关系吗？不是的，它是要互相之间有这么一个关系。要求形式有统一，有对比，或有主次，这都是外国的、西方的东西。后来建成的这个人大会堂就是外国的东西，是不是？所以我们当时的方案是南北轴，主要的特点在这儿。

　　另外一个特点是屋顶，倒是我的主意。因为当时设计公交公司造了一个薄壳，所以这里搞薄壳也是我的主意。这个薄壳是花瓣形的，集中式的。这样一来，我们看到的是很长的一个建筑群，上面是平的，挖的洞或鼓出来；当中大门进去，上面是通的，下面进去。现在的位置跟天安门的城墙是呼应的，不是忽然一个很实的东西。一排柱子，那是西方的东西；这是整个一面墙，甚至还用红颜色，并不一定完全照那个红色，变一下都可以。这样广场就成为很整齐的一个广场：这边是墙，上头一个天安门，那边也是墙，上头一个薄壳顶，对面这边再来个什么，整个就变得比较简洁了。

　　所以这个方案我们当时三个人还是琢磨得很多的，应该还是不错的。只是没入选，

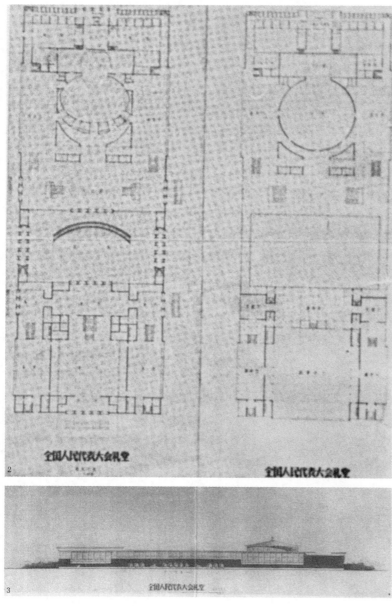

图 2. 人民大会堂方案平面图
图 3. 人民大会堂方案立面图

官方并没把这个方案作为批判。我觉得这是我一贯的思想：并不是非要西方的洋东西，我就需要中国的东西。

　　如果现在选择，胆子还要更大一点。当时我们的方案还是太规矩，在墙上突出的几个东西，我觉得不够。我觉得一条线还要完整：天安门广场既然已经是国家主要广场，应该完整。我不主张高层，这里做高层不相宜。如果北京要有新的东西，应该跳出这个地方做，那你就完全自由，不必考虑老的东西。而这个地方，它的特点那么强烈，不只是一个天安门，一排进去，从广场到前门都是一个东西，所以还是应该按老的东西做。现在那儿完全变成新区了。

（2007 年 7 月 25 日）

莫斯科西南区规划方案

规划与设计时间： 1959 年

1959 年莫斯科西南区住宅区规划，我认为也是得意的。这方案有不少特点。

用地百分比都是他们给的，照他们的给法，那是一个很好的住宅区，绿化可以非常好。我们当然充分利用。所以每个组团高低结合：一部分高层、一部分低层、一部分联立，一组一组，散布在绿化里面。并且数量都是平衡的：组间的户室比、建筑类型比都仔细平衡。道路也不一样。高层的进口在哪里？在交叉处，这样进去。因此，布局就不同了：（总平面上）就好像一朵花一样。这不是随便画的，是李德华想到的做法。我们当然反对不合理的东西。

还有一个合理的，是他们那儿不在乎东西南北。但毕竟北面不好，因此一幢高层公寓面向东、西的部分厚，南北向部分薄，平面上就是一个有厚有薄的十字架。他们跟我们不同，不需要穿风。有厚有薄，总体上就很有味道了，这种做法那个时候也比较少见。

我们用什么做模型？用的是中药。一片片的代表树丛，有的是铁丝网剪成一片树，金的。模型本身就很漂亮，也可以讲那个时候是不多见的。照片、幻灯片都有。

这个方案本来说好交给同济做一个，北京设计院做一个，两个方案同时送莫斯科。没想到送到北京，变了，说是要做一个综合方案。已经到了北京，要综合就综合了，主要是我跟戴念慈负责综合。一综合就完了。基本采取我们的布局，但是这个厚薄，

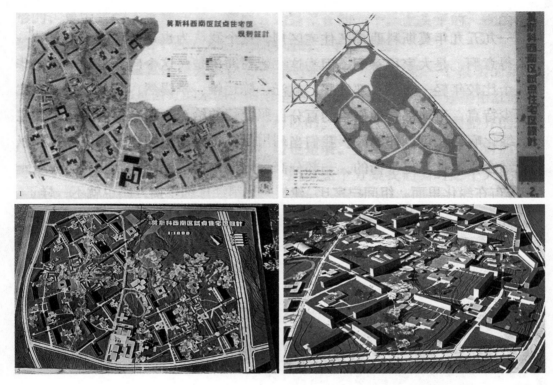

图1, 2. 莫斯科西南区试点住宅区规划（一组）图纸
图3, 4. 莫斯科西南区试点住宅区规划（一组）模型

说是难看：忽然间这么细，忽然间这么厚，说要厚度一律。还说一律有好处，好分配。那么这个特点就没有了。再加上我们是有规律的，高层、中层、低层，小变化、大统一。他们一定要自由布局，也变了。最后这个综合方案不三不四。送去的就是综合方案和北京方案。

　　因为后来颁奖了，只有这综合方案得了奖，二等奖。真是可惜的很，一等奖是捷克的，没我们原来的方案好，没我们在自由中原则性那么强，更自由一点，也不错。

（2007 年 9 月 18 日）

杭州花港茶室

设计时间: 1964 年

图 1，2. 花港茶室模型照片

　　花港茶室位于杭州西湖的花港公园南部，是一个水榭式茶室。临水处，船只游移；远处雷峰塔、苏堤、蒋庄、长廊……风景如画。

　　其实在设计的时候，我想到我的叔叔结婚时的大篷：挂满大红喜帐，很热闹，但是又与土地很亲和。中国的东西就是亲和土地啊，都是往下沉的。思想都是往下沉的，不是西方的拼命地向上去。这样，这个茶室就有点味道了：让大的屋顶盖着，底下容纳很多人。

　　我去送茶时感觉到：画建筑图，向来没画人，有人也是那么几个，有点尺度啊什么。但你不知道，茶室满座的人其实也是蛮漂亮的。他们应该在设计当中被当作一个元素。你从湖那边看过来，它这儿一片人，就有味道了。没人，它反而没味道。所以平台的大小啊，也是根据有人的情况：脑子里先考虑有多少人在那儿，才有平台的大小啊。不然设计的大小就是完全凭构图，这是不行的。

　　茶室建成后，"设计革命化"时遭到批判，被强拆乱造。

（2007 年 9 月 18 日等）

北京国宾馆方案

设计时间：1972 年

北京国宾馆方案模型

国宾馆就在紫竹林，那个地方离皇城很近的。那时候要造房子，于是说不要把外宾的窗户对着北面，都只能朝南。好像朝南他就看不见了，我说这东西，他就没有别的办法看了吗？后来想这样幼稚的很。

可这个东西我也想得不是很清楚，感觉像是防外宾的，现在房子怎么做都好，另外叫这个房子每层楼有一段都是主席、总统级的卧房。上上下下的，一层有两个：东面一个主房，那个国家的总统，这面另一个国家的总统，当中是共同可以合用的。这不是开玩笑嘛！哪有这么些主席、总统到你这来住一个大旅馆的？现在想想完全是滑稽。这个说的难听点，还是避暑山庄的味道。避暑山庄就是自己在当中，周围就是各国的，我们的属国啊，一个一个的都围着避暑山庄。

现在我很清楚，那是绝对的错误的。但当时也说不清楚：那个时候刚刚在乡下受教育，一个是脑子不敢想，另外恐怕也想不到那么多。但又总觉得不合体：那么多的领袖都住在一个旅馆里头，这个事情要多少啊？上车下车哪个先哪个后怎么安排？像这样问题很多。所以像那个设计，可以讲是最最差的。

（2007 年 7 月 18 日）

北京图书馆方案

设计时间： 1973 年

北京图书馆方案

　　说到北京图书馆我来劲了。图书馆这东西抓得住：它是好就是好，不好就是不好，而且具体得很。

　　法国巴黎图书馆也是这样，要分类，巴黎是分了四个，我们那时候就想分文、理两类。那时不像现在这样有很多思维。那时库房要很大，现在都不需要那样大，但是基本的想法差不多。

　　我先在上海设计院里搞方案，最后方案集中到两个方案，一个方案是我们这一组人搞的，最后上海取这个方案拿到北京去。

　　拿到北京去的方案很多了，全国各地都有，所以在上海的时候，我就准备到北京首先提个评判的标准，评判的一些点。我想，一个人到图书馆，首先大的分两类：你进去以后检阅书目，拿了书、或别人送来书给你去阅览。这条走路的线平均多长，多少位置、这些路线多长是可以比的，我们就搞了几种路线，计算长度。北京那么多图，我就照这个方法一张一张计算，人数乘距离是多少，总数进行比较，一比较下来，可以相差几倍。

　　第二个标准，当时一定要用自然光，不像现在这样日光灯采光。大部分靠外窗的自然光，当时条件是少量大厅可以用里面的灯光。我们就采用了很简单的计算方法：把阅览室窗面的长度（就是外墙那边），总数算出来，你这个方案多少，我这个方案多少。这是衡量自然光的标准。自然光窗面长度一比较，相差相当多，差一倍、两倍、三倍都有的。

　　几个东西这样比较下来，大家没什么话讲。没拿方案前，都讲好了这些条件。大家同意不同意？都同意。所以这样做的话，大家心服口服。在领导那儿，你说这个好看、那个好看，没用。但当时就是这样，开始没有这办法，就是看外观，甚至按两个塔到三个塔到四个塔分类，但它不是使用上的分类啊。这样计算之后比较，我们的方案算好的。后来根本不按竞赛结果，还是北京设计院设计，不过我们的竞赛对他们还是有影响。

（2007 年 7 月 18 日）

论方塔园规划

规划与设计时间： 1978 年

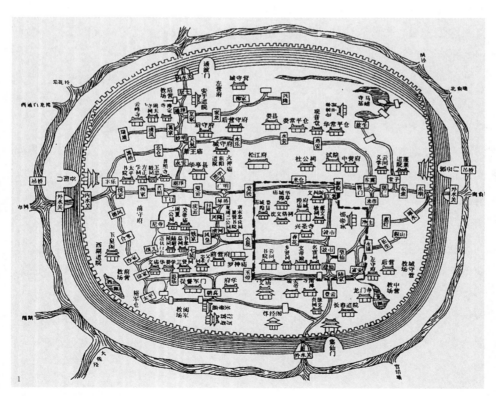

图 1. 清代松江府城图

一、规划背景

你看有多少机会真给我设计？所以我遇着一个设计,就要用点心了,这样的话才行。

文化大革命过后期,我被下放到乡下务农,中央把我调回来,参加几个项目的设计,一个是国宾馆,一个是北京图书馆。假使不是中央把我调回来,还不知道什么时候回来呢,所以还是好的了。那个时候,做设计是战战兢兢啊,不敢越雷池一步——叫我怎么做,我就基本怎么做。另外呢,我确实也只能这样,再进一步不可能,没这个可能,没这个条件。

(2007 年 7 月 18 日)

在那个年代,要想在设计过程当中有一些现代的东西出来,不大容易。自己脑子也不是想着这上面,因为觉得没有这个可能性。外面的资料也没看了。当时不是完全没看,来了以后去翻翻也有的,那只是翻翻,不行的。

直到 1970 年代末期、1980 年代才感觉到,有这种可能性。这个时候开始,要有点东西出来了。方塔园 1979 年就有这个事了。这个事很慢的,开始都不晓得有现在这个规模。

隔了那么长的时间,在这种情况之下,忽然有这么多东西来了,那当然要好好地做做。完全不在乎什么报酬……那些都不想了。能做,大家很开心地做,组织几个人,也好几个人了。

(2007 年 7 月 18 日)

小的公园设计,1950 年代也没断过。和园林局有来往,所以要开发一个园子都要去画画的。大一点的是动物园了,开始做西郊园林,我还有总图,他们要搞一些建筑,廊啊什么,当然要这样搞,中心一部分也可以,我也规划过。很多园子我都提过意见,但没有哪个具体的园子是我自己设计的,只有方塔园。

方塔园是程绪珂那个时候三个园子的任务:一个方塔;还有在城外的古漪园,这个交给杨廷宝了,直接是不是杨廷宝在做我就搞不清楚了;还有一个是园林局自己设计,搞的是不是植物园我就记不起来了,也是一个扩建的。

方塔园植被改造地块分布图

图 2. 方塔附近原状
图 3. 植被改造地块分布图
图 4. 从草坪看方塔和天妃宫

这三个园林设计，园林管理局希望三种不同的构思方式。先是请南京的杨廷宝他们挑一个——古漪园，已经有个园子，有东西在那儿了，很难说风格有什么不一样，做起来也比较简单了。也不会对古漪园有什么意见：原来就有个东西，怎么把它修修、做大。方塔园从头开始，空白的，就比较困难一点。我倒是蛮开心，我确实跟他们方式不同：方塔是建筑文物，考虑文物的问题。还有就是基地，当时讲起来很不利，塔的标高相对马路是低下去的，周围乱七八糟，一块一块的洼地。

有的时候就是这样，我还不喜欢一张白纸，我情愿有东西、有困难，我倒可以思考怎么解决。塔，讲起来是个障碍，正好这个才能说明方塔园应该这样，你怎么照它轴线都不行，所以也有好处。

方塔园 1978 年投资了 500 万元修方塔，当时赵祖康还是副市长，他说，以前他家就在前面，然后说方塔不能让它荒废。然后就是程绪珂来了，构思建方塔园。

第一期 1978 年 5 月到 1980 年完成，第二期是 1981 年到 1987 年。一期就是北大门和广场，但整个草皮和水要挖深，那个概念已经有了。第一期就是征地、迁地、地形改造、迁天妃宫。那时基本有个草稿了，不然天妃宫摆什么地方呢。他们从建筑讲：第一期，第二期，告诉我们开始。我早就动起来了，人也组织起来了。

（2007 年 7 月 27 日）

二、整体布局

（一）地形整理

到了 1980 年代做方塔园，当时有人说，1950 年代做的还比较现代，方塔园怎么又突然成了一个大屋顶了呢？怎么又成了中国形式的了？我说，这不是主要问题，这是形式，这些还是侧重体现了我一贯的思想过程的。

就说东湖的两区两所，就已经是风景区的建筑了。那个时候，我们也是按照风景区的首要因素理解、联系四周的环境协调。不是从自我出发，而是从一个建筑看上去，四面八方都要联系起来。

方塔园，我还是用的这个方法。首先一个，方塔园当时有一个好处，它的南边基本上没什么建设。也有人说，我们能不能从东边限制一下新建筑的高度？我们光设计方塔园不行，做好了以后周围怎么办？我们讲了一个先决条件：东面、南面不可能有高层，北面有一个五层楼的工房在那里，很不好看，所以周围这个问题得首先解决。

然后，这个基地原有的经费也很少，不重要的地方不花钱。当时在塔的南边堆了瓦砾，塔的西边现在是一座山，当时也是一堆瓦砾，这两堆瓦砾，将来造地形可以省一些费用。广场东边现在的一个小山堆也是原来的，我基本是完全保留这些原来的土堆，保留以后可以再加大。当时东面的一堆我就加大了，因为北面的五层工房很难看，所以堆土就要堆这一块，把它加大，这是讲地形。

（二）塔院广场

另外就是，塔是主体，我们整理地形主要是为了它。首先，它太低，从北门进来到塔，相差差不多 2m。所以，塔无论如何要最后到跟前，下来一点才能看见。

广场，我们就是根据这个定下来的。所以，无论如何，塔要再低下去一些。我们现在做的这个斜坡，下去前面就是硬地，已经很勉强，再少不行。但这个广场的高度已经到了最高水位线，不能再低下去。这样一来，我就决定：广场往下低下去，建好四周让它能保留的高坡，这样，到达塔，就有一个层次。

我们觉得广场很重要。因为广场有几个东西：一个照壁、一个桥、方塔。后来就决定，要把天妃宫从苏州迁来。不管要不要，决定先迁来。后来发现，迁来不错，我是赞成的。我为什么赞成呢？方塔园作为一个露天博物馆工程，方塔的分量不够。

其实不能讲它的分量不够，因为还有桥啊……零零碎碎的还可以。那时候已经搬了明朝的楠木厅，我觉得很好。广场就有塔、天妃宫，还有两棵大银杏树把它挡着。基本上当时保留的大树有五六棵，这里两棵是最好的，另外就是东门进去的垂花门两边正好对着两棵大的银杏。这两棵正好遮挡了广场。所以，这儿还有几样东西，做起来就很有做的意思了。

（三）南草坪

草坪这里，基本上就是南边游园的主要方向，所以南边就稍微堆点土，做大的斜坡。草坪上的一边岸线是硬的，一边是入水的，又有点变化。原来还有几株竹子，这个我们也照它原来的样子保留。大的格局基本上是这样定了。

(2007 年 7 月 17 日)

（四）北门

当时我们做了个北大门，里面怎么样还没定。塔院做了，所以说，跟塔院有点关系。对北大门整个的大小只有个模糊的概念，一定要大气，再多也不可能了，也还是一步一步地增加。但是，到做塔院广场的时候，基本上思想都定了：大水面、大草坪那都有了，这个北门一定要从整体考虑，当时还没那么清楚，反正这三个东西一定有"分量点"。

(2007 年 7 月 24 日)

（五）甬道

然后就考虑从北门进来。游人肯定是从北门进，因为北门那里有一块窄地进来，进来后右手边是一道墙，这道墙的界线就是园子原来的界线。而且非常好的是：沿着墙有一排树，这排树在那时都有点蓬勃，这就很好了，等于路旁边有一排树。但这些树是歪着的，不是正对着塔。那也正好，如果是直对塔的话，往下看塔，不舒服。所以，左边就不再做墙，这边用花坛，正好，花坛曲折的线与另一边的直线形成了曲折对比。

如果路是一直这样低下去，给人一种往下走的感觉，所以我们的路是用一块板、再一块板，这样一点一点错开，让人走路有一种变的感觉。这样的变动，就能让人少抬头。因此，差不多到了再抬头，这样下去已经到广场了，问题就不大了。

(2007 年 7 月 17 日)

（六）东门

然后是东门的问题。东门从市区进来，原来以为从市区进来的人多，实际上还是从北门进来的人多。

现在看来，东门当时是看重了点，没有北门自然。如果东门现在做，我会将它缩小一点，进去的院子也没必要那么大。一进去，应该直接到那个塔，结果用院子、墙一挡，好像有点不自然。

另外，从东门进来正好对着竹林，看不到塔，而使得游人一进来就看见北边的两棵大树。那两棵大树，我估计是过去别人墓葬的古树，所以就做了一个小的垂花门，引人到北边去。

（七）堑道

又在北面做了一个堑道。这个堑道也是事先想好的，因为要挡后面的五层的工房。做"堑"就是两边堆土，所以就把北面的土堆了，然后就做墙，否则挑土的工人就麻烦了。做了堑的墙后，再堆堑南边的土，这些土基本上都是用园子里的土，正好差不多够用。

堑道，我主要考虑，要跟方塔的主体广场组成一定的关系。所以它虽然只是一条路，

图 5. 东门

但路有一定的分量，像北门进来的那条路一样，都要有一定的大小，太小就小气了。

（八）茶室

最后就是堑道到了尽头，有一个吃东西的地方。本来准备是做一个茶室，方案里做了，当时没钱，白做。后来想，白做也好，因为总体上不是很重要。

（九）水、土、石的处理

水，基本上就是原来的这条小河，把它扩大，然后，取土也有地方了。通过取土，形成一个大的水面。其他的，就随它原来的自然状态。这里本来就是一个简单的小溪。水、植物基本上都保留了原来的自然状态。

另外，有些土方就在内部解决，然后通过高低变化，尽量自己解决。石头，我们用得也不算多，只有堑道上的石头是从外面运来的。

这就是整个布局、做法和思想。我想就尽量简洁明快，不要太罗嗦。

（2007 年 7 月 17 日）

论何陋轩设计

设计时间：1984 年

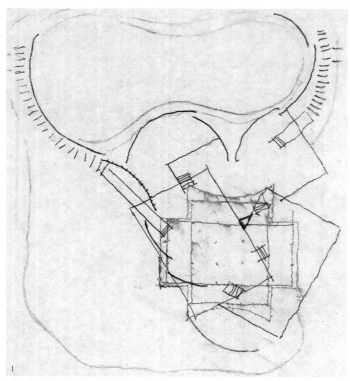

图 1. 何陋轩草图（冯纪忠手绘）

一、与古为新

方塔园整个园子，就是要把"宋塔"烘托出来。其实，搞方塔园的时候我想过，主要的思想是什么呢？就是"与古为新"——今天的东西、今天的作为，跟"古"的东西摆一块，呈现出一种"新"来。"古"的跟我们"今"的一块呈现出新的味道，主要是这个意思。但是整个味道是什么呢？还是"宋"的味道。所以，整个讲起来，我觉得还是经典的（Classical）。

我到了何陋轩，经典不要了，就是"今"了。这个"今"，不光是我讲出一个新的意境，这根本是我自己的，怎么说法呢？

我借着何陋轩这个题目主要就是要表达：一个一个都是独立的。不要以为：有主有次……我这个墙，有它不同的作用：挡土啊、扩大空间啊等等，它有的高、有的低。根据它自己的观点，它自己的任务，它的作用，可高可低，它是完全独立的。

但是什么叫"完全独立"呢？自己有中心，自己有自己的 Center Point。Center Point，不是什么"定义"给定下来的，我自己有自己的 Center Point。

（2007 年 9 月 16 日）

我不是讲："建筑也可以讲话"嘛。"讲话"的方式是独特的，用"建筑空间"来表达。当然不是所有建筑都可以表达的。所有的建筑都要讲话，是不可能的，而且不必要。

到何陋轩的时候，功能不是主要问题，只是喝喝茶而已，不过如此，夏天乘凉，还是很阴凉的，通风都符合，坐着蛮舒服的。大家都愿意去坐坐。要求是这样的，正好符合我当时的心境。

（2007 年 7 月 18 日）

我这个何陋轩，可以讲是钻空子了，因为没人感觉这会有什么问题。竹子草顶的东西，会有什么问题呢？根本没人注意。连造好了，他们都没人批判我。那么我就胆子大点，写出了那话——我没有抗拒，我还写出来了呢——写这《何陋轩答客问》，去告诉他们：我是"独立的，可上可下"。

（2007 年 7 月 19 日）

图 2-5. 何陋轩模型（图片来源：冯纪忠）

其实，真正喜欢攻击我的人，他们水平不够啊——他要真攻击我这个东西，我当时是吃不消的。你说，方塔园其他的……是什么"精神污染"？我精神哪来的"污染"啊？绝对不是。宋朝的东西，绝对不是"污染"的，宋朝人只是表达开朗心情的。

（2007 年 7 月 18 日）

何陋轩，1980 年代之前，你没办法实现，1980 年代之后，也没办法实现，你今后也不一定能够实现。这是夹缝里头才能够钻出来啊——要有一个很好的甲方，以及一个相应的时代背景。做了以后，我也没什么懊恼了。

（2007 年 9 月 15 日）

何陋轩，感性比理性强多了，跟条件有关系。这个建筑可以这样，但理性基础没有大破，其他建筑不一定能套用这个办法。夏天坐坐，吃点茶，可以啊。假使用墙围起来，变成冬天好用？傻了，没法变啊！那完全破坏了。

开始是不是全感性还是有理性？不一定，总的是感性和理性混在一块的。要是功能不合理，我不会那样做的，那违背自己的思想。

现在看来蛮好，那么多人坐那儿喝茶。我看去方塔园的多数人最后都是去喝茶、乘凉。也符合我的总体考虑：你兜了一圈，先去看"古"的东西，已经走到这个时候，要休息，还搞一个亭子、走廊，那不符合功能，整个的艺术性也没有了。基础还是功能，不是没有。

何陋轩，在整个方塔园里感情最冲动、强烈。一挥而就，很多是后来想到的。我总觉得，设计是一步步的，这个太快了。我心里急着要快，因为不快可能又要拆了。我说，做好再讲，跟我思想符合，用简单材料很快做起来——这个原则不动的。

我不愿意解说，但我就是要解释给你听。像大门，造好了，要我拆，情况不同了，我就妥协嘛——北门那个"辅柱"就是妥协嘛，到时候锯掉一点，还可以合理。表面合理还是可以，给人错觉是个"摇摆柱"，这个就是妥协。有些不愿妥协。

（2007 年 8 月 5 日）

二、总体构思

第一期设计时，何陋轩这个地方是准备摆一点建筑的，但还没想好摆什么建筑。后来反正也没钱了，就根本不动了。

第二期，要开发何陋轩那一块。人们都主张我搞一些亭子或廊啊，兜圈子。我心里想着：不行。分量不够。我想，无论如何要和天妃宫、楠木厅比，有一定的分量。所以就根据天妃宫的大小来设计。台基平面的大小相当于天妃宫平面的大小。也就是说，把它作为方塔园的一个点。

既然已经离天妃宫那么远了，而且人走完那个距离，视野也需要一个停顿。这个停顿，要跟几个大景点的分量相符合。所以说，它有一个"篷"在那里，就不要什么亭啊、廊子的。

另外，三层台基平面是转动的，把"变换的时间"固定下来。不同的方向轴线不同，这样的话，整个台基的空间就是变的——它既能够跟宋的味道呼应，又要有一种变动的东西在里面。它并不跟往常的那些功能矛盾很大，它的规模很简单，但有点东西的

图 6 何陋轩外景

变化比较大。

那么，怎么个"篷"呢？不能花钱，所以就做竹篷。并且可以搞活一点，因为那个地方靠近南墙，应该与外面有呼应，是想象的呼应。当时从松江到嘉兴一带乡间有农舍，都是翘角的，弯得很厉害，而且有四落水。这"四落水"是别的地方没有的。一般来讲，乡间的建筑不准有四落水。当时我就有"想做四落水那样"的意思，但后来做着很不好看，范围的大小不配，所以还是用歇山。这样的话，屋顶弯了，其他的就都要做弯的，配合起来。

做了以后，有些细部。如：屋架，用黑的、白的漆，这个我也有解释。屋架的整体结构，从建筑上讲起来，就是把节点突出。节点突出，就会使感觉上整体的结构稳定。我现在相反：把节点涂黑，把当中的涂白。那么在暗的屋顶下，暗的地方变模糊了，白的地方就跳出来了。白的就游离于结构整体，不是加强结构整体的环节，反而相反——脱离整体结构，那就是"飘动"。

这样的话，在这个屋顶下，如果白的都是断开的、能飘动的话，整个屋顶就很轻了，就是再大也不感觉压抑。原来设计时，是这个意思。现在，不该上油漆的地方都油了，

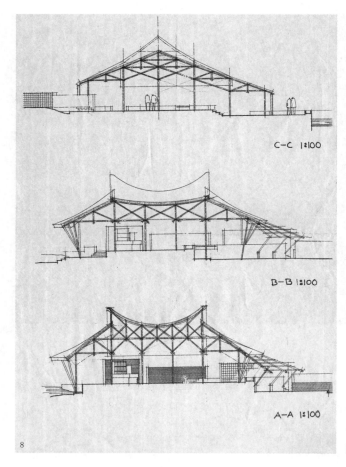

C-C 1:100

B-B 1:100

A-A 1:100

8

图8. 何陋轩剖面图

假使我们现在要修的话，这些地方都要重新修一遍。

另外，那三层地面的三个方向，所有的柱子都在砖接头的地方竖立，这样砖头铆合起来方便，不破坏大的方砖。柱上或座位旁，放上一些灯，一个是加强方向感，一个是加强柱子在砖头地方的一致。这样更加强调柱子和台基它们之间的密切关系。

进方塔园北大门的那边，甬道一侧有曲线的低矮挡土墙，所以何陋轩这边我想用实实在在的弧墙。每个弧线的中心点都不同，而且标高也不同。这样倒很好，等于清出了一个基地，有些弧墙对面就是水了。

设计就是这样考虑的。

（2007 年 7 月 17 日）

三、时空转换

"时空转换"这个难理解，比如说何陋轩这两个弧墙：东边一个，西边一个，太阳是从东边到西边，因此照到东边墙面上呢，它就是从完全黑的，西边是最亮的；到下午的时候相反，东边是最亮的，西边是黑的。当中的影子，也一直在变动；不是说"一下子变过来、变过去的"，它一直不断地变动。这两个墙的光影也不断地变动，这样组成一个不断变动的空间。

但是你在里头一下子，怎么知道？没感觉。应该有一定时间，所以空间要变化，或者是单体、水……对人总的感受的影响，有三个因素：一个是人的走动路线的长短，一个是时间，还有一个是变动的幅度。

（2007 年 9 月 16 日）

"总感受量"就是说在一定长度的时间里，同样的人，从他早上去，到晚上走，他总的感受量。假使时间太短，他没感觉到变化，感受量就是零。

对于"总感受量"，你到一个地方，它里面引线的长短，这是第一个影响因素。第二个因素是你花了多少时间在里面，时间的长度。第三个因素，就是它里面的丰富性，空间变化幅度的大小。

假使两个人，在同一个园子里，时间也相同，都是在里头待了三个钟点，哪一个人走过的空间路线长，总的感受就大。

假定同样一个园子，同样的路线，我在里头待了三个钟点，而他待得时间很短，那他肯定是要比我这个的感受要少的。

如果时间都一样，引线长度都一样，像何陋轩，到那里就坐下，一坐就感受它的变动，一直到走，不是"从这个地方到那个地方"，那么这个引线一直是零，速度和引线这两个量都为零，就靠"丰富性"来增加他的总感受量。

丰富性是怎么来的呢？就是里面的空间怎么变化，变化的幅度是怎么样的。何陋轩的这个空间变化，是不停地变，随时间一直在变，那加起来"总感受量"当然比人家多。就是这样的意思。

（2007 年 8 月 13 日）

图 9. 水对岸望何陋轩草顶

四、意动

我不敢说，何陋轩作用那么大，不过至少"动感"比巴塞罗那展馆大一点。同时，这个动感是随着我的"意"来的，我的"意"的变化是一个过程，如果它仅仅是一个结果，那好像还太单纯一点。

比方说，这三个台子，单个台子是不动的，但三个之间是变化的，而且它有一个动感，就是几个角度：30°、60°、90°，那时我的意思是，要表达出"我在选择方向，在改变"，这是有意的。它不是一个结果的效果，它是表达了这个意思。同时，弧墙跟这个影子的关系也是有意识的。那就复杂了，就不是简单的动感了。

我自己最满意的是何陋轩，现在的问题就是，它维持得不好。当时做的时候也只是勉强，有的东西，比如：竹子结构，没好好地再讨论一下，还有很多问题。但是不要紧，主题不在这个地方。

我的主题还是在：几个墙面和几个地面的转弯，再顶上稍微有点弯弧，使得空间中光影的变化丰富些。那么总布局，跟整个环境的关系协调。这几点东西，也是因为任务的功能比较简单才能表达出来。功能太复杂的东西，我怎么表达呢？用不上去啊。

(2007 年 8 月 13 日)

　　何陋轩的这个台子，就是"意动"，把三个大小差不多的台子，相互转了30°：先转30°，然后再转60°。还是有规律的，也就是有意这样做的。最后定下来：建筑还是朝南。

（2007 年 7 月 18 日）

　　全园讲起来，每个建筑都朝南。这也是中国的传统，是个不能动的原则性。所以最后这个建筑放在三个动的台子上，朝南，下面是几个动的。

　　我讲它是"过程"啊——这样摆摆看，那样再摆摆看，它是个过程。实际上这几块，正好也显示出对不同状态稍微有一点彷徨的心理。

（2007 年 9 月 16 日）

　　中国的东西，比方说中国皇宫的布局，它的一条主线是南北向，而且旁边的太庙还是南北向。没有像外国：主体是南北向，左右是对着面，像我们的四合院。这是我们的传统：它摆在哪里都是南北向。主要表达：我到底应该坐在哪里，我要寻找我的方向。

（2007 年 7 月 21 日）

　　何陋轩所有的空间都是从"意动"去考虑：三层台子我就是引发意动。不光是台子，就连那个弧墙也在引发意动。所以一直由内"引发"到对岸。

　　你想，对岸设计的这两块弧墙后来没有做，就差了一点，所以这两块弧墙一定有。所以无论如何要把这两段加上去。不要多，就这两块就够了，它是空间的延续。

　　不光是整个内部，包括外部——外面屋顶的屋脊和檐口的弧线，希望它都是能够动起来。他们不是平的檐口，而是各自独立的弧线，这些都是为了引发"意动"。

（2007 年 7 月 24 日）

　　现在，一进来，我们看到弧墙，前面加了两棵树，弧墙就看不出来了。那不是一个，是两个弧，两个都朝内：一个高的，一个矮的。这样一来，高的、矮的都一样了，这就不好了——没有高下的韵律啊。

（2007 年 8 月 8 日）

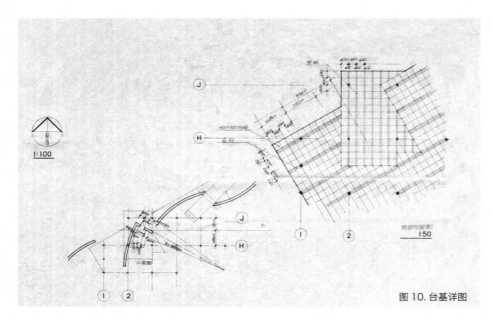

图 10. 台基详图

五、台基

台基的方向，表示我在寻找方向，所以这个东西就可以转动。转动到最后，是正确方向——南北方向。房子是南北向，但过程是一个时间和空间相互定位的、相互变化的过程。所以，搭个台子，按照角度转，最后把方向确定下来。后来，我把它定义成一个"时空转变"，这样很多人就懂了。怎样一个时空转换？你决定不了，所以转变——一会儿先这样，一会儿那样，最后，房子还要符合真理，传统是定在南北，跟老远的其他建筑符合。我们没有脱离传统，没有脱离大众，因为最后是正规的南北向。

（2007 年 7 月 19 日）

这个台子变化，我现在也想不起来怎么做的。做了几种变化，最后还是这个好，为什么这个好呢？它有规律：30°、60°、90°，有的是根据地形可以做变化；但是30、60、90 是一个规律，这个规律到最后才想起来——正好是这个三角板啊。我强调这个方向的变化。台子的每块方砖转的纹路更强化了这种变动。像这种细节的东西，我还是很在意的。

（2007 年 8 月 13 日）

图 11. 台基

图 12. 何陋轩竹结构

六、竹构

何陋轩是竹结构，因为竹结构我过去从事过。解放后，院系调整，要大发展，学生多了，校舍都不够，那时候我们都是搭草篷上课。草篷是 50 个人一间房间，当初那个大的草篷作为饭堂。饭堂真正要开个大一点的会，就把这椅子、桌子搬搬。竹结构的问题，就是不能做这么大空间，我们没办法考虑。竹匠考虑这个问题，就随机应变得比较多。我们看来是随机应变，实际上他们有很多程式我们不知道。所以当时我就照他们的意思去做，具体照竹匠来决定，我们就决定柱子的距离和数量。

那时决定就是：柱子都是在砖缝里边。它要两层台基，这个台基是两个方向的，所有柱子都在缝里面，台基也在缝里的位置，房子好像是插到这两个台子上的。而且两个台子本身就是靠着的，你看柱子都是插在缝里头的。

它还是一个有组织的房子，不是一个随便的房子。因为这个，台子上的为一条一条的铺地面，也是为了使方向更加明显，要这三个东西错开，错叠。

这个做到就够了，至于面上怎么搭的，就让他们去搭，因为我们决定不了。这个做了以后，就处理黑的、白的油漆。柱子是本色的，黑的是节点，杆件和柱子一道就是白的，这一列一列的节点的地方漆的是黑的，都被模糊掉了，主要是这个意思。

这个做到了，就是后来在施工当中没注意。下面的桁条漆成白的，把杆件的节点模糊掉了，其实，我的意思是不要白的，这个节点也不要黑的，用本色。用本色有什么好处呢？更显明这个白的一条一条的在上面飘着，我觉得对整个空间来讲更好一点。现在漆上白的，也还可以，基本上是这么回事。

（2007 年 7 月 19 日）

从外面进去，看惯了什么，看这么一个东西，感觉那么大一个空间，结构上头都是飘来飘去——就是"动"嘛，这是我们追求的。一般的建筑进去，去走三五分钟，给谁都是一样的感受。但是，现在这个建筑确实有这个条件，为什么？里头吃茶，起码两个钟头，老头去下棋，半天 —— 一大早去，到吃中饭。看时间、天气，坐下来聊天、下棋。三个钟头过去了，三个钟头收集的总感受量可以有这个条件。

"总感受量"就是空间变化的复杂性，再想到开发时候的"旷"、"奥"。这个时候感觉到"时间"的问题，现在讲"时间跟丰富性的关系"。所以搞了何陋轩，我才写《时空转换》。

时间的问题，在建筑上就可以体现出来了。要求在建筑上体现的条件稍微难一点，好多建筑你用这办法不大容易。正好我碰到何陋轩，可以表达。

具体施工讲不清楚，做才行，在旁边还可以，你一走，人家做了。而且搞施工的工人还蛮起劲，他不是跟你磨洋工的，他是竹工，而且从来没有做过这样的东西。

底下台子都是这个情况：这个是方砖砌的条子，三个台子方向不同，很清楚地面的方向感在变化。你说这有什么功能，有些自己编了，我讲你摆在那没错，将来有事，摆些电线，当中方砖是不碰的，如果电线竖向要接上去，就沿柱子上去了，不至于破坏整个气氛，不破坏方砖啊。除了方砖，没有别的东西需要钱，方砖还是需要一点钱。

做竹子的工人也是一次新的尝试，他也蛮高兴的，所以做得快，砌的东西都不错的。地面和边框砌的不是很规矩的话，立刻感觉就不同了，它就是要很平整。

（2007 年 8 月 8 日）

七、屋顶

何陋轩的基地整个就像一个岛,水基本上把它围合起来。东面已经到了外面的围墙,外面就是马路,所以这个地方比较"浅"啊。

我到那儿一看,觉得最好不要让人太注意这条界线,因为外面是一排行道树。所以想,在这里做一个草顶的竹构。屋顶的设计实际主要是围绕这个意思做的。

在这儿很自然地联想到一些东西:当时嘉兴这一带农村房子的屋脊,不少弯得很厉害,而且还是"四落水"。"四落水"在中国的其他地方,恐怕是很少的。农村的屋顶很少用"四落水"。

本来我是想做"庑殿顶"的,完全的四落水,但是后来觉得形状不很好,就改成"歇山顶"了,歇山顶上面还有一个三角。那个时候,民间还是用茅草的,草顶、瓦顶都有。后来是看不见了,现在我坐车还注意看看留下没有,结果是没有了。

何陋轩,我是想作为一个地方的延续。因为这个东西,假使你站在南墙外面看,或在南墙外的马路对面看,可能已经高于围墙,可以看到一点顶。如果再讲起来,从南边望整个园子,恐怕就看到何陋轩,因为它离围墙比较近。那儿还有一个塔。这两样东西看得到的。其他的恐怕都看不到,连天妃宫——因为也不过这么高、这么大,它离得远,视线已经看不见了。所以,何陋轩作为一个地方的延续啊,还是有可能达到目的。

草顶的脊线是弯的,所以平面也是弯的,草顶的檐口也是弯的。这个草顶,两边是弯的,为什么呢?影子打到地下的话,底下有个弧线,跟旁边墙的弧线一起,不就变成一个变动的空间了嘛。

(2007 年 7 月 21 日)

屋檐为什么压得这么低呢?因为墙靠马路相当近,我不愿意让他一进门就看到很多外面的东西。本来设计的图纸上,这个地方的屋檐离地面只有 2.8m,后来造的时候具体一看,不需要那样,太低了,内部空间有压抑感。所以提高了二十、三十公分,差不多提高到三米一二的样子。这是总的屋檐高度。

图 13. 东望何陋轩草顶

　　这样一个大顶，不管怎么样可能有压抑感。所以杆件涂白，让它有浮动感，总有轻的感觉。到空间里面，不感到太压抑。

　　何陋轩的两边扩大了，跟室外联系在一块，实际上空间已经延伸出去了——往东西延伸，南北倒不是主要的。南北讲起来，看过去觉得不压抑就行了。

　　弧线不限于旁边的屋檐，而是属于何陋轩整个区，东面弧墙这儿正好还有一个呼应的，本来西面弧墙也有一块呼应，不一定说几面都要照顾到。一个东西表示一个范围，这样一来，何陋轩就属于一个区，而这个区还有进口，还有水，总体属于方塔园。应该说，它还是能表达出：这是一个整体里的一个局部。

（2007 年 7 月 18 日）

图 14，15. 厨房

八、方墙

何陋轩北侧做了一个四方墙的厨房。厨房从功能上讲，不能是草顶，对防火不利，我希望用方和整个何陋轩的曲相对比。

四方墙的厨房很小，跟何陋轩大的结构，独立而互相结合。四面都是方的，开口处为门窗，都是一样的。

屋顶要泄水，所以屋面做成斜面，斜面有个沟，我把这个屋檐露出来了，整个就这么一个方整的东西，其他都是曲线。

（2007 年 7 月 24 日）

建筑底下都是实体了，也要是一片、一片。何陋轩是弯的，这厨房要直的。弄的独立了，蛮有现代感的。

假使把厨房窗子换掉，有格子，就是钢窗，一片玻璃，感觉更好。假使墙面和它平，那就更好，窗往外推一点，有一个玻璃的面。如果再来做次设计，不一定完全这样。这样的做法没错，加大一点，厨房需要储藏，门就要大一点，面积要大一点。人多了，做一个小休息室，再加一个方的也可以。时代不同了，如果现在做，钢窗也可以用上了，那时候没有。

（2007 年 8 月 9 日）

厨房原来大概是混凝土的顶，那倒无所谓，不是瓦顶也可以，现在我想修正的话，不如重新设计一下。设计还是这个意思，不一定非"方"的不可，反正都是直线的。但是他们也不愿意改啊，所以没动。

但后来厨房不够用了，他们就扩大，又改成草顶，也不跟我们讲，所谓"加大"，其实等于拆掉重新来。

（2007 年 7 月 24 日）

292

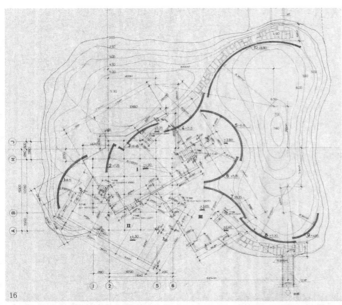

图 16. 弧墙详图
图 17. 在何陋轩里看外面的弧墙

九、弧墙

弧墙的设计，我自己解释就是：它是一块块，独立的。我举个例子，就像下围棋，是黑白棋子，不像象棋，"象"注定是"象"，"士"注定是"士"，"马"注定是"马"。我说应该是围棋："放在哪里，就起哪里的作用"。它既然是遮挡基地的尽头，就有它自己的用途：能上能下，有高有底。我总觉得，不要把它看死了，应该有独立性。这样就可以解释一些东西，空间也就比较有意思了。

弧墙不像直墙，影子打上去，是一个不动的，弧墙是变动的，即使你凹的话，它随时变动。有时候，弯的东西让时间跟它的光影一起变动，所以时间与空间的变化是一致的，是永远变化着的。

既然一道墙是变化的，那么如果摆好多墙，当中的空间就等于一直在变化。这个变化，不是说"隔时间而变"，而是"无时不变"，那就有意思了。

我的意思是这样，至于能不能达到这个效果，又是另外一回事。我想象的这个东西，是有一点可能的。假使做其他东西，我也可以用这个方式。

(2007 年 7 月 17 日)

整个屋面都是弧形，影子打到地下的话，底下也有个弧线，弧线跟弧墙，就形成一个空间了嘛。

这个我想，是巴洛克的味道。最初巴洛克是在意大利，有一个叫圣玛利亚的四券教堂，是最早的巴洛克架式。这之前的房子，它的光是向内聚集的，到了巴洛克的时候，它就要向外了。从历史讲，又是符合政治的东西：它要扩充到外头。

所以，何陋轩的檐口跟外面的东西形成一个空间了，它趋向这样的一个对外的环境。屋顶的线，跟墙面的线都是对外的。

圣玛利亚教堂，一看就清楚，是意大利的，我想应该是波罗尼尼设计的。那时候是两个人，一个是波罗尼尼，一个是伯尼尼。他们还不能讲是"巴洛克的最开始"，应该是"早期巴洛克"。米开朗基罗被称为"巴洛克的父亲"——巴洛克还没生出来，他就已经有巴洛克的味道了，是从他开始的。到了波罗尼尼和伯尼尼，才真正是巴洛克了。巴洛克最早是到维也纳，在维也纳时到达鼎盛期。所以我对"空间"的想法啊，其实有点想到这个东西。

当然，在屋檐这个地方还不那么明显，我后来就解释：如果有两个面东、面西的墙——太阳从东面出来的时候，面东的墙面是亮的，而最亮的是凸出的一块；慢慢地，它不大亮了，因为已经不直接对着太阳；那么，墙面到了中午的时候，中间看上去很亮，面东基本上就不亮了；到下午的时候，它变成暗面了。而面西墙则相反：早晨的时候全部都是暗的；到了中午的时候开始慢慢变亮，大部分还是暗的；到太阳在西边的时候，它完全亮了，当中最亮，两边慢慢的淡了；太阳下山了，就只有一点是亮的，剩下的都是暗的。

那么两个墙面正相反，这个墙面亮的时候，那个墙面是暗的。因此当中这个空间，就变成是从早到晚一直在那里变化。应该有那个感觉。因为它在地上还有影子。这个时间的变化，不是阶段性的，不像一个平面的墙面，整个是亮的，线条是在变动，但它是画面的变动，不可能连续地对空间起作用，它对空间的作用是阶段性的。但我那个弧墙呢，它亮的部分本身是不断变化的，其中的空间也是不断变化的，因为地面也变化、墙面也变化，是逐渐变的。如果在里面的时间多，比如我下棋时根本不注意这个墙面啊，我一门心思地看棋，那么，时间多了，这盘棋下完了，哎呀！好像变了。当然有点强调了。但这个讲起来是渐变的，是不断地渐变。

所以我讲，从时间变成空间，从空间变成时间，它起这么一个作用：就是"时空转换"。那么整个建筑，它就是变的。因为影子是变动的，给你的感觉就是一个变动的东西，这当然还是有点趣味的。但是这里面，我把墙变成一块一块的，不是一个自由的曲线。

在北门进来看到的花坛，我取了个曲线，一个完全自由的曲线。何陋轩的曲线不同：它每个曲线都有一个中心，一个半径。中心点、半径都不一样——它们是独立的，要变化也是独立的变化。另外，高低也不同：因为它断开了，高低也就一个个独立，完全自由了。它的功能可以不同，也可以根据不同的功能再取一个曲线。它们互相之间自由了，因为断开以后，它本身有它的中心，思想上讲起来，就是自由的，摆它做什么用？它可以应该根据需要，来决定它自己的高低、半径、大小等。

所以我就举个例子，它不是"象棋"，是"围棋"啊。为什么"象棋"我不赞成呢？因为象棋老早就写好了——"士"、"帅"、"兵"，是注定了。那么它应该是"围棋"：

黑白子，你给它"拣捻"它就"拣捻"，你给它"布局"它就"布局"，你给它"打劫"它就"打劫"，它的作用是可以完全独立安排的。所以，我就想，要怎样能把我讲的话表达出来，表达对人生的一种看法？对人生，通过"空间语言"来表达了——相互间各自的独立性，相互间根据功能不同的需要，来做它的外化啊。这样，它的内容外化出来了，被人所感到。

刚才说的曲线，变成空间上相互呼应的曲线——草顶的曲线跟底下弧墙曲线的呼应。然后这个曲线跟欧洲，特别是巴洛克时期的空间相像，它是向外的。不像过去的建筑，空间是朝里的，它有个中心，中心上头有个点，空间聚在一个点上。过去从圣彼得开始，四周还有辅助的向内的点，而巴洛克的曲线都是圆心在外面。

巴洛克的时候，教皇跟群众见面不是在里面的中心点，而是到了大门口，所以，教堂外边就有个廊，围成一个空间。这个空间变成一个主体，把内部空间扩大到外部去。所以大家聚会，这个中心点站着教皇。

过去，教皇是在教堂当中，站着讲教啊，大家楼上楼下不管怎么样，都在听他讲，后来他下来以后，从中心点往前面还要走一段路。两边的人像我们结婚的时候一样，出来进来在那儿有一条线，大家等于是来朝拜他。到了巴洛克，不够了，他就一直到外面广场，在大门口，大门是中心点了，这个空间扩大了。正好，历史上是扩张时期——意大利、法国、奥地利、英国、荷兰、西班牙。所以，艺术和政治也是结合的。

但是我不是因为这个，而是自然而然地考虑到空间的"外延"。

（2007 年 7 月 21 日）

十、色彩

进门的镂空墙应该是刷黑的，但是洞里头应该是白的，背后全都是白的，这是对比了。一黑以后，就变的敞亮一些了。

柱子不都是白的，仅仅柱子跟杆件交接的地方是黑的，剩下竖的才是白的。其他的是本色，顶棚的桁条也是本色。

几年前去过一次，油漆的颜色都变了。本来柱子全都是本色，柱子和杆件接头的

图 18. 何陋轩题刻
（冯纪忠书）

地方都是黑的。我解释：为什么我们钢筋混凝土结构，在一个建筑里面要把节点弄出来，而且要很醒目、很整齐、有力？因为节点一有力，才能把整体的稳定性强调出来。何陋轩相反，要把这个变黑，变模糊一点，实际模糊得没那么厉害，在暗的空间里面把整个涂黑，叫"模糊、弱化"。这样，杆件就比较飘浮了——他就会感觉白的一段东西在一个空间里面飘浮，结构也是飘忽的，整个屋顶变轻了。两个斜撑是底下的，是本色的，因为它辅助柱子。上面的杆件涂白色。

横的杆件倒是对的，也是涂白色。因为它属于结构，为了让屋顶飘浮啊，就这样做。属于屋顶的结构都是黑白，属于柱子的是本色。

（2007 年 7 月 24 日）

十一、修旧如故

建成后，屋顶草皮一直太薄，现在更薄了，这个要厚才好啊。

（2007 年 7 月 24 日）

方塔园我最近去了一次，是从东门进去，主要就是看了下何陋轩。其他的来不及了，因为天气太热了。

东门进来，到了垂花门，回头就到何陋轩。坐了一会儿，仔细看了一番，有些东西跟我原意不同，或者是破坏了原意。

但是我们搞了一个模型，这个模型肯定是正确的。将来不管怎么样，何陋轩简单得很，就是再搭起来，也未尝不可。

但是不能脱离原来我那个原则——修旧如故，以存其真。

（2007 年 9 月 14 日）

那时候，南斯拉夫有个建筑师，我根本没碰到过。他叫我提一个建筑，我就把何陋轩给他。他在南斯拉夫办一个展览，每个国家一个代表作，展览上他们给了每个国家一个奖。我没得到什么奖，只是告诉我，这个国际展览包括我，整个得了一个奖：哪个国家的哪个建筑师。然后 1991 年，他又给我写信了，说整个展览又到纽约展出。我没去，可能是 1989 年"六四"的时候。那个时候在美国展览过，没有奖不奖的问题，就是代表作把我的选上去了。

（2007 年 7 月 27 日）

安徽九华山规划及单体设计

规划与设计时间： 1979 年

　　九华山位于安徽省池州市，是中国四大佛教名山之一，地藏菩萨道场，首批国家重点风景名胜区。它为皖南斜列的三大山系（黄山、九华山、天目山）之一，北俯长江，南望黄山，西接池州，东临太平湖。风景区面积 120km^2，保护范围 174km^2。

　　科大选址的会议以后，万里安排我们去黄山或九华山，让我们对这些景区的开发提建议。我选择到九华山。因为我想，黄山还搞什么东西啊？最好什么东西都不要搞。九华山倒是可以。我和二张（张振山、张耀曾）到九华山。后来跟着再来几个人，阮仪三、陈宇波等，一块儿去搞规划。

　　当时做了三个报告。头一个报告记载："1979 年 7 月应万里同志之邀，建筑系主任冯纪忠在九华山做了参观调查"。第一次调查之后，由于那边管理人员不够，特别是管理人员是一个土木工程师，讲的时候他也不懂。再去时，有些地方已经搞得不对，又开始乱造了。所以我只好第二次报告，主要讲：这样下去不行，人手不够，土木工程师不行，风景区要糟蹋掉了，要建筑师、规划师才能做这个事情。后来改正了。第三次：再去做整体规划，提出一个大纲。主要就这三份东西。

一、规划

　　对于规划，我首先一个原则：不造高层。然后将九华山分为三个"区"。"区"，作为"组群"讲起来，它指（步行）基本上得去的地方。这三个部分很清楚，各有特点：

第一个是"九华街"。有条街，把所谓的"空间"也好、房屋也好都串了起来。

第二个是翻过去的这个"区"。它是散点的，其实是森林里头，一个一个"点"分散在里头的。只有一个地方稍微空开一点，好像一个"中心的广场"一样的，也不是很大。这也是第二"节点"。

第三个是山上。就是上山这一路，没有很多支路，主要是一条路上山。从第一区"九华街"上来的这条路，变化不是很多。顶上一个建筑，比较高，山的另一边也能够看得见。中间有一两个建筑群，很小。

在九华街区背后一点，山稍微低一点有一个小的范围，在主要的三个区都看不见，造三、四层问题不大，我们建了一个旅馆。

这基本的格局已经定了，而且不需要再新建，主要是保护了。

其他的地方我们再没有好好开发了，那当然真要开发的话，很可能有的地方还可以开发。我们规划的只是"九华街"这一区、广场、上山的路，以及上去一点的庙。

二、单体设计

第一个单体设计是九华街的旅馆。这个旅馆在九华街翻过去的"凤凰松"那一带。它稍微低一点，在九华街这边看起来，不太看到它，完全是自己独立的一块。我们造了一个三层的旅馆，不是高层，但比较大，只是个初步方案。本来想仔细做，造得现代化一点，但还是没条件造。倒是可惜。

另外，是改建九华街一个重要的小广场，庙前面的一个小广场。庙旁边本来就形成了广场的样子，但建筑不像话。我们把建筑重新整理一下。

其他单体建筑，我交给另外的人设计，我修改。最后只造了个住宅，最简单的几排东西。原来是一个寺庙的宿舍，上面有两三层，前面大片地方可以发展。我们建议改造一下，前面增加一点；增加都是院子，都是平房，局部两层；几个院子，摊一片。

后来工程停了，没钱了，设计也到此为止。不管怎么样，好多年没造高房子，维持低的，这一点是做到了。

（2007 年 7 月 27 日等）

上海旧区改造

规划与设计时间： 1981 － 1987 年

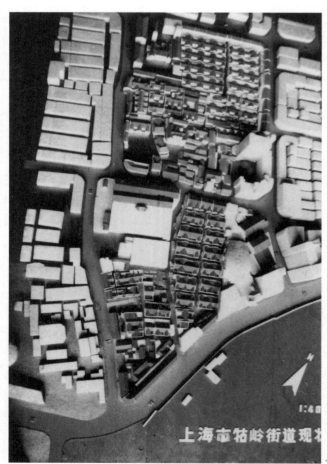

上海旧城改造规划设计模型

上海旧区改建我们做了不少工作。1980 年代初，连续 6 年，我选择了上海旧区 7 个地块作为毕业设计的课题。因为，1970 年代末我意识到，旧区改建已经是我们国家迫切需要解决的难题，而且规划跟建筑不能同床异梦。

7 个地块的设计方法并不一样：

82 届，做的是城隍庙福佑路。福佑路有特殊情况：不能高出豫园。所以要保持两层，最多三层。因为它是老区，所以屋顶还是用老的。

第二个，淮海路近大世界那块——八仙桥这块。那是做所谓叠合里弄。我们试验了，完全保持原来的密度，人口不动，有没有办法？一般讲起来人口都要搬掉很多才能解决。

什么叫叠合里弄？里弄原来不就是两层吗，现在我设计两层走道。这样，进去是一排一排房子，从旁边的楼梯上到第二层，第二层房子之间相互连通，形成一层用于交通的过道，那么对于这种间距较密的行列式住宅，地面交通就不再那么困难，不再集中于一个平面，这就解决了交通问题。但同时要保证过道下面这层有一定的日照，当然要比上面一层差一点了，但是要保证最低限度的要求。这样就有一个好处，整个基地就松动一点了，这叫双层里弄。这也是那个方案的一个特点。用了这个，也用了高层，就可以保证规划要求的建筑密度和面积。不用这个，只用高层就不行。

第三个，就是它旁边的一块儿：淮海公园的斜对面。人口不动，高低结合。我就"试验"能不能够不把里面的居民人数降得太多？用"高低层"能够解决问题吗？"高低层"先要定下每个人 9m²，是当时的标准。有三口家庭、四口、五口、六口等，就有几个等次。建筑就有三个或几个大小，能够组织成一条。这一条是一层啊，两层就是两个叠起来了，三层就是叠三个。当时不是用木头而是拿硬纸板做模型，因为规模比较大，木头的不行。硬纸板把它做成一层或两层，做了以后就是按原来的人口多少，按人口的"户数比"剪成一块一块，然后用这一块一块去摞。

这一层一层跟原来的层是对应的，就是说这一层确实是三公尺（即 3m），多少层摞起来就是多少公尺，基本上差不多。"户数比"也基本上符合实际。这样摞起来以后，就考虑日照：互相之间有什么影响等等要求。

在这个区域的低层、高层都摆下去，最后人口迁的并不多。还有一部分是高层的，要考虑后面的影子和日照影响多少。基本上缩小了影响，但最后还是会有一定影响。一些住宅区附属的小建筑都考虑了。

这样做下来蛮有意思：上海如果是人口减少百分之几，就可以用高低层来解决。至少这个结论是有的。另外，根据各区人口密度的情况，可以要求建筑不能高于多少。先把人清光，然后再改建我是不赞成的。如果一个城市确实需要这样，局部可以迁。我主张什么事要"心中有数"——这个"数"一定要有。比如我做这个东西，不是我设计完了再讲：拆的是百分之多少。城市要迁多少人，要事先有一个数字。你不能等东西、人搬走，设计好了，（再说），谁回来、谁不能回来。

第四个：是大光明那块。因为有几个老的好的现代建筑，怎样改造。最后我们的方案是这样：大片的低层提高半层，底下是公用的。这也是一个特点。

第五个，是福田村——北京路、石门路地块。

第六：做的是石门路、南京路，就是福田村的前面朝南的两块。

最后一块是陕西路、延安路——城市酒店的对面。城市酒店是邢同和设计的。它的对面是马勒别墅，那也是保护建筑。考虑问题一个是识别性，一个是社区的组织和建筑的成形怎么样表达出来。中国的旧建筑倒是很亲切的，它当中有个院子，在里头洗菜、洗衣裳，倒是很安逸的。

七个规划，每个问题都不同。我们可以讲摸了不少的……做的东西现在都散失了，但这实际是实验性的探索，是城市建设的一个新课题。跟那时创办专业一样，那时急需解决专业问题，这时急需保留城市中的传统文化，已经有必要保护旧城了。一个城市的文化，不光是保护几个有名的建筑，要把环境保护好。

（2007 年 7 月 25 日等）

江西庐山规划和设计

规划与设计时间： 1981 － 1984 年

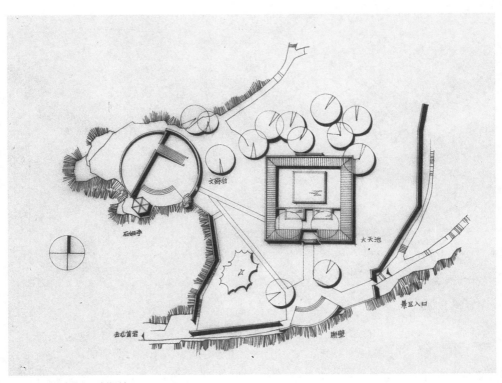

图 1. 庐山天池景区规划设计

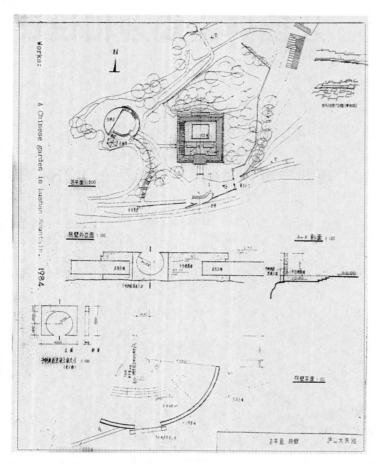

图 2.1984 年庐山方案

庐山，1980 年代初期做的规划。这是庐山当时的现状图：原来有个池子，小得很，叫"天池"，有点鱼；还有个文殊台；剩下什么也没有。文殊台这儿是高的，四周都是山，望下去很深的谷。旁边是小路，弯下去都是谷地。所以我们决定在这地方做点东西。开始是我、童勤华，我们两个人做。

我想不能人多太嘈杂，就这么个文殊台是古迹，这里又是顶，四周的山都围着它，这不宜做很嘈杂的东西。我希望游客停顿，有东西看，主要是可以欣赏一下自然环境，庐山主要的特点是云，拿"云的变化"作为主题。

我们把池子放大一点，围成一个院子，围成一个廊，围成一个"天池"，本来只不过是一点东西。原来有两棵树，不好去掉，最后决定做一个院子，里面一部分是个池子，廊子围着这个池子。

我想，一个方的，另外来个圆的。包起来，做一个墙，进去也是个院子，里面有个台子，就变成这样子了。

原来这是两个小的元素，加了一个大的廊，其实稍微有点差异。我还是觉得这个廊太大，意思就是一个方的、一个圆的。

这两个互相关系是怎么样的呢？我想了一个办法。就是把这个地方做个圆的照壁。这个圆——文殊台这台、树、石头都不好动，弧形到此为止，就等于一个门过去了，这地方一块儿原来还有个亭子，初步设计还摆在那儿，现在就是把这个照壁的长度和这个圆形相符合，好像这个东西补足这个圆。现在把这些东西联系起来，方的、圆的和 Section，三个东西的关系就是出来以后到这儿，这缺了一点，缺的就摆在那。

补上一圆，一方——大天池嘛，天圆地方。这样看山谷，看完走这个路，到"龙首岩"去了。路整个就是这样：先看天池，再看文殊台，然后到补足这个圆的照壁。

天池是很简单的几何形，但这个地方可以往下看鱼；文殊台往上看；照壁这儿平看：这视觉有变化。假设云来了，把这几个都罩在里头——这是庐山特点。等云跑掉，方的圆的显出来。这种情况，"隐"与"显"是最简单的形，天圆地方，就这么定的方案。我写的就是主题是：显和隐，庐山特点。这地方又很特别，它在山顶，云最容易集聚到这地方，四周又都是山。

我们还做了些规划方案。街区那部分要修改，贝歇尔提出规划方案，现在是不是照他那方案做的，就不知道了。

（2007 年 7 月 27 日）

上海佘山银湖居住区
规划和别墅设计

规划与设计时间：2001 年

2001 年，我一直在戴复东的事务所当顾问。做了一个住宅区规划：银湖规划。

规划的业主要卖钱，所以他们认为大水面四周卖点好，因此住宅沿湖规划建筑。我不大赞成，假使建筑一定要近水，还是设计成小一点的水网好。业主觉得不好，还是要大水面。我就跟他说，你要多大的面积？如果湖面是一巴掌大——我把手指并着给他看，我给你变成水网——我把手指都张开，面积是一样的。而沿水的基地多一倍不止，沿边都能卖。哪种卖点好？这就说服他们了。那么水面小，也有江南的味道了。规划也就比较自然一点，地形不是那样地呆板。

分区还是一样的分区，这里头做的几个住宅，它有几个结构型的住宅，这个图是我改的。我晓得这个是卖点的问题，只好用老的东西，新的东西不会有人接受的。

会所是整个区最重要的房子，具体设计的人不听话。我改过来，他改过去，我再改过来，他再改过去。他又不跟我当面提，叫别人跟我谈……后来才知道，这个人接受了甲方一些个钱，好像跟施工单位也有勾结，后来被戴复东发现了，把他硬辞掉了，所以这个会所，弄得一塌糊涂，简直不像样子。

　　主要就是规划替他画了，后来几个建筑物稍微有点味道，但没有太新的味道。

　　后来交大有一个教授找戴复东的事务所给他设计一个房子。这个房子蛮大，相当于里面"典型的住宅"的一倍，里面还有他公司的会议室……要有地方给人住。我指导了设计，但他也不要想法很新，也是半新不旧的东西。设计好了以后，据说照这个造了。后来我没去看，不知道造好了什么样。

（2007 年 7 月 25 日等）

上海古城公园

规划与设计时间： 2001 年

古城公园当时是黄浦区管的。2001 年，先是参与评审方案。

当时我不赞成重建崇文楼：这个是急来抱佛脚做的，不值得称颂它。我就提"忧患意识"，应该有这个意识在里头。我为什么提？本来对日本，历史上倭寇侵略中国，我们应该有这个记忆，但当时不好提，要友好，不能提。那么"忧患意识"可以提的，这样大家有点理解了。

为什么忧患呢？因为古城是为了抵御日本侵略，三个多月完成的。说明我们中国人的忧患意识很不够。忧患意识包括很多，经济上也有，但国家的忧患意识是首先的。我提这两个字，首先还是想的日本的问题，然后是搞古城公园的时候，实际是借这个题目来讲话。当时是防日本倭寇三个月赶工赶出来的，这个是急来抱佛脚。用忧患意识来讲是应该批判的。

后来历史上讲：日本真是没进城啊，到外城就走了。但他这走，不是不能攻城——不是你这个城坚固，是因为这个城不值得再攻了！因为他在外面，到松江一大批的农村小镇掠夺够了。他们都已经刮光了，何必在乎你这个城市？里头顶多有个豫园吧？那有什么稀奇呢。所以不是他攻不破。这个城是"急来抱佛脚"来做的。至于功能，根本不是有城日本人进不来，是根本不必进来。所以这样一来，恢复城楼、造公园、在一大堆高层建筑里头搞那么个小玩意儿有什么意思？所以我认为不应该重修崇文楼。

另外，你假使真正造了城门楼，想想看，又浪费工夫、时间又来不及，这算什么话呢？这个观点正好符合区长的意思。所以至少没有搞塔楼。本来有好几个方案都想建城楼，但这是看得到的东西，很小气。前面都是十几层、二十几层的东西，你当中来这么个东西，一点意思都没有。区长后来委托我做一个方案。

我的方案：画一个半圈，是空的草皮，然后地下放几个东西。这几个东西可以有点意义，好像是种忧患的意识，当然这些都是次要的，没什么必要和意思。如，有的像枪摆在那……主要是要有一个楼，在墙上：城门楼，但也不要正式一个楼，就是一个架子，上去可以有几层，几片。你再摆上过去的柱子也好啊、模型也好，就够了。也有几个作用：现在人都喜欢登高，那上头好像高一点的地方，上去一下子；讲起来，这是过去一个高的、望江口的桥啊——望日本倭寇来路的，这个都可以。

我想要的感觉就是：一个大的范围，四周围都是大房子，我到了那个地方，忽然间我的呼吸都轻松了。就是这么回事。现在还是压抑，它周围都是压抑的东西，马路相对太窄，房子相对太高，再加上各种不同的形式太多，就没有一点美了。

这感觉所谓"开阔"这两个字，也是有范围的。有什么环境，才有什么"开阔"的情况。它在这种情况之下，如果到处都是高的、乱的，忽然来一个简的，那它就是突出。其他方面，如果周围都是些砖头、石头、玻璃，这里忽然来了一片绿的，而且是平平的，上头点缀一些东西，那是完全可以。另外，白天和晚上感觉不同，那就可以用手段来做了，用这个彩框啊，照明来做，这一句话很难概括。

想法是这样，我们在方案上是采取了，可方案做出来又是一个东西，最后施工是他们搞的，又变了。几变下来就不行，味道都不对了。在整体上也有细节，这个细节如果没有完全造出来，它也就变了味道。虽然没造城楼是对的，这个起作用了。但是这个教育的作用就要靠细部，细部不深到底，人家没感觉啊。要一个人欢喜一个东西，我首先要给它一惊，觉得"这个怎么跟别的不同？"第二个要他深入的时候，让他觉得有几点明了，"好在什么地方"他理解了。所以这有两个阶段。建筑也是一样，要在两个阶段都要照顾到，它才是精品。你如果粗粗做一个，什么都差不多，但不精的话，谁晓得这个大意？要借细部来说大意，这样才行。

虽然这样还是得了奖。但我心里头难过得很。因为没有给我时间思考够，没有给我"牵一发而动全身"动过几次，不会好的。说是我参加设计，你赖不了，我是参加了设计。

（2007 年 7 月 21 日 等）

上海松江博物馆方案

设计时间: 2001 年

2001 年，松江博物馆请我设计方案。我们有一些新的想法。

首先，因为方塔在那个基地南面，那个时候还看得见——后来树太大了，看见的部分少了——我觉得这是方塔园旁边的一个博物馆，那应该是对准了方塔，要能看到这个方塔。所以这个方案是这样的：进去一条线，一直可以看到方塔。但是因为它是踏步上去，阶段式的，一会儿就看不见了——你像这样上去以后，这个阶段是看不见的；上去之后又看得见。时隐时现，梯级式地上去。这是一个想法。

另外一个想法呢，因为方塔博物馆的馆长是一个砚台爱好者，他把整个博物馆的重点也放在砚台上了。这个博物馆的砚台，照他的讲法，好像别的地方没有比这里的收藏更丰富的。所以我们整个博物馆就朝这个砚台上做文章。

与古为新，非"重古，仿古，拟古"。因为它是砚台，所以它要水，又要半圆的。印象当中，它是个砚台的印象，主要是这个意思。砚台是细润的东西，取其意，但是要紧扣它是"馆"，为此于垂直的深度、空间序列、结构同化，由自然到工序。我没在它的形上头结合，我在意上头结合。这就是方案主要思考的出发点。

内部空间布局：因为它一部分是塔的外形，也一直向上去，有曲折，有一点停顿，每次停顿都是到墙那边的。一个挡墙，墙那边其实是博物馆展览室的一部分。原来有高窗，库房就在底下。这个大墙前面有一部分演讲厅，还有小卖部。另外还有一个长坪，上面是一个碑，这个碑是这个馆的镇馆之宝。

所以门厅是从地下进去的，人从斜坡走下去，进门一边是一个亭子，亭子周围是水围着的，亭子里面放了一个碑。这个碑就是这个馆里特别的东西。这边是一个演讲厅，过去有一段缓冲，摆点其他的东西，底下就是库房的部分。库房部分也有高有低的。

到后面是两层。靠墙的是几个展览厅。展览厅是一拨一拨往上去的，上到最后，有一个横的观赏厅。观赏厅正好对着塔，在这个地方可以望塔。同时这个廊，一步一步上去，也对着塔，上去基本可以看到塔尖。上到最上头，塔尖显得比较多一点。布局是这样。

从那边的大厅看完了主要的展览以后，人在上面，不在下面。所以要下来，于是再设楼梯，围绕着水池子这样下来。回来就到前面，那个亭子的地方。这样出去，还有一部分卖书的，大概是这样一个布局。

这个布局很简单，但是它有什么圆的、什么尖的，又有什么其他形状，所以这个接头的地方很费脑筋，有的要高，有的要低。

其他考虑点就是，博物馆在方塔园的大门口旁边，所以在入口广场上，方塔园的园门还是主体，博物馆的尺度跟它要一致。这个方案从广场上看，只看到有一个墙。墙上头看到踏步。水池子这边几块弧形的墙挡着，高低不同。这三块东西的大小看上去跟园门的尺度完全一样。所以这个广场看起来，等于一个墙挡过去。

从博物馆这边看，就是几个墙，上头有一个走廊，遮起来、封起来，跟大门对着，尺度上讲是考虑得蛮好的。

(2007 年 7 月 18 日)

上海松江方塔园街区方案

设计时间： 2002 年

　　方塔园博物馆方案之后，他们又要我们在方塔园的西面开一条小路。原来窄窄的一条路，汽车可以走的，后来不光是开路，还要整个搞一条街。我们规划了一下。好在它最后没成功，他们也没钱去造。

　　这个设计，不够细致，不过意思还在那儿，也有图。后来他们没经费；如果有经费，不会不造这条街。而且松江对方塔大概还有点保护的味道，在那个地方造高楼、开发都是受市里面控制的。另外，他们的要求也莫名其妙：准备搞一个"唐街"。唐街？首先唐朝没街，它只有坊，商业街是没有的，到宋朝才有商业街。所以"唐街"简直荒唐了。

(2007 年 9 月 15 日)

北京海运仓明清粮仓改建

设计时间： 2002 年

　　项目是在北京，改造一座明朝仓库。它不是为了改造仓库，而是有个高楼，旁边有明朝的仓库，它是古迹不能拆，用它又不好用，就想怎么把这个东西圈进来，作为大楼的一个前奏，就是在大楼旁边，形成一个广场或者类似的东西。后来我们给他做的这个方案，就把仓库变成玻璃廊，把它们连贯起来。

　　这个东西我做得倒还满意。因为那个仓库里面的功能是可以随便改变的。它现在不是空在那儿，而是都用上了，用作商店或其他什么功能。但是里面大的结构不能动，大结构的空间完全可以布置成新式的，如家具展览之类的空间。仓库里面的大梁很大，所以内部结构问题不大，都可以用起来。

　　问题就是这个内部的东西外部看不到，所以我就主张有的地方把它切开，也不叫切开，就等于是把它的外墙外面掀掉，显露出整个一个剖面出来，这就很漂亮很特别。你说旁边都是玻璃的厅，有两个地方把它露出来，又不露不太多，太多变成破坏古迹；一个是进门的地方，一个是里面的内广场，这两个地方给它剖开，那很有味道。而且底下车子还是照样通过；车道正好可以穿过玻璃厅、玻璃廊，玻璃厅和玻璃廊相当于两层高的房子。

　　由于这个东西不大，也不动老房子，大楼已经盖好了，里面还没完工的时候，我们低层的这个地面就连到大楼的里面，有这么个设计。当然我决定这个设计是半生不熟，但基本上布局还好，还有些意思。

　　这个方案做得蛮有意思，我们做的时候也蛮开心。

（2007 年 9 月 15 日）

冯纪忠作品年表

1. **某啤酒厂厂房**

设计时间：1941 年

项目地点：奥地利

设计单位：Karl Kupsky 事务所

2. **某中学设计竞赛方案**

设计时间：1942 年

项目地点：奥地利

设计单位：Hermann Stiegholzer 事务所

3. **某变电厂**

设计时间：1943 年

项目地点：奥地利

设计单位：Viktor Siedek 事务所

4. **某住宅**

设计时间：1944 年

项目地点：奥地利

设计单位：Viktor Siedek 事务所

5. **某办公楼**

设计时间：1945 年

项目地点：奥地利

设计单位：Viktor Siedek 事务所

6. **南京都市计划**

规划时间：1947 年

项目地点：南京

7. **国立高级印刷职业学校建筑方案**

设计时间：1948 年

项目地点：南京

8. **哈同花园西北角建筑方案**

设计时间：1940 年代

项目地点：上海

9. **延安路某街区小住宅方案**

设计时间：1940 年代

项目地点：上海

10. **上海都市计划**

规划时间：1948 — 1951 年

项目地点：上海

11. **曹杨新村规划**

规划时间：1950 年

项目地点：上海

12. **上海公交一场**

设计时间：1950 年

建成时间：1952 年

项目地点：上海

13. 武汉东湖客舍设计

设计时间： 1950 年底

建成时间： 1952 年

项目地点： 武汉

14. 闵行规划

规划时间： 1951 年

项目地点： 上海

15. 上海土产展览馆蔬果馆、药物馆、烟茶馆、林产馆规划

设计时间： 1951 年

建成时间： 1951 年

项目地点： 上海

16. 上海同济大学和平楼

设计时间： 1951 年

建成时间： 1952 年

项目地点： 上海

17. 武汉同济医院

设计时间： 1952 年

建成时间： 1955 年

项目地点： 武汉

18. 上海华东师大化学馆、数学馆

设计时间： 1952 － 1953 年

建成时间： 1954 年

项目地点： 南京

19. 南京水利学院总体规划及工程楼设计

规划与设计时间： 1953 年

建成时间： 1954 年

项目地点： 南京

20. 上海同济大学中心大楼 19 号方案

设计时间： 1954 年

项目地点： 上海

21. 大连路规划

规划时间： 1955 年

项目地点： 上海

22. 兰州眼晏家坪规划

规划时间： 1955 年

项目地点： 兰州

23. 华沙英雄纪念碑竞赛作品方案

设计时间： 1956 年

项目地点： 波兰华沙

24. 苏州医院和昆明医院方案

设计时间： 1956 － 1957 年、1964 年

项目地点： 苏州、昆明

25. 莫斯科西南区规划方案

规划与设计时间： 1959 年

项目地点： 莫斯科

26. 杭州花港茶室

设计时间：1964 年

建成时间：1964 年

项目地点：杭州

27. 北京国宾馆方案

设计时间：1972 年

项目地点：北京西城

28. 北京图书馆方案

设计时间：1973 年

项目地点：北京

29. 上海宾馆方案

设计时间：1970 年代

项目地点：上海

30. 上海人民广场方案

设计时间：1974 年

项目地点：上海

31. 上海松江区方塔园规划及何陋轩设计

规划与设计时间：1978 年及 1984 年

建成时间：一期：1980 年；二期：1987 年

项目地点：上海松江

32. 安徽九华山规划及单体设计

规划与设计时间：1979 年

项目地点：安徽省九华山

33. 上海旧区改造

规划与设计时间：1981 — 1987 年

项目地点：上海

34. 江西庐山规划和设计

规划与设计时间：1981 — 1984 年

项目地点：江西庐山

35. 上海佘山银湖居住区规划和别墅设计

规划与设计时间：2001 年

建成时间：2003 年

项目地点：上海佘山

36. 上海古城公园

规划与设计时间：2001 年

建成时间：2002 年

项目地点：上海

37. 上海松江博物馆方案

设计时间：2001 年

项目地点：上海

38. 上海松江方塔园街区方案

设计时间：2002 年

项目地点：上海

39. 北京海运仓明清粮仓改建

设计时间：2002 年

项目地点：北京海运仓

冯纪忠访谈

从旧城改造谈公民建筑
——冯纪忠访谈

时间：2008 年 12 月 27 日

地点：马克波罗酒店

被访者：冯纪忠（以下简称冯）

访谈者：李晓峰（《新建筑》主编，以下简称李）

参与谈话：

冯叶（画家，冯纪忠之女，林风眠关门弟子）

赵冰（武汉大学城市建设学院首任院长、教授，冯纪忠 1980 年代指导的同济首位
　　　博士。以下简称赵）

王欣（天津彩虹地产集团总裁，冯纪忠 1980 年代指导的硕士。以下简称王）

费晓华（深圳 X-Urban 董事、设计总监，冯纪忠 1980 年代指导的硕士。以下简称费）

李：《新建筑》登过您的访谈，您的作品在人文关怀、在社会性方面都有很多的体现，
我们想请您谈谈过去的作品。从作品角度看，在公民性的体现上如何考虑？

冯：对建筑的感觉是自然来的，不是说要做出来的。所谓美，一定是跟实用结合，
真善美一体，缺一不可，它是一体的东西。

王：多年前冯先生就提出了上海旧城改造，我们都是作为学生参与。那时我们就考虑，怎样在保持文脉的前提下使人们的生活环境可以改善。交通也是，怎样使交通可以同时提供通行又能带来市民生活的方便。仅就一条道路的设置，冯先生都可以跟我们谈很久。

赵：从旧城改造就可以看出来。冯先生 1980 年代初连续做了 6 年共 7 个地块的旧城改造的毕业设计。改造过程中，怎样保证市民的生活质量提高、但又不是像通常做法那样把他们赶走。在维护市民的权益的同时提高他们的生活质量，在旧城改造中尊重市民的权益、文化，尊重城市的文脉。

费：冯先生讲，在旧城改造中，重要的是就地安置，而不能像现在这么改造，把人都赶出去，变成完全另外一个内容，别的人再来居住。

冯：可能局部会稍微搬一搬，或者短期，或者长期。为什么说或者呢？因为有些人愿意到别的地方去，所以这也是尊重居民。当然设计思想上不是以这个为主，主要是为了保持原来的生活状况、提高原来的生活状况。

居住会形成习惯，另外很多东西我们想不到。比方说，一个小区，原来家里有事会互相照顾，那边新来一家，暂时可以不合群，认识了也可以，而如果都是新的就比较难。老街区互相之间已经变成了一个团队，有团队的想法，这想法不能全部破坏，要保持。因此可以接受的是暂时的不合群，所以对旧区，要采用改造的方式或是添一些准备的房间临时过渡的方式。

旧区改造主要是阶段性改造。为什么？生活条件不可能一下提得那么高。我们当时在上海一个区实现了阶段性改造，就是用实验的办法，一步一步改造好，人还可以迁回来。有少数愿意离开的，有愿意挤挤的，这要根据这个区当时的需要具体解决。比如说当时既没有自来水，又没有下水道，甚至连供电都不完整，当然首先要解决这个问题。有些问题不是那么简单的，大家都有马桶间，就必须有下水道，就需要整个一个大的系统，同时又不能离开城市的污水处理。大管子、小管子，再通到家里，要实现都要一步步来。所以跟居民讲这过程要一年，要跟他们说通。当时就这样一步步来的。

费：就是以市民的生活为原点，讲生活吧，就是原来这个地方的。

王：保持社会文化的延续，以及对社会结构的研究，除了文化的，还有很多科学的方法去测量、去度量、去解决。也得具体地帮老百姓，比如刚才说的下水，得具体的拿出方法来；比如保留一个好的东西，需要好多工程的手段来跟进。

冯：是阶段更新，不是一下子更新，这跟以前拆光的想法不同。在城市大的改造规划里，这是一部分，是个局部，所以改造很重要的就是要知道这是一个局部的、是有时间间隔的，这是一种。当时改建的旧城情况是最差的，但也有意思。恰好当时要造铁路，外地工人就都来了，没有地方住就随便一堆一搭，在间隙中建起了破烂的房子。逐渐他们能修好一点的房子，就自己翻造了。也不是一下翻成功的，是几次翻的。这样它在这个区的改造是跟全区的改造有机地联系在一起的，这是另一种情况。

另外一种改造就是后来我带了 6 年毕业班做的旧城改建。我们做了 6 年，有意识地挑不同情况的上海旧区做了 7 个。怎么做呢？城市改建首先是人口问题，一个大城市人口怎么处理？对人口分析以后，感觉上海没有区域标准。总的标准是国家标准，当时的规定是居住 $9m^2$ 一个人，准确说这是努力的方向。那时上海挤得不得了，七十二家房客①里面当然稍微说得夸张一点，但基本上是这个情况，真的有人是分班睡觉的。这个跟前一种情况不同，那是因为造铁路，一大群工人来了，他们基本上还有地域性，是什么地方的人互相还有一个关系。而这块地，这个街坊，有各种历史的情况，都应该考虑，因为我们是为了服务于"人"，这个人就是现在住的人的情况。

赵：是为市民服务。

冯：有各种情况，历史发展各不相同，这个要注意。还是要从人出发，不是为物服务。

所以迁出多少、疏散多少，或者集中到什么程度，或者不减少人而向高发展，都依据平均的每个区的人数去看，在上海，对这个 9m² 解决得了、解决不了，最后我们设想了各种方式，可惜现在材料不完整了。

赵：原始的图都找不到了，但是照片还在。

冯叶：他很早在市政府的规划会议上讲，说上海有一点要注意，就是"消灭马桶"，因为当时很多区还是倒马桶。讲别的当然也很好，但是最重要一点是逐步"消灭马桶"。

冯：我是 1980 年代才讲的，但这个思想早有了。有的口号针对普遍问题，甚至不好听，"消灭马桶"多难听啊，但就要把它提出来。上海要"消灭马桶"是旧城区，城隍庙这一带问题最严重，要翻它一翻很困难，也要一步一步走。像这种情况都要从全市的角度考虑，同时要解决基本的问题；而解决的方式又根据不同的要求，人均面积还不能低于 9m²。这样做下来，有的区的就可以不迁出，有的一定要迁出一部分人来。

迁出也是为了保持旧貌。例如在同一个区俞霖他们班做的，城隍庙附近的福佑路，就规定面貌不变，不能做高层，只保持原来的高度，为什么呢？因为城隍庙这一带，是上海比较新的建筑，但是很重要，所以不能高。可以局部高两层到三层，再高就不像那个区的样子了。

赵：通过这 7 个地块，在尊重市民权益的前提下，如何保持历史文脉，以及如何改造空间形态，都做了整体的探讨。选取不同的类型，也为旧城改造提供了一个非常好的方向。虽然 20 年后实际情况并不如此，而是背离了这个方向。但是随着今天公民意识的觉醒，冯先生维护公民权益的早期探索，今天看来更有意义。

李：关于公民性的问题，就您的理解，对它的核心价值有没有可能进一步的阐述，比如说对现在很多业内的建筑设计，城市建设的各种项目，如何体现公民性？

冯：要有科学研究。要有现状的研究和调查，没根据空讲很难。我们当时做的时候，首先是人，要先确定给他什么标准，然后在这个标准下可以稍微有升有降，但是差异不能太大。所以首先要有个基准数字。当时全都有数字，这个区多少建筑，共多少面积，多少人，人口分类，都调查得很清楚。1955 年我们在兰州做最早的城市规划的时候，就是抱着这个思想，调查得非常仔细，房子是什么质量、什么材料，大体状况如何，所有建筑物都有一定的资料。图我差不多都要标记好，有时候每个建筑弄两张图，还有一张是关于它的结构。这样就做到有数据、有根据，这是没有办法驳倒的。

王：做设计，规划师、建筑师的感情、喜好，都要回到对市民需要真正的仔细的研究，那才是在为他们服务。你得尊重市民，知道他要什么，他现在居住状态怎么样。要有一个科学的、定量的依据，否则一切都是感情用事。冯先生在国外多年，有非常理性的思维模型来指导人文的实践。假如最后纯粹变成了拆，没有依据来衡量、判断，那成效不怎么样。冯先生把这套理性的、非常定量的东西做得非常具体，真的是每样都查得清清楚楚。

冯：一定要很仔细。但要一定的要求，无限制的调查也不行，当然也看人。假使团队人比较多，那看可以做到什么程度；团队人少了，工作就稍微要要减少一点，都要因人而异，做设计的也是人，也要照顾着。所以是因时、因地、因人而异。但是总有一定的根据，有预定的目标，是不是能全部达到，自己也要有数。我们后来做的还有些方案就是另外的情况，有几个建筑物很好，就用另外的方式；地点也不同，大概是淮海路到八仙桥的区块。

李：一些地方政府会聘请国外所谓有名的建筑师来国内做设计，各地都有，上海也很多，包括国内有名气的建筑师也会被请到各地去，有人说他们都是大笔一挥，一个草图，然后就做出来，这样一种做法，想听听您的看法。

冯：根据不够。他的根据是自己内部的想法，设计不能这样做，一定要根据地方不同来变化思想，很具体的，不是完全随自己的意。如果他随意，也会出来一个东西，比如先画一个圈，再画一个十字架，这就是中心。既便最后真是这么个中心，但是完全从自己出发就不对。没有什么事先就完全固定的东西，这个区至少先有道路怎么通、往哪个方向，要先有这么一个架子。这又脱离不开好几个东西，一是原来的情况，一是当地的地理情况，还有很多细节的东西。

李：现在国内很多的房子可以称作空中楼阁，没有文化根基也没有现场调查，做出来一个东西就放在那里。但是有这样的市场，有些老百姓还很崇拜这样的建筑师，甚至还有些官员认为国外来的建筑师会好一些，这种现象好像每个城市都有。从您的观点来讲。您认为现在的设计应该怎么做？

费：冯先生，您以前也告诉我们说做设计要非常切合实际，理性、合理地去解决问题，不要为形式而形式，美是自然的流露，而不是为了美而去设计美。上次在您家也谈到了这件事，现在看着做得非常炫的一些建筑，您觉得这样做不行。

王：国外的建筑师不是今天才来，20 多年前曾经有一位专家，加拿大建筑师，我们系请他过来联合做一个规划，我记得当时就是这样，他有他的一些看法。冯先生在全系的会上曾经就非常直率的提出了对他的看法和意见，因为他刚到，没有在旧城做详细的研究就提出了方案。后来那个加拿大建筑师非常服气。

冯：1950 年代就有专家，当时系里头就有两批。一批是 1950 年代中，1956、1957 年一直到 1959 年，这个时候有前苏联专家，主要是讲工业设计，因为我们当时工业化阶段比较晚。他们还是比较实在，主要就是考虑各种类型的工业是怎样的。另一个是 Räder，东德人，柏林大学教授，来支援我们。开始的时候他也不理解，但是比较好办，他讲德文，金经昌和我都是从德国回来的，所以好交流，因此我们很火热，他的思想跟我的思想有很多是相符合的，我们做了很多事情。同济原来规划和建筑在一起，那时候我还不是系主任；到我做系主任的时候，同济把建筑系一分为二了，一部分是城市规划，后来变成了城建系，建筑系跟城市规划被切断了，金经昌也到另外一个系了。可是真正到了工作的时候，特别是 Räder 来工作的时候，还是把我们找在一起。因为他觉得建筑跟规划一定要一起，不能分开。他是这个意见，我们也感觉有需要跟他一起做。

像大连路是金经昌跟他一起规划，当时我是系主任，还有其他事，但我也参加整个过程。有时候三个人一起出去吃小馆，就在复旦大学附近的一个小馆。学校就批评了，说你们怎么带专家去吃那个小馆。其实我们不在乎，他也不在乎，吃得蛮好。

王：就是在一起有更多交流的机会。

冯：所以很重要的是大家互相之间的理解。

赵：那时观点比较一致，所以能够深入研究具体的规划的内容。有很多人来了以后不是这样，可能根本不了解情况。

李：现在因为发展太快，业主要求也是特别快，所以很多工作就必须特别迅速，他们也一下就做出来了。

冯：那时候大连路有老建筑，可以讲是改建的一个区。规划方法也是照我们刚才讲的，调查建筑物现状、道路情况、整个现状；我们就是完全根据老的现状进行调整，局部有必要的就改正。先是规划道路系统，然后根据道路系统分布建筑。现在都是根据我们的这个做法发展出来的，为什么这么讲呢，因为这就是我们的基础啊。

后来到了 1980 年代，1980 年李国豪和我，他是领队，我是副领队，带着很少一组人去东德参观学习，当时东西德还是互相交流的，他们的代表团，就是东西德代表团，也是到上海到我们学校来看了。东西德的代表团领队是东德的，副领队是西德，代表有东有西。我们谈得也还是不错。

李：现在国内的建筑师有一批越来越有名望，业务越来越广，他可能就成为一种精英，专门做高端的房子。另外有一批人，特别关注老百姓的事情，做一些很普通的建筑，很平民化，有些就是专门做农村的房子，但是确实做得很实在。在学生中也分别成为两种崇拜对象，这是精英之路和平民之路，我不知道您对这个有什么看法。

赵：一类是明星建筑师，一类是踏踏实实的尽建筑师的职责，不是自我表现，是为民生而服务。

冯叶：今天上午我父亲讲得很好，他认为所有的建筑都是公民建筑。

冯：我们讲公民建筑，其实没有什么建筑可以不是公民建筑。公民建筑的意思，就是它以公民为服务对象，它是来自公民的。这样讲起来其实所有的建筑都是公民建筑。所有不是公民建筑的那都不是为公民的，有什么建筑可以不为公民呢？

王：公民实际上指的就是人，公民建筑就是人性的建筑。

李：您能否举例说说现在哪些建筑不是公民建筑？

冯叶：我觉得你们今天在另外场合提到的九华山的庙②，也是平民化的，实际上一个庙也能是一个公民建筑。现在的一些庙宇都造成完全是官方形式的。

李：哪怕是政府大楼也是公民的，因为你要考虑到公民必须使用、去办事，要从这个角度来做建筑，而不是显示一种权力。

冯：我举个很常见的例子。一个小城市，它先就找一个中心点，在中心点造一个政府大楼，政府大楼前面有广场。其实广场是为了集会游行，小城市有什么游行集会呢，有也不会那么多时间、那么多人，但他一定要有这个东西，这就是形式主义。进门就是大踏步。这就不是为公民的。

王：他们是要气派。

冯：建筑不应该是这样，要为公民服务。大踏步是服务吗？不是的，讲得尖锐一点，假使有人要走大踏步才能上去告状，上去他已经气喘了，就已经有些害怕了，到了门口又站着两个人，他心里已经有点发怵了。不是很自然的，到里面已经感觉到压抑，这些对他的告状，有阻碍的作用。过去的时代告状不同，他敲了鼓之后倒是平着进去，没什么大踏步，但是到处都有人把住，他就已经发怵了，为什么？规定好了，告状不问理由，先打三十板。他要威胁你一下，你就不敢瞎来。那时候的威胁跟现在的不同，那时候是皮肉见分晓，现在的踏步是精神上有压力。

应该怎么样？不应该是大踏步，是很平常的就可以走着去。人家不会随便去检举，都是有理由才去检举的。让他早一点说出来，他的压力就小一点，这也不是那么大的问题。而且踏步大一点就庄严吗？代表一个城市，甚至一个国家，一定要踏步吗？这就不是为公民考虑。如果从公民角度考虑，大踏步就不对，跟过去的打板子不对是类似的。

赵：所以重要的是做设计的人是否有服务于公民的意识，以公民为出发点，这是最关键的。

冯叶：所以不在乎建筑物是标志性的还是民居，而是在造房子的时候是否有为公民服务的意识。

赵：有这个意识，不管从任何条件出发，都能意识到这个空间创作要服务于公民。

冯：国外例如美国、欧洲也是这样，所谓市政厅的功能跟我们不完全一样。它实际上主要是什么呢？结婚要去里面登记，要走一圈，因此这个建筑就是行走的路线。

李：一个行为过程。

冯：对，一个过程，先进去可能还稍微紧张，出来的时候开心得不得了，是没有负担的。他们的市政厅不同，功能就是这个，其他的事情不管。我们什么事都要揽到市政厅里，外头的责任都推给它，下面的部门不管，这样的话，这个建筑就变成了一个官僚主义的建筑物。这也是从这样的内容发展来的。

李：20 多年前创刊的时候，您给《新建筑》提过词。现在我们的读者群，在高校里比较多，主要是学生、老师，学生又多一些。您能不能给我们的年轻学生就将来怎样做一个好的建筑师，寄语几句？

冯：这倒是因时、因人不同的。2000 年左右同济叫我题字，我当时题了四个字，"缜思畅想"。有了仔细的考虑，才能够放开，要有放开的思想，才能够创造。所谓创造就设计，所以是"缜思畅想"。

这是有针对性的，那时的情况跟现在不同。当时为什么提 "缜思畅想"呢？因为同济在市区里老的博物馆里搞学生作业展览，这样的一个全市性的地方。那时候我就讲教也好，学也好，都应该仔细考虑，不是粗制滥造形式，特别是针对从形式出发做设计的。

王："缜思畅想"，对我这老学生也有很强的指导意义。

冯：光有畅想不行，是假的。没有约束的话怎么畅呢？所以首先要学会约束，要仔细地从各方面考虑，才能真正仔细认识自己进步的方向。光是缜思，一天到晚缜密地思也不行，到了应该要发挥的时候就要畅想，就要敞开思想。当然每个人程度不同，实际上它是不同阶段的，最初不一定成熟，经过"缜思畅想"，才能一步步达到最后的目标。

冯叶："缜思畅想"也包括比如你说的人文的关怀、环境的保护和自然的和谐，都要考虑。

费：自然的约束、环境的约束，我有这个体会。你尊重你的客户，要了解客户要什么东西，这个区的使用者要什么东西，这就是缜思，是整体的一个尊重，要尊重才能真正去了解。然后才能有一条建筑师的线，如发挥想象力等。没有缜思，没有你对人、对环境、对合作伙伴、对客户，对所有这些环境约束条件的尊重，你就没法畅想，有畅想也是空的。学生读书的时候未必有这样的体会，但是真正进入实践，进入到事务所，进入到项目的时候，这一点真正反映出来了。要尊重所有的条件。

王：冯先生非常有前瞻性，旧城改造，包括周庄。我们最早去做那个建议的时候，他讲得非常前瞻，那么多年前已经想到了这一点。这些东西，加上在西方学到的这种严谨的治学的体系来解决具体问题，例如刚才讲的马桶问题，包括九华山的改造也是这样，都是踏踏实实具体解决问题。

费：这对所有的年轻一代都是非常有利的，对我们老一代、中一代也一样，教育性同样很深刻。

（冯纪忠先生最后给《新建筑》的题字是："因势利导，因地制宜"）

注释：
① 上海大公滑稽团舞台剧，作者是滑稽戏的名演员杨华生，笑嘻嘻，张樵侬，沈一乐等人。故事背景是 1940 年代的旧上海，一幢破旧的大院里住着 72 家穷苦的房客。生动地刻画了小人物形象，演出引起轰动，后来被改编成电影并成为经典名片
② 这是谈到冯纪忠 1970 年代末期做过的九华山规划

在理性与感性的双行线上
——冯纪忠先生访谈

刘小虎

　　冯纪忠先生（以下简称"冯"）是一位真正富于创造智慧的教育家和建筑家。在中国城市规划和建筑设计现代化的特殊历史进程中，他以哲学和思想塑造了同济大学建筑城规学院；[1] 由他设计的方塔园在台湾学术界被誉为中国现代建筑的坐标点。2006 年新年伊始，笔者（以下简称"访"）有幸在上海寓所见到了冯先生。

　　访：即使在我们这代人心中，方塔园也代表一个难以企及的高度。何陋轩对竹构的探索，比今天业界对竹子的推广早了 20 多年。您能不能谈一下当时设计的背景？

　　冯：实际上也因为资金缺乏。公园本只想要个竹亭、竹廊之类，但我不想要一般的做法；从形象上说，当时从嘉兴到松江很多民居的样子也是这样，后来就越来越少了。另一个较强的原因是当时观念稍微新一点的东西很容易遭到非议，比如方塔园，当时还只造了大门和堑道，都已经遭到无知的批判，即所谓"精神污染"。至于竹构，那是中国的特点，何陋轩设计的时候主要就想和普通的更不一样就是了。蓄含的观念，会更新一些，也可说是对那种无知污蔑的反弹吧。

访：在《弗莱彻（Fletcher）建筑史（原书第 20 版）》中收录了您的两个作品，除了方塔园，还有同济医院。

冯：当时国内的医院主要还是形式主义，概念上比较新的作品，还有华揽洪的儿童医院、夏昌世的广州医院。儿童医院在北京，难免要用民族形式，不过用得并不呆板；夏昌世的设计主要考虑门诊、住院等的联系，按功能划分，这是比较好的；同济医院相对更脱开老套。基本情况是基地很窄，两边都是住户，不能做高。当时的建造条件现在很难想象：深桩都没法打；打桩机也没有几个，都是借用一下，赶紧还掉。而且材料也缺乏：好不容易找到一批现成钢窗，外国人留下的，只有一个尺寸，只能作微调，所以窗格就是现在这样。另外我考虑得比较长远，考虑了冷暖气。我认为早晚全部要用空调，所以结构上要预先考虑，走道、竖井全都考虑了。后来空调安装起来就很容易。

访：同济医院和何陋轩相隔近三十年，风格不尽相同，同济医院更接近现代主义风格，而何陋轩则有更多东方情趣或者说本土观念，这是否代表您在思想上有所转变？

冯：这个看怎么说，传统并非完全要表现在形式上。传统文化的显现，是在意境上有一些味道。方塔园的宋塔收分线很美，我们认为方塔园就应该有宋朝的味道。主题是宋塔，也并不是真正把宋朝的东西都搬来，不是在形式上、而应该在味道上匹配，味道就是意境了。对于意境，《辞海》的解释不太准确，它归纳为"境"与"意"相遇就变成"意境"，其实应该是意象的积累或意象的组合生一个"境"出来，"境"是人的心情。因而，方塔园，每个东西包括细节都要考虑有宋的味道，但并不是宋的东西，而是新东西。里面所用的对比、刚柔等手法，是有意识在每个方面都这样考虑。我们是中国人，只要主观地去想这个意境，就会和外国人不同，因为我们的想法是从中国文化来的。所以意境的得来并不是从形式考虑，当然最后东西的产生还是形、象。这个思想可以讲我是慢慢体会到，也可以讲我认为这种发展是很自然的。

方塔园最初只有塔和影壁，然后搬来了一个天妃宫的殿，布置就很重要。塔和影壁本身就不在一条轴线上，这是三个时代的东西，难以按轴线放置；加上两棵二百多年的大树，方塔园自然而然就不是对称布局。在空间上既有变化，又要有规律；这个规律也跟宋朝的规律一样，不呆板，是很活跃的东西。宋朝的文化最能代表中国的文化：比如瓷器，宋以后的瓷器越来越薄，越来越精细，但造型上比不上宋的味道；唐朝倒是有一种粗壮的感觉，也没有宋的味道——前后都不如宋朝。

方塔园这样做还因为，本来原物就不多，其他东西都是新加的。新建的不应该违背主题，而要把主题突出。主题出现的时候要烘托主题，别的东西都稍微压低一点，那么四个角处理上也和塔院稍微隔开一些。

访：您担任同济建筑系系主任多年，[1] 建筑教育的主要方向如何把握？

冯：一个是怎么认识建筑学。建筑学应该比较全面，包括建筑内部和整个环境，特别是外部的环境，包括城市环境以及自然环境。当时的建筑学专业还纯粹只是建筑学，建国之后，因为到处都在发展才有了城市规划。那么城市规划是不是建筑学再加一点知识就行了？我认为不行。如果只是建筑师的话，对城市的考虑不够、不全。城市不能只是建筑简单地放大，城市有供应、有交通、有其他方方面面，建筑师加点课，还是没有办法摆脱本行的思维方式，所以我当时就想成立规划专业。而真正的园林则应该有建筑的基础、规划的知识。这种建筑学、规划、园林三位一体的思想当时就有。不过开始搞这么多专业不行，但我始终保有绿化这门课。

我们先争取到了规划专业，1956 年正式批准成立。其实此前准备工作早就开始了，这才在院系调整以后马上就开始招生，很及时；后来大发展到处都需要规划人才。发展这个专业还是比较困难，规划一直得不到重视。大家都以为建筑师就可以做规划了，要是比画透视图，搞城市规划的人还会差一点，因为要去学习其他知识绘图不是训练重点，所以我们规划专业的学生的图纸没有其他人漂亮。现在终于大家都认识到了城市规划的重要性。可惜其他学校的城市规划专业很晚，有的到 20 世纪七八十年代才成立。

访：中国现在的快速城市化，需要大量规划专业人才。同济规划专业人才的长期培养和积累起到了非常重要的作用。

冯：是的，不过当时学生出去工作很困难，开始是大家都不重视规划工作；后来比较重视一点，但是规划专业学生数量不多，所以还是得不到足够重视。

访：您在同济创办规划专业时，指导思想是不是一开始就和 CIAM 有区别？

冯：在 CIAM 那个时候还是纸上谈兵，比较空，所以柯布西耶这样出名的人，规划做得不好，没有脱离老套，也就不可能新。后来尼迈耶的巴西利亚，也是空荡荡的，他们身上老的东西没有化开，其规划研究只能算是半熟。欧洲在大战之前，规划新思想是有的，但是没有发展的必要，因为城市都已经基本成形。比如人口，基本上都是稳定的。当时的法国、瑞士、奥地利，人口都不增加了，城市规划的要求就少。即使在第一次世界大战以后，欧洲的发展也主要是在住宅方面，还不是城市规划。第二次世界大战以后就不同了，有的城市被炸光了，最厉害的像华沙，所以很自然地发展起了城市规划。当时最先进的城市规划是 1954 年左右的伦敦规划，然后是华沙规划，这两个是大城市经过规划而来，是真正现代城市规划的开始。我们因为有大战的亲身体会，也认识到规划的重要性，当然也受到了 CIAM 的影响。

现代城市规划本身当然也有很多毛病和不足，特别是用在中国不够：规模、原来的基础都不同，欧洲的战后恢复也比我们快。当时发展规划一是感觉我们迫切需要，二也因为没有什么建筑项目，像比较有名的陈植、赵深、杨廷宝也没有多少项目。当时我刚回国，和金经昌同船，他一回来就搞上海城市规划，我当时是在做南京规划。后来就一起在同济创办了规划专业。

访：好在有城市规划专业多年的发展，不然今天中国的快速城市化过程会困难更多。

冯：现在又不同，现在我已经跟不上形势了。问题更加细致，规模也不同；现在看来规划的范围至少是城市群和区域规划。但是万变不离其宗，基本上差不多，只是需要研究的问题更深入、更细致、规模更大。但是，现在规划还是没有跟上，有些地方遭到破坏，增加的东西不恰当、也更乱，这是因为发展太快，思想跟不上。主观的原因也有——还是抱着形式主义不放。建筑的问题在形式主义，规划的问题也在形式主义。另外，最不好的客观原因是利润挂帅，而把这些问题都归罪于建筑师太不公平。建筑师当然也应该有敬业精神，我认为，是对的就是对的，是错的应该大胆指出。

访：在同济的讲座"门外谈"，您讲诗，讲意境。[2]意境是不是在园林中反映更多？

冯：当然是。但实际上讲园林，不光是园林建筑，普通的建筑也在自然里，只是它的邻居都是建筑，就是环境了。建筑跟自然接触，那么自然就和它有很强的关系。当我跟自然摆在一起，是应该表达我不同于自然、自己的个性表达得多呢，还是比较谦虚地和自然配合、甚至于突出自然？这点上中国人和外国人确实不同。原因之一至少是中国人对自然比较尊重，回归自然、和自然配合，甚至强调自然。

为什么我们会从最初的惧怕自然，到认识自然、亲近自然？中国人认识自然早，我所说的认识不是科学上的认识，而是美学上的认识。欧洲国家如瑞士，山都有四五千米高；中国西安以东、大漠以南的大片国土，绝大多数山都在海拔一千多米，泰山才 1400 多米，但已经是登泰山而晓天下了。中国人和自然没有那么对立也和这个有关系。自然本身比较亲和，一个是令人不怕，还有一个是可达：所有这些重要的景致，都可以上到顶，像黄山、泰山、峨眉山。欧洲的山在过去是没有那么容易上到顶的。到的了，而且不怕了，才能有美感。而中国的山确实也很有意思，形态多样。概括讲就是这样。

访：意境是很东方的概念，也许只可意会，不可言传，难以评价。您在风景园林的一些研究中提出了旷奥度、计算机分析等，[2]是想把意境变成可以理性分析的东西吗？

冯：主要是利用遥感开发风景的问题。开发风景要考虑很多方面，在审美上主要是旷奥度。中国人口众多，开放后游客数量剧增，也需要新的风景。要找新的风景，光靠踏勘就太不够了，很多地方到不了。而利用遥感可以画出各种图来，再利用这些有意识地选择线：首先是选形，形最根本的就是旷奥的问题。旷奥不是我讲的，是柳宗元讲的："游之适，大率有二：旷如也，奥如也，如斯而已。"

访：这样就把很难表述的东西，比如风景的美，变得可以衡量。

冯：对。当然还有其他东西配合。首先是植被，其次还有土质，都可以依靠遥感预探，最后当然还是要踏勘。但是先有大体的概念，有很多踏勘就可以省掉。国外有遥感技术，但没有用到过风景上面、没有把旷奥度作为研究对象。把遥感用于风景开发，是我们首先做的。1986年左右刘滨谊在三清山这样做过一次。

最近开过一个 Landscape 的国际会议，讨论 Landscape 的课程安排，大家主张不同，最后认为"风景园林"是不完整的，这个专业现在确定叫景观。不过名字不重要，重要的是内容。这个专业的基础确实是园林，只是发展之后就不再局限于园林，所有环境都是其研究对象。Urbanscape 也是有道理的，风景就是可观赏的，是眼睛可以看到、身体可以感觉的环境，所以城市才有绿带、公园，这些都属于园林。另外，开发风景，如刚刚讲的利用遥感开发风景，也并不光属于测量系，这需要测量的知识，也要建筑学和城市规划的基础。所以我们园林学的范围很广：要懂得园林怎么设计，也要懂得怎么欣赏自然美，怎么寻找、怎么开发，用什么标准发掘，还一定要追溯园林的历史。这次开会说过去的"园林"涵盖比不上"景观"，那么我们就要说，我们过去的范围就是这么大。当时我有意识安排，从本科专业到硕士博士题目，这些方面的内容都有。也许每个点的深究还需要代代积累，但各个点都安排到了。像吴伟、黄一如，题目都不一样，就是把种子要先下下来，这几个种子到现在其他学校都还没有。

访：这也受到教育部取消风景园林专业的影响。

冯：当时搞了个旅游专业代替，我认为这有点开玩笑，好在我们旅游专业的教师和课程体系还是风景园林的。单纯以旅游来推动景观开发太糟糕了，所以很多地方搞得不像样，导致现在又来拆。旅游是可以的，但是要先有景再去旅游，而不是为了旅游拼命赶景——结果赶出来的都是假古董。谁先谁后，就像是马拉车，还是车拉马？

建筑学也好、景观也好，甚至城市规划也好，一要理性的分析，二要审美的激发，两条线要并行。依靠什么并行？依靠的是普通的、大家都理解的东西——具体的形、象，来组成意境的结果。我搞空间组合，是针对当时不以空间而是用实体、外表来考虑问题的形式主义。欧洲在现代主义之前是这样的，我们那时还是这样。后来我就被批判说，你怎么老空间啊？当时我没有谈美观的问题，因为没法谈。可他们倒是一天到晚均衡、对称，这不是美是什么？这种形式主义，怎么能算是原理呢？当时的方针政策也有问题，"适用、经济、在可能条件下注意美观"。美观怎么会有不可能的条件呢？就是草棚子也可以美观，这就是我做何陋轩的主张。

理性分析的一条线是这样的：从自然环境到建筑的关系，一直到建筑内部空间的组织；这些组织如何构建起来，是结构；之后搭头的地方怎么细致，是构造；还有材料的性能和材料的表面、形式；最后组织成功一个建筑，是适用而且经济的。

感性的一条线怎么来？感性，是我们积累的许多印象，可能是书本的，也可能是实地的、踏勘的。人就有了经验，就有表象。为什么叫表象？同一个东西，我所注意的是颜色，他看到的可能是形状，这就不是象，是表象，包含个人的选择。表象积累起来，摆在那里随时可以拿。当然它越多越好，最好各方面都有。到设计起步时，我就会选择这些表象，经过选择的表象就成为我的意象。随着设计深入，意象越来越多，也包括理性的，因为要考虑环境、内部、结构、构造这条理性的线。这两条线没有前后，是平行的，平衡发展，最后发展到我很"得意"，内部很实用，也很美，就有一个意境出来了。意境不是境与意摆在一起，而是这样生出来的；不是在最后才冒出来，而是酝酿出来的。开始可能很模糊，但是有好恶，因为表象的选择已经包含了好恶；在理性这条线也要选择，也有好恶。从表象里选择意象，一步步都是这样过来，最后意境自然而然就出来了——不是境、意的结合，而是感性和理性的结合。

理性的这条线我们现在渐渐通了，但是感性的这条线还没有通。有两个原因，一个是很多设计并不考虑环境，唯我独尊，老的全拆光，没有前头一段，只有后头一段。个人的东西没有经过其他具体的东西变成表象，更不用讲意象了。他的意象都是从自己来的，这先有形式的。另外一种是把房子照理性做好以后，总觉得不舒服，加点装饰，把不对称弄成对称，轻重不对再加点分量，形式是后来的。这两种形式主义，后来形式的是以前的毛病，先有形式的是现在的毛病，怎么能把它们当作原创呢？中国这么多建筑，少就少在原创。外国人在中国的设计也少有原创，很多准确说自说自话，有些人在本国都不被接受，到了中国却被接受了。

访：是啊，现在的中国是外国建筑师的实验场。

冯：老实讲有些东西不值得看。当然不是说都是这样，我们也不能太守旧。我们有些东西比如结构，还是老观念认为规律越强越容易做，但现在有了计算机，所有的曲线都一样能做出来。有些房子曲线很多，也不能就说它是形式主义。但如果形状好、结构也做得到，但功能不够、理性不够，那就不能原谅，那是个人表达、个人想出风头太多。个人完全没有当然也不好，还是要有一些，不能说过去穿袍子马褂，现在也全穿袍子马褂，我还是穿新的东西，但是和袍子马褂有某种亲和。

原创需要有理性的基础和感性的审美的共同生成。两条线不是分开的，而是混合的；混合要根据具体的任务，任务不同，两条线的关系就不同；而且两条线不是呆板的，可以变化、跳跃、省掉一点。这两条线无所不在，也并不局限于建筑，也可用在比如桥梁设计上。现在关于抄袭和原创讲得很厉害，好像中国建筑师都不能原创，其实是没有给他原创的机会啊。

除了原创，还有其他难以解决的，如遗产保护问题。遗留的东西要保存，一提到保存，有的地方就乱来，本来应该保持的他反而加油加酱，不得法，又破坏了真东西。

访：现在的建筑教育体系主要来自西方，中国古代师父带徒弟的方式是否可能与其结合呢？

冯：师父带徒弟，西方过去也有的。我念书在维也纳，以前也是师父带徒弟，因为教学范围小，后来便不再用了。本科建筑教育还是集体的方式好，各专业可以更专。我看新学校需要集中的教法，如果学校比较稳定，也可以分散，可以根据老师的水平、老师的来去自己调整。当然，研究生阶段还是师父带徒弟为好。

我倒是赞成教法要"广"，学生习惯了"广"，出了学校也就会"广"，选择也会"广"。建筑师在学校里是不会完全成熟的，需要在外面做事才能真正成熟。现在的问题是学生花很多时间在外面设计，这对教育不好，学生就应该用大部分时间专心学习。

访：中国古代村子，可能是因为血缘关系、风水等影响慢慢形成；而现代新城的建设，则可能依赖规划体系。这两种方式是否能结合？或者说本土方式和现代规划如何结合？

冯： 不能这样比。所谓风水，其实是通过理性地分析环境得出的环境意象。靠山，面水，大门、正厅朝向等都是理性的分析，只不过是用感性的方式表达，把内部的规律表现在外部的"形"上。所谓风水，其实是结合自然。而风水先生要人家接受，就要用文学、哲学的东西来修饰，显得更深奥，或者把你看到的东西更提醒一下，其实大家都看得到。我对风水就是这样的看法。十三陵有个轴线，两边有青龙白虎，轴线之所以弯，是顺应自然。现在做规划反而总是一条直直的轴线。浦东也是这样，当然浦东还好并没有地形，但是要不要轴线就是浦东的问题。沪西并没有轴线，它是自然发展、历史政治上发展的，不是在形上发展的。两个租界并行地往外推，推出了两个主线而不是轴线，南京路和淮海路。南京就不是这样，它是整个大范围有山有水，比较短的部分用直线问题比较好办，容易分配基地。

访： 您是中国建筑学科的奠基人之一，对于学科未来的发展，您觉得应该注重什么？

冯： 我一直比较注重文学的修养。现在有人提"汉学"，把《论语》、《孟子》和《三字经》都加入课程，光是这样不行。能背论语就掌握中国文化了吗？我们需要吸收各方面的知识。首先要学会的是文法，是中西文不同之处。比如中国人很直接，某某人说，后边一段都是他说的；英文不一样，先写什么话，后写某某人说，he said，然后再接下去，这样反而让人弄不明白。中国有很多东西很美的。只要让学生对中国文化有概念，都可以学，不一定非要抱着几本老书。中国文化并不只是孔教。我还是赞成有选择地教学，在文学里选，广泛地选。不一定是非诗不可，或者非文不可。

设计有思考的过程，这时常会无意中想到一个文章的"气"，"气"是要背的，所以有些要背。举例来说，《醉翁亭记》的二十一个"也"字用得多好："环滁皆山也"，大范围的；然后一步一步，"其西南诸峰，林壑尤美"已经变成局部；"山行六七里"已经到里面去了，然后再看到亭子，这个"气"就顺了。从它来设计我们就能得到从大到小的一条线，这是一种"气"。有的"气"很壮，如《封建论》；有些文章雄辩，如梁启超的文章，转来转去，把主题从正面讲、侧面讲、反面讲，最后把主题讲得非常清楚；声调也有很大作用，许多文章光看不行，照着念一遍，文气就出来了。所以不在乎古的、现在的，只要选真正有中国文化、真正味道足的，都可以。没有必要只盯着几本书，那是研究生研究某个人的课题才会用的做法。

有了"气"就有了"势"，"势"有推动力，这条线就起作用了，就能出现"形"。中文的字也有"气"，有一种气是凝练的，如楷体，而草体简直是飞动了。设计时就可以考虑其中有没有感受，我认为一定有的。要提倡对中国文化的培养，而不必要、也不用把学生训练成孔教徒。

访：嗯，应该从文化的角度来提倡。

后记：

冯先生虽是九十高龄，仍然神采奕奕，思路敏捷清晰。与他谈话，首先感到的是他的人格，屡屡赞誉他人，对自己轻描淡写，对错误直言不讳；其次是他的视野，谈任何事情都是上下纵横，融会东西；再次是他的学臻化境，至深的道理却总能用至浅的语言和比喻来解释。谈到本土，冯先生多以原创代替，他家学深厚，那该是自然而然的，或许多谈本土倒容易招致狭隘和形式化；谈到学科的未来，他则直接谈文学修养，谈文章、文字的气、势、形。笔者体会，在他看来，传统文化的浸润对未来的中国建筑师来说也是要自然而然的，不必多说却也必不可少。而作为后辈，笔者的偏颇和狭隘之处，经冯先生一席话，顷刻消解。

原载于《新建筑》2006 年第 1 期

参考文献：

[1] 同济大学建筑与城市规划学院 . 建筑人生 [M]. 上海科学技术出版社 . 2003.4

[2] 同济大学建筑与城市规划学院 . 建筑弦柱 [M]. 上海科学技术出版社 . 2003.1

中国第一个城市规划专业的诞生
——冯纪忠访谈

2001 年 7 月，首届世界规划院校大会在上海同济大学召开了。

目前，全球共有 800 多所院校开设了城市规划专业，但在 1956 年，世界上只有四五个。

1947 年，同济大学工学院土木系首先在国内开设了"都市规划"课；

1950 年，冯纪忠、金经昌等教授共同倡议土木系高年级开设市政课；

1952 年，院系调整，华东地区十几所院校的土建系科集中到同济大学，在建筑系内成立了国内最早的城市规划教研室，创办了培养城市规划方向的专业——城市建设与经营专业；

1956 年，同济大学的城市建设与经营专业正式定各为"城市规划专业"，这是国内最早的城市规划专业。

国内最早的城市规划专业

记：冯先生，1956 年同济大学成立了国内第一个城市规划专业，在此之前，您做了些什么样的准备工作？

冯：规划这么早作为专业，并不是从 1956 年才开始的——1956 年是正式定名。

我在奥地利读书时受规划的老师影响很大。在当时的课程里，不光是规划的老师，连设计的老师也都讲规划的东西。规划和建筑是不能分的，这个思想对我的影响很深刻，不像老的古典主义的讲法，建筑就是建筑，根本不提规划。

当然，我念书时，老师在课堂上讲不了多少，有一些住宅区布置一类的课程，等于练习，算不上规划，但它的思想是现代的，老师虽然也是搞设计的，但有规划思想。

我的老师们的有些建筑作品是现代的。例如苔斯（Theiss）教授 1930 年代初在维也纳中心区设计的 Hochhaus，已经可说是不可多得的现代的范例。这就跟古典主义不同了，这实际上是与包豪斯一致的。

其实包豪斯不等于现代建筑学。当时，一股潮流遍及德、奥、瑞士、荷、捷、法、意、芬、瑞典，在中欧及其外延，但代表是包豪斯。其间首功应归格罗皮乌斯，虽然他风采不如柯布，缜密不如密斯，但凝聚是他，若论源流，那么由瓦格纳而贝伦斯而格罗皮乌斯，根在维也纳。至于现代建筑学的标志，那是 CIAM。这些可是我"不求甚解"简化了。

我回国后，在 1947 年应邀到南京都市计划委员会工作，同时在同济兼着课，一两周回上海一次。

金经昌 1946 年底回国，到了上海都市计划委员会工作，他和程世抚、钟耀华等完成了上海规划总图一稿，这个方案是国内最早的有板有眼的现代规划。

可惜南京力量比较薄弱，我只做了南京房屋、遗存、绿化等的调查分析，就回上海了，任同济大学教授兼上海都市计划委员会的工作。

解放后，我由于承接到设计任务，办起了建筑师事务所。后来，估量业务的发展也应该包括城市规划设计我就和合伙工程师商量扩大合伙或联合一些事务所。

于是，我约了老同学以及我见过面的，觉得合适的人开了会，其中有黄作燊、居培荪、尤祥澜等。我和黄还特别谈到事务所怎样培养后进、怎样提升分配等。

后来没成，是因为"三反""五反"了。所以，这也都算是城规要有专业的思想的部分前奏吧。

大战后，现代城市规划的标志性方案——伦敦规划和华沙规划出现了。而国内那时候的规划思想就是开几条像样的马路，搞个分区什么的，这仅仅是规划的一个侧面。

真正的规划应该要有一个全面的思想。城市规划不是建筑师加点佐料就能做的，城市规划要从一年级开始就培养学生逐步具有现代规划的思想，这样的规划师才行。我就不赞成以前有的建筑学专业，到三年级甚至四年加两课规划，这就算能搞规划了。这是不对的，因为他的脑子里头的基础不是规划。

1987 年，在美国建筑师协会海外荣誉院士授奖会上我曾讲过，城规教育不要吃盖浇饭，要吃什锦炒饭 (Risoto)，就是说如果建筑好比底下的白饭，上面来那么薄薄地一层盖浇，这种规划不行，规划一定是要融合吃的。当时有位和我一块儿参加授奖的丹麦同行说"你很幽默，很形象化，我懂得"。

我们在 1956 年之前，就是以这种想法，创办了国内第一个城建与经营专业。院系调整后的几年，我在规划教研组。1955 年毕业的那个班是金经昌、李德华、邓述平、董鉴泓也和我成天泡出来的，毕业设计也是我和学生们到当时"无风三尺土，微雨一街泥"（任震英语）的兰州喝着打矾澄清的黄河水进行的。

1956，我时任系主任，所以在全国建筑教学计划会上，自然由我出面建议成立专业。记得当时的争取是颇为艰辛的，后来很晚才有其他的学校跟上来。

同济这个城规专业正式定名成立时，世界上也不过只有四五个国家开设了这个专业。再说，认知现代规划和认识成立专业的必要，还不是一回事。所以在这方面我们是领先的。

现在规划专业的发展相当快，据说按在同济大学召开的首届世界规划院校大会统计，有人计算下一次再轮到同济开这个大会要 1000 年之后了。后来不久，无端把城规专业调出建筑系，1963 年才又划回，真是一惊一喜都上心头。正因为建筑与城规天生合则两利，1980 年代初我还有意识地连续 6 年选择旧区改建为题指导毕业设计。

时代不同了，不过万变不离其宗。我们说人有肌肤、筋骨、气血。城规的筋骨是总图，抓住总图，内聚外延，小大由之，不僵不浮，虚实相生。

理性的浪漫、诗意的现实

记：您常常讲建筑要"理性的浪漫、诗意的现实"，这该怎么理解？

冯：我的设计老实讲实在是太少了，在设计创意上也没有什么得意的东西，很惭愧。

不过现在我还是要做的。

我现在在这里作顾问，不是挂个名，我还是想真的做点事情。

建筑是一门艺术，艺术一定是个人的，通过个人映射出社会，表现出时代。如果个人不存在，你还谈什么艺术啊？所以艺术永远是个人的。这个个人可能扩大，因为有几个人大家是合得来的。那就变成一个个人了；但是这个不能太多，也不会太多。比方像合作国画《岁寒三友图》，可看的有几幅？

建筑也是这样，它有很强的工程方面的要求，但它也有个人的那部分。所以我所憧憬的是理性的浪漫、诗意的现实。建筑比其他的艺术都难。

别的艺术，你尽管个人化好了，尽管不被接受，我的成品还是出来了。

建筑一方面不能超越物质那一部分，另外也不能超越社会不接受的那部分；而图纸与成品接受、不接受又是不一样的，建筑就难在这里。

可是，不管什么限制都是能动的，固定是相对的。设计过程是"挑战"问题的出现、回应、选取、突破、游离、凝聚、明朗、逐步深化。所以好的设计往往又是集思广益的成果，即所谓头脑风暴 (Brainstorming) 运用的得法。至于实现，那就仍然不是这个层次可以决定的了。

为了明确什么是现代建筑

记：中国现代建筑是从您这一代人开始的，那您读书的时候是怎么想到学建筑的？

冯：我从小非常喜欢画画。我的家庭也是非常支持我的。但是，在当时中国，一般只知土木，对"建筑"二字是很陌生的，只有南京中大有个建筑系。我在圣约翰大学读的土木工程，读了一年半后，开始学习德语，准备出国，后来去了维也纳，在那里即开始学建筑了。

我的想法是要在外面多学些东西，回来做些实事。那时国人对建筑还没有一个很明确的概念，我想要做的就是明确建筑，怎样才是真正的现代建筑。

原载于《设计新湖》2002 年第 1 期

冯纪忠：
做园林要有法无式
思想开放敢于探索

《风景园林》：1956 年，同济大学创办了中国第一个独立的城市规划专业"城市建设与经营"专业，1958 年，又创立了城市园林规划专门化专业。能回忆一下当时这个专业在同济的发展背景和经过吗？

冯纪忠：我很早就意识到在城市规划中，绿化和景观是非常重要的一环。在我兼职上海市工务局都市计划委员会、与程世抚等同事一起做上海城市规划的时候，就曾着重提到过这一点；我还与程世抚合著了《绿地调查报告》（1951 年出版）。既然重要，那就要有专门的人才。1951 年，程世抚不止一次邀请我与他一起为全国绿化管理干部培训班授课。1958 年，同济大学创办了城市规划专业（城市绿化），也就是现在的城市规划（风景园林）。

1979 年，我在同济大学率先恢复了这个风景园林专业。当时赶着成立这个专业，一个原因是为了防备风景区被破坏。过去我们就在这个问题上吃亏过，很多风景都因为缺乏正确的、有保护意识的规划，被胡乱开发破坏了。另一个原因是，过去欣赏园林大多停留在欣赏苏州园林的层面，相对来说较多偏重文学和历史的范畴。我提出创建风景评价体系，这有助于在规划风景区时，明确到底哪些地方需要保护、哪些地方值得开发和怎么开发。可惜的是，还是稍微晚了一步，如果风景园林专业能再早一点恢复，中国许多有价值的风景区和城市景观就不至于被破坏了。

何陋轩

1981 年，高校开设博士点的时候，我就想以风景园林为主来培养些研究生。去北京参加国务院学位委员会确定研究生导师的人选时，我是国务院学位委员会（工学）学科评议组成员。我提出希望能带风景园林方面的博士生，这得到了支持，并且会上同意将风景园林方向设在城市规划专业里面。这也让我成为全国第一个不仅可以带建筑和城规专业博士生、还可以带风景园林博士生的导师。我非常高兴能为这个领域做些工作。

《风景园林》：采访您肯定绕不开方塔园。20 世纪 70 年代末期您规划设计的松江方塔园在风景园林领域开创了崭新的时代。方塔园的设计主要面临哪些难题？您对建成效果满意吗？

冯纪忠：1978 年 5 月，程绪珂局长代表上海市园林管理局邀请我开始规划设计松江方塔园。方塔园在上海松江县，建园用地 11.5hm²，性质是以方塔为主体的历史文物园林，1982 年 5 月 1 日正式对外开放。规划布局从方塔这一组文物作为主题着手，堆山理水无不以突出主题为目标。规划之初，碰到的是如何布置迁建的天后宫大殿。宋塔、明壁、清殿是三个不同朝代的建筑，如果塔与殿按一般惯例作轴线布置，则势必使得体量较大而年代较晚的清殿反居主位，何况塔与壁，一为兴圣教寺的塔，一为城隍庙的照壁，原非一体，两者互相又略有偏斜，原来就不同轴。再则三代的建筑形式有很大的差异，若新添建筑必然在采取何代的形制上大费周折。因此设计决定塔殿不同轴；于方塔周围视线所及，避免添加其他建筑物，取"冗繁削尽留清瘦"之意，不拘泥于传统寺庙格式，取宋代的神韵，因地制宜地自由布局，灵活组织空间。建成后的方塔园，当然也存在不少细节上的问题，但总体上我是比较满意的。

《风景园林》：我们也注意到您曾经写给时任上海园林局局长程绪珂的一封信，反映出方塔园设计过程的曲折不易。您当时承受了哪些压力？您觉得一个成功作品的出现需要哪些条件？

冯纪忠：这场风波起始于 1983 年，批判的焦点主要集中在方塔园北大门和堑道的设计方面，有的专家还提出地面不应该用石块而应该铺水泥，堑道是"藏污纳垢的封建思想"。这些批判完全不在于技术探讨，而是上升到"精神污染"层面，"卖国""反党"的大帽子乱飞，这是我苦恼的来源。幸而当时上海园林局局长程绪珂一直给予我很大支持，1984 年上海市时任副市长倪天增和钱学中专程去方塔园了解视察，并特地上门看望我，才能让我继续方塔园的后期设计，造了"何陋轩"茶室。

我想，一个成功的作品首先应该是符合时代需要的作品，这个需要包括功能需要和审美需要。尤其对于建筑和园林来说，它们具有很强的公民作品属性，为民所建，为民所享，无法仅凭个人的力量就可以把图纸实现，而是多方协调博弈的结果。第二个，我认为成功的作品应具有教育意义，能在某方面为社会提供启示和榜样的作用，这意味着作品可能有不被时代理解的成分，需要设计师顶住各种压力。尽管这样做的确很难，但因而你会拥有超出作品本身的强大精神力量。这也是一位教育者在传授知识之外，要让学生体会理解的更重要的内容。

《风景园林》：进入求新思变的今天，"现代园林"之"现代"应体现于何处？

冯纪忠：1918 年我随父母移居北京，在北京长大。父亲有段时间在香山养病，我也得以游历香山。后来随家迁居上海，尽管当时上海开放的公园比较少，但我还是看了一些。去欧洲留学前跟着外祖父住过苏州。可以说，苏州园林对我的影响很大。我后来对于现代空间，特别是"意动空间"的表达和研究除了承传欧洲现代空间的探索外，也得益于那段苏州岁月。苏州园林比较集中，有利于相互学习切磋，因而园林意境的表现也是丰富多彩、淋漓尽致。

在山水意象体验上，从大到小这个历史阶段，苏州园林意境的表现是比较成功和彻底的。现代进入了空间尺度上从小到大的新阶段，现代人的生命状态也发生了变化，意境通过现代空间可以在小尺度的园子中表现，也可以在大尺度的风景区中表现。空间尺度的变化引起了各种变化。园林与风景的融合更加密切、更加广泛，这是一个新的主题。在生命状态的表现上，以时空转换传达出"意动"的境界更是现代空间规划和设计的新的方向。

我们现在学了不少国外的东西，在学习中出现了一些错误，自然有一些批评的声音。但不能说国外就没有值得我们学习的地方，例如可以学习他们对自然风景及环境的保护乃至对细部的研究。做园林绿化"有法无式"，思想要开放自由，一切都要根据实际情况而定。要注意的是，现代风景园林与历史不能脱节，要保持中国的文化精神，不能丢掉自己的传统。硬搬外国的东西和拷贝来的东西不能称之为"现代"，硬搬古代的东西也不能称之为"保持中国的文化精神"。

《风景园林》：什么是您心中的园林精神和理想？

冯纪忠：方塔园对空间采取了既分隔又开放的手法，我想这种空间处理或许表达了我心中的园林理想：流动的空间让思想不拘于一隅，不断地打破来源于自身和外界的禁锢，是一种对中国未来做开放性探索的愿望。刚才讲到生搬硬套的东西不"现代"，其实不论是硬套国外的，还是硬套传统的，都是一种禁锢。这种敢于探索的思想可以说是我这么多年来一直坚持提倡的一种学风。

《风景园林》：请您预测未来 10 年风景园林的发展趋势。

冯纪忠：照我这个岁数来比较，十年时间太短，一百年都有点少。不论什么时候，风景园林都要将公民的需要、个性的展示和历史的传承结合于其中。风景园林的前景要依大势而动，这个大势就是人与自然、自然与自然的关系。现在的大势与以前就不一样。现在，国家与国家之间环境的联系更为密切，洪水、温室效应、垃圾等等成为人类共同面对的问题。而且，人们越来越相信彼此之间的这种联系，也有信心通过联合来找到解决问题的办法。这种大势无疑会影响到风景园林，它将更深度地参与到环境保护的大势中，推动风景园林的发展。

《风景园林》：请用一句话概括您对这 60 年园林发展历程的感受。

冯纪忠：这 60 年，虽然受到一些挫折，但我的感受仍然不错。现在，我到处能碰到熟悉的面孔，听到熟悉的名字，我的学生分布在世界各地，他们在各自的平台上发挥着自己的作用。后继有人，这也是最让我感到欣慰的事。

注：本访谈由文桦根据口述整理，照片由赵冰拍摄。采访得到了同济大学吴人韦教授、武汉大学赵冰教授以及冯纪忠先生女儿冯叶女士热情的帮助，特此致谢！

原载于《风景园林》2009 年 10 月

话语 "建构"

　　冯纪忠先生（1915 ～ 2009 年）是我国著名的老一辈建筑师、建筑理论家与建筑教育家，现为同济大学建筑与城市规划学院名誉院长，美国建筑师协会荣誉院士。他早年在圣约翰大学学习，与贝聿铭为同学，后在奥地利维也纳工业大学建筑系留学，1946 年回国，曾长期担任同济大学建筑系系主任。2001 年春，为"建构"（Tectoniec）的专题，《A+D》杂志对冯先生进行了专访，以下为主要的访谈内容。

　　（冯纪忠先生简称冯，《A+D》杂志访问者简称 Z）。

　　Z：冯先生，您好。我们注意到您的学术工作一如你的人生经历，透视出一种"叠合"，中西之间，古今之间，理性诗性之间……为此，想请您以同样的方式坐论弗兰姆普敦所谓的"建构"，既作为老师，也作为方塔园的设计者……据闻台湾学术界曾誉方塔园为国内现代设计史的一个坐标。

　　冯：不、不、不，它在许多方面未能尽如人意，当时并没有完全安静下来，按弗兰姆普敦的理解，还缺乏细节，缺乏"建构"，因此无法真正实现主客交融。设计的概念固然重要，但贾岛一类的"推敲"亦不可或缺。刘敦桢先生设计瞻园，有古人之风，堆山叠石，反复斟酌。现今建筑界的发展很快，但也往往使人失去立场，浮华日多。

弗兰姆普敦的书我未曾尽阅，但估测他是有感而发，试图对症下药。"建构"并不新鲜，"密斯学派"（Miesian School）的主旨之一就是它，其关键在于面对大规模的建设树立了一种辩证的姿态。

另外，我一直强调对待学术名词要"简单化"。"建构"的本意无非是提示木、石材如何结合一类的问题，①它包含了构造材料的内容；②它要求考虑人加工的因素，也就是说使人的情感在细部处理之时融进去，从而使"建构"显露出来。比如对于石材的处理，抛光是一个层次，罗丹式的处理是又一个层次——这种"简单"会使我们更深地体会到它的丰富性。在我看，"建构"就是组织材料成物并表达感情、透露感情。

Z：如您所说，"建构"与情相关，必然也与情境相关，您能否就此谈谈它的历时性呢？

冯：这一点之于"建构"非常重要。一方面情感需要应时而发，如唐之雄浑、宋之隽秀常常是各有所指；另一方面，它本身的内容也应时而变。譬如上海一直是国内现代"组装"技术最好的地方，为什么呢？这与它开埠早有关，工匠能接触到最新的质料工艺，视野开阔，善于吸收。内地有许多优秀的传统工艺，尤善细加工，但往往也具有繁琐的特点，有时甚至忽略材料的本性以"夺天工"——这固然有炫技的成分，但与保守闭塞不无关系。

Z："建构"在西方的现代性背景中是个重要的内容，中国也有现代性的问题，但对它的关怀不够，如何才能引起普遍的关注呢？

冯：首先需要理解"建构"的重要性，它要求我们什么呢？——用手去触摸它，使这种感性成为理性的基础。包豪斯作为现代建筑的倡导者，却一直重视手工的训练，为什么？我在维也纳读书受此影响很大，材料课上需要凿石打毛，非常累，但对操作，对石料特性有了初步的体验。体验正是关键。当然"建构"也包括制造，大量性的生产、复制，它的基础也是对于性能的熟悉。

Z：现代建筑一直提倡空间论，当前这一主题弱化了，与许多词包括"建构"交织起来，弗兰姆普敦曾称它们"互为补足"。而我们更为关心的是，对"建构"的研究是否可以以空间研究作为参照系？

冯：空间与"建构"同时并存，何为主题则需应时而定。空间的意义之一在于突破了建筑设计中的形体主题。另如建筑中的经济性、功能性都是抽象的，但往往又能一下子具体起来，可见其具体不是自己的具体，是借了别的具体而来，对此突破过程中空间起着重要作用。再者建筑常因空间研究而具有了更多的层次性。以上几点，都可以说是使"建构"的方法接近空间方法的途径之一。通过它们，"建构"就成为一种主题，起码是一类知识，孔夫子讲读诗又可知道一些草木虫鱼即是此意。作为学生与学者，往往需要多条线索来接近本原。

Z：弗兰姆普敦引入"建构"的同时，也引入了争议。我们一般译 Tectonic 为"建构"，他解释为"诗性的构造"，书名却又不厌其烦，称为"建构文化（Tectonic Culture）"……

冯：所谓诗意，我的理解就是有情。从这点来讲，我还是喜欢简单，因简单而明了。在我看来，它始终在表述主客、心物、情景……当然语言是约定俗成的符号，一旦变化，可以引人注目，引人去想，促使人去理解它……。

Z：王群博士在对弗兰姆普敦的解读中，就反复指出了他语言上的饶口玄虚，但不管如何，如果主题有价值，就值得诠释与再诠释。

冯：是的，历史就是反复诠释。

Z：刚才您指出不必拘泥于"建构"的概念以及由此衍生的种种歧义，而要重视它的介入所能引发的思索。当前的设计图景十分异质化，但坚持以模式设计的亦不在少，彼得·卒姆托（Peter Zumtor）等人甚至专以"建构"为核心进行创作，另有一些人则完全相反，他们奉行设计的"非物质化"。由上可以看出"建构"面临"重现"与"隐没"两种趋势，在此情形下，我们又当如何"面临"它的存在呢？

冯：身处设计的临界点时，我想很难判断自己所据有的理念具体是什么？譬如弗兰克·盖里（Frank Gehry）真的能理清他的言路吗？关键仍在于情，要视意境、情境而定，然后再把这种真诚贯彻始终，实现主客交融。"建构"即包容在追求意境的过程之中，它的坐标也因此而设定，所以我认为建筑师不一定非以"建构"为模式来展开设计。

Z：建构（Tectonic）作为求意的方式其实还不是一条坦途，是么？您在具体设计时又是如何考虑它的呢？比如方塔园……

冯：是的，"建构"（Tectonic）的意识感很难捉摸，其实技术（Technique）也是这样，它们常常隐藏在形式背后不为人知。如多立克柱式（Doric Order）形式之余，就有许多"建构"与技术可言。它的颈线、它的竖槽实际上具有不同层次的含义，前者是绳子的演化，在安装中起定位的作用，实际上就提示了技术，这些若不注意，很难体会。

关于方塔园，我的出发点非常简单，即不要恢复一个庙，我希望能有一种形态能把古物烘托出来，其关键是比例（Scale）在此情形下，"建构"是顺其自然展开的。

Z：冯先生认为"建构"作为达致主客交融的手段之一时十分自然，但就其本身而言，其"当下状态"常常模棱两可。弗兰姆普敦曾指出密斯（Mies）在巴塞罗那馆设计中以极少主义（Minimalism）来求明晰，故意模糊梁柱关系，实际上也就是说他在追求"理性"之时又伪造了"理性"。如果说他违反了构造的真实，那么他实际上取得了视觉的"真实"，符合了人心中的图式逻辑，这样"建构"的基础之一——真实性受到了严峻的考验，建筑师面临这种两难，又如何加以选择并加以体现呢？

冯：这的确需要思辨，一是真实未必与形式有关；二是当你提及真实时，真实就已经有了主观。一般情形下，建筑师恐怕要虚怀，首先表达基本的真实，它容易使人理解。此外真实既然有主观性，也就是有时代性，它需要建筑师具有敏锐性，具有前瞻性，譬如密斯就是"建构"的预言者。

Z：以上请您谈了"建构"与设计的"关联"，以下想请您谈谈另一个"关联"，即"建构"是否可教？若可教，又当以什么为边界？手工艺（Craft）式的训练是否会与当年的渲染训练一样产生相同的问题？苏黎世高工（ETH）的"建构"教育享有盛誉，自德州骑警（Texas Rangers）中的霍斯利的到来之后，更是展开了系统的研究，弗兰姆普敦的学术基础之一即他在苏黎世高工的一些经历。但是苏黎世高工的条件之好也是令人瞠目的，那么"建构"在今日之中国，又当如何处理呢？

冯：三点。其一，可以视之为一条知识线索，提供选择的丰富性；其二，需要发展地审视它所蕴有的内容；其三，也是核心之处，即需要融入感情。何谓情，……起码是一种敬业精神吧……。

Z：非常感谢。

原载于《A+D》2002 年第 1 期

冯纪忠思想与作品研究

第一部分　论文

通往现代主义的又一途径：卡尔·克尼西和维也纳工科大学建筑学教育（1890-1913）

冯叶编译

前言

19世纪90年代，现代主义进入维也纳，不仅带来私营事务所和营造业的革命，也使公立建筑教育的方式方法起了变化。在19世纪末期到第一次世界大战开端的二十年中，维也纳既是现代建筑和现代设计的一个熔炉，又是欧洲建筑和应用艺术教育最先进的中心之一。在艺术学院（Akademie der bildenden Künste），学生分在两位大师班上，跨20世纪时是奥托·瓦格纳（Otto Wagner）和弗里德里希·奥曼（Friedrich Ohmann）——他们探讨新的青春艺风的形式语言，新构造技术和新材料的应用。而在工艺美专（Kunstgewerbeschule）则有J·霍夫曼（Josef Hoffmann）和一些分离派代表人物向学生介绍最新的设计潮流。史学家已经相当详尽地考察了艺术学院瓦格纳学派的发展史，工艺美专的创建始末和课程，以及霍夫曼及其学生们的作品。可他们却经常忽略研究在建筑前卫的形成当中，维也纳的另一处建筑教育中心——工科大学（Technische Hochschule，英文为polytechnic university，简称T.H.）所扮演的生动角色。虽然，战前青年造反派和后来的一些观察者曾蔑称其为反动机构，但T.H.确是培养几代现代主义者的重要基地：那里不但有过不少德国内外现代主义运动的领军人物，略举有，约瑟夫·弗兰克（Josef Frank）、弗雷德里克·基斯勒（Frederick Kiesler）、查理德·诺伊特拉（Richard Neutra）、鲁道夫·辛德勒（Rudolph Schindler）、奥斯卡·斯特兰德（Oskar Strnad）等，更涌现有不少指引"维也纳现代主义"方向的理念。

第一次世界大战前几十年中，内向而博学的卡尔·克尼西（Carl König）是工科大学里的权威，如瓦格纳强有力地塑造艺术学院那样，他以独有的风格塑造了这所学府。在建筑变革的纷乱年代里，他遗留给学生们的与瓦格纳和霍夫曼都不同。那既不是风格方面，也不是观念形态方面，毋宁说是对建筑的深刻理解：它的形式、技术和功能。实践已证实了这种理解在打造建筑新途径中，是一个灵活自如的工具。正是这种理解，推动着他们在创作时成为现代主义者。

一、T.H. 的崛起

维也纳工科大学（以下简称 T.H.）变革而成为欧陆突出的建筑教育中心之一的历程早始于克尼西于 1850 年代末入读该校前。19 世纪之前，帝国境内建筑师都是学徒出身或是由公、私立艺术学院培养出来的。工程学府崛起于奥匈帝国在 19 世纪初谋求教育的现代化和质量提高之时。参照巴黎综合理工大学（Ecole Polytechnique）的模式，帝国 1806 年在布拉格建立了第一所综合工科大学，又于 1815 年在维也纳（当时是双首都）建立了综合工科大学。1848 年又相继在佩斯（Pest）、克拉科夫（Cracow）、隆堡（Lemberg）和布尔诺（Brno）建立了类似的大学。国家自此致力促进技术和工业的发展。这些学校显然更重视工程和其他实用课程；到 19 世纪末它们不论在地位上还是招生人数上已可向文理大学看齐。这些学校多数增设了建筑系，这也说明一个新趋势：建筑被看作是客观、科学的。尽管其他艺术学院继续强调审美和品味的培养，而综合工大的新兴建筑系都是强调发展和实现新的建筑材料和结构。

虽然帝国域内许多重要城市都已成立工科大学，但是维也纳、布达佩斯特、布拉格应是最重要的三所，而维也纳是历史久远的文化中心，又是帝国首都，T.H. 作为"帝国第一大学"，吸引着疆土四方以及德、俄、巴尔干各国的学生。19 世纪中叶，当克尼西担任菲斯特（Ferstel）的助教时，建筑系尚处在从以土木和结构为目标，转变为真正建筑学的过渡时期。那时，菲尔斯泰尔引进了一批新课，其中有建筑制图、设计、历史和理论，交由克尼西教。约在 1880 年代，学校修学为 5 年，每年两学期。

T.H. 建筑教育计划的重组目的既是为了给提供学生锻炼的广度和深度，也是为了与艺术学院拉开更大的距离。艺院的组织形式，自 19 世纪初时起就一直没有变化，继续大师班制度；两位教授各自指导一班的独立工作室，经常整年针对一个项目。T.H. 则不然，它的教学计划按照普通大学般的方式，学生要上各种课程。除了必须经过各门课的考核之外，还要通过两次大考（国家考试）；修读两年后，第一次国家级大考涵盖专业基础知识，第二次一般在加三个学期后，涵盖更专业化的一些课题。（译者注：后来还外加一天的快题设计）。第二次通过评分合格获得特许工程师（Diplom Ingenieur）学衔。1901 年开始，凡入选学生再续几个学期并写出一篇论文，可以获得博士头衔。

这两类学校的区别还不止于此，例如，奥托·瓦格纳，他要求学生每周参与一次讨论课，在课里讨论最近在德、奥、法、英、美、俄、意等出版物中发表的作品和文章。与此相反，T.H. 学生除了通常的设计、设计原理、建筑画、徒手画、模型制作之外，还要学高等数学、物理、地质、力学、测量、机械、土木工程、化学和构造施工。由于各课分别由不同专家讲课，所以学生接触教师的面很广。与此不同，艺院学业三年内花费 270 小时接受单独一位教授的指导，其结果是他的作品和思想深深染上了老师教导和信念的色彩。

二、克尼西学派

既然 T.H. 学生不只有单独的一位教授，那么怎会像瓦格纳学派那样，出现克尼西学派呢？这从学生们的回忆里可以看得清楚：克尼西在校内起到的强烈影响并不仅因为他是校中的长辈，1901 年之后又是一校之长与教学规划的带头人，而且因为他经常给学生作业予发人深省的评议。建筑系的学生还聆听他的建筑历史和理论的讲课，完成由他指导的一系列绘图和设计作业。他这一切教学活动在 1900 年以后，除了直接接触学生之外，一半左右都由他以往的学生承担了，他们都传播他的思想，他们是马克斯·法比亚尼（Max Fabiani）、卡尔·赫雷（Karl Holey）、卡尔·麦瑞德（Karl Mayreder）和马克斯·菲斯特（Max von Ferstel）。（冯纪忠注：卡尔·赫雷是本人在校时的老师，他是前皇廷顾问，圣斯特凡大教堂维护的首席建筑工程师）。

那么克尼西学派的特点是什么？是什么使它成为未来现代主义者的沃土呢？其实 19 世纪 90 年代，正当改革之风吹遍维也纳时，克尼西获得的并不是一位现代主义者的名声，而是青年艺风的一位响亮而坚定的反对者。19 世纪 80 年代开始，克尼西以广受赞赏的 Philipp-Hof(1882~1884 年) 和农产交易所两个设计把自己树立成历史性"类型建筑"的重要代言人之一，这延续甚至润饰了内环一带雄伟堂皇年代的人物形象。除了已经一再重复的新高直、新古典、新文艺复兴等等语言的例证之外，克尼西又给维也纳历史主义加上了新巴洛克语言。他的荷博斯泰恩宫（Herberstein 1896~1899 年）和 T.H. 的添建部分 (1904~1909 年) 的设计，不仅说明他对巴洛克形式语汇的充分掌握，也表明他的以新的，甚至以旁人想不到方式重组一些素材的熟练。T.H. 添建部分的内部就是个恰当的例子：隐蔽在堂皇外立面之后，内部空间有着非凡的简约性和机能性。按瑞宁·瓦格纳·雷格（Renete Wagner-Rieger）的解释：尽管内部保持历史性形式，却透露着他那年代样式转变可察觉得到的迹象。不过，他和瓦格纳以及其他分离派建筑家不同，他拒绝以全新艺术形式就可以打造出现代建筑的观点。1921 年，在就任学校校长的演讲中，他攻击分离派设想创造一套新建筑语言的企图，称他们的观点"可憎"，是"空洞的狂想"。他声称："认为建筑的形式是幻想产物的断言是荒谬误解，脱离经验实际。"他坚信，惟独经验赋予建筑形式以意义，"幻想的偶然产物不仅不可理解，而且属于怪诞之举"，抛弃过去意谓败坏建筑。

鉴于这种信念，克尼西在课程表上大大加重建筑史的份量。历史方面的内容分配在五年中的四年多达 420 小时，加上学生要花一个学期制作希腊、罗马、及其他古代建筑物模型。此外，随着他希腊、罗马与古典和文艺复兴史的演讲。在大师班上，他还画些范例，明显地着重于古典和文艺复兴。正如有学生追忆道："古典传统极为深刻地灌输给了所有的学生。"

然而，克尼西对历史重要性的坚信却不同于一些同代人，他并不把过去的建筑仅仅视为形式的创造，可以应用到任何设计项目上，而不管它本身的目的和意义。他追随维奥特·勒·杜克（Eugène-Emmanuel Viollet-le-Duc）和戈特弗里森·森佩尔（Gottfried Semper）的精神（两者都是他推崇的），倡导对过去事物全面而科学地研究的概念才是任何新建筑的基础他率直地对那些把历史当成画谱的应用持批评态度，告诫他们，那是"违背以前大师们的精神的"。与此相反，他宣称建筑应该在反映过去建筑材料的真诚性和空灵性的同时，适合现代生活需要。因之很像森佩尔，克尼西强调的，不仅仅是对西方古典视觉语言流畅掌握的重要性，还有对古代建筑基本形式生成过程认识的重要性。学习古代纹样的目的，并非为了抄袭摹仿，而是学习认识它们是怎样得来的，及其内在的初始涵义。他坚信，只有具备了这种认识，建筑师才能重构这些素质，赋其予崭新的精神内涵。

另一方面，克尼西却坚决反对现代主义者走极端的尝试，他极震惊学生受到阿道夫·路斯（Adolf Loos）的影响，在他看来这些是有害的，他甚至曾贴布告禁止学生造访路斯的私人学校。20世纪初，他讲演与评议时也经常指出维也纳分离派作品的缺陷。在维也纳现代主义的激流全景中，他扮演了一位西方传统的末期卫道士。

不过，在抵制现代主义过分新的形式语言的同时，克尼西授予学生们的，也可说是同样具有革命性的内容。他和T.H.的其他教授们特别强调建筑的技术方面。正如他的助教马克斯·法比亚尼 说的，他定的练习题和设计题，不仅仅着重于培养学生对建筑艺术的掌握，而且还极其注重发展学生们对"简约性和寻索统一性的"需求。他教导学生，推敲细部，布置内部空间必须服从于功能要求和整体设计构思。这些注重技术问题和基本设计的理念，影响和引导学生往更开阔的层面。他20世纪初的学生，约瑟夫·弗兰克 回忆说，很多习题和试题"展示构造生成，而不是古典符号的运用"，对他和同学们有自由发挥的启示。克尼西常在授课和讲演中反复强调他的理念，不过可能是在评改学生作业图时，才让他的启示更深、更直接。

……

克尼西对待学生和同事不偏不倚，保持谨慎，为人含蓄低调。作为教师和作为院长都获得几代学生们的尊重和爱戴。自1883年菲尔斯泰尔去世，他任教授至1913年因病退休时，克尼西大约有超过五百名学生，其中不少是后来中欧现代主义的领导人物。还有的人物，如马克思·法比亚尼和奥斯卡·斯特兰德，在T.H.期间是经常和克尼西密切接触的。其他如弗雷德里克·基斯勒也曾短期在学，鲁道夫·辛德勒虽说是在艺术学院 瓦格纳麾下学习，但确是受到了其他学派的影响。至于克尼西直接教过的学生名单是很可观的；不仅仅有那些，后来在国际上知名的人物，如理查德·诺伊特拉和约瑟夫·弗兰克，还有不少是奥地利的现代主义者：Emil Artmann、Felix

Augenfeld、Arthur Baron、Paul Engelmann、Max Fellerer、Dagobert Frey、 Clemens Holzmeister、Hans Jaksch、Arnold Karplus、Oskar Laske、Oskar Marmorek、Friedrich Ohmann、Dagobert Peche、Cäsar Poppovits、Walter Sobotka、Emmerich Spielmann、Alfred Teller、Siegfried Theiss、Oskar Wlach，虽说其中很多人都被遗忘了。（冯纪忠注：其中 Emil Artmann 和 Siegfried Theiss 都是本人在 T.H. 时的老师）

　　他的学生来自德、罗、俄各国，所以他的影响远超首都维也纳的狭窄范围。"克尼西学派"的构成是多元的，途径也是多种的。克尼西从不谋求灌输学生予特定的方法或特定的表达模式。正如法比亚尼所说，克尼西敏锐地意识到，而且时常强调，无论是谁，想在艺术方面有所作为，必须日后自寻道路。虽然他在自己的作品中持续严格追随历史主义，口头上攻击分离派，但看来却对别种途径还是明显地宽容。正如 T.H. 其他教授们的性格般，稳重和尊重良好的态度，宽容了学生们越出常规。但应该不仅仅是由于克尼西的宽容，才造就了学生们反应不同层面的多样性，而是他对有关形式方面的建筑艺术原则的着重，确保了他的学生不盲从于特定的形式方向。如他的学生卡尔·赫雷说的"克尼西学派不可能由外表来辨认，它的特征在于其基本理念、清晰透明性和开放性上的一致"。

三、通往现代主义的另一途径

　　若说克尼西的学生没有集体的风格标志，那么他们究竟吸取了什么教导和启示呢？为什么他们很多人都容易地转向现代主义呢？ 1932 年，维也纳建筑师，克尼西学生西格弗里德·苔斯写道，"艺术史家观察到有意思的事实"是，在 T.H. 接受保守教育的所谓"巴罗克学生"已开辟了他们通往现代主义的途径。而艺术学院，大多数被灌输了现代风格的奥托·瓦格纳的学生，却正"探索回归传统之路"。1920 年代末到 1930 年代初，这种倾向非常明显：当时许多瓦格纳的学生，包括列奥波多·鲍尔（Leopold Bauer）、J·霍夫曼、卡尔·思（Karl Ehn）、胡伯特·舍纳尔（Hubert Gessner）、鲁道夫·伯尔卡（Rudolf Perco），在自己的作品中都在复苏历史形式和思想。而相当数量的克尼西学生却接受了现代功能主义的新语言。

这种奇妙颠倒的一个解释，是无疑在于克尼西始终坚持传授的是对技术的把握，而不强制他们接受自己的建筑构想。而且他不单单只授予学生基本的技能和一定的拓展自由，还给予一些课时专门探讨两次大战之间，维也纳先驱艺术的形成，其中不乏有一语中的评述。他在授课中更明确着重于功能性。19世纪中产阶层出身的克尼西，他的建筑观的核心是合理性和实用性。他认为建筑最好的情况是明晰与简约。虽然他相信建筑作为艺术具有感染力，但他摒弃任意性和武断性。尽管时或采用巴罗克的扭曲形象，他的建筑平面总是直截了当，极为实际，用的结构素材、装饰素材，更是合理而有效。他不单在自己的设计中追求这些特质，还在教学中一再地强调。很多受他教导的追随者们，持以同样的理念，却取得了大为不同的成果。

此外，克尼西还传递贡献了有关材料、形式和构建斗合之间的相互依存与依赖的要义。法比亚尼曾记录，他在建筑设计中，执意寻求构图素材与构造素材之间完全的吻合。致使，连一块石头也同时具备服务于构图和构造两方面的功效。在授课和评论中，他着力引进强调结构与形象表现之间关系的重要性，或许就是这些意念，深刻地推动了学生们后来的发展。然而，克尼西传授给学生最重要的宗旨，或许只有一条：简约。

克尼西在授课和演示中流露了样式有可能被当成相对的，甚至是外在的，独立于其他的建筑因素来使用。让不少畅熟丰富的新巴罗克和其他历史风格语汇的学生，醒觉到他们可自由地操纵这些样式，随心所欲地选用纹式和素材。

其实，T.H. 并非是当时唯一将自由样式与技术分开独立思考的学校。当时在欧陆的一些进步的工科大学，都在着重以新的构造方式和新的材料探索现代风格。但是在维也纳，克尼西学生们的这种倾向却是孤立的。相反，艺院瓦格纳特别班和工艺美院的学生在探讨现代主义中借用的是形式风格方面的字眼儿，两所学校中关于设计的议论都是直接指向寻找适当的现代语言的。其结果是，瓦格纳从前的学生感到摆脱瓦格纳学派或分离派的语言和现代派之间牵扯不清的无奈，甚至到了1920年代，他们还是忠实于分明已过时的，20世纪初的风格框框。

若想一语破的地说清克尼西学生从业中塑造作品面目不同的多方学习因素，难免会简单化了。可是，若要看清学生们，直到20世纪30年代表现在作品中的，得之于克尼西教诲的大体倾向和意念，倒只要举几个例子就够了。

从克尼西的教导中找到一条通向现代主义道路者中有，1903年入校、1910年在克尼西指导下完成博士学位的约瑟夫·弗兰克。1920 年代，约瑟夫·弗兰克以奥地利建筑领军的先驱者形象出现，明确地从事本国现代建筑面貌的塑造。和多个 20 世纪初师从克尼西毕业的学生一样，虽然不久就抛弃了保守落伍的样式建筑，然他的作品却充分显现了克尼西学说的内涵。例如，1913 年他造的 Scholl 住宅（Emil and Agnes Scholl House） 就意图既符合现代的外貌，又避免青年艺风的形象语言。立面虽然带有来自克尼西的痕迹，如角柱、分层线、门窗框等，但简化的手法加上立方体形的整体大不同于历史主义者或分离派。

当然，如果把约瑟夫·弗兰克的作品完全归功于他所受的克尼西的教育，那未免误导了。但是他们那一辈的许多学生正是由于受到 T.H. 开放氛围的激励，极为注意吸取外界创作营养。Scholl 住宅当然了解瓦格纳的现代建筑观念和瓦格纳学生们发展新功能性形式的努力。他设计的这个 Scholl 住宅无疑也受到了路斯的影响。不顾克尼西的禁止，他和辛德勒·诺伊特拉（Schindler Neutra）等许多其他克尼西的学生们经常在咖啡馆与路斯会面，参观路斯的作品。约瑟夫·弗兰克不仅仅从中吸取了这位年长建筑师对空间布局的观点，还有他独特的风格。的确，Scholl 住宅立方体量和整体安排很像一年前才建成的路斯的舒奥住宅（Scheu House）。

但是立面构图中有意不对称和变形显然是来自于克尼西的影响，弗兰克的这些立意明显不同与路斯的对称格局之风。若说 Scholl 住宅的立面是新形式不若说是反形式，门窗不规则的安排是服从内部空间的需要，此设计似乎还提示着形式只是个次要的问题。古典形式语言在弗兰克的构图思维中只不过是因素之一，并非导线。他拒绝了克尼西历史主义的同时却接受了克尼西的另一观念，那就是认为形式可以脱离结构、空间、布局，以及其他的考虑而独立。也正是这一观念，使他那一辈同学得以放手探索新途径。

克尼西和 T.H. 其他教授相比要比霍夫曼，甚至是瓦格纳更为重视施工新方法的运用。约瑟夫·弗兰克的 Scholl 住宅显然以粗糙的砖构造的外立面隐蔽了现代化的钢筋混凝土楼面、屋面、电器、暖气等等。虽说是外表的某些方面仍然阐述着旧时的言语，在其他方面却已现代化了。与其说他接受了分离派的形式成语，不若说他是在追求延续和转变旧有语义法则的同时，研究最新的建筑技术。

再举 1913~1914 年克尼西与斯特兰德以及奥斯卡·瓦尔希（Oskar Wlach） 在维也纳中心区合作设计的一幢办公楼为例，他们三位同是 20 世纪初叶克尼西的学生，而且他们对形式的看法，对新结构的重视也相同。如约瑟夫·弗兰克的 Scholl 住宅般，这幢办公楼仍保持着克尼西的一些退化的古典主义原素：分层带、齿饰、线脚等，不过这些原素并未被列成基本要素，而似乎是老城市面貌的追忆线索。但其设计中的现代感应说是仍然出自于克尼西所教导的去芜存精的风格。

不用生造一整套新的建筑词汇，而又抖落了古典主义的外衣，这给弗兰克、斯德兰德、瓦尔希和其他一些克尼西学生们敞开了展现现代面貌的坦途。如西格弗里德·苔斯所说，这是由于 T.H. 学业中接受的另一方面的训练，即是发掘技术、结构逻辑、材料、任务、空间等等的潜能，正是这些促使他们得以过渡到现代主义。

T.H. 这些训导的整个意义，只有在第一次世界大战后 1920 和 1930 年代里才明朗，那时弗兰克、诺伊特拉、苔斯和其他许多 T.H. 毕业生们已经具有功能主义的新精神，并拥有实力结合所学的技术知识创建现代美学。其最著名的，展示这种新建筑形象的，可说是苔斯和汉斯·雅克什合作设计、建于 1930 到 1932 年间的，维也纳第一座摩天高楼 "Hochhaus Herrengasse" 了。这也可说是两次大战其间，在维也纳建成的最好的建筑设计了。它不仅散发着现代建筑体系的力量和灵活性，而且明确有力地表现着机器时代的意象，却不落入当时密斯·凡·德·罗等其他杰出现代主义者的窠臼。苔斯和汉斯·雅克什以自己独特的对形式的探索，求得了不少富有意味和特色的成果。这些成果或许大大出乎老师克尼西的想象之外，但他的教导却为许多学生开阔了不少探索的新途径。

历史学家早已把瓦格纳学派和分离派在 19 和 20 世纪交替年代的作品视为功能主义者美学的关键步石。但重点是，瓦格纳和他的追随者早先的经历实践又却导向形式化的穷途。维也纳嗣后显著地阔步迈向现代主义的该说是克尼西的学生们。如苔斯所说的那样，T.H. "巴罗克"学生"冲入现代主义"之时，经瓦格纳灌输了现代样式的学生们却正"寻找他们回归传统之径"。得注意克尼西呼吁的要点：必须理解建筑形式的生成过程。T.H. 许多毕业生发现现代主义并不是从追求新颖而起，而是从发掘探讨建筑的其他基本元素，结构、方式、空间得来的结果，是通过考察其能动性和表现新技术时代的潜力而得出的结果。因此他们踏出了通往现代主义的另一条新途径。

冯叶

画家，冯纪忠女儿

原载于《建筑业导报》2007 年 11 月

维也纳之路的东方践行者
——冯纪忠的现代之路

赵冰

  冯先生 1915 年出生于河南开封，3 岁移居北京，祖父曾任浙江巡抚、江西巡抚，1911 年辛亥革命的时候，因为选择问题，很困惑，在九江吞金自尽。当时皇帝赐予谥号"忠"，所以冯先生的名字叫纪忠，纪念他的祖父。冯先生家学深厚。父亲曾经做过徐世昌总统的秘书。这些背景对冯先生有深刻的影响。10 岁左右父亲去世，母亲带他移居上海，后来就一直在上海发展，小学、初中在南洋模范就读，高中、大学一年级在圣约翰就读，读土木是在 1935 年，当时的同学包括贝聿铭、胡其达等。

  1936 年冯先生去了欧洲，到维也纳工科大学学习建筑学，自此走上了维也纳工科大学开辟的、在今天看来更具潜力的现代之路。它和发源于维也纳艺术学院、经德国的包豪斯、并在美国得以流行的现代主义不同，包豪斯的现代主义是后来被后现代否定的与历史形式决裂的现代主义，而维也纳工科大学开辟的现代之路更注重形式生成的共通性这一当今更受关注并被当代主流称之为新现代的思想，它不是断裂的，不是革故鼎新的，而是蕴含着冯先生后来开创的 "与古为新"的现代之路的可能性的。从卡尔·尼克西(Carl König) 开始，到卡尔·赫雷(Karl Holey)、西格弗里德·苔斯(Siegfried Theiss)、约瑟夫·弗兰克（Josef Frank）等再到更年轻的一代代传人，这一现代思想不只在维也纳，也在欧洲、在欧亚大陆得以拓展，正如历史所走过的那样，通过冯先生及他主导的同济大学的影响，它也成为中国现代思想的主要精神来源，并将在不久的将来伴随着中华全球化转化为当代世界的主导价值。

冯先生在维也纳求学，曾获得过洪堡基金会奖学金，1941 年以优异成绩毕业，第二次世界大战使他无法回国，一直到 1945 年战争结束，他先后在几个事务所工作过，这些建筑实践对他回国后的思想和创作有很大的影响。第二次世界大战以后，他和留在德奥的中国留学生们终于可以返回祖国了，经过了将近一年的努力，到捷克、到瑞士去办回国签证，非常艰难。冯先生曾经在瑞士逗留了半年的时间。那时住在修道院里，季羡林他们也在那里等待。从德国、奥地利留学归来的那批人，包括医学、艺术等各领域的人，都结成了终生的朋友。冯先生后来是从法国巴黎等到回国的轮船，经过 84 天的航程，走地中海、红海、印度洋，到新加坡，到越南，最后搭乘飞机回香港，其他人则继续坐船回到香港，投入祖国的怀抱。

回国后冯先生先在南京参与南京的城市规划，撰写了相关报告，包括《工业调查报告》、《建筑调查报告》，也做了一些建筑设计方案。到了解放后，精力主要集中在上海，参加上海的都市计划委员会，和当时上海的一些同仁一起从事上海都市计划工作，当时就提出"有机更新"的思想。1942 年伊利尔·沙里宁（Eliel Saarinen）提出"有机疏散"，冯先生则在那时候面对战后的城市重建，提出改善城市的生活环境、适应城市发展的"有机更新"的思路。在 1951 年和程世抚等合作的一本书里，可以看到他的有机更新的思想。有些思想，在今天看来都是我们应该坚持的。

1947 年冯先生兼任同济大学教授，1948 年同时兼任上海交通大学教授，1952 年院系调整以后，继续兼任同济大学教授，后来变成专职，除在都市计划委员会外，主要在同济教书。不管是在兼职和专职的教学过程中，还是在规划和设计实践中，他始终坚持现代建筑的思路，一种用城市规划的思想来拓展建筑的思路，同时在绿地，也即我们今天说的景观或者风景园林领域，做了很多工作，这是在 1940 年代后期和 1950 年代初期。现在从我们研究收集的一些资料中，也可以看到当时他的一些思考。

建筑方面，冯先生的代表作品，一个是武汉的东湖客舍，是受到陶铸的邀请，在东湖的武大的北面处所做的一个客舍。那是 1950 年代毛泽东在武汉的驻地，东湖客舍甲所和乙所。乙所现在已经完全被拆掉了，因为缺乏保护，甲所很多延伸的部分也已被拆掉，所以非常遗憾，一个这么出色、优秀的建筑没有得到应有的保护。我上周在武汉，正好全省在申报文保单位，所以我就提议把这个作品先作为省文保单位，明年初申报国家文保单位，若成功获准，以后就不能对这样一个重要的建筑随便拆改了。另一个代表作品是同时期冯先生设计的武汉医院即同济医学院的主楼，这个建筑当时在医院建筑方面是影响非常大的，以后包括北京、广州的医院，都是以这个建筑为范例的，在中国现代建筑史上，它应该有不小的地位。因此这个建筑我也提议作为省级文物单位保护起来，希望以后能成为省级文保单位以至国保单位。不然的话，哪天同济医院觉得主楼矮了、要建高楼而拆改，那我们什么时候能够找回现代探索的一些作品呢？我希望我们在湖北做的一些工作，能够把现代的经典保护起来。这个话题还会引到上海的方塔园，它也应该保护。有些重要的作品，哪怕是刚刚建成，我们业内认为是经典的就应该保护，应该有一个呼吁。很遗憾我不在上海，对方塔园我也无能为力，不过借这个场合，我呼吁把方塔园作为一个现代的园林经典，整体保护起来，特别是里面要列上一个单项——何陋轩，因为它在中国现代建筑史乃至世界建筑史上是有极其重要地位的。

1950年代，除了做这些设计，还陆陆续续做了其他的设计，包括南京水利学院总体规划及其工程搂的设计、华东师范大学大化学楼的设计，这些规划和设计都是1952年高校院系调整后陆续进行的。1950年代初期应该算是冯先生设计的一个高潮，此后做的一些设计，比如说1950年代中后期做的同济大学中心大楼、北京人民大会堂等方案反而没有实现。

在教育上，冯先生创办了中国第一个城市规划专业。当时叫"城市建设和经营"，但内容就是城市规划，以此来培养规划人才，应对中国城市化进程。最终在1956年才正式确立"城市规划"这个专业名称。这是很不容易的，当时在北京召开的全国建筑专业会议上遭到了"布扎"保守势力的反对，但最终这个专业还是保留下来了，因此才有了今天遍及中国的大量城市规划人才的产生，才确保了中国能够有效合理地推动城市化进程。应该说这是一个巨大的贡献。我呼吁建筑界、规划界，应该以国家的名义授予冯先生一个勋章，像授予研制了核武器的钱学森勋章一样，以表彰其推动城市规划和建设的发展。在风景园林领域，1950年后期冯先生创办了规划的园林专门化方向，到了"文化大革命"后就发展成了风景园林专业。

1960 年代，这是一个重要的时刻，当时随着现代主义在全球蓬勃发展，需要在培养人才上来改进传统的"布扎"的教学体系，因此在当时的西方的美国、东方的中国，都出现了这种新的探索，就是把现代的设计思想跟教育的方法结合在一起，这种结合会创造一个新的教学体系，而不再是传统的"布扎"的体系。"布扎"是法国学院派建筑教育体系，强调一种古典的、形式的处理，但是如何培养现代的建筑专业人才，就需要有新的教学体系相配合，恰恰冯先生在主持同济建筑系的工作中意识到应该推行现代教学体系，而且不仅仅在同济，应该在全国建筑系推行这样的体系。他提出了空间原理这样一种思想，用于整个设计教学。这个教学方法在实行了数年后还是受到了政治的冲击和"布扎"势力的打压。即使很多人认识到这是非常好的一个体系，但是却很难贯彻。在一个政治主导的时代，很多事情想要实现是非常艰难的。尽管如此，他的空间原理的体系，在国际上看来也是有重要价值的，这点在座的香港中文大学顾大庆教授有专门的研究，当时的美国，德州骑警体系，可以说与冯先生的是并行的一种探索，他们从形式角度获得了一种新的教学方法。尽管这样，中国的教育还是被中断了，"文化大革命"中更是如此，冯先生在"设计革命化"中遭受冲击，在"文化大革命"中作为反动学术权威，受到打压。

自此到 1970 年代，冯先生也陆陆续续参与了一些设计，其中包括北京国宾馆、北京图书馆，还有上海的宾馆设计，但是那毕竟还是在"文化大革命"中，政治氛围使他的整个思想不会被重视，也没有人意识到他的价值。

粉碎"四人帮"以后，正如 1940 年代末期、1950 年代初期刚刚解放一样，改革开放带来了转机。三十年河东，三十年河西。时间的轮子转到对现代建筑有利的一面了，所以 1970 年代后期就出现了方塔园这样的机缘。当时上海市筹建四个园子，想做出特色来，园林局就请专业人士来做。其中方塔这一块，请冯先生来做；另外一个园子，请杨廷宝来做；其他的两个园子分别请工业院和民用院来做。今天来看，方塔园这么一个机缘终于创造了中国现代建筑的一个典范，也使我们看到冯先生一生追求的现代的思想能够以真实的空间的形式展现出来。

方塔园原址有一个宋代的古塔，一个明代的影壁，二者并不在一个轴线上，但如何把它们组织成一个新的、现代的园林，也即我们说的公园或者露天博物馆，这正是冯先生运用他的现代思想的时机。他用一种现代的组织方式，用几片墙做一个划分，然后获得了一个大的空间关系，从而形成了方塔园的基本格局。在这个格局上陆陆续续建了一些单体，最后在 1982 年方塔园正式对外开放，以后也有一些补充的建筑。

在进行方塔园探索的同时，冯先生还做了一些旧城改造方面的工作，而这个工作在今天看来是非常有前瞻性的。其实并不是在 1970 年代末、1980 年代初冯先生才开始这个工作的，根据我们现在研究收集的文献，早在 1940 年代末和 1950 年代初，他已经有那些思想了。到 1970、1980 年代不过是把这些思想在迫切解决人口规模过大、城市化发展迅猛、改善市民的生活空间的问题上做得更具体，提出了一些更有针对性的思路。连续做了六届毕业设计，围绕上海不同的地段进行旧城改造的探索。带领学生来做这项工作，今天看来非常有价值，如何保留或者继承传统，做到冯先生说的"与古为新"，不只是在方塔园里，在旧城改造上如何与老建筑、与历史上优秀的建筑来相结合，创造一个现代的城市空间，这是在旧城改造上他进行的思想和实践探索。

当然在更大范围的景观规划，像庐山的规划、九华山的规划，项目中也体现了"与古为新"的思想。特别是九华山，对于如何保护历史传统并同时创造出现代的景观空间，他做了同样重要的探索。

在方塔园落成以后不久，茶室的设计要求提出来了，他做了何陋轩，这个设计实际上是我们就要提到的维也纳现代主义在东方所做的一个最重要的探索，它是世界现代主义在东方达到一定程度以后一个新的超越。何陋轩非常小，正如密斯的巴塞罗那展览馆，规模非常小，但是具历史性的、划时代的意义。建筑用竹子、草，进行了一种现代的构建，创造了一种新的时空转换、一种新的境界，这种境界正如冯先生自己在"方塔园规划"以及"何陋轩答客问"和后来的"时空转换"中提到的，表达了一种"意动"空间，这正是冯先生在空间创造方面，最根本的、最核心的思想，而这个思想我认为开启了现代思想的一个新路径，它突破了现代主义在欧美的困境，在东方走出了一条新路。从另一个方面来说，这是维也纳之路在中国的践行，也是维也纳之路从西方向东方延伸的一种超越，而超越者就是冯先生。所以我认为它的价值异乎寻常，我呼吁要保护何陋轩。当然冯先生个人创作的时候不是这样想的，他想的是建筑会随着时间生灭，建筑不是完全固化的，在材料等物质方面并不追求永久性，这是冯先生的境界。何陋轩这个经典之作，得到了国内、国际上的好评。在 1986 年下半年，美国建筑协会通过授予冯先生美国建筑师协会荣誉院士称号，1987 年他赴美国接受颁奖。

到 1990 年代，冯先生在美国把大量的精力放在东方意境的研究上，特别是结合诗的研究，把现代的空间探索真正和诗的境界结合在一起。他以一个建筑师的眼光去解读传统的唐诗宋词，令我们看到了另外的一种境界，正如在座的比较文学界国际领军人物张隆溪先生所说，冯先生在诗方面获得了一个新的境界。我们建筑界还没有完全读懂他。冯先生 1990 年代在诗方面的探索，也是从空间转向境界的一种研究。

2000 年回国以后，冯先生陆陆续续做了一些创作，但是也受到了来自某些方面的阻力，他的重要的设计未能实现。如果实现，那我们又能看到他近年的一些经典的作品了．也许在中国的践行就是这样艰难，也许空间的表达所需要的生命的体验，就需要经历这么多的苦难。在这个意义上我认为冯先生所走的现代之路是一条真正意义的表达生命超越境界的现代之路。他的同学贝聿铭先生也很出色，贝先生的作品形式上很精致，但与冯先生是不同的路，在中国的路跟在美国的路截然不同，这条路更多反映的是对生命、对苦难的体悟和超越，以及如何用空间去表达和超越这些苦难，追求自由的意志，表达自在的意动，因此冯先生的现代之路是具有超越性和开创性的。

在教育上，作为一个教育家，他培养了一代又一代人，我本人是他的第一位博士生，我能有机会获得冯先生的指导，并在学习和修行中体悟到冯先生所开创的现代之路的全球意义。但我们所做的工作实在是太少了，我们需要认识冯先生在现代发展中的作用，他的历史地位需要一个公正的评价！

本文为赵冰 2007 年 12 月 10 日在《冯纪忠与方塔园》展览上的专题报告，首刊于《建筑业导报》2007 年 11 期。

赵冰

武汉大学城市建设学院创院院长、二级教授、博士生导师

中国地质大学艺术与传媒学院院长、二级教授、博士生导师

原载于《世界建筑导报》2008 年第 3 期

不辞修远 守志求真

王明贤 孟旭彦

　　冯纪忠先生是我国老一代著名建筑学家、建筑师和建筑教育家，中国现代建筑奠基人，也是我国城市规划专业以及风景园林专业的创始人。他在设计、规划和教学中始终保持着创新意识，通过对现代主义建筑思想的不断发展和丰富，并融合中国传统文化意蕴，创造出具有现代诗意的建筑文化。由他所设计的同济医院、东湖客舍、方塔园都入选了中国建国五十年优秀建筑创作榜。他在 1987 年获得美国建筑师学会荣誉院士（Hon. FAIA）称号，还获得 1999 年世界建筑师大会优秀设计展园林设计奖，这是冯纪忠将古典与现代、东方与西方结合的优秀范例。最近在深圳举办的《冯纪忠和方塔园》展览及《冯纪忠先生学术思想研讨会》更从学术上探讨了冯纪忠所开创的具有世界意义的中国现代之路。

　　今年是冯纪忠先生从教 60 周年，即是他出任正教授 60 年，1947 年回国后，他执教于上海交通大学和上海同济大学。2004 年中国建筑学会授予他建筑教育特别奖，对他为建筑教育所做出的巨大贡献予以高度地肯定。他不仅在 1950 年代就创办了中国第一个城市规划专业，走在国际的前列，还率先创办风景园林专业。他在 1960 年代提出的"建筑空间组合原理"（空间原理）的建筑空间方法论，打破了传统形式主义的窠臼，开创了现代建筑教育的新篇章。今年 9 月中国建筑学会、中国城市规划学会、中国风景园林学会联合主办《冯纪忠教授执教六十年庆贺大会》，他的母校维也纳技术大学建筑与空间学院、美国建筑师协会发来贺信，对冯纪忠在现代教育上的杰出贡献表达了崇高的敬意。

博采兼收 不囿陈规

冯纪忠 1915 年出生于河南开封一个书香世家，祖父冯汝骙是清代翰林，历任浙江、江西两地巡抚，父亲毕业于政法大学，有着深厚的中文根底。冯纪忠自小受到中国传统文化的熏陶，这是冯纪忠日后能在建筑设计与教育过程中，将中西方文化由对立到统一的文化基础。

家庭的影响使得冯纪忠从小就兴趣广泛。他非常喜欢画画，十岁时拜知名画家汤定之为师，虽然移居上海后不能继续追随学习，但对绘画的热爱一直没有改变。在国外留学时他的水彩画作品常常被老师称赞说用色像法国印象派，冯纪忠却说："不，印象派像我，是像东方的色彩。"

冯纪忠还是个京剧爱好者，因为舅舅是京剧名票友，冯纪忠从小随他们听戏，欣赏了不少京剧名角的演出。他说，"我最喜欢程砚秋，可以与卡雷拉斯，帕瓦罗蒂，多明戈比照的话，相比我还是喜欢程砚秋"。对戏剧的兴趣一直延续到高中和大学，曾参演话剧。

他晚年精研中国古典诗文，将对文学的研究与建筑学研究联系起来，将诗的意境还原到时空关系中，如由《楚辞》所述意象考据中国最早的园林史料，视角独特，颇有建树。

这种对生活的热忱和对文化艺术的重视都反映在他的建筑哲学中，体现为理性与感性并行不悖，东方与西方融会贯通，现代与传统兼容并蓄。

报国热忱 强国之志

1926 年冯纪忠的父亲因病早逝后，母亲承担起了抚养四个子女的责任，她坚忍的性格成为冯纪忠追求真知理想之路的动力来源之一。随母移居上海后，他以优异的成绩完成了基础学业。高中老师评价他的文章为"刚柔并济"，这句话影响了冯纪忠的一生，他感到不仅做文章要如此，做人也应这样。

"九·一八"、"一·二八"事件之后，作为一位充满爱国热情的青年，冯纪忠一直在思考着如何实现振兴祖国的理想，他深深感到中国当时所迫切需要的是科学和技术，1934 年冯纪忠进入上海圣约翰大学学习土木工程，当时的同班同学有贝聿铭、胡其达等，这是他建筑生涯的起点。

1936 年他毅然踏上了出国深造之路，来到奥地利维也纳工科大学学习建筑专业，尽管课程考核非常严格，凭着他扎实地功底和刻苦认真的学习态度，后期获得了德国洪堡基金会（Humboldt Stiftung）奖学金，冯纪忠成为了当时两个最优等的毕业生之一。

他一直谨记自己身在国外就是中国人的代表，一言一行都代表着祖国，不仅学业优异，待人接物更是不卑不亢，赢得了老师同学的尊重和喜爱。

随着第二次世界大战的爆发，冯纪忠和家中逐渐失去了联系，毕业后的三年时间，获得了建筑师和工程师执照的冯纪忠留在维也纳工作。第二次世界大战结束后，时局略为稳定，1946 年冯纪忠收拾行囊准备回国，经过近一年的辗转奔走，苦苦等候，历经八十四天的艰险旅程，终于在 1946 年年底踏上了故乡的土地，见到了一别十多年的母亲，一时百感交集。

现代设计之路

解放后，冯纪忠开办了群安建筑师事务所，从事建筑设计和建筑规划工作。中国的第一个大跨薄壳建筑——公交一场，就是在冯纪忠的建筑师事务所的主持下设计的。薄壳结构自重轻、获得空间大，是一种特殊类型的建筑结构。可是当时在中国还没有人设计建造过，人们对此都不了解，也就有很多反对的声音。

现代化建设要进步就需要创新，需要设计者有开先河的勇气。冯纪忠和他的同事们考察后认为，这个设计项目最恰当的建筑结构类型就是大跨薄壳，虽然他们没有设计这种结构建筑的经验，却大胆坚定地采用并成功建成了这一项目，在中国首次实现了这种新结构形式的运用。

坐落在武昌东湖之畔的中共湖北省委招待所——东湖客舍，是一座庭院式的别墅。毛泽东在 20 世纪的 50~70 年代巡视南方、视察湖北常在此休憩疗养，这个建筑正是由冯纪忠所设计的。东湖客舍吸收了中国古典园林穿插对景的布局手法，设计从功能入手然后把形式与地势、环境、植被协调起来，使得别墅在静谧肃穆之中又不失活泼灵动。

同济医院和东湖客舍是在同一时期设计的，由于"思想改造"运动和"三反五反"运动的影响，设计和施工工作都受到很大影响，但冯纪忠仍能对设计的细部一丝不苟，在结构上做了长远缜密的构思，不仅为管道线路设计了可开启便于日后维修的暗管，还预留了今后安装空调的管道空间。冯纪忠说，"很普通的东西也可以做出点意思"，这就是他能在平淡之处设计出新意的原因。

东西方融合的完美范例——方塔园

在景观规划和设计领域，冯纪忠将东方的文化精神与现代园林设计结合起来，创造了东西方结合的现代园林设计理念，建造于 1980 年代初的上海松江方塔园就体现出了这样一种现代的诗意。

方塔园内是一座以历史古迹为主体露天博物馆。园内有宋朝方塔、明代照壁和清朝的天妃宫，在整体的规划上以方塔为主体，在尊重原有基地状况的前提下因势利导、因地制宜，因陋就简，形成了他提出的"与古为新"的现代园林风貌。

冯纪忠感受到宋代方塔蕴含的意境之美，便将宋代艺术的那种典雅、朴素、宁静、明洁的意蕴，和温文尔雅、精致细密的审美心理作为了园林整体的文脉根基。围绕方塔为中心，四面建有茶点厅、诗会棋社、水榭、鹿苑和楠木厅为主的园中园，园林北半部提炼中国古建筑元素，采用现代结构形式表现古典韵味，南半部为现代园林风格。新老建筑在宋代传统意境的统一下呈现出一派优美和谐的风貌。

方塔园从规划到方案通过也是费尽一番周折，建成后未受肯定，反而又是一番批评扑来。冯纪忠心中憋着一股劲，要反驳这些批评就要设计出一个更优秀的作品，让大家心服口服。位于园内东南角的竹构建筑何陋轩就是在这样的情况下诞生的。

当时公园由于资金缺乏，原本只想造一个竹亭或是竹廊，冯纪忠便因陋就简，设计建造了何陋轩。何陋轩的建筑材料是竹子、稻草和方砖，采用中国传统的竹构，吸收嘉兴、松江一带的民居形象。在功能上设置为人们停顿休憩的场所，塑造出一种"动中有静，静中有动"的情境，使游人感受到光影的变化。

这是一个在位置上相对独立的新建筑，但他并没有违背主题，而是更加突出、烘托了主题。设计思路符合于理性的、逻辑的、系统的关系，形象上刚柔相对，尺度上内外呼应，文脉上相互关联。

冯纪忠成功地用现代的建筑语言来表现中国传统的文化意境，以现代的手法表现当地民居的形式，创造了一个东西方融合的完美范例。

中国第一个城市规划专业的诞生

在维也纳工科大学的课程中，城市规划一直被作为与建筑设计密不可分的部分进行教学，这让西方现代主义的建筑和规划理念逐渐在冯纪忠的脑中孕育、成形。冯纪忠觉得建筑设计师必须具备规划思想才行，因为建筑学是比较全面的一门学科，包括整个环境和建筑内部，外部的环境包括城市环境以及自然环境。

归国后，冯纪忠便开始实践他的建筑规划与建筑设计相结合的设计思想。在解放前后这段时期，中国城市面临着大量规划、重建和改造的工程，他参加了南京和上海两地的城市规划活动。1947 年任职南京都市规划会时就注重于旧城的保护，在上海都市计划委员会的规划工作中，注重城市的可持续发展性，提出"有机发展"的规划理念。1980 年代初他为上海市旧城改造规划提出了更进一步深化完善这一理念。

同济大学将城市规划作为专业教学是从 1952 年开始的，当时许多新的城市都在建设中，特别急需城市规划人才。冯纪忠和金经昌等一起从基础开始培养学生的现代规划思想，将规划作为全面的、深入的理念灌输给学生。1955 年毕业了第一批城市规划专业的学生，陶松龄、邹德慈、李锡然、徐循初、李铮生、汤道烈等人都是那一届的毕业生。

当时全国仅有 7 个院校设有建筑系，而对城市规划专业还没有形成一个明确的概念。为了争取得到国家批准，冯纪忠在北京的全国建筑系教学计划会，坚持不懈地据理力争，1956 年终于正式批准建立了中国的第一个城市规划专业，而当时世界上也仅有 3~4 个国家有这个专业，这个专业的设置不论是在国内还是在国际上都是非常领先的。

冯纪忠曾经形象地形容说："城市规划教育不要吃盖浇饭，而要吃什锦炒饭，就是说如果把建筑比做底下的白饭，上面来那么一层薄薄地一层盖浇，这种规划不行，规划一定要融合着吃。"也就是说建筑规划要立足于一个更高更广的平台上，以规划为基础，把工程和建筑在这个基础上深入下去才行。

冯纪忠不仅在城市规划专业的建立上走在了前面，同济大学的风景园林专业和工业设计专业也是在冯纪忠的提议下率先创办的，这些工作为中国的现代建筑传播和现代化的规划建设，奠定了走在了时代发展的前沿的理论与实践基础。

建筑空间组合原理

1950 年代之后，冯纪忠的建筑师事务所停办了，因当时国内的形势，学校的设计院也很难接到设计任务。冯纪忠就更把心思放到了教学上来。建筑设计原理一直是建筑学专业的必修课程，可是一直沿用的按建筑类型，讲授设计原理和组织设计教学中所存在的问题也逐渐在显现出来。冯纪忠认为，不论建筑的形式、材料如何，设计的实质就是"空间"，通过空间就能够举一反三，找到不同类型建筑的共通之处。于是他就在一个"开门就不能坐着，坐着就不能开门"的小亭子间的空间里，专心致志地考虑怎样系统地组织空间的设计方法论，构思了"建筑空间组合原理"（空间原理）。

有了一个基本的框架后，冯纪忠就开始在学校教学中开始了实践，限于当时的环境和条件等等的原因，这套方法论在教学过程中不断进行着调整和完善。1960 年代初的全国建筑学专业会议上，冯纪忠把理论和教学成果展示了出来。当时中国主要还是受形式主义的影响，对这个从功能主义出发的设计方法论大家都不太接受，但是也有认同和支持的同志，认为可以在教学中实施。

1964 年的"设计革命化"到随后而来的"文化大革命"十年，冯纪忠和他的建筑设计项目，他的"空间原理"都遭到了批斗，被冠上了"头号反动学术权威"、"反党"、"大毒草"等等罪名，在运动中遭受了巨大的冲击。然而对于学术，他始终没有觉得气馁，依然觉得有信心和希望。当时有人支持他把"建筑空间组合原理"（空间原理）再写出来，1967 年，身在牛棚中的冯纪忠赶着一条一条重新把思路写了出来，可惜写到第四章便又不得不中断了。

即使今天看来，这个方法论依然是有价值的，以空间类型组合的方式涵盖不同功能和类型建筑的思路仍是建筑设计的根本出发点之一。

与林风眠的交往

冯纪忠一家与中国绘画大师、杭州国立艺术院创办人林风眠的交往开始于 1950 年代，当时冯纪忠看到林风眠的画作后非常欣赏，恰巧他的夫人席素华在学习绘画，而林风眠在一次画展上看到过席素华绘的油画花卉，很赞赏她的色彩感，经过朋友的引荐，席素华便拜林风眠为老师。

1958 年、1962 年冯纪忠两次搬家，与林风眠家越搬越近，于是一家三口几乎天天到林风眠家看画、聊天，大人们谈画时，女儿冯叶就自己在一边不声不响地画画，林风眠一看很是喜欢，觉得冯叶有画画的天分，于是便收为义女及关门弟子。林风眠对冯叶的艺术教育广泛而全面，不仅教她中国和西洋绘画，还讲授美术史和中国古典诗文。

"文化大革命"中，冯纪忠和林风眠都遭到很大的冲击，冯纪忠被批斗，审查关押了八个多月后又被下放到干校劳动改造，68 岁的林风眠更是坐了四年多的冤狱。林风眠在国内孤身一人，妻子早已带着女儿女婿迁居国外，冯纪忠一家便承担起照顾他的责任，每月按时往狱中送衣物和日用品，四年多来一次都未曾间断。席素华还和女儿自己缝了棉袄送进去，当时不允许送吃的，他们就想法送些葡萄糖、鱼肝油进去，林风眠在监狱里把东西拿出来分给大家吃。林风眠出狱后连衣服都没来得及换，第一件事就是到冯纪忠家，两人开门相见时心中不禁五味杂陈。

1977 年林风眠获得批准出国探亲，他走后非常想念义女冯叶，已近 80 岁的林风眠没有亲人在身边照顾，于是冯纪忠便让女儿出去继续绘画和艺术的学习，并一直照顾林风眠的生活直至他离世。

作为一生的挚友，虽然冯纪忠与林风眠从事着不同的艺术门类创作，却有着共同的谈话主题，他们常常一谈就是一天。这两位在他们各自领域内的先驱者，从绘画谈到建筑，从文学谈到戏剧，从古代的哲学谈到现代科学、谈到爱因斯坦的相对论，谈到这种新颖的时空观念对艺术可能产生的影响。他们将东方的文化记忆植入西方现代艺术形式，冲破了东西方文化的界限，实现了"东西方和谐和精神融合的理想"。

体会意境生成的愉悦

晚年的冯纪忠总是谦虚地说自己这些年来虽然有些作品,但满意的却是聊胜于无。谈到自己的成就，最让他感到欣慰的是培养出了一批批优秀的学生，在建筑教育、建筑设计、城市规划、园林规划等领域都能看到他们活跃的身影。他牵挂着的也是他的学生们。

单一的学习和研究方式一直受到冯纪忠的反对，他提倡在不同的领域广泛撒种,特别是强调一个"广"字，老师教法要"广"，学生习惯了"广"，出了学校也就会"广"，选择也会"广"。主张建筑师必须对各方面都有广泛地兴趣和热情,对科学、艺术、历史、文化都要涉及，在这个基础上逐渐发展起自己的理论观点。

他很重视让学生在过程中体会研究课题的内涵，而不是让学生做导师的秘书，仅仅将老师已有的思想记录下来。冯纪忠希望学生在做课题时有自己的见解，能跑在前面，老师给一点指导点拨就能悟出属于自己的意象。他形容这就如同做诗一样，先有意，也就是意境的雏形，再与主客体结合形成意象，而后意境才能自然流露。体会并享受这样的过程才是做学问也好做诗也好的乐趣所在。

冯纪忠还特别重视文学的修养，强调传统文化对建筑设计者设计哲学的重要性。反对孔教式的学习，也不拘泥于诗或文，由诗文的"气"、"势"、"形"通感于建筑的空间意境，这是一种更高层面上的设计思维。

虽然不再从事第一线建筑设计和教学工作，而常徜徉在中国古典诗文所营造的意境之中，冯纪忠不拘泥于从传统的文学、历史等角度进行研究，还从中找到了另一条通往建筑的道路。冯纪忠特别欣赏屈原的《楚辞》，他通过解读文中对时间和空间意象的描述，把"记楚地，名楚物"的内容加以引述考证，对其中所反映的自然观和时代的建筑特征做出了独到的分析。

冯纪忠认为诗歌能够活跃人的想象，滋润人的意境，养成浩然正气。建筑之于诗性，设计之于诗意，设计师之于诗情是鱼水不可分的。

历经近一个世纪的沧桑洗礼，现年 93 岁的冯纪忠依然热爱着为其倾尽毕生精力的建筑事业，也关心着自己奉献了六十多年的建筑教育领域。虽然这一路走来可谓命运多舛，可是冯纪忠一直不曾偏离他追求真知理想的方向，一路踏寻现代主义精神与中国本土文化的融会之道，创造出里程碑式的优秀建筑和开创性的建筑设计、教育和规划理念。

冯纪忠把现代主义的精神从西方带到了同济，带到了中国，他也始终扎根于中国博大精深的文化传统中，他所播撒的种子是今天中国现代化进程的一块基石，他所推进并倡导的教育理论是缔造中国现代建筑教育的引言，他用蕴含本土文化意境的现代语言所阐释的建筑设计是原创地属于中国的现代建筑。

王明贤

中国艺术研究院建筑研究所副所长

中国国家画院公共艺术院建筑设计院研究员

孟旭彦

中国艺术研究院硕士研究生

原载于《新建筑》2009 年第 6 期

现代的、中国的
——松江方塔园设计评价

邬人三

　　冯纪忠教授主持设计的上海松江方塔园还在施工，但基本格局和大体效果已经可以看出来了。国内外都有一些专家认为，这是一个现代技术、原理与中国民间园林设计手法相结合的成功作品，称誉它是"现代的、中国的"。

　　方塔园是以北宋熙宁、元佑年间（1086~1094年）建造的兴圣教寺塔（俗称方塔），明洪武三年建立以"猴"为主题的大型砖雕照壁，迁来的明代楠木厅，清代天妃宫大殿等为主要内容的古建筑历史文物公园。这些文物都是江南古建筑的精品，值得永远保存、瞻仰。这是方塔园区别于其他园林的主要之点。

　　设计以宋塔为主体，明壁、清殿离轴居次，采用不同标高的花岗石广场分别把它们展托出来，这是借鉴中国古代用精制托盘烘托重器的遗法。现在看来，这种办法是很成功的。广场上除局部筑台护留古树，以及加砌几片不闭合的院墙外，不事别筑。塔院更是不增一物以突出主题。其理水筑山，皆从原有地貌、水流出发，在园内集中再现了松江地区平坦而又略具岗峦起伏，河、湖、泖、荡穿抽其间的特点。若不如此而模泰山蜀水故作惊人，则将夺塔殿之势而贻笑大方。《园冶》说"相地合宜，构园得体"。方塔园设计对自然空间的体察和利用，实在是符合这八个字的。

塔的地面标高为 4.17m，园周地面的自然标高均比塔基为高，有的地方竟高出 3 m 左右。碗底树塔，塔必不扬。为此，在园东、北两入口线上，一设曲折错径，一设开阔堑道。均自 5 m 标高左右上上下下直降至 3.5 m 以模糊游人绝对标高意识，然后再上升到 4.17m 标高的塔院广场。塔院院墙至塔身距离 23 m，又逼人成 65°角近视仰观，塔即由低陷而变高峨。塔南理水浚池，池北因塔筑岸，浚池的土方在池南堆山，山则随势降坡，坡漫绿茵，斜切入水，益增"自然"山水之效。做到了"随方制象，各有所宜"。

冯纪忠教授十分注意探掘中国古代艺术遗产中的瑰宝，并加以琢磨而使之具有新的光彩。唐代大文学家柳宗元总结风景配置的规律时说，"旷如也，奥如也，如斯而已矣"。冯纪忠教授对此十分重视，并将它与中国画论中的"密不透针，疏能跑马"结合起来，用以分析中国园林，并把它运用到方塔园的设计中去。使塔在全园总体上于"旷"中见高峨，在"奥"中藏惊叹。前面提到的堑道，就是使人在睹"旷"之前而故设的"奥"。塔西结合墙、廊、水榭和迁建的楠木厅组成的园中园，以及园与塔院之间打通的山洞，迂迴曲折于竹林、山后的小径，都是这种"奥"的手法的运用。正因为有这许多不同的"奥"的处理，才更加衬托出全园中塔、壁、殿诸主题空间之旷。

园中新建的建筑，皆以灰瓦粉墙为基调，同调的围墙蜿蜒错落于青山绿水的外缘，承续了江南园林的传统风貌。但是，又刻意求新，不落旧套。兹以围墙为例，它沿用了苏杭二地的瓦顶粉墙，但比例低矮，且摒弃了漏窗，代之以节律出现的带框扁隙，使内外隔而不滞。塔院院墙则围而不闭，兼具分隔与导向之功。此外，门楣、檐口、圆门……莫不由陈式中推出新意。特别是北大门屋顶，在栗色钢构架上铺小青瓦，不等长而又高低错落的两坡屋面，钢构架节点在阴影里具有似斗拱而又不是斗拱那种如翚如冀的效果。这是努力运用现代技术材料而又具有传统神韵的成功之笔。而最主要的还在于全园布置的总体构思上"推"去了古典私家园林那种供少数人玩赏的纤巧迷离之"陈"，创"出"了可日容上万游客在此追思、游息、观赏、雅玩，提供方便的"新"。为此，设计安排了约 19100 m² 的各种广场、道路，加上餐点厅、茶艺厅、展览馆、鹿苑等等不断地迎送游人，还有大量的草地、绿荫……对于这样一个上海郊区的历史文物公园来说，所谓满足现代生活要求，首要的就是能最大限度地容纳游人，以达缓解市区节假日拥挤之效；同时，使游人在崇赏精美的古建筑及其他地方历史文物中，了解祖国文化的源远流长及其在历史发展中的高度成就。在休息中增长知识，获得教益，陶冶品性。对于青年人来说更是至为重要的。

现在第一期工程已经竣工，面貌粗呈，设计的预想效果可以大体领略了。回顾这段历程，深感要创作出"现代的、中国的"风格是困难的。因为一提起中国的，人们往往不是用黄瓦朱户、金碧辉煌，就是用斗拱雀替、重檐翘角的古典遗构来加以要求；而一提起现代化，人们又总是想到几十层的高楼或几十米宽的大马路，如果按照这种思想逻辑去创作，那只能要么是"中国的、古代的"，要么是"现代的、外国的"！然而，以冯纪忠教授为首的同济大学建筑系的同志们，在党中央要"建设有中国特色的社会主义四个现代化"的号召下，不受各种成见的束缚而奋起、抗争。方塔园就是这个抗争历程留下的一个脚印。在这里要特别提出的是，方塔园设计意图得以实现，是与原上海市园林局局长程绪珂同志、方塔园的领导及具体工作同志以及各方赞助的同志大力支持分不开的，特以此文致谢。同时，对于持不同意见的同志我们也表示衷心的感谢！让我们共同切磋，同心协力开创我国建筑创作新局面。

邬人三

同济大学建筑与城市规划学院副教授、博士

原载于《新建筑》1984 年第 2 期

冯纪忠先生

张隆溪

冯纪忠先生乃中国建筑界泰斗，善为馆阁台榭、柱栋梁橼，复能散置泉石、点染林烟。筹划设计之余，又雅好谈艺，常以建筑家特备之空间想像能力，独具慧眼，闻见亲切，体会古诗文意气，道前人所未道。如先生有《柳诗双璧解读》一文，于《渔翁》诗逐句解说，由色彩、声音而动作、心境，以意逆志，使人想见诗中情境，栩栩如生。更敢于反驳东坡之论，具陈柳诗"回看天际下中流，岩上无心云相逐"末联，何以不可删之理由。于《江雪》诗更敢于力排众议，以为二十字中用"绝、灭、孤、独、寒"五字，实为抒发胸中"倔强愤悱之气"，而且言穷意尽，"直是到了不克自拔的地步"。复以王静安《人间词话》"隔"与"不隔"之说，将此二诗判别高下。历来论者以《江雪》诗为寓情于景之作，"绝、灭、寒"写隆冬雪景，"孤舟蓑笠"状寒江"独钓"之渔翁，全诗烘托出一个"静"字而未明言。冯先生则一反众说，以此诗为写人而非写景，实乃激扬愤懑之言。此解不可不谓独特新颖，敢作出位之思。而先生于柳子厚诗文，似乎情有独钟。于历代评家言论，独取唐司空图与宋晏同叔，以为"后世所奉的唐宋八大家之于博大精深、言之有物来说，也是子厚一人而已"。盖世以韩柳并称，而韩先于柳。先生则反是，并于"文起八代之衰"之韩愈多有微词。此外，先生工于先秦文学，尤著力于屈原辞赋，批之于手，得之于心，亦时有独到之见解。

　　纪忠先生在松江建方塔园，识者均以为杰作。先生行有余力，复谈艺论文，颇多创获。发为文字，都直抒己见，独辟蹊径，不囿于前贤旧说。然《易·系辞》有言："天下同归而殊途，一致而百虑"。审美判断乃以个人趣味为基础，其中见仁见智，实难归一。沈德潜《唐诗别裁》早云："古人之言包含无尽，后人读之，随其性情浅深高下，各有会心。好晨风而慈父感悟，讲鹿鸣而兄弟同食，斯为得之。董子云：'诗无达诂'，此物此志也。"诗于李杜，文于韩柳，本无须上下抑扬。然观先生所论，直抒胸臆，发自性情，即非振聋发聩，亦可当一家之言。且文字之间，先生独立之品格，焯然可见，又不能不令人深思感佩也。

张隆溪

瑞典皇家人文、历史及考古学院院士，欧洲科学院院士
香港城市大学"长江学者"讲座教授
美国哈佛大学、耶鲁大学及韦斯理大学杰出学人讲座教授
原载于《世界建筑导报》2008 年第 3 期

方塔园与维也纳

范景中

    1980 年代，因开会之便去游览方塔园，开始只以为是看宋代的方塔，进了园子才大吃一惊，那分明是一座古典式的园林却处处洋溢着现代艺术的格调。它融会得那么浑然天成，又常常迥出意表，令人想起三百年前的张南垣语，"独规模大势，使人于数日之内，寻丈之间，落落难合，及其既就，则天堕地出，得未曾有"。因此很想知道建筑者的大名和艺术经历。后来听说，方塔园出自冯纪忠先生的手笔，他也像他的老友林风眠那样，是致力于中西融合的建筑大师，他的古典传统根植于家世，现代感则来源于维也纳的求学经历时，对大师的兴趣就更浓郁了，以致每当看到关于维也纳建筑的书刊时，就会想到方塔园，想看出它们之间是否会有什么关联。

    冯先生 1936 年负笈于维也纳，其时维也纳已有一批建筑家致力于现代运动，其中包括约瑟夫·弗兰克（Josef Frank）、J·霍夫曼（Josedf Hoffman）、阿道夫·路斯（Adolf Loos）、赫里特·里特费尔德（Gerrit Rietveld）、安德烈·吕萨（Andre Lurcat）、雨果·哈林（Hugo Haring）等人。但是如果我们走进维也纳，观看一番，也许最冲击我们感官的是那环城大道（Ringstrasse）上的一系列建筑。那些建筑始建于 1870 年代，大约用时 20 多年，最终成就了风格统一、规模宏大的建筑群，几乎重塑了维也纳的城市形象。那些建筑由于地理上的集中，在视觉效果上几乎超过了 19 世纪的任何一座城市改造，甚至包括巴黎。用来描述那项伟大工程的术语既不是"革新"，也不是"再发展", 而是"城市形象的美化"(Verschönerung des Stadtbildes)。学者们认为, 沿着环城大道建起的宏大广场、国会大厦、市政厅、大学、博物馆以及居民建筑等, 为我们理解处于全盛时期的奥地利自由主义思想提供了最方便的形象指引, 因此环城大道是一个时代的象征, 就像"维多利亚"(Victorian)之于英国人, "创建时期"(Gruederzeit)之于德国人, "第二帝国"(Second Empire)之于法国人一样。在这样工程的带领下, 维也纳得到了急速的发展, 大约 1900 年前后, 它成为世界第五大城市, 人口约 180 万。

虽然说环城大道以其石材和空间体现了贵族和资产阶级两者社会价值的集合, 但它还是受到了两位强有力的建筑师的指责。一位是卡米罗·西特(Camillo Sitte 1843~1903 年), 曾任过国立职业学校(Vienna Staatsgewerbeschule)校长, 也是《城市建筑》(Der Staedtebau)刊物的创始者, 主要著作为《据艺术原则的城市建筑》(Der Staedtbau nach seinen kunstlerischen Grundsaetzen 1989 年)。另一位是奥托·瓦格纳(Otto Wagner 1841~1918 年), 一位现代建筑运动的奠基者、维也纳学院的教授、分离派的成员, 对新艺术(Art Nouveau)也有影响, 建造火车站、银行、教堂和医院等各类建筑, 主要著作为《我们时代的建筑艺术》(Die Baukunstunserer Zeit 1895 年)。西特批评环城大道为迎合现代生活而背弃了传统, 瓦格纳则批评那些建造者打着历史风格的旗号, 掩盖了现代性及其功能的需求。

西特的父亲弗朗茨·西特(Franz Sitte)也是一位建筑家, 建造并修复过教堂, 而且多才多艺, 能绘画、会雕塑。由于童年时代跟父亲工作, 西特也学会了所谓的"整体艺术"(Gesamtkunst)。他在后来追随音乐家理查德·瓦格纳的过程中, 更加强了这种以手工艺为基础的整体艺术信念。恰巧, 他在大学期间, 也受到了艺术史教授艾特尔贝格尔(Rudolf von Eitelberger 1817~1885 年)与之有关的教育。艾特尔贝格尔不仅是维也纳艺术史学派的开创者, 而且也是奥地利工艺美术馆的创建者, 他对于应用艺术的有力支持极大地鼓舞了西特。

1875 年艾特尔贝格尔推荐西特担任了国立职业学校的校长, 这正符合西特两个主要兴趣; 建筑术和手工艺以及艺术史和建筑史。有了这点简单背景, 我们也许就能理解他为什么坚决反对环城大道那种整齐划一的模式, 而提倡古代和中世纪城市空间组织中的自由形式, 即它的不规则的道路和广场, 因为它们不是从制图板上画出来的,而是自然而然生长的。他力图实现生动有趣味、让人心意满足的空间组织，这使他极力强调：城市建设决不能只重技术，它更是一个纯粹的审美问题。

与西特不同，奥托 · 瓦格纳的名言不是从手工艺而是从一位工业艺术理论的先驱那里借来的：Artis sola domina necessitas（需要才是艺术的唯一伴侣）。根据需要，他把设计集中在交通上，因为交通可以把范围广阔的大都市唯一成一个高效的单元，而不管它的构成部分究竟是什么。他批评环城大道，实际上是杀回马枪，因为他在环城大道区域内建造过一些公寓。但他越来越不满意环城大道的那种历史主义。他认为，环城大道把建筑视为一种"风格任务"（Stilauftrag），这是以前任何历史时期都不可想像的，它暴露了艺术与功能的脱节，让建筑沦为考古研究的产物。

为了寻找现代风格，瓦格纳在以克里姆特为首的分离派那里找到了灵感。首先，他借用了克里姆特的二维空间观念，那在克里姆特本是用来象征展现虚幻世界抽象性的，他却用来为墙体创造出新的意义。跟环城大道宅邸的分节交错的墙体不同，他设计的第一座分离派风格的公寓楼，宁愿外观普普通通，也极力用墙面表达出功能。环城大道的建筑的确精工细雕，但与平平的大道迥异其趣，而分离派公寓的正立面，则简约地与街道平面保持着和谐一致，于是不但服从并且强化了街道的方向感。在内部，他也让元素同样发挥了定位的作用，楼梯扶手、地毯、地板，都根据走动的主要方向设计了嵌入式条纹。

瓦格纳在1898~1899年建造于维也纳河滨大道上的两座相邻的公寓楼也显示了分离派对他的影响。索尔斯克（Carl Schorske）认为，那些建筑首次融合了他所提出的三大构成原则：一、在决定形式上，实用（Zweck）优先；二、根据现代建材的特点，大胆使用它们；三、倾情投入现代性的非历史、准象征性的建筑语言。这使我们想到了瓦格纳在建筑车站外表时所使用的铁材，它不仅出现在入口和售票厅，即使在专供皇室私人使用的城铁候车亭，也照样把钢材架在半巴洛克式石楼的筒形拱顶门廊上。

简单回顾这段历史，我们可以看到，西特强调古典的美、自然生成的意趣，并从音乐家那里汲取灵感，顺便插一句，他本人就是一位大提琴手。而瓦格纳则强调现代性，注重二维的几何性，善于使用现代建材，与画家交往而获得启迪。这真是一对有趣的对比，若能折衷融合，或许会有奇迹出现，若再能融入东方的诗趣，或许会有更大的奇迹出现。

但历史主义者西特和功能主义者瓦格纳对环城大道建筑的反应到底多深地影响了后来的建筑家，我却实在孤陋不知。不过若说他们的后辈维也纳建筑家对之也孤陋无闻，那就完全不合情理了。我猜想，冯纪忠先生在维也纳的五六年学习生活中一定深深感受到了那种气氛。

严善錞先生羡慕冯先生在使用现代材料上的鬼斧神工，赵冰先生强调何陋轩以巴洛克式和当地传统民居中的开放曲线的动态使空间在光影的变化运动中达成的时空转换，王澍先生则赞扬方塔园的旷远之意和入口门棚的钢筋焊接支撑结构，但这些开创了中国建筑新时代的成就，到底有多少源自中国的艺术传统，有多少得益于维也纳时代的学习生活，也许我们只能感受，不过，在这里记住占星术的一句话，也许是有益的：星星吸引，但不强迫。而一切推测恐怕都是冒昧的。

有时我会想到，我们看一片优美的园林，或一座建筑，也许就像看一幅油画，我们能够感受到画上的艺术之光，至于这种艺术之光如何才能回译成自然之光，也就是把光线转为的颜色再回译为光线，则需要知道它的传递代码，可惜我们对这种代码传递的方式知道的太少了，况且它们又是深深地植根于中西文化的无形脉络之中。

范景中

原中国美术学院教授、博士生导师、图书馆馆长、出版社总编

现任南京师范大学美术学院特聘教授、博士生导师

2007 年 11 月于杭州

原载于《世界建筑导报》2008 年第 3 期

参考文献：

[1] Jane Turner, The Dictionary of Art[M],New York,1996

[2] Carl Schorske, Fin-De-Siecle Vienna: Politics and Culture[M],New York,1961;

[3] 李锋译 . 世纪末的维也纳 [M]，江苏人民出版社，2007 年

[4] Hanno-Walter Kruft, A History of Architectural Theory: From Vitruvius to the Present[M], Princeton,1994

孤独而庄严的方塔

许江

1990 年代末，中国美术学院筹办林风眠先生百岁诞辰纪念。我们几位年轻人从精神上迹近这位世纪先师的时候，也第一次听说了冯纪忠老先生的名字，并与他的女儿冯叶女士一道为林风眠先生纪念活动忙碌了一阵。在后来的渐渐了解之中，又兴生一份关于乖悖命运的感喟。这种感喟总将林、冯两位老人系在一起，串成 20 世纪滞重而又孤单的独行者的形象。

他们都在西风东渐的风云际会中、甚至都在欧陆环境中开始了学习和创造的生涯，并以某一方面的开拓者身份而被赋予了浓重的使命色彩；他们的人生又都与当代中国苦难的精神历史息息相关，总以孤独的摸索从现代主义入手，而又归踪于学术上的东方式的超越；他们都是时代的孤行者，但那崎岖的步履，却屡屡涉及了中国当代文化复兴的根源性命题，从而指明了一条独特而深刻的现代之路。

2002 年，上海双年展以"都市营造"为主题，从视觉艺术的角度，来审视和思考中国城市的建造问题。当时，我们多次谈论到方塔园。那沉默孤独的园林建造，一次次将众人的话题引向上海的当代建筑。似乎浦东摩天的巨厦仅代表了都市云端的激情，而真正中国式的营造，却只在相反方向的浦西远郊的这座孤园。

　　松江方塔园，园内有宋时方塔、明朝照壁和清代天妃宫，清郊野影，疏林秋蓬。当代的人们很容易在这里从形式和结构的角度来梳理历史，营造一片新古典的房舍。但冯老没有这样做。他以真切的关怀来亲近这片园林，亲近这方塔原生的自然气息，抛弃一切现成的形式方法，让自然本身去解读这千年的古塔。冯老仿佛什么也没有做，只是以一些山道、轩墙、敞棚，开启那些虚实相生的界面，来点活自然旷远的生趣。他更像是一位田园的引导者，把我们带向毫不张扬的自然境域，弃用那些被人们津津乐道的结构理性，放逐西方和东方的通行古典的繁复涵意，在那田园诗意将发未发的源头，在清明仲秋的随机而生的时刻，把我们带到历史飘泊的某个路口，某个举目远眺的瞬间。

　　这样的一个路口和瞬间只若一场梦，一场江南乡陌的踏青之梦。冯老直接从乡土民间的建造经验中，采集质朴的、甚至有些粗陋的建造方式，小心地建造这片园林。我们仿佛循着他的掌心，循着那自然的长长的卷轴，走回宋元山水的某个素朴的版本，那明清繁复园林之前的某个真正的寒林孤园。冯老一手用最具体而微的方式直接面对建造的问题，一手用尽可能质朴而素的方式诠释中国的土地。当他的双手交叠在胸前的时候，中国当代真正的园林建筑正在春回梦生。

　　中国诗人的情怀本质上是极简的。孤松、空竹、古塔、夕阳、独峰、浅湾、长河、片云，抚慰心灵，映照人格。这孤独荒寒之境，隐着一种心灵体认的简约和坚定，自有一番钱穆先生所说的"为人类大群之怀抱"。咏孤之中隐含咏群。冯老将心灵深处的飘泊孤独之感端平，淡定地观视人世的迁变。2002 年的深秋，我曾与冯老、席老相携，游观西湖国宾馆一号楼，我几乎看不出老人对这座象征权力的建筑的看法，他仿佛踏行在一个与己丝毫无关的界域中。倒是席老先自发出不耐烦的要求离去的信号。陶潜辞"怀良辰以孤往"，陈傅良诗"……孤乡起空寂"。冯老无时不在孤乡之中，但他却并不怨天尤人，而是揣着对于中国文化歆慕向往的拔群超迈之心境，坚守精神上的特立独行。孔子曰："知我者，其天乎。"方塔园正是这种高远孤境的写照。

　　晋人张翰《思吴江歌》歌曰："三千里兮家未归，恨难得兮仰天悲。"中国的诗饱含对生命飘泊的叹喟与对安顿的憧憬。家园是那诗人的精神停泊之所。那三千里是有家难归的距离，但那渐行渐远的中国本土的营造理想，正以颇难跨越的精神距离，横亘在今人与家园之间。这是冯老的真正的飘泊孤独的心灵所系。悲恸的诗人最后以中国建筑的深隐的力量，筑起一个开放大气的轩亭，并大声地发问：何陋轩，中国乡土建筑传统何陋之有？于是，当我们在那个路口和瞬间迷惘之时，正被这横空的发问唤醒。我们回到周遭的现实，却被种上了旷古高远的情怀。正是这情怀中包孕的某种宝典般的神力，带着我们反现成地穿越种种时尚，而得以把握自然造化的原发的机契和生生不息的力量。

　　方塔园正像那座孤独而庄严的方塔，耸立在中国当代本土建筑的路口，一若林风眠先生的创造立于中国当代艺术长河中那般。

许江

中国美术学院院长、教授、博士生导师

中国美术家协会副主席

2007 年 11 月 20 日 于西湖南山三窗阁

原载于《世界建筑导报》2008 年第 3 期

"冯纪忠和方塔园"展的缘起及一点感想

严善錞

　　1989 年，我应上海书画出版社卢辅圣总编之邀，赴上海参加"董其昌国际学术研讨会"。期间，程十发先生为尽地主之谊，邀请与会者去他的老家、也就是董其昌的故里松江赴宴，并安排了大家参观方塔园。

　　那是一个初秋的下午，虽然天色阴淡，但方塔园那蜿蜒而又开阔的景观，却给我留下深深的印象，尤其是那褐色的堑道和赏竹亭的长凳，真有一种出乎意料之外而又在情理之中的感觉。当时，美国学者张子宁提交的论文正好是关于董其昌的册页《小中见大》的研究，我觉得，这方塔园可真正称得上是"小中见大"，它虽然占地面积仅 180 亩（约 12 万 m²），却给人以一种宽阔、浑然苍茫、天人合一的感觉。

　　回到武汉后，我把自己在松江的所见所思和赵冰博士畅谈一番。赵冰告诉我，方塔园是他的博士生导师冯纪忠先生的杰作。冯先生学贯中西，他把西方的现代主义的处理手法巧妙地融入到了中国传统园林的营造之中。赵冰还送我一本他刚出版的博士论文《4！——生活世界史论》。在书的扉页上，他这样写道："谨以此书献给精心培育我的父母和老师"，并援引了司马迁的格言"究天人之际，通古今之变，成一家之言"。我想，太史公的这十五字真言，既是赵冰的自励，也是对他的导师冯先生的建筑思想和建筑成就的概括。今年初,我受董小明主席之嘱,策划一个配合"第四届深圳水墨论坛"的展览。这次论坛是我们深圳画院和德国海德堡大学东亚美术研究院联合主办的,分别由雷德候教授和范景中教授主持,本次论坛的主题是"闲情逸致——文人和他们的艺术"。鉴于两地不同的学术需求,对主题研讨的角度也有所不同。在深圳的论坛,侧重对传统自身的研究;在海德堡的论坛,则侧重对传统的创造性转化的研究。当时,我也曾考虑过用古代书画和现代艺术一并展示的方案,但由于借展、保险等问题一时难以解决,而且这些作品也大多司空见惯,作为展览并无新意,只好作罢。踌躇之际,我想到了冯先生的方塔园。在我的心目中,方塔园一直是中国当代视觉艺术中"通权达变"的成功典范。对于传统的解释或者说创造,归根结底,还是要回到"守经"与"权变"这一古老的命题上来,回到太史公所倡导的"守经知其宜"、"遭变知其权"的发展史观上来。我想,用多媒体的方式将方塔园展示出来,介绍给观众,是我们对论坛的主题的一个最好解释。我将此想法报告给董小明主席,立刻得到了他的支持,并亲自和冯先生的女儿冯叶联系。冯叶在得知后,也表示支持,并给我们提供了诸多方便。

今年6月,我和赵冰博士、范景中老师,前往上海亲近了心仪已久的冯纪忠先生,三个多小时的访谈,更让人感受到冯先生的伟大之处。我觉得,在冯先生的身上,集中了传统的中国文人和西方现代知识分子一切优秀品质:他是那样的从容不迫、文质彬彬,那样的温良恭谦让,但又是那样地坚忍不拔和始终不渝地保持独立人格。他既博学群览、学贯中西,但又能剖析毫厘、擘肌分理。他深知传统的伟大,也更知通变的重要。他和他的至交——林风眠先生一样,理应得到中国学术界的重新认识。我认为,他们的思想和他们的艺术对我们今天的这种破坏性的"建设",有一种警策的作用。

作为一个门外汉,我认为对冯纪忠先生的建筑思想的研究,应当从这样三个方面着手。第一,对"方塔园"、"东湖客舍"等这类实施了的方案的分析;第二,对"人民大会堂"、"松江博物馆"等这类未实施的方案的分析;第三,对"黄鹤楼"、"雷峰塔",这类观念性方案的分析。对于前两类方案,学界已有所关注。我在这里,主要是谈谈对三类方案的研究。这可能与我个人的经验有关,仅供大家参考。

今年 5 月，冯小姐来我们画院，和我谈起冯先生经常有一些非常奇特的想法，她说，冯先生认为杭州的雷峰塔应该用激光来做才有意思。我自小生活在杭州，对雷峰塔的重建也有各种想法，我自己觉得，即便是 1924 年前那没倒的雷峰塔，它的体量也太大，与南山一带不相称，西湖边上的塔，只有保俶塔的比例是最入画的。1950 年代建造的杭州饭店 (也就是今天的香格里拉) 也与北山一带很不相称。所以，依旧样重修雷峰塔，实在有煞风景。因而，当我得知冯先生的这一用现代化的光影技术来虚拟雷峰塔的想法时，便为之惊叹。在拜访冯先生时，我就请他介绍一下这一想法。他认为，对于古建筑修复，有三种态度，一是修旧如旧，一是修旧如新，一是修旧如故。"如旧"、"如新"都好解释，也好做。"如故"则是对历史的重新解读。他认为，应当将雷峰塔的遗址保存下来，并在下面建一个小型的博物馆，介绍它的历史，然后在它上面，用激光来重现雷峰塔的旧貌，给人以一种如影如幻的感觉。也就是说，白天，雷峰塔依然是一个遗址，而到了夜晚，它就呈现出了当代人眼中的往日形象。

我认为这是冯先生的建筑思想中最为光辉的一面，遗憾的是，在今天的西湖，没有出现冯先生这样一个既具有当代特点、又富有历史意味的雷峰塔。在冯先生的心中还有黄鹤楼等许多古建筑的重修理念，都需要我们好好地记录它，并认真地去研究和实现它。

严善錞

深圳画院一级美术师

2007 年 10 月于深圳

原载于《世界建筑导报》2008 年第 3 期

什么是同济精神？
——论重新引进现代主义建筑教育

缪朴

> 把包豪斯 (Bauhaus) 说成一种"风格"是自认失败，是恰恰回到我要攻击的那种
> 停滞不前，窒息生命的惰性。
>
> ——沃尔特·格罗皮乌斯（Walter Gropius）(1935)[①]

一、同济的特点是什么？

不少人说"同济"是一种设计风格。如果我们看一下前系主任冯纪忠先生的武汉医院及松江方塔园何陋轩茶室。就可以发现很难把它们归纳为一种风格。但这两个建筑又确让人感到某种一脉相承的东西。显然，同济特殊的地方是隐藏在具形风格后面的一套有关建筑设计及教育的思想方法。本文将显示，这两种不同的看法不是名词之争，而是揭示同济精神起伏的关键所在。

根据 1970 年代晚期在同济学习时的体会，我认为同济当时的特点可以概括为两个，即现代主义占主流的设计及教学思想及兼收并蓄的组织方针。这里所说的现代主义，是指发源于 1920 年代欧洲的第一代"现代建筑运动"理论。它的诞生是为了回答世纪之交欧洲工业化过程中的社会对建筑的新要求。美国研究现代建筑的历史学家高德哈

根（Goldhagen）指出，过去几十年的西方建筑理论至少有一点是认同的，就是把这种"建筑文化中的根本转向"与后现代主义、解构主义之类艺术风格相提并论，是"混淆具体的建筑形式与藏在它们背后的原理。"[②]

1952 年同济建系时，教师中包含了一批 1930~1940 年代在欧洲留过学的教授。这些最早亲身受过现代建筑教育的中国人把新思想带到系里并影响了一批本校毕业或其他学校过来的教师，从而在系里形成一股相对强大并不断发展的学术思潮。这与当时一般以古典主义体系（学院派）为核心的其他院校相比是别具一格 的。[③]同济与其他院校另一个不同是主流学派在系里并没有形成大一统的局面，这是因为年轻的建筑系由多个学校合并而成，资历相近的教授背景多样，各年龄段的教师之间较少有统一严密的师承关系，从而形成了相对自由的学术氛围。如同济不仅有学院派，还拥有完全自成一家、从传统中国文人欣赏艺术(近似于现象学)的角度来研究园林的陈从周先生。

下面将着重讨论同济的第一个特点。

二、同济的现代主义建筑教育

1. 三个流派

描述同济教学思想的最好办法是将它与其他学派对比。我觉得从 1950 年代至今，我国建筑及建筑教育理论存在着以下三个流派：（1）学院派——来源于 19 世纪欧洲工业化以前的巴黎美术学院古典主义体系，由 1920 年代在美、日学习的第一代留学生带回中国；（2）现代派——来源见上文；（3）实践派——是 1949 年后在中国土生土长起来的思想方法。如果说上述前两个流派都有目的地想为中国建立一种有示范作用的理想教育模式，那么实践派则不把自己看成是某个宏大文化理念的一部分，它强调建筑中房屋设计的一面，专注培养学生解决实际问题的能力，包括灵活应用上述前两个流派的手法。由于这个原因，下面将着重比较现代派及学院派之间的区别。最后要强调的是上述每个学派并不能与某个学校挂钩，因为每个院校大多同时拥有各种思潮的信奉者，而全国统一的教育大纲更减少了院校之间的不同。

400

2．现代派的建筑教育：与其他流派对比

许多人都以为自己很熟悉现代主义与学院派的区别，但从我国目前有许多名不符实的"现代"建筑来看并非如此。所以有必要从这两种思想当初及现在的表现来诠释它们在五个方面的对比：④

（1）设计模式——创新

针对工业化巨变中社会及技术的飞速变化，现代主义提倡按照每个个案中此时此地的情况探索前所未见的解决方法。如同济一年级设计基础课的抽象构成，就是为了尽可能避免既有形式的影响。历史形式可以利用，但必须被重新组合在一个新的体系中。与之相反，由于工业化以前生产力及生活方式发展缓慢，文化价值较统一，学院派无论是在空间组织还是外表形式上都尊奉已成熟的典型概念（类型）。在教育上，学院派强调学生对权威建筑语言的熟悉（表现在对建筑历史课或建筑杂志的重视）及根据个案调整借用的技巧。显然，"权威建筑语言"在今天不一定非得是传统的"大屋顶"，也包括 KPF 或高技派。

（2）形式的源泉——功能主义

工业化造成的社会变化对建筑提出大量功能问题，因此现代主义建筑形式的首要依据是功能，并把容纳功能的空间组织而不是外形或立面放在第一位。它把建筑主要看成是大量性的"工具而非纪念碑"，不把建筑形式当作表达文化政治概念的肤浅符号⑤。这一系列观点在同济的建筑教育上反映明显。如在 1957 年《建筑学报》上发表的关于现代建筑的讨论中，投稿的三个建筑院校学生中只有同济的朱育琳明确指出"空间处理"对现代主义的重要性。⑥冯纪忠先生在 1960 年代初将这些观念系统化，提出"建筑空间组合设计原理"并应用于教学实践。⑦该理论打破了设计课按建筑类型教学的传统。不仅在全国首开先河，在当时国际上也是先进的。

相形之下，工业化前社会中建筑师设计的大多是为帝王豪富服务的少数功能变化不大的"标志性"建筑。学院派把建筑物主要当做体现业主地位的理想的艺术品。立面视觉效果成为产生形式的主要依据。学院派的教育体系相应地只强调学生的建筑造

型能力及把这些构思传递给业主的表达能力（这包括传统的水墨渲染图技巧或今天的 3D-Max）。

（3）形式与技术——技术转移

既然现代派把建筑看成工业产品，建筑形式除功能以外的另一个依据自然是制作技术。现代派提倡建筑师掌握技术并从适应、表现技术的角度来设计形式。不仅如此，它还要求建筑师了解在别的工程领域里开发出来的新材料、新工艺，并随时准备把它们转移到民用建筑中来。如冯纪忠先生回国开业后做的第一个设计，就应用了当时在国内从未做过的大跨混凝土薄壳（1951）[8]。戴复东先生在同济工程实验馆等设计中通过朴素地表现结构及材料来创造独特的形式。同济建筑教育与其他院校不同的最明显特点也正来源于此，如赵秀恒等老师在一年级设计基础课中要求学生设计并用真实材料制作文具盒。由于我国缺乏在欧美很普遍的动手文化及强调实践的中等技术教育，这种课程特别能帮助中国的大学生认识技术。

由于在工业化前社会中技术发展缓慢，所以学院派虽然也提及形式与建造逻辑的关系，但他们对技术一知半解并无意深究，将其全盘推给工程师。学院派建筑师的主要精力是放在形式的装饰效果上，形式与内在的结构等没有很大关系，严重的甚至完全背离。这种态度决定了它的教育体系虽然都包含技术课程，但其内容、教学方法及教师来源均与设计课脱节，形成两个互不相干的世界。

（4）建筑与社会——社会主义

如高德哈根所总结的，"不像接受学院派设计传统的建筑师，所有的现代主义建筑师都认同他们有责任将自己的专业做为政治工具，加快社会的改善及进步"[9]，特别是设计要为社会上大多数人服务，利于社会的团结与稳定。这个类似社会主义的主张与政府政策接近而得到支持。在同济的教育中，我们可以看到对建筑的基本（生理）功能及对大量性建筑类型（如经济型多户住宅）的重视。比如像冯纪忠、卢济威等先生都领导学生对上海旧住宅区的改造做过大规模的研究。值得注意的是同济在这类项目的设计上也一样显示出与众不同的创新精神，像朱亚新老师在 1980 年代初设计的北向台阶式住宅（图 1）。

图 1. 北向台阶式多户住宅既保证日照又缩小了房屋间距，尝试在不用电梯的前提下解决城市用地紧张的问题

　　由于学院派建筑师把建筑基本上看成是一种高雅的艺术，他们不关心社会中下层的需要。为了强调自己产品的神秘感（以加快其销售），他们甚至会有意地强调与大众文化的对立。反映在教育上，就是轻视在基本功能上的研究与创新，给学生大量脱离现实、甚少功能技术制约的题目，像建筑师之家、博物馆之类。

（5）建筑师的思想方法——理性主义

　　现代派眼中的建筑师更接近用理性思想为主要工具的工程师或社会学家。这也反映了在现代社会中业主从个人转移到消费者群体或政府，建筑师必须能以公众语言来推销自己的方案。因此现代派的建筑教育强调在设计前进行调查研究（特别是定量的研究）。非专业的选修课偏重于自然科学及采用定量方法的人文学科如社会学、心理学、人类学等，注重培养学生在工程中与其他参与方（如使用者、业主、政府、及辅助工种）合作的技巧。

　　对于建筑中确又有非理性的艺术成分这个问题，格罗皮乌斯的回答是，"如果艺术是无法教会或学会的，艺术的基本规律及技巧是可以教的。"[⑩]现代派的教育就是要用理性的方法（定量或定性的）来尽可能缩小设计中讲不清的部分。建筑学校的毕业生主要应是大批熟悉功能技术，又能保证基本美感的工业产品设计者。在他们中会出现少数设计标志性建筑的艺术家，但这不应是学校的主要目的。冯纪忠先生早在1960年代初期就与研究生开始探讨计算机辅助设计，所以他又是我国在建筑设计理性化上的发端者。

对学院派来说，建筑师是创造明星建筑的艺术天才。因此在教学上采用限制人数的精英式教育。学术交流通常是用神秘主义的语言来进行，如散文式的学术论文或与方案对不起来的设计"哲学"。在这种方式的评图中学生只有通过"顿悟"才能领会教师的意图。设计课中强调学生像艺术家那样进行个人作业。学生通常被鼓励在艺术、文学、哲学之类传统人文学科中发展课余爱好。在实践中这种教育哲学不符合建筑专业学生的人数与主要就业去向，导致学生中出现两极化。部分学生失去专业兴趣，是学生日后改行及我国大量性建筑类型设计质量不高的原因之一。

现代派与学院派虽然在以上五个原则问题上针锋相对，但两者有至少一个共同之处，就是它们都有意识地想建立一个在全国均有示范意义的体系。由于中国传统文化中向来就尊崇传统、对理性思维不感兴趣及鄙视体力劳动，学院派的观点很对中国知识分子的胃口。它的影响是广泛及根深蒂固的，只是由于改革前"反浪费"的政治压力，这一影响在表面上稍受约束而使人低估它在今天的作用。由于我国社会及建筑界的传统文化观念以及改革前抵制西方文化的政治气候，现代派思想在全国的影响很小。即使在同济也并不是系统地照上面所描述的理想版本来执行，经常混杂有其他流派的元素。

与学院派和现代派不同，实践派避免在建筑理论的大题目上参与争论。它对形式、功能、技术三者之间如何的均衡，或在形式中采用何种风格等问题上均采取因地制宜的灵活方针。这使它可以在个案中随时根据建筑类型向某一方倾斜，对各个体系的手法各取所需，如从减低成本的角度在大量性建筑类型中采用现代风格。实践派在学术研究上更多着眼于大量性民用建筑及常用的构造问题。在建筑历史中对民居、园林等非经典但广泛存在的建筑遗产更感兴趣。事实证明，虽然实践派从不有意识地要建立一个体系，但改革前它在全国建筑师当中影响最大。

三、同济精神在今天的淡化

1. 无声的危机

　　1980 年代初的改革开放以来，西方现代建筑风格大举涌入我国并为社会所接受。同时现代建筑理论也被我国建筑界至少在口头上一致认同。照这样说，同济作为中国最早最系统地引进现代主义、并不懈地坚持它的唯一学校，现在应当在建筑界起领导潮流的作用，继续对我国现代建筑作出创造性的发展了？出人意料的是，过去 20 年来同济的独特之处却逐步淡化以至消失在其他建筑院校之中。在全国大小院校都在引进西方建筑风格的热潮中，很难再列举出同济在设计、研究、及教学思想上明显的与众不同之处。我认为这一现象与两个外因及两个内因有关，其中外因的重要性远远超过内因。

2. 外在原因
（1）社会只要求风格

　　目前中国社会只不过是把现代建筑当作一种风格表皮来接受，它不理解也没有兴趣去探讨、实践表皮后面的全套文化价值理念。这是因为我国当代社会文化的发展远滞后于工业化的进程，至今还没有真正现代化。上述崇拜现有秩序，置"善"于"真"之上，及不屑动手等非现代观念仍旧势力强大。而创造真正被社会认同的建筑思想是建立一个新文化体系的一部分。它需要一个有钱并自信的社会强势阶层来赞助它的研发。由于目前从跨国公司、民营资本、行政官僚到城市中产阶级都缺乏长远打算，他们更急于在公众心目中巩固自己当前的政治经济地位而不是开发一个文化理想。建筑因其体量及永久性被看成是最好的广告牌，权威建筑风格被看成是最容易理解的广告词。这说明了为什么今天中国的业主首先要求的是一张立面效果图，最看重的是模仿而不是原创。

　　既然现代建筑仅仅是作为象征财富（例如 SOM 风）或高雅（例如库哈斯风）的"词汇"被采用，建筑师只能靠改革前留下来的以学院派为主体的"语法"来指导设计。 1980 年代以来中国建筑设计呈现出三个特点：A. 以模仿现成风格为主的设计方法；B. 建筑形式成为表面装饰，与内在功能及建造技术脱节；C. 建筑形象追求即 时的感官刺激及肤浅的象征意义。⑪这些症状说明貌似新颖的玻璃幕墙（后面是砖墙）或露明钢结构（实际上没有结构作用）所反映的其实是一种非常陈腐的设计思想。

（2）建筑师丧失对探索基本理念的兴趣

当前的中国社会缺少一个大多数人都相信的文化价值体系，目前的体制也不鼓励对这种体系的探索。在这种"文化真空"中，公众丧失了探索长期理想的兴趣，而把注意力集中在眼下的物质享受上。从实业、科研到艺术界均呈现出追求短期表面效应的倾向，建筑师自然也不能避免这个问题。尤其是出于对过去极左政治的逆反心理，建筑师普遍对建筑的社会功能不感兴趣。在更实际的层面上，由于我国大学的工资只占教师必需收入的极小部分，设计费成为建筑系教师收入的主要来源。这不仅使教师的设计失去它原该有的研究探索的成分，并严重挤压不能产生收入的研究（如理论、历史研究）及教学空间。

3．内在原因

如文首提到过的，同济教师来源多样，彼此之间较少严密的师承关系。这从学术发展来看扩大了研究取向的自由，是优点。但这种松散关系不利于把全系的人力资源拧成几股绳来实现个人无法完成的大型研究（设计或理论）项目，所以从积累有长期性、突破性意义的学术成果这点来说就成为缺点。

另一个内因来自上海社会传统的重商文化。⑫与北京相比，上海市民对有意识地探讨长期价值理念之类不太感兴趣，他们更关心通过对现实的灵活反应及遵守市场规则来解决大众眼下的实际需求，文化也主要是作为市场需要的商品来开发。这点再加上上海成为国家重点开发地区后的大量设计项目，使得部分同济教师在以营收为主要目的的设计活动外无暇他顾。

四、同济的复兴：重新引进现代主义建筑教育

1．引进的必要

（1）工业化中的中国需要现代主义

目前中国正处于史无前例的大规模工业化中。这一进程产生了许多类似 19 世纪末欧洲工业革命后出现的社会变化及对建筑的挑战。[13] 第一代现代主义为解决这些问题提出了卓有成效的理论与方法，而其他作为艺术风格的"主义"则显得文不对题。所以在剔除现代主义中被实践证明的失策及属于地域或个人艺术风格的元素外，它的基本理念应当成为我国建筑教学的基础。改革前对现代主义的引进由于政治原因没有成功，这使得我国目前的建筑实践虽然规模宏大，但由于建筑师的指导思想陈旧混乱而在建成环境中出现上述一系列症状。要根治它们的唯一办法是立即在我国建筑教育中系统认真地贯彻前面总结的现代主义思想。因笔者知识面及篇幅所限，本文无法全面讨论实现这一理想的具体教学体系及其理论、课程设置、教学方法及技术、研究课题等，仅建议了部分措施（见附录）及学生作业示范（图 2~11 为笔者指导的动手作业）。这种基本理念的建设目前可能会缺乏社会支持，但作为社会智囊的大学应当为明天未雨绸缪。应当看到中国社会经济制度的日益成熟以及中产阶级的崛起，他们正在开始要求建立自己的文化体系。同济作为 1950 年代第一次引进现代主义时的先锋，理所当然地应当在这次教育改革中再次成为领头人，并在这个过程中重新塑造自己有别于其他院校的个性。

（2）当代建筑师都必需的补课

重温早期现代建筑运动的基本理论不仅对我们有必要，对今天的西方建筑师也不例外。在我国建筑媒体的描述中，现代西方建筑好象就是几种明星风格或时髦理论的热闹游戏。读者会问：人家也是在搞风格，我们为什么还要钻早期现代建筑的理论呢？对此我们要看到，由于温饱问题已在工业化阶段中得到了解决，在进入后工业化时代的西方社会中，风格在高端建筑产品中的重要性已接近使用功能。显然，这与正处在工业化过程中的我国大不一样。

图 2~4. 同济二年级设计课的学院门厅家具设计、多画面的广告牌、可收起的雨伞架以及可根据人际关系调整座位的长椅

图 5,6. 夏威夷大学一年级设计基础课：用导电胶泥制作的可揉捏灯具以及随风摇摆的"芦苇"灯具

图 7. 二年级学生建造野外棚屋，并须在其中生活 24 小时（所在公园以多雨著称）

图 8,9. 二年级设计课的庭院家具设计：双人摇椅以及会过滤排气的吸烟者"头盔"

图 10,11. 三年级以上设计课要求用真实材料或模型材料制作建筑设计中的节点

但即使考虑到这一点，有一批西方建筑理论家仍指出在热闹的风格展览后面，当代西方建筑师实际上正面临着前所未有的危机。占美国建筑产品中最大份额的大量性住宅已主要由施工公司或"住宅设计师"（Home Designer，没有建筑师执照）负责设计。一份研究英国建筑教育的报告预料，很快该国新落成的房屋中将只有不到一半是由建筑师设计的。即使在剩下的那些项目中，建筑师在工程中统筹各方的传统角色现在也被"工程经理"（Project Manager，多来自施工行业）所取代。英国政府在 1993 年甚至考虑过废止要求建筑师注册的法律。⑭这种建筑师专业地位日益模糊的倾向，其实在中国也有。我们看见开发商要求策划公司给他们出设计概念，"视觉艺术家"参与建筑设计乃至住宅区规划，某大学要求按美术专业的方式设置建筑系的入门课。

为什么建筑师失去了社会的器重呢？英国建筑评论家保利（Pawley）认为其根本原因在于大多数当代建筑师虽然自认是现代建筑的徒子徒孙，却忘记了第一代现代主义建筑理论中对掌握现有技术并能不断转移新技术的要求。由于现代建筑工业中越来越多地使用技术含量高的材料及工艺，在科学技术的有效周期日益"短命化"（ephemeralization）的今天，一个只知道解构主义之类的建筑师在社会眼中自然显得可有可无。（对于保利只强调技术的看法，我认为建筑师专业知识的缺项还要加上对建筑功能的科学研究并将其结果转化为指导设计的公式。）保利指出造成这种局面的原因在于把自己看成艺术家的传统思想在许多第二代以后的现代主义建筑师身上又死灰复燃了。⑮

在西方当代建筑设计中，我们可以看到一大批人实际上又回到了学院派的思想方法，如不少明星建筑师把技术当作装饰或扯上几句政治经济学来为他的形式主义增加深度。较好的也只用设计"美化"功能技术，未看清其创造性主要来自根据行为形式开发新的空间以及功能与技术空间的契合（像用飞机机翼内部储藏燃料）。但也有一小批人仍旧坚持第一代现代建筑理念。诺曼·福斯特与弗兰克·盖里是说明这两种思路的最好例子。虽然他们的作品都采用曲面并都利用 Catia 等航空汽车工业的计算机软件来辅助设计，但前者的曲面导致建筑形式更节能及适应结构逻辑，后者仅仅是用先进技术来实现传统思想范畴中的艺术创新。⑯

这种对第一代现代主义遗产的不同态度也反映在当代西方建筑教学中，大多数我看到的美国建筑院校的设计课中实行的实际上是一套经过伪装的学院派体系。如一个学生在他的高层"软件设计中心"外表上设置了一连串暴露的钢结构及电梯，他告诉我这些额外的电梯是为了随时将大型计算机送到要用它们的楼面！但在这种回潮中也有坚持正确方向的努力。如英国在 1958 年"剑桥会议"后建立的"官方教育体系 (Official System)"重视熟悉技术及采用科学方法研究建筑，至今仍有影响。[⑰] 或像目前美国亚拉巴马州 Auburn 大学建筑学院的"乡村设计室 (Rural Studio)"及耶鲁大学的"建造工程 (Building Project)"课程，组织学生为低收入居民设计并亲自建造房屋。

以上的分析说明，如果我们能停止对西方建筑仅仅是"看热闹"或七零八碎式的引进，开始批判性的学习，我们会发现重新引进第一代现代建筑教育不仅使今天的建筑师能更好地服务于工业化中的我国社会，同时也能预防年轻一代走西方建筑师的弯路，以至在未来社会中被边缘化。

2．引进中的两个注意点
（1）引进时要注意升级

从包豪斯发端到今天已有六十多年，西方在 1950~1960 年代实践第一代现代主义时积累了不少教训。今天的工业化社会与现代主义建筑理论兴起时相 比在文化与技术上又有很大发展。另外，在今天日益全球化的环境中，工业化中的发展中国家不断与后工业化进程中的西方社会在文化技术上发生横向联系（如上海住在棚屋中的进城农民用手机互相联系）。以上这三个错综复杂的现象要求我们在引进第一代现代建筑原理的同时要注意不断根据实际情况对其更新升级。比如像在今天科技快速发展及日益专业化的情况下，学生已不可能亲自动手体验像程控切割这样的尖端建造工艺（实际上包豪斯已经认识到手工制作与工业化 生产在教学方法上的区别）。所以今天在培养学生熟悉技术的课程中就要求我们开发新的教学模式，如动手做与参观相结合等。我认为其关键在于培养学生建立起一种从"非专业者（generalist）"的角度，即从只懂 10% 的情况下来关心、理解、并应用新技术的能力。

(2) 引进时要注意本土化

现代主义建筑理论起源于 1920 年代的欧洲，所以它既含有对全世界工业化社会均有效的基本原理，也不可避免地带有它诞生地的气候、文化（如民族心理 及审美习惯）以至创始人的个人偏好等表面的"胎记"。 如 20 世纪的西方现代建筑大师们虽然对独家住宅这个类型做了许多新发展，但始终被他们的文化局限在"绿地中的城堡"这个室内外空间分开处理的模式中。我们应当引进原理而对非本质的东西做本土化的代换。 问题是这两部分往往没有明显的分界，后者往往还更引人注目。这就要求我们在引进时做细致理性的分析及创造性的发展。

对同济来说，本土化也是发现利用本地特有优势的机会。前面提到的上海的重商文化是一把双刃剑。它有阻碍社会反思深层价值问题的消极面，但更重要地 是它为社会工业化提供了正确的思想方法（最终将有助于中产阶级的生成及文化的升级）。所以我们在引进现代主义教育体系时要充分利用上海庞大的房地产开 发业及先进的建筑工业。这种利用应超越仅仅请实业家提供赞助或教学基地的层面。我们要看到他们对功能、成本的重视及精明的思想方法是演示现代建筑中的功能主义与理性主义的好教材。我们还要看到开发商对探索更符合社会需要的新形式有同样迫切的需求，这使我们有可能把教学、科研与这种市场需求相结合。

结论

上面及附录中所说的大半相信读者都早已知道（某些措施并已在同济得到实现），本文仅企图将其总结在一篇短文中便于交流。难的不是提出它们而是将它们如何实现。要实现这些梦想必须在管理及财政体制上做深刻的改革。从美国的模式来看，要保证教学质量及学术声望，学校必须能做到：支付教师相当于同资历建筑师收入的工资；要使用自编教学大纲及教材；作为学术质量维护者的系主任必须能独自聘用或解雇不符要求的非终身教授；教师必须有较长的试用期，在获得终身教职的过程中必须有淘汰；控制教师总体中的终身教职比例等。希望同济能在这些方面进一步改革，并争取到大学以至更高行政主管的支持。

附录：
重新引进现代主义建筑教育理念
的具体措施

以下仅是一些与设计教育直接有关的不系统的建议。

一．培养对当代中国特有问题的关心及用设计解决这些问题的能力

1. 强调解决我国现实物质环境问题的设计课选题及研究生研究方向，如可与开发公司或开发商行业组织合作确定选题，把高年级设计课与真实工程在一定程度上结合起来，组织对建成项目做大规模入住后（Post-occupancy）调查及其他定量调查。

2. 强调对大量性住宅的研究，尤其是对居民使用方式的调查及相应设计对策的开发。具体课题如目前上海多户住宅中被单元式（一梯两户）一统天下的原因、问题及对策，多户住宅的设备（如房地产开发商万科对厨房设备的研究及创新值得借鉴），经济型别墅，及住宅区形式，特别是当前流行的封闭式小区所带来的社会问题及其对策。

3. 对我国传统环境形式特点的定性分析，调查每个特点与当代社会需求的关系及其社会，经济及技术的原因，探索在今天继承那些还有社会需求的特点的设计对策。

4. 研究我国城市的高人口密度，居民对公共空间的高使用率及对公交的依赖，公共空间的缺乏及线型化等特点及其城市设计对策。

5. 研究我国目前的两元化经济（如外资企业与原始包工头并存的工作方式，商厦与地摊并存的消费方式等）对城市物质环境的影响及通过城市规划设计缓解这种倾向的可能。

6. 设计课教师中保证相当多数为兼职的执业建筑师，充分利用围绕同济校园形成的建筑设计及相关行业圈，鼓励执业建筑师与学校的互补。

二．培养学生对建造技术和材料的兴趣及技术转移的能力

1．建立制作工场，其中应包括木、金属、混凝土、砌块、玻璃、塑料等工艺；并在各年级设计课中制度化地设立动手做题目。其目的不是为了制作模型或训练建筑工人，而是通过让低年级学生制作有真实功能与荷重能力的小型用品来打破停留在纸面上的工作习惯，通过让中高年级学生制作本人设计方案中的一两个节点以了解形式与建造的互动关系。有条件的话，同时在郊区建立建筑施工实验场或利用真实工程要求中高年级学生建造一个小型房屋。

2．建立设计检验室，包括如风洞、日照模拟、结构荷重模拟、工业原型（Prototype）制作等，详见英国建筑教育家克里斯·阿贝尔（Chris Abel）过去在诺丁汉大学建立的"生态技术"建筑工作坊⑧。所有以节能，结构等技术问题为主题的设计方案评分必须根据用模型通过实验检验的客观结果。

3．建立材料图书馆，展示主要常用建筑材料样品及产品说明书并应有专人定期更换，在建筑材料课及高年级设计课中制度化地要求使用本设施，馆员可同时负责组织学生到工地参观主要建筑材料及施工设备的使用过程。

4．设立必修的技术专业课，帮助学生熟悉新技术的讯息来源，组织学生参观新材料的生产及使用过程。设立特殊的设计课要求学生完全通过对新材料工艺的调查来发展一个设计方案。在现有的技术课程过程中增加新内容，如引进机械设计专业的部分内容。

5．为三年级以上的设计课制度化地设结构等技术顾问（可每周来教室一次）。

6．技术课程的教师应有设计背景并自编教材，教学内容应以建筑设计所必须的基本概念为主，强调定性描述或经验公式而不是精确计算。

三．提倡理性的教学与研究方法

1．研究并制定一个体现现代主义思想的本科教学计划，明确界定各年级设计课及辅助课程至少要完成的任务，并通过教授委员会旁听及评图来确保此目的。

2. 设计课评图中，师生均应采用理性语言来介绍与批评方案，因为即使是非理性的幻想或梦境也可以用理性的语言来描述。

3. 所有研究生必须上研究方法课，论文必须有可以验证的中心议题并交代证明该议题的研究方法。学生应针对不同议题的性质采用相应方法，如对历史题材使用文献研究，对牵涉到大量使用者内心感受的现实问题使用问卷/访谈及定量统计，对牵涉到大量使用者外在行为形式的现实问题使用现场观察及定量统计对难于定量的主观感受使用现象学方法等，但总的应强调定量方法的采用。

4. 避免以扩大知识面为由使选修课或讲座离题太远，应坚持必须与物质环境有关这一标准并优先考虑采用科学研究方法的主题。理性主义不排除其他思想方法，但应坚持所讲内容应能做公共交流。

缪朴

美国夏威夷大学建筑学院教授

原载于《时代建筑》2004 年第 6 期

注释

① Gropius，p.92.

② 高德哈根 (Goldhagen)，pp.302-303.

③ Long，这篇关于冯纪忠先生留学的维也纳技术大学的论文同时提供了一个理念与风格的对比：1910 年代的维也纳美术学院的奥托 · 瓦格纳强调"现代感"的形式技术大学的卡尔 · 克尼西强调形式与结构功能的关系，但个人偏爱传统形式。结果瓦格纳的学生后来都回到传统，而克尼西的学生中出了一批著名的现代主义建筑师，包括教过冯的西格弗里德 · 苔斯 (Siegfried Theiss)。徐卫国，p.11，潘谷，p.92

④ 五个方面的提法部分参考了 Goldhangen，p.303-307; Crinson，pp.90-91.

⑤ Pawley，Terminal，p.113.

⑥ 朱育琳，p.55.

⑦ 冯纪忠，建筑弦柱，pp.18-27.

⑧ 冯纪忠，建筑人生，pp.32-33.

⑨ Goldhagen，p.304.

⑩ Gropius，p.58.

⑪ Miao，pp.8-17.

⑫　倪鹏飞

⑬　相同的社会变化如大量农村剩余劳力的流入城市，中产阶级及小型家庭的涌现等等。它们产生的相同建筑功能问题有经济合用的城市住宅的短缺，开发新建筑类型的必要，新建筑技术及材料的应用，汽车对原有交通系统的冲击，工业对其他功能的干扰，因城市扩大造成的居民远离绿地，定量统计资料的缺乏等等

⑭　Cnnson, p.181; Pawley, Theory, p.5.

⑮　Pawley, Theory, p.9,148.

⑯　Abel, Process, pp.155-160.

⑰　Crinson, p.148-152.

⑱　Abel, Identity, pp.68-77.

参考文献:

[1]　Abel, Chris, Architecture and Identity: Responses to Cultural and Technical Change (2nd edition), Oxford, UK, Architectural Press, 2000.

[2]　Abel, Chris Architecture, Technology and Process Oxford, UK, Architectural Press, 2004.

[3]　Crinson, Mark & Jules Lubbock, eds, Architecture-Art or profession?: Three Hundred Years of Architectural Education in Britain Manchester, Manchester University Press, 1994.

[4]　Goldhagen, Sarah, "Coda: Reconceptualizing the Modern," In Sarah Goldhagen & Rejean Legault, eds, Anxious Modernisms Cambridge, MA: MIT Press, 2000, pp.301-323.

[5]　Gropius, Walter, The New Architecture and the Bauhaus, Cambridge, MA: MIT Press, 1965(1935).

[6]　Long, Christopher, "An Alternative Path to Modernism: Cal König and Architectural Education at the Vienna Technische Hochschule, 1890-1913," Journal of Architectural Education, Vol.55, No.2001 pp.21-30.

[7]　Miao, Pu, "In the Absence of Authenticity: An Interpretation of Contemporary Chinese Architecture." Nordic Journal of Architectural Research, Vol. 8, No.3, 1995, p. 7-24.

[8]　倪鹏飞等，中国城市竞争力报告 No.1[M]，北京，社会科学文献出版，2003.

[9]　潘谷西，单踊，关于苏州工专与中央大学建筑科中国建筑教育史散论之一 [J]。。建筑师，90 期，1999 年，89-97 页.

[10] Pawley, Martin, Terminal Architecture London: Reaktion Books, 1998.

[11] Pawley, Martin, Theory and Design in the Second Machine Age Oxford, UK; Basil Blackwell, 1990.

[12] 同济大学建筑与城市规划学院编，建筑人生．冯纪忠访谈录 [M]，上海，上海科学技术出版社，2003.

[13] 同济大学建筑与城市规划学院编，建筑弦柱．冯纪忠论稿 [M]，上海，上海科学技术出版社，2003.

[14] 徐卫国，中国现代主义建筑的近代先锋—中国现代主义建筑及思想研究之一 [J].，建筑师，9I 期，1999 年，p.4-13 页.

[15] 朱育琳，对"对'我们要现代建筑'一文意见"的意见 [J].，建筑学报，1957 年第 4 期 p.55-56 页.

解读方塔园

赵冰

　　方塔园是露天博物馆性质的城市公园，其中存有宋代方塔、明代照壁和迁来的天妃宫等历史建筑。它是冯纪忠先生最重要的一个作品，也是中国现代园林及现代建筑的经典。

　　1978 年方塔园正式立项，成立筹备组，准备建立以松江方塔为核心的城市公园。由于此地有方塔和照壁，因此上海市政府考虑把上海城市改造搬出来的古建筑如天妃宫等安置在这里，做成露天博物馆性质的城市公园。当时担任上海市园林局局长的是程世抚先生的女儿程绪珂女士，程世抚 1950 年代也曾任上海市园林局局长，请冯先生或介绍给冯先生设计过一些项目，包括上海市土产展览交流大会林产馆等四馆、东湖客舍等，他女儿程绪珂又承继她父亲，邀请冯先生做方塔园的规划和设计。冯先生也把方塔园当作实现自己规划设计理念的一次机会，最终将方塔园做成了精品。1979 年冯先生接受这个规划项目，年底就基本规划完成。方塔园开始建设，清地面，做植栽，铺道路，建设其中一些主要建筑如北门和东门等，到 1982 年方塔园基本建成。但是其中还有些建筑，包括何陋轩，到 1986 年才最终完成。

　　方塔园的基本格局体现了冯先生"与古为新"的思想，其中今与古叠合的空间组织是方塔园作为现代园林经典的核心所在。方塔是宋代的，方塔园也承传了宋代的意蕴，但是大的空间布局却充满了现代气息，整个方塔园被赋予了不同于传统园林和西方现代园林的全新境界。

首先冯先生围着方塔园核心的方塔用几段白墙在南面和东面进行了分隔，并和北面的明代照壁呼应，分隔出来几个大的空间：方塔周边的广场和广场南边水沟扩成的湖，湖南岸又设置了大片的草地。这样就形成了几个隔而不断的大空间相互流转的基本格局，由这个基本格局再考虑北边设置北门，作为方塔园连接主要干道的入口，设置东门确保有一个连接东面道路的入口。东门、北门和方塔周边的广场之间分别设有联系通道：甬道和堑道。北门地坪标高设计得要比塔周边地坪标高要高，冯先生希望塔周边广场地坪标高低一点，使得塔更能呈现出像博物馆展示的珍贵文物的感觉，人们可以站在广场很低的标高的地坪上，仰视方塔。这样甬道就设计成一个从北门由高向低逐渐下落的形态。从东门过来要经过堑道，为何做成堑道？因为堑道经过的地方本身是要堆一个土坡并密植乔木以遮挡北面现有的住宅，这样中间就切出来一个堑道，过了堑道就安置移来的天妃宫，而天妃宫与不在一个轴线上的照壁、方塔形成错落有致的布局。以这组建筑组成的空间为核心，整个方塔园通过进一步的景点组织形成了气韵生动、步移景异的时空体验，整体感觉充溢着自由通透的现代气息，又不失历史风采。

就建筑来说，北门是非常有代表性的。它是用钢结构做的一个基本架构，屋顶是两个坡顶做的一个通透组合。从北面街道入口远望北门马上会联想到中国传统的建筑，走近细看，钢构架简捷而富有诗意，冯先生自如地把钢结构和东方的传统意象结合在一起，使北门既富有历史意蕴又充满现代气息。

当我们说意象的时候，实际上是指人们心理沉积的稳定的形象，东方传统建筑意象是东方传统建筑在东方人心理上的沉积留下的共同记忆，东方人会对唤起传统意象的空间形态有一种愉悦感，如何把这些传统的意象结合到现代建筑的空间组合上来，这是冯先生所思考的。而这时冯先生已经不同于他 1950 年代的设计东湖客舍时的理念和感觉，他已经有很多意象自如地融入现代形态之中了。这一时期，他发展出了意动及时空转换的思想，这种意动及时空转换的思想在 1986 实现的何陋轩中淋漓尽致地表达了出来。

何陋轩其实不大，它只是位于方塔园中东南角的一个休闲的建筑。当人们游览完方塔园主要的景点，需要找一个地方休息一下、喝点茶，何陋轩就提供了这样一个场所，在规划中早有这个设想，到了 1980 年代中期冯先生完成了何陋轩的设计。设计用材简单，竹、茅草、砖、石，但空间组织独具匠心，呈现了建筑师的意动所带来的时空转换。

按 30°有规则转动的三个平台，显示了建筑师的意念在动，希望为这个平台寻找稳定的位置，最后以尊重传统习俗的南北向确定下来。

确定按这个方向后，平台上的建筑也就按南北向组织。用竹子架构一个类似松江当地风格的竹构。竹构上面的屋顶原设计铺设茅草，但后来茅草找不到，就以稻草代替。这些竹构的节点，冯先生把它涂成了黑色，为什么涂成黑色？因为屋顶在体验上感觉很重，涂上黑色以后，黑色和屋顶暗色就会融为一体，而节点以外的那些竹竿中间部分涂成白色，这样就体会到一种白色的飘浮，有从沉重中超越出来、希望解脱、向上飘浮的感觉，这是一种解放了的自在的感觉。

在何陋轩的边上是一段一段的弧墙，所有这些墙相互间是独立的，它们自由地展开，当然各有功能，有些用于挡土，有些用于隔断，这表达了建筑师追求自由独立的理念。他不仅要有一种解脱的心情、飘浮自在的感觉，也还有一种自由的意志，要在这表达出来。这些弧墙每个都是独立的，寓意每个个体的独立，它们并不是集中在一个原点上，而是各有各的原点和各有各的交点，弧墙的弧度、圆心都不一样，寓意每个个体都是平等自由的。

当我们走入何陋轩，我们在这个充满生命体验的空间境界中感受到了作品表现出的生命的张力和对自在意动、自由意志的追求，更感受到了建筑师所经历的人生苦难，我们听到了冯先生铿锵有力的发问：何陋之有？置于转轴中心的何陋轩的题匾有如定海神针，寓意了意志上对苦难的超越和意动上对自在的追求。

这是冯先生生命中最富意蕴的一个作品，对整个中国建筑界来讲，是百年苦难修得的正果，是中国未来建筑的希望，它为世界现代建筑呈现了新的地平线。

意动所带来的时空转换使得何陋轩开启了新的空间境界。置身何陋轩，你会发现阳光光影映在弧墙上出现很多变化，这些变化就是空间与时间的流转。不仅墙是弧的，何陋轩的正脊，以及其侧沿都是弧的，这些弧线跟那些弧墙，以及太阳变化的弧度产生了一种无穷动的时空转换的体验。这个无穷动的时空转换恰恰是何陋轩所呈现的全新的空间境界。这一空间境界是源于欧洲的现代建筑思想与东方传统境界相融合转化出的新的全球现代建筑的方向，而何陋轩无疑是它所展示的新方向的经典之作。

在方塔园，在何陋轩，在一份宁静和安闲中，光影婆娑，时光流逝，我们感到了冯先生那历史风尘、往事追忆的心境。

赵冰

武汉大学城市建设学院创院院长、二级教授、博士生导师

中国地质大学艺术与传媒学院院长、二级教授、博士生导师

2008 年 1 月 29 日讲于武昌

原载于《新建筑》2009 年第 6 期

冯纪忠的方塔园及其人格遗产

王伯伟

　　冯纪忠先生在其生前很有限的设计作品中，方塔园是一个具有独特意义的个案。我想强调的是，这个作品的意义并不限于建筑学术上的，还在于它是一个有关知识分子人格构成上独具魅力的精神个案。

　　我的同门师弟赵冰教授主编了一本《冯纪忠和方塔园》的书，内中收集了方塔园的有关文献还有众多专家的评述和感言。这本书是 2008 年为祝贺冯先生从教 60 周年而编辑的，书出版两年后，冯先生过世了。也许深入探讨冯先生的精神价值尚需拉开更大的历史距离，但是通过有关文献所记录的这个设计个案，可以清楚地呈现出冯先生人格遗产的几个基本特征，这正是我们今天尤其值得关注并需加以铭记的。

　　冯先生的人格遗产之一，就是敢于担当的创新精神。关于创新精神，这恐怕是设计领域近年来的老生常谈了，没有哪一位设计者会拒绝创新的，钱学森在去世之前，曾经提出过著名的最后问题：中国什么时候才能培养出自己的创新人才？可见得这也是教育界的一个大问题。那么，什么是当前创新的最大障碍呢？是人才知识构成上的先天不足吗？是经济条件制约吗？是教育方法落后吗？是社会制度制约吗？冯先生 30 年前所完成的松江方塔园设计，在随后数年间，围绕这个设计，发生了一系列超出学术范围的风波。以那时候国内的政治条件、学术争端的气氛是远远不能与今天的宽松相比的；那时的技术、经济发展水平也是远远不如今天的。但是，方塔园的创新性与前卫性，从建筑文化的角度来看，仍然有其当前的超越意义，这是什么原因呢？我们现在缺失的是什么呢？我以为，缺失的是一种敢于担当的创新精神和探索的勇气。创新，并不仅是形式的创新，更重要的是价值观的创新，不受已有价值观的束缚，这样的创新是需要承受责任和义务的，甚至是要承受意识形态上的指责的。而在当今相当体制化、功利化的社会条件下，更是需要承受抉择后的痛苦与焦虑的，在这样的抉择前，设计者的人格差异就显露出来了：相当多的人是不愿担当创新所带来的风险，他们要么依附于物质权贵，要么依附于精神权贵，他们让渡的，或者说放弃的，首先是自己的独立精神。这种放弃在建筑设计理念上表现就是惰性和追求保险、追求稳当。要么简单复古，要么紧随时尚，甚至迎合权贵的意图。一句话，就是缺失敢于担当的自我建构。比较一下冯先生的设计理念是很有意义的，冯先生在总结松江方塔园的设计理念时说："方塔园整个规划设计，首先是什么精神呢？我想了四个字就是：与古为新。"对此，他专门做了解释，"与古"前面还有"今"，也就是说"今"与"古"的东西，共存在一起而成为新的。

看一下松江方塔园的原貌：塔是宋塔，一千多年了；明代城隍庙的照壁；清代的大殿；此外还有古桥、古树，整一个零零星星的古物堆。再看一下经过规划后的方塔园，其内部已经在新建筑与古建筑、新地形与老地形、新植被与古树木、新园景与古院落之间建立起一种今古共存的新秩序了，设计者在这里承担了怎么样的风险呢？我们看一下随后的事件就可知道：方塔园建成后的第 2 年，即 1983 年，在当时的"反精神污染运动"中，这个规划受到批判，在上海市人大会议和上海市政协会议上，方塔园被指责为"资产阶级和封建精神污染"，各地专家组团参观方塔园，听取介绍后，批判"北大门"的设计抄日本人，是"骨气问题"，还有专家不断上纲上线，说堑道的设计是反动封建残余思想，是藏污纳垢之处。冯先生作为一个孤寂的探索者，在其后一段时间的内心压力是可以想见的。但是他在给当时园林管理局程绪珂局长的信函中做了明确的针锋相对的反驳，"我们活在现代，难道该做古人？"并指出，"他们那种闻风而动是找错了地方"。冯先生在这里所说的"他们"，其实并不是不懂深浅的无知少年，也不是非专业的门外汉，他们是有关的园林专家，有关建筑、园林部门的管理者，或者说是"建筑人"。我不仅想到了作为建筑人的精神问题，这三种专业角色，设计者、评审者、管理者，我们不是经常自己在充当的吗？当我们自陷于这样那样的精神桎梏，丧失创新的意愿，丧失探索的勇气，或者自居于学术、地位的优越感，或者固守于成见与纷争，总之，当我们丧失特立独行的精神时，对于建筑文化来说，那的确是十分可悲的事情。

冯先生敢于担当的创新精神，尤其"与古为新"的探索，其实是追求一种新的文化价值观，这个价值观并不专注于历史距离的古或今，也不是专注于寻找某个平衡点，而是基于一种对人类文明总体成果的深刻理解与责任担当，这就是他的独立精神。

冯先生留给我们的人格遗产之二，是他在建筑人生中从不追求任何的宏大叙事，却一生致力于尽可能质朴而素的建造理念。松江方塔院以现在的建设规模来看，实在是一个很小的园子、一处很小的工程，总共才 172 亩（≈ 114666m²）地，何陋轩小小一个茶室，面积恐怕不会超过数百平方米，但先生却在这么小小的一个园林中倾注自己数年心血，他追寻无限的天性，早已远远突破了这个小小园林的围墙，在一个更高、更广、更深远、更自由、更有活力的境界中翱翔。我有时想，假若冯纪忠先生在他壮年时，能够欣逢盛世，就像今天很多年轻建筑师遇到的机遇一样，随时可以做到大项目，同时可以做数个大项目，甚至还会做具有政治影响的项目，他会怎么对待？他会像现在一些建筑师那样，记挂的首先是建筑的行政属性，例如"国家级"、"省部级"或"市级"项目，开口闭口将设计理念往"和谐社会"挂靠？往"生态城市"挂靠？往"天人合一"挂靠？在致程绪珂的函中，他说他自己"一生不懂政治、不懂哲学，然而也从不愿随俗"。这的确是他的人生准则。他赞赏的是宋代的文化精神，他说"宋的精神也是今天需要的，……其文化精神普遍地有着追求个性表达的取向。"这正是引起冯先生共鸣的精神。在关于方塔院何陋轩的访谈中，他反复强调："我的着眼点还是建筑，建筑是我着力的地方，我着力的是我运用自如的东西"。在《何陋轩答客问》一文中，冯先生以自问的方式提出，像"何陋轩"这样的小项目，牵出种种的思考，不觉得是有小题大做之嫌吗？先生自答道，"古代的《二京》、《三都》俱是名篇，或十年而成，或期日可待，禀赋不同，机遇不同，不在快慢。子厚《封建论》，禹锡《陋室铭》，铿锵隽拔，不在长短。建筑设计，何在大小？要在精心，一如为文。精心则动情感，牵肠挂肚，字斟句酌，不能自己，虽然成果不尽如意，不过终有所得……"，这样一种充满理性智慧而又淡定自如的立场，让我想到一位诗人曾经写道：

"蚕吐丝时，没想到会吐出一条丝绸之路"。

冯先生的这种人生立场，正象蚕一样，只管呕心沥血吐丝，从不记挂所谓的宏大抱负。尽管他的一生中，常常被自己追寻的道路所折磨，然而，他的作品，却成为这条伟大道路的一部分，他的生命也因为这条伟大的道路而得以升华与延续。

（出现于本文的冯纪忠话语，均引自赵冰主编《冯纪忠和方塔园》。）

王伯伟

同济大学建筑与城市规划学院原院长、教授、博士生导师

原载于《时代建筑》2011 年第 1 期

《空间原理》的学术及历史意义

顾大庆

　　中国建筑教育的历史，从本质上来说，就是"巴黎美院（即布扎）"建筑教育在中国从移植、本土化到衰败的一个发展史。如果从欧美国家建筑教育发展规律来看，"布扎"建筑教育的衰退大概是在 1940 年代前后的这二三十年间发生的，从"布扎"的形式主义转向以现代建筑为基础的功能主义。而我们国家的"布扎"建筑教育则一直延续至今，现正处于一个历史的转变时期。从时间上来说，这一转变发生得实在太晚了。但是，我们在梳理我国建筑教育的发展脉络时，还是可以看到在"布扎"主流之外种种推进现代主义建筑教育的努力。

　　冯纪忠教授的《空间原理》一文最先发表于《同济大学学报》1978 年第 2 期。原标题为《"空间原理"（建筑空间组合原理）述要》。篇头的编者的话有如下的说明："建筑设计原理，是建筑学专业主要课程之一。在有限的大学学习期间，怎样使学生掌握该课的基本原理，长期以来是众所关心的问题。过去沿用的按照建筑类型讲授设计原理和组织设计教学所存在的问题，也早已被大家所感觉到了。从这一点出发，冯纪忠教授在 1960 年代初期，提出了一些设想，并进行了教学实践。这就是后来被称之为'空间原理'的建筑空间组合设计原理。"时值"文化大革命"结束，该文的发表显然有"平冤昭雪"（注：编者的话）的意思。在近年出版的《建筑人生》和《建筑弦柱》两本书中，冯先生均有专门章节谈到《空间原理》。《建筑弦柱》还将 1978 年学报刊登的《空间原理》原文收入，包括"编者的话"。从这些资料中，我们大致可以了解到《空间原理》是关于"建筑设计原理"课程教学的一个改革方案。但它并不是一门讲课为主的课程讲义，而是和设计教学相结合，指导设计教学的纲领性文件。全文不长，文字简练，涵盖了二年级到三年级上的三个学期的设计课程，分为 7 个章节：如何着手一个建筑的设计、群体中的单体、空间塑造（大空间）、空间排比、空间顺序、多组空间组织及综论。冯先生大概是在 1960 年前后开始此项工作，还在实际的教学中进行了试验，在全国性的教学会议上作过介绍，引起热烈的争论。对其他的学校也有影响，如南京工学院（现东南大学）就邀请冯先生与教师进行了交流。但是，因为众所周知的原因，这个教学没能进行下去。

　　《空间原理》的学术意义，体现于"空间"和"原理"两个关键词。"空间"相对于"布扎"设计教学的"类型"，而"原理"则相对于"布扎"师徒制的"经验"式教学方法。传统的设计教学是以建筑类型为主线，先小后大，先简单后复杂，各种主要的建筑类型都要接触到。而空间问题是贯穿所有建筑类型的共同问题，从空间入手，就能够超越单一功能类型，而对各种类型的建筑的空间类型进行归纳，整理出一个新的教学思路来。这就有了大空间、排比空间、顺序空间和多种组合空间等问题。而设计课题所做的一个建筑类型就应该是某个空间类型的一个具体的例子。冯先生在思考这个问题时还看到了"布扎"设计教学中存在的另一个问题，即经验式设计教学的局限性，指出"设计知识是通过设计课自发地、无计划地、碰运气地、偶然地教给学生"。"我们在找、在摸设计课程规律，但一般都通过设计过程来研究，这是一门极其特殊的科学。从个别中抽象出一般，如何掌握一般规律是主要任务，光靠学生'悟'是不够的，教师要研究一般规律，……"他把建筑空间的组织作为设计的一般规律来研究，"设计是一个组织空间的问题，应有一定的层次、步骤、思考方法，同时也要考虑，综合运用各方面的知识。"他还清楚地意识到关于空间的研究有认识论的问题，如吉迪恩的《时间、空间和建筑》；也有方法论的问题，《空间原理》就是一个方法论的成果。所以，冯先生的《空间原理》的现代性主要体现在两点，一是抓住了现代建筑的空间概念，摒弃了"布扎"的功能类型体系；二是从原理的角度来传授空间设计的方法，超越了"布扎"的"师徒制"方法。

《空间原理》的历史意义，要从那个特定的历史时期现代建筑教育的国际视角来考察。直接可以拿来和《空间原理》作为对比的是"德州骑警（Texas Rangers）"在1950年代关于现代主义建筑设计方法的教学实验。当时，本哈德·赫斯里（Bernhard Hoesli）、柯林·罗（Colin Rowe）和约翰·海扎克（John Hejduk）等的理想是发展一套足以与"布扎"的教育体系相匹敌的传授现代建筑设计的教育体系。他们不但对"布扎"的教学体系有批判、有肯定，而且对于当时流行的包豪斯式的设计基础教程也有独立的判断。作为刚刚跨出校门不久，没有多少实际设计经验但充满理想的年轻人，他们达至这个目标的方法不是像当时的大多数学校那样追随某个建筑大师的风格，而是试图找出存在于这些现代主义建筑师的设计思想和作品背后的共同的东西，这就是空间，就是流通空间的概念。柯林·罗的《论透明性：真实的和现象的》一文奠定了空间概念的理论基础，而海扎克和赫斯里则完成了将空间概念发展成为可传授的（Teachable）的设计方法的任务。特别是赫斯里后来在苏黎世联邦高工发展出的一套建筑设计入门训练方法，将空间的教育具体化为一系列的基本练习。它既出自于对柯布、密斯和赖特等现代建筑大师的作品的分析研究，又超出了个别的人和作品的局限，是更高一个层次的空间设计的基本原则和方法。《空间原理》和"德州骑警"基本上是同时发生的。据冯先生自己的回忆，他对空间教学的思考是独立完成的。这说明很重要的一点，我国在建筑教育中对空间意识和方法意识的觉醒基本与西方国家同步。只是因为历史的原因，这个现代化的进程被打断了。

冯先生的研究基本上是在功能主义的框架下进行的，是建筑设计原理的一个方法论版本。这在当时形式主义横行的年代，来自于西方世界的功能主义已经触犯了政治的底线，冯先生因此而受到批判。但是，空间的问题，除了从"适用"（冯先生用语）角度来研究外，更重要的是从形式角度来研究。科林·罗的《论透明性》所论述的就是空间的形式问题。这也是《空间原理》和"德州骑警"的一个根本的区别。冯先生在讲述这段历史时，特别指出他是刻意要回避空间的形式问题的，因为形式问题属于意识形态的范畴，为当时的特定政治环境所不容。至少，我们了解冯先生对空间的形式问题是有意识的，只是因特定的环境所迫而没有进行下去。如果历史可以改写，冯先生有机会展开对空间形式问题的研究，他将如何来解决这个问题？这给后人留下了无限的想像的空间。

顾大庆

香港中文大学建筑系教授

2007 年 11 月 17 日于香港

原载于《世界建筑导报》2008 年第 3 期

冯纪忠先生的风景园林思想与实践

刘滨谊

冯纪忠先生的风景园林思想与实践体现在组景原理、风景开拓方法、风景园林感受时空转换这三个方面；贯穿其中的是围绕风景园林分析评价的风景旷奥度、形情理神意、意境的基础理论研究；与之相应，围绕风景园林理论与实践的计算机辅助分析、遥感、地理信息系统等数字景观技术应用，更是他在中国同行中最先提出并大力倡导的方法技术。

从风景园林规划与设计的实践需要出发，面对众说纷纭的风景园林美学和感受的学科专业核心，冯先生将"组景"、"风景开拓"和"时空转换"作为其理论研究的目标与工程实践的落脚点。以"空间"及其"序列"作为风景园林规划设计的"抓手"，将构成风景园林物质环境的"客体"与形成风景园林感受的"主体"相互结合地予以研究与实践，这种"主"、"客"体互动耦合、辩证统一的思想，成为了冯先生的风景园林认识论、方法论、实践论的基石。

1979 年冯先生发表《组景刍议》一文 [1]，点出了风景园林感受规划设计的起点和评价标准——景观空间感受与组织。指出从景的感受出发，人们总是对风景优美的地方流连忘返，试图从不同的视点去感受风景点，又会在同一视点扫视四周，即文中所提出的"景外视点"和"景中视点"。对于景的感受，景外视点是旁观，景中视点是身受。在一个景中视点中产生一个空间视觉界面的空间感受，进而可以组成一条导线中互相联系的空间集合的总感受。正是由于景外视点与景中视点的位置变换，景观感受或静或动、或抑或扬。由景外视点和景中视点的变换关系提出了总感受量、导线长度、变化幅度、时间或速度四者的关系，为了保持或扩大总感受量，在导线长度、变化幅度、时间或速度 3 个要素中，假设其中一个要素保持不变，另外两个就互相关联着变化。四者及其关系的提出不仅为风景园林规划设计空间组织、游览线路选取提供了可行的方法，同时也为组景感受的时空转换等后续研究揭示了可以量化分析评价的可能性。冯先生认为，组景设计就是把局部空间感受亦或是个别空间感受贯穿起来，凡欲其显的则引之导之，凡欲其隐的则避之蔽之，从而构成从大自然中精选、剪裁、加工、点染出来的抑扬顿挫、富有节奏的风景空间的序列；组景的目标主要是有意识地通过空间感受的变化取得一定的总感受量。而总感受量来之于节奏，主要在于旷与奥的结合，即在于空间的敞与邃的序列，又由于各人的性格、情绪、素养、好恶的不同，对于同样一个精心设计的组景的感受也不尽相同。由此，冯先生提出了以风景旷奥作为风景空间规划序列的设想。

风景旷奥最初的思索源自唐代柳宗元关于风景游赏的论述："游之适，大率有二：旷如也，奥如也，如斯而已"。基于这一设想，冯先生在指导作者的"风景旷奥度"硕、博学位论文研究中，将风景旷奥评价的标准分析为客观、主客结合、主观三个方面的评价标准和 16 个可以定性和定量评定的指标，除了寻找柳宗元关于风景感受旷奥的直觉依据，同时运用现代环境心理学理论和风景评价认知学派等现代风景感受评价的科学量化实证的研究方法 [2]。1979~1989 年，经过十年多位硕士、博士的研究，以旷奥理论为标志，冯纪忠风景分析评价理论学派基本形成，主张风景分析评价理论研究的根本任务在于，在各种不同的实在感受和变动不定的意向感受中把握其中不变的本质，把握其中的本质元素及元素之间的关系，这就是风景的本质规律 [3]。旷奥理论是冯先生对中国风景园林传统文化的深入理解和对西方现代风景园林评价科学研究的结合后总结提炼出的风景理论。

与此同时，面向风景开拓的当务之急，冯先生对于大规模的风景开拓进行了思考。以其指导作者完成的《风景信息时空转译及心理计量》（项目负责人：冯纪忠，1987~1988 年）、《风景景观资源普查方法研究》（项目负责人：冯纪忠，1989~1990 年）两项国家自然科学基金项目研究为主要研究，以江西三清山国家风景名胜区为实际案例，运用遥感大规模、高精度地集取地形、地表等风景空间信息，根据一系列旷奥度指标的量化模型进行计算机量化评价，实现了一个风景区从客观空间信息集取到主观感受分析评价的数字化[3]。这些具有国际领先水平的研究成果充分体现了冯先生缜思与畅想、理性与感性、科学与艺术紧密结合的主客一体的专业思想。

关于"时空转换"，冯先生曾回忆道："'总感受量'就是空间变化的复杂性，再想到开发时候的'旷''奥'。这个时候感觉到'时间'的问题，现在讲'时间跟丰富性的关系'，所以，搞了何陋轩，我才写《时空转换》。[4]"丰富性是空间变化幅度的大小，那么，若导线长度一样的时候，时空转换就是时间跟空间变化幅度之间的关系。时空转换所创造的时空关系，使得空间的延伸性与时间的流动性得到了高度的统一。位于上海松江的方塔园是冯先生风景园林规划设计的代表作之一，其中的何陋轩是冯先生较为满意的作品[5]。在解说何陋轩设计创意的时候，他专门引用李白的《秋浦歌》中"白发三千丈，缘愁似个长……"，以发的长度测愁的久长这种绝妙的甚至可以量化的时空转换意象来说明设计中的时空转换。在西方艺术理论家看来，诗是流动的一维的时间艺术，画是静止的二维平面上的空间艺术，表现空间中并列的事物只能是绘画的事，而表现时间则是诗所独占的领域。而中国艺术却把时间与空间二者有机地融合在一起，从而展现出独特的东方艺术魅力。宗白华认为，中国诗画中所表现的空间意识是"俯仰自得"的节奏化的音乐化了的中国人的宇宙感[6]，时间流逝造成整体的空间情境、空间意象和空间变化，超越时间的屏障而进入深邃的境界[7]。冯先生正是以一种新的方式把东方文化的时空观和现代性这二者结合起来，更进一步说，是对中国传统文化诗意时空的着力强调与显现，也就是时空转换的理论和实践，在空间中更加强化对时间的解读。

中国风景园林感受与审美的发展在时间和空间上都远远超过了西方，分析寻找中国风景园林审美及实践的发展规律不仅对于中国，而且对世界风景园林发展都将发挥前瞻性、引领性的作用，冯先生始终坚持这一观点，并身体力行、亲自研究。凭借其对中华文化的深厚热爱，在其晚年的近 20 年间，冯先生以社会学家、文学家、画家、风景园林师、建筑师等多家的综合思想眼界，对近两千年的中国风景园林感受与审美的发展进行了深入的分析和高度的概括，发现提出了中国风景园林的 5 个时期阶段，并以"形"、"情"、"理"、"神"、"意"对每一时期风景园林审美与实践进行

表 1. 中国风景园林的五个时期 [8]

1	2	3	4	5
形	情	理	神	意
客体	客体	客体	主客体	主体
春秋 - 两晋末	两晋初 - 唐末	唐初 - 北宋末	北宋中 - 元末	元明清
再现自然以满足占有欲	顺应自然以寻求寄托和乐趣	师法自然摹写情景	反映自然追求真趣	创造自然以写胸中块垒
铺陈自然如数家珍	以自然为情感载体	以自然为探索对象	入微入神	抒发灵性
象征、模拟、缩景	交融移情尊重和发掘自然美	强化自然美组织序列行于其间	摄山理水点缀山河思于其间	解体重组安排自然人工与自然一体化

了高度的概括 (表 1)[8]。从客观到主观，从粗到细，从浅到深，从抽象到具体地分析中国风景园林审美的演变。并结合自身的规划设计实践，围绕"意境"，对其中的最高阶段进行了深入的研究探索。

　　冯先生认为，意境就是主观思想和文化，而文化主要是人的思想意识，作品要想融入世界，要形成意境的话，中国文化就必须要同时具备同质性和独特性两方面[4]，中国的设计作品必须要有本土化的设计和创新。冯先生有着深厚的中国传统文化功底，将诗画中的情境融入了现代设计之中。

　　冯先生谈庐山大天池规划设计方案时写道："意在笔先，而情为意本。[9]"方案中依靠"意"的流动取得廊、台、壁三者之间的联系，以天圆地方的象征手法联系了廊与台，以断残的照壁补足文殊台院墙的整圆，联系了台与壁。他认为在设计过程中对创作对象理性和感性、逻辑与审美的判断应当在具体的设计手法之先，然后"意"还要随着笔而展开、深入、修正，以至成熟。冯先生借助郑板桥画竹来详细解释意境的生成，对所见竹子产生情从而定义为表象之竹，这个表象再经"意"的锻造和技法的锤炼，或许其间还要借助于其他表象的渗透和催化，才呈现出"意象之竹"[10]。"意"即意念，意念一经萌发，创作者就在自己长年积淀的表象库中辗转翻腾，筛选熔化，意象朦朦胧胧地凝聚起来，意境随之从自发到自觉、从意象到成象而表现出来，意境终于有所托付[10]。物象化表象、表象化意象、意象生意境，意境流露出超越时空制约的释然愉悦的心态。对于风景园林规划设计创作过程亦是如此。设计者寄情于物象之环境，从而在脑中生成表象之环境；在构思落笔之前，以科学理性的方法进行分析，在理与情的相互调整中将构思化为方案；继而二维的图纸转变成三维空间，主客体的

432

相互融合又使得空间与时间相互转换，形成一个动态意境，从而流露出设计者的风神气度。可见，冯先生注重传统文化、人文情怀在现代规划设计中的重要作用，这样才能创造出具有本土特色的优秀作品，才能融入世界。

回顾冯纪忠先生的风景园林思想与实践的时代背景，作为中国风景园林学科专业的先驱者之一，冯纪忠先生所处的是现代主义萌芽、兴起并席卷全球的时代，是中国出现与原有的古典、折衷或是复古主义风格截然不同的现代主义的转型时期，也是东西方风景园林文化与实践冲突交流的重要时期，这样特殊的时期为冯先生的风景园林思想赋予了鲜明的时代特征与契机，历尽一生百年的追求探索，最终形成了其风景园林思想与实践鲜明的原创性。

冯先生提出的组景原理、风景开拓方法、风景园林感受的时空转换具有划时代的思想理论对当代风景园林规划设计界具有深远的影响，其意义与价值不可估量，深刻影响了其学生和同行的研究与实践。从风景园林规划设计原理、风景园林分析评价和风景园林现代方法技术三个方面，冯纪忠先生的风景园林思想与实践奠定了中国风景园林学科的现代基础，对中国风景园林学科的未来发展，意义深远，难以估量。

刘滨谊

同济大学建筑与城市规划学院原景观学系系主任、教授、博士生导师

参考文献：

[1] 冯纪忠 . 组景刍议 [J]. 同济大学学报：社会科学版，1979(4)：1-5.

[2] 刘滨谊 . 风景旷奥度：电子计算机、航测辅助风景规划设计 [D]. 同济大学，1986.

[3] 刘滨谊 . 风景景观工程体系化 [M]. 北京：中国建筑工业出版社，1990.

[4] 冯纪忠，赵冰，主编 . 意境与空间：论规划和设计 [M]. 东方出版社，2010.

[5] 冯纪忠 . 何陋轩答客问 [J]. 时代建筑，1988(3)：14.

[6] 宗白华 . 中国诗画中所表现的空间意识 [M]. 宗白华全集：第二卷 . 安徽教育出版社，1994：185.

[7] 杨匡汉 . 缪斯的空间 [M]. 上海：上海文艺出版社，1984：211.

[8] 冯纪忠 . 人与自然：从比较园林史看建筑发展趋势 [J]. 建筑学报，1990(5)：39-45.

[9] 冯纪忠，童勤华 . 意在笔先：庐山大天池风景点规划 [J]. 建筑学报，1984(2)：40-42.

[10] 冯纪忠 . 时空转换：中国古代诗歌和方塔园的设计 [J]. 设计新潮，2002(1)：15-19.

尊重与呵护
——旧城改造和保护之常道

王欣

不久前，在成都见到周俭，他刚从邛崃平乐古镇回来，同来的还有张樵。因刚从古镇回来，大家便聊起了旧城的保护和改造。作为城市规划的编制者和管理者，他们二人都深感此事的重要。中国的城市这些年发展很快，且不说新城像雨后春笋，旧城也在急剧地瓦解、改变着，城市从北到南都变得越来越雷同了。在城市不断发展更新的同时，如何保持城市的特色和识别性，保持城市的文化和历史传承，已是当今所有中国城市迫切需要解决的问题。谈起这个话题，我自然地想到了我的导师冯纪忠先生。三十多年前，还在改革初期和经济高速发展之前，冯先生已开始非常深入地思考和专注于这个题目了。

20世纪70年代末，国家万劫之后，百废待兴。在刚刚经历了"不破不立"的年代，带着对一个新的时代的憧憬和热忱，冯先生以他独有的敏锐和远虑，意识到经济的发展必然带来城市化和旧城更新建设的加速,旧城改造已经是中国迫切需要解决的难题。冯先生认为这是个大事，应该摆在战略决策的重要地位上。从那时起，冯先生开始专注旧城改造和保护的问题。从九华山的保护，到连续六年选择上海不同位置的旧区改造作为课题来研究，探讨怎样把提高居民居住素质和环境与旧城区的保护和改造相结合；从"修旧如故"、"以存其真"，到"与古为新"的方塔园；冯先生还重访德国，多次参与关于城市发展的国际会议，如 1984 年哥本哈根会议和 1985 年下町会议，希望能使中国的城市发展同世界城市发展方向保持一致，学习世界城市的经验教训，避免走弯路。记得那个时候，几乎所有冯先生的研究生的课题研究，也都无一例外地选择了从不同的角度和层面来研究这一问题。

　　冯先生非常清楚他要做什么，如他常常主张的"什么事都要心头有数"。他希望在经济高度发展之前就要将此事搞清楚，在亡羊之前，先把牢补好，这就是冯先生的境界。要搞定这件大事，冯先生以理性和严谨的方法，抓大不放小，从细节入手，一点都不虚无飘渺。再抽象的概念都要具体化，甚至文化、知觉都能通过一种表象一种模式表达出来，冯先生要将一个城市有价值、最真实的东西留下来。从战略的层面到具体的方法；从城市规划的角度到城市及建筑设计；从环境的物理形态到城市文化的沉淀；从城市的有机生长到对环境结构的研究；从计算机辅助系统设计到旧城和老建筑保护的评价标准；从城市各种经济技术指标到城市疏散的标准和平衡的目标；从上海旧城的传统里弄，到理想的双层里弄、拆墙透绿；从简单的道路拓宽，到将部分车道和慢车道引入街坊内，结合街坊内商业建筑一同规划设计，在解决交通的同时，保留原有居民所熟识的标志性建筑，并且优化街坊内的商业设施和氛围。冯先生希望能探寻出一条城市和建筑生长的常道，而结论是肯定的。

　　冯先生在对待城市发展上从来没有绝对静止地去看待一两个保留建筑，而是积极地认识到城市的发展有变化是一定的，但应是有机的、循序渐进、逐步更新的，而且应是可持续性的，是在和谐条件下的更新。冯先生认为，对于好的东西，我们应该利用，保存确切的部分。不用改的地方不改，时间过后性质自然变了。对城市改造、保护老城市，冯先生概括了两种方法。一种方法，城市中心是老的，在外面建设新城，城市所谓的特征意象保存在老城内，以它作为城市的标志，比如苏州。另一种方法，老的掺新，照顾老的；或者新的掺老，新老结合，给老手法新的价值、新的生命。要做到这一点，冯先生认为首先要以人为本，根本上是要在建筑空间中把人的尺度表达出来，使人本身的体量置于环境之中。基础是尊重，对老的东西、新的东西都要尊重。

在城市改造更新过程中，不少好的建筑物应该保留，这种要求是异口同声的，难就难在大多数的历史建筑应去应留，牵涉到的评价标准、评价态度的问题。在建立起客观公正的评价系统和标准的同时，冯先生认为首先应谨慎从事为好，留与不必留之间以暂留为好。有人说，重复出现的可以留上个把个，这是似是而非的，因为有些建筑的价值不光在单体，还在于总体构成、空间序列、环境氛围、情感记忆，破坏了总体将会触及社会生活结构。"与古为新"，冯先生常常提到这四个字，这是一种冯先生要的做规划设计的精神。冯先生说，今的东西可以和古的东西在一起成为新的。建筑要与古为新，建筑群要与古为新，城市要与古为新。要做到这一点，首先要尊古，尊重现有的环境，要能够存真。而要尊古存真，首先要有"呵护"。冯先生认识到在实际操作中变是城市发展过程中很难阻止的，而在变的过程中，旧的东西的去与留往往又难于决策或被轻率决定，这就应该有"呵护"的问题。冯先生不想直接从"保护"入手，而转从"呵护"出发，那么在变动的时候，就会自然地谨慎考虑。先不说"保护"，首先应尊重旧的建筑，应先"呵护"，"呵护"积累下来到后来，就是"保护"。如果"呵护"到实在没办法呵护了，它自然要被淘汰。如果呵护到后来，觉得非但要呵护，还要保护它，那么就保护下来。这正是冯先生的高明所在，用如此简单的语言将一个非常复杂、常常争论不休的问题说清楚了，以一种非常简明易做的方法去解决一件大事。

最近，围绕上海华东电力大厦的去与留展开了激烈的讨论。有人喜欢它，认为其建筑学意义上的历史价值与情结是有的；有人讨厌它，认为它怪诞丑陋；有人认为其保留价值是就是因为它承载着那个时代的记忆；有人认为它是这个城市野蛮主义（barbarism）的开始，对拆除它幸灾乐祸，因为它开创了粗暴对待城市的先例；有人认为它的去与留应交给开发商决定；有的认为它本身的价值和去留不重要，重要的是建筑师改造设计的好与坏。其实如此多的看法和争论正说明了此事的难度和复杂性。首先，我们的城市不是一天建设起来的，历史过程中的建筑，无论古代的还是近代的都承载着这个城市的历史、文化、认知和情感，更不用说那些标志性或曾经具代表性的建筑。在做去与留这样的评价时，一定不能以个人的好恶为标准，应非常小心，谨慎考虑。在这样复杂、众说纷纭情况下，冯先生的"呵护论"用极其简单实际的方法为此事给出了可行的答案。华东电力大厦既然承载着那么多东西，或者说那么多争议，为什么不给它一点尊重、一点呵护、一点时间。不要那样急，让它再保留一阵，看呵护到后来我们会不会更清楚地认识到它的价值，而将它保留下来呢？

　　冯先生说作画、作诗、作文章、作音乐要有意境，建筑设计要有意境，城市规划建设也要有意境，管理更要有意境。经济高度发展时期，往往偏重于城市的功能效率，如道路的改善拓宽往往是以交通以车辆为主，而非以人为本。但真正规划得好的城市已将重点放到了舒适和人情味。城市有规律又富于变化，具有层次清晰的空间序列，并具备标志性网络，有自己的特色，能使人产生情感。最后这点是最难的，这也是旧城相比新城更有特色和识别性、更具文化和历史传承、也更具魅力所在。要做到这一点，对旧城和旧建筑的尊重和保护是基础，因为旧的东西是无法复制的，要在城市更新中做到保护好有价值的旧东西，只能"呵护"入手。这件事最有权力和能最有效管理的是城市的规划管理部门。首先规划应建立一套从"呵护"到"保护"的方法和原则，这样城市和人们才会逐渐建立起对老建筑自觉的保护意识。不能将此事交由开发商自行去判断是否保护，因为项目的边际条件已被设定，开发商是在被规划设定的边际条件下去定位和开发项目，开发商往往这时更多地会按照开发定位和目标推进项目，除非在项目的规划条件中已明确了"呵护"和"保护"的要求。实际上对此事最无效又最无所帮助、甚至是不负责任的是轻率地放弃呵护原则，又没有一套有效的程序和信守的制度，却转而把希望寄托在开发商的自觉性和建筑师的高超设计技艺上，若是遇上那些自认为技高一筹的建筑师，那更是雪上加霜。过去二三十年我们看到的不正是这样吗？城市除了一大堆粗劣、媚俗、奢华、炫耀、卖弄、堆砌的东西别无长处，城市变得雷同、毫无特色，到处是什么"Art Deco"、"欧式"。其实没人知道什么是所谓的"Art Deco"和"欧式"，反正媒体瞎掰，群众瞎哈，甲方瞎要求乙方，乙方瞎骗甲方。这是我们今天整体文化缺乏个性、缺乏自信的表现。

　　冯先生可能没有想到中国这三十多年来发展的速度比他想象的还要快得多。他煞费苦心想保护的沿上海石门路的老建筑，随着道路拓宽已消失了，而且整个街坊的结构已不复存在，改成了几幢随处可见的高层住宅，沿石门路也无缘无故地变成了几层高的商业柱廊。

如果说我们今天看到了保护城市的特色和识别性、保持城市的文化和历史传承的迫切性，那么冯先生三十多年前在亡羊之前的思考和探索可说是高瞻远瞩，站在了时代前列。过去三十多年城市急速发展出现的问题正是冯先生所担心的。然而在今天的环境生态中，特别是在一个"多拆一个也不多"的氛围下，在一个为追逐利益不顾一切的群体价值观下，在各色人物盲目自信、自我膨胀到极度的情绪下，在急功近利、浮躁的世风下，对"老"、"旧"、"历史"建筑的尊重与呵护，而非轻率判断"老"、"旧"、"历史"建筑的价值和去与留，是我们应该持有的态度和应遵循的原则和方法，是今天这个时代需要的精神。冯先生的这种尊重和呵护论，以温和、耐心、尊重和包容的态度给我们指出了一条保护传承、找到文化自信的方法，而这也是我们当前应刻不容缓修补的"牢"。

王欣

天津彩虹地产集团总裁

冯纪忠 1980 年代指导的硕士

2015 年 1 月 10 日

小题大做

王澍

在一些中国建筑师的心目中，冯纪忠先生占有特殊的位置。"文化大革命"和"文化大革命"以前的事情，在人们的刻意忘却中，早已成为过去，而冯先生在今天的位置，主要在于一组作品，松江方塔园与何陋轩。这组作品的孤独气质，就如冯先生骨子里的孤傲气质一样，将世界置于远处，有着自己清楚的价值判断，并不在乎什么是周遭世界的主流变化。

冯先生和这个世界刻意保持距离，这个世界的人们却也并不真地在乎他，我想这就是事情的真相。在同辈分量可比的建筑师中，他或许是获得官方荣誉最少的一位。他的后半生一直在同济大学执教，同济的师生提起他都像在谈化外仙人。

针对建筑本身的传承困难，则是另一种方式。1980 年代初，我在南京工学院（现东南大学）建筑系读本科。中国建筑师学会苦于中国建筑缺乏有新意的设计，组织八大院校搞设计竞赛，项目是在青岛的中国建筑中心，实际上是建筑师的疗养院。南工很重视，组织博士、硕士为主的青年教师团队搞集体会战。那时，冯先生的松江方塔园已建成，何陋轩应该还没有建成，其中北大门是很轰动的作品。一夜，我偶然逛入建筑教研室，满屋子的学长在画图。见到我进来，有人就说，听说你最爱提批判意见，就评价一下我们的方案吧！我仔细看了图纸，地道的铅笔制图，很棒的铅笔素描效果图，让人佩服，但我一眼就见到冯先生的北大门赫然纸上。我就问，为什么要抄北大门呢？满屋哄笑。有人就说，看吧，终于有人说出来了！我就觉得自己像是《皇帝的新装》中说出真相的孩子。负责的学长就有点脸红，说冯先生的北大门设计得太好，实在想不出比那个更好的。

多年以后，我看到又有人抄了冯先生的北大门放在苏州环秀山庄一侧，则是后话。

从另一角度看，与当冯先生和他的松江方塔园、何陋轩不存在相比，抄冯先生的北大门，至少是对冯先生的建筑感兴趣的做法，尽管这样做没什么出息。

让我感兴趣的是，在现代中国建筑史上，冯纪忠先生处于什么特殊的位置。实际上，他可以被视为一类建筑的发端人。他的松江方塔园与何陋轩完成于 1986 年，从那以后，尽管冯纪忠先生一直在做设计，但再没有建成的。与这一时期中国建筑巨大的建设量相比，与这一时期他的同辈建筑师的高产相比，他的作品空缺意味深长。他在 2009 年离去，但我们对他作品的认识只停留在 1986 年的那个时刻。

二十几年后，仍然有一些中国建筑师对冯先生的松江方塔园与何陋轩不能忘怀，我以为就在于这组作品的"中国性"。这种"中国性"不是靠表面的形式或符号支撑，而是建筑师对自身的"中国性"抱有强烈的意识，这种意识不止是似是而非的说法，而是一直贯彻到建造的细枝末节。以方塔园作为大的群体规划，以何陋轩作为建筑的基本类型，这组建筑的完成质量和深度，使得"中国性"的建筑第一次获得了比"西方现代建筑"更加明确的含义。

用一组如此微不足道的作品，搞定一件大事，让人感叹。作品不在乎多，而在乎好。这就是为什么，当想为冯先生的何陋轩做一个展览，事先请几位朋友到何陋轩一叙，除了童明在上海外，董豫赣、王欣从北京飞来，葛明从南京坐火车赶来，我经常戏称他们都是所在学校的教学英雄，其实大家都很忙。到了方塔园，大家问我，为什么而来，接下来就一起大笑，不知道为何而来就已经来了，一切无需多言。

如果纵贯过去一百年的中国建筑史，真正扛得起"传承"二字的，作品稀少。而这件作品，打通了历史与现在，大意与建造细节间的一切障碍，尤其在何陋轩，几乎做到了融通。1980 年代初，当冯先生做这个园子时，尽管面对诸多阻力困难，但刚走出"文化大革命"的他，必是憧憬着一个新的时代。他完全没有料到，自己在做最后一个落地的作品；也完全没有料到，自己会如此孤独、后继乏人。

这让我想起赵孟𫖯，书法史上，二王笔法由他一路单传，他身处文明的黑暗时刻。有人会问，不可能吧！那么多人写字，笔法怎么会由他单传？这里谈的不是形式，而是面对具体处境的笔法活用、克制、单纯、宁静、深远，其背后是人的真实的存在状态。在冯先生自己的文字里，着手方塔园与何陋轩，他是抱着这种自觉意识的，但他的周遭，早已不是那个宁静的国家，他对这些品质的坚持，对"中国性"的追索，是相当理想主义的。我想起梁思成先生在《中国建筑史》序中的悲愤，疾呼中国建筑将亡。实际上，那只是几个大城市的街上出现一些西洋商铺建筑而已。而当冯先生做这个园子时，已是"文化大革命"之后。当我们再见方塔园，则是这个文明崩溃之时。

我第一次去看方塔园与何陋轩，记得是 1996 年，和童明一起去的，正值何陋轩建成十年后。那种感觉，就是自己在合适的时候去了该去的地方。在那之前，我曾有过激烈的"不破不立"时期，对模仿式的传承深恶痛绝，甚至十年不去苏州园林。遍览西方哲学、文学、电影、诗歌等等，甚至 1990 年代初，将解构主义的疯狂建筑付诸建造。记得一个美国建筑师见到我做的解构建筑，狂喜，在那里做了三个原地跳跃动作，因为美国建筑师还在纸上谈兵的东西，居然让一个中国的青年建筑师变成了现实。但也在那个时候，我桌上还摆着《世说新语》和《五灯会元》，书法修习断断续续，并未停止。漫游在西湖边，内心的挣扎，使我始终保持着和那个正在死去的文明的一线之牵。也许这就是我的性格，对一种探索抱有兴趣，我就真干，探到究竟，也许最终发现这不是自己想走的方向，但正因为如此，才明白自己想要的是什么。1996 年，我重读童先生的《江南园林志》，发现自己终于读进去了，因为我发现这是真正会做建筑的人写的。也就是这年，我游了方塔园，见到何陋轩，发现这是真正会做建筑的人做的。

说得直白些，做建筑需要才情，会做就是会做，不会做就是不会做。从意识转变的线索，我们发现，和自己的转变相比，冯先生和童先生一样，经历了从热衷于西洋建筑到回归中国建筑的转变。但更重要的是，只有回归到"中国性"的建筑，当他们的才情与本性一致，他们才变得放松，才真正会做了。

我和童明、董豫赣、王欣、葛明一帮朋友坐在何陋轩里。在坐下之前，我们远观近看，爬上爬下，拍一堆照片，就像所有的专业建筑师一样。我意识到这一点，就拍了一堆大家在干什么的照片。冯先生在谈何陋轩的文章里，早就料到这种情景，但他笔锋一转，说一般的人，只在乎是否可以在这里安然休息。我注意到在这里喝茶的老人，一边喝茶，一边在那里醋睡。我们也坐下喝茶，嗑瓜子。被这个大棚笼罩，棚下很黑，坐久了，就体会到外部的光影变化；视线低垂，看着那个池塘，确实很容易睡着。一种悠然的古意就此出来。实际上，何陋轩本身就有睡意磅礴的状态，在中国南方的炎热夏日，这种状态只有身在其中才更能体会；或者说，冯先生在画何陋轩的时候，自己已经在里面了。与之相比，外部的形式还是次要一级的问题。六百多年前，唐寅曾有一句诗：今人不知悠然意。在今天的中国建筑师里，有这种安静悠然的远意，并且能用建筑做出的，非常罕见，因为这种状态，正是中国现代史花了 100 年的时间所设法遗忘的。

方塔园与何陋轩是要分开谈的，从冯先生的文章里看，他也认为要把两件事分开，因为隔着土山和树，方塔与何陋轩是互相看不见的。从操作上看，冯先生先把这句话摆出，别人也不便反对，做起来就更自由。但更深一层，我推测是冯先生想做个建筑，毕竟方塔园只是个园子，北大门做得再好也只是个小品。另一方面，方塔园在前，冯先生的大胆实验让一些人不爽，就有人暗示在那块场地做点游廊亭子之类，以释放对没见过的东西的不安与焦虑。冯先生显然不想那么做，他想的东西比方塔园更大胆。他要做的东西是要和密斯的巴塞罗那德国馆比上一比的。这看上去有点心高气傲，但我想冯先生做到了。无论如何不能低估这件事的意义，因为在此之前，仿古的就模仿堕落，搞新建筑，建筑的原型就都源出西方，何陋轩是"中国性"建筑的第一次原型实验。冯先生直截了当地说过：模仿不是继承。

入手做何陋轩，冯先生首先谈"分量"，这个词表达的态度很明确，因为"分量"不等于形状。"分量"也不是直接比较，而是隔空对应，这种间接性是诗人的手法。冯先生的特殊之处在于他把抽象性与具体性对接的能力，他让助手去测量方塔园里的天王殿，说要把何陋轩做成和天王殿一样的"分量"。这就给了何陋轩一个明确的尺度、一个限定。这既是机智，也是克制。

"分量"作为关键词，实际上在整个方塔园发挥作用。借方塔这个题，冯先生提出要做一个有宋的感觉的园子，放弃明清园林叠石堆山手法。问题是，现实中没有可借鉴的实物，哪怕是残迹。史料中也没有宋园林的直接资料。造价很低，建筑仿宋肯定也行不通，于是，"宋的感觉"，就成为一种想象的品质和语言。这几乎是一种从头开始的做法，一种今天人们从未见过的克制、单纯，但又清旷从容的语言实验。在那么大的场地，冯先生用的词汇要比明清园林少得多，大门、甬道、广场、白墙、堑道、何陋轩，如此而已。他反复强调，这些要素是彼此独立的，它们都有各自独立清楚端正的品相，它们存在于一种意动互渗的"分量"平衡中。所谓"与古为新"，实质上演变为大胆的新实验。从他与林风眠的长期交往，到他自己善书法看，冯先生肯定是熟悉中国书画史的。历史上曾经提出"与古为新"这一理论主张的人物，最重要的有两个：元赵孟頫、明董其昌，都是对脉络传承有大贡献的路标人物。

更准确地说，冯先生所说的"宋的感觉"，是指南宋，在那一时期的绘画上，大片空白开始具备独立清楚的含义。南宋也是对今天日本文化的形成具有决定性影响的时期，许多日本文化人甚至具有这样一种意识，南宋以后，中国固有文明里高的东西是保存在日本，而不是在中国。当有人指出方塔园，特别是何陋轩有日本味道，冯先生当然不会买账。用园林的方法入建筑，日本建筑师常用此法，但冯先生的做法，比日本建筑师更放松，气息不同。在日本的做法中，克制、单纯之后，往往就是"空寂"二字，出自禅宗，我也不喜欢这种感觉，"空寂"是一种脆弱刚硬的意识，一种无生命的味道。冯先生以"旷"、"奥"对之。"旷"为清旷，天朗气清，尺度深广；"奥"

为幽僻，小而深邃，但都很有人味。

"旷"、"奥"是一对词，但也会一词两意，具有两面性。方塔下临水的大白墙就是纯"旷"的意思，平行的石岸也是纯"旷"，冯先生下手狠，如此长的一笔，没有变化。而北大门、堑道、何陋轩，都是既"旷"且"奥"的，这里不仅是有形式，还有精神性的东西在里面，尽管在中国建筑师中，冯先生是少有的几个明白什么是"形式"的人。

我注意到，对视线高度的控制，冯先生是有意的，除了方塔高耸，其他空间的视线要么水平深远，要么低垂凝视。对于今天人们动不动就要到高处去看，他相当反感。

语言上的另一重大突破是细柱的运用。实际上，废掉屋顶下粗大梁柱的体系，也就彻底颠覆了传统建筑语言。就建筑意识的革命而言，这种语言的革命才是真革命。或者说，冯先生由此找到了自己的语言，在那个时期，这是独一无二的。我推测，对细柱的兴趣来自密斯。有意思的是，我书桌上的一本德国学者的著作，探讨密斯的细柱如何与苏州园林中的建筑有关，因为密斯的书桌上一直摆着一本关于苏州园林与住宅的书。

细柱被扩展为线条，墙体、坐凳、屋脊和梁架都被抽象为线，甚至树木，冯先生也想选择松江街道边的乌桕，因为树干细而黝黑，分叉很高，抽象如线。不知道冯先生是否见过夏圭的《华灯夜宴图》，我印象里，这张图最能体现宋代园子的感觉：一座水平的长殿，屋檐下为细密窗格的排门，隐约可见屋内饮宴的人，殿外隔着一片空地，是六棵梅花，很细的虬枝，飞舞如铁线。空地上，空无一人。

但我感触深刻的，还是冯先生对所做事情的熟悉，非常熟悉。2006年，冯先生回访方塔园与何陋轩，一路谈论，诸多细节回忆，点出后来被改得不好的地方，全是关于建筑的具体做法，甚至哪些树不对，哪些树长密了，不好，等等，和1980年代他的文章比较，细节上惊人的一致。可以想见，做这个园子时，冯先生是何等用心专注。

仔细读冯先生所写的关于方塔园与何陋轩的文字，就会发现，这是真正围绕建筑本身的文字讨论，这种文字，中国建筑师一般不会写。常见的状况是，要么为建筑套以哲学、社会学、人类学等等概念，以为有所谓概念想法就解决建筑问题，但就是不讨论建筑是如何做的；要么就是关于形式构图、功能、技术的流水账，还是不讨论做建筑的本质问题。实际上，很多出名建筑师只管建筑的想法，勾些草图，然后就让助手去做。冯先生对细节的苛刻说明他是一管到底的，这多少能看出留学时期，森佩尔、瓦格纳、路斯所代表的维也纳建筑师对他的影响，尤其是那种对匠艺的强调。而将城市问题和建筑一起考虑，使得方塔园的尺度意识特别开阔。最终，由何陋轩完成了建筑的类型实验。

如果说方塔园与何陋轩几乎是一种从头开始的实验，它就是摸索着做出来的。可能成功，也可能出错。说何陋轩是"中国性"建筑的第一次原型实验，是在类型学的意义上，在建筑语言革命的意义上，而不是指可以拿来就用的所谓方法。即使对冯先生，把它扩展到更实际的建筑上，也会作难。东大门要加个小卖部进去，尺度就出问题。生活里，冯先生是很好说话的人，人家要个窗户，他也觉得合理。做完了就后悔，觉得还是一面白墙更好。竹林里的那个亭子，照片上很吸引人，现场看就有点失望。但正是这种手法的稚拙，显现着摸索的鲜活。何陋轩的竹作，冯先生是放手让竹匠去做的，基本没有干涉，就有些意犹未尽。但我觉得恰到好处。物质上的做作越少，越接近原始的基本技巧，越接近普通日常的事物，反而越有精神性与超验性。实际上，二十年后，这组作品还保持着如此质量，说明它能够经受现场与时间的检验评判。

中国建筑要做到很高质量，需要理清学术传承的脉络。在中国美术学院建筑艺术学院，我主张培养一种"哲匠"式的建筑师。"哲匠"一词出自唐张彦远的《历代名画记》，他把之前的伟大画师都称为"哲匠"。这是关于如何做建筑、做哲学的传承，需要从最基本的事情入手。这就是为什么，我们今年春天为冯纪忠先生所做的不是纪念展，而是让青年教师带了一个课程。学生们亲手制作了何陋轩八十几个1：1的竹节点，做工精良。有学生按1：1尺度，以《营造法式》画法，用毛笔作节点制图，清新扑面。

　　在中国美术学院美术馆"拆造——何陋轩——冯纪忠先生建筑作品研究文献展"的开幕式上，冯先生的女儿冯叶说她没想到这个展览能做得这么好。我告诉她，想法是学术上的活的传承，既然只拿到冯先生作品很少的几张图纸照片，我们就直接从现场研究做起。之后她告诉我，2008 年，冯先生到访过象山校园，没有打扰我。先生在象山校园看了一下午，后来坐在半山腰咖啡厅的高台上，俯瞰校园建筑，没说什么话，坐了两个小时。

王澍

中国美术学院建筑艺术学院院长、教授、博士生导师

原载于《城市 空间 设计》2010 年第 5 期

冯纪忠的"与古为新"与中国文人建筑传统的现代复兴和发展

赖德霖

目前学界对以宋《营造法式》和清《工部工程做法》为代表的中国古代官式建筑传统在 20 世纪中国的兴衰历史已经有了广泛而深入的研究。但如果我们承认文人建筑曾是中国建筑传统中另一个重要组成部分，那么它在近代以来的转变与发展也就堪为中国建筑史上的一个重要课题。一个多世纪以来讨论文人建筑传统的专书与散论已汗牛充栋，与之相关的建筑设计也不胜枚举，不过回溯其转变轨迹，八位建筑家的贡献或更具导向意义，这就是童寯、刘敦桢、冯纪忠、贝聿铭、汉宝德、郭黛姮、张锦秋，以及王澍。在我看来，童寯代表了这一传统的现代发现者；刘敦桢、郭黛姮、张锦秋、汉宝德代表了它的现代诠释者；冯纪忠、贝聿铭以及王澍代表了它的现代实践和发展者。

广义言之，文人建筑是指体现了文人审美的建筑——虽然"文人审美"概念本身的定义依然是文人建筑研究的一个内容。文人建筑可以是室内设计，如刘禹锡的"陋室"，苏轼的"雪堂"；也可以是独门宅院，如白居易的庐山草堂和徐渭的青藤书屋；还可以是大型建筑群体，如岳麓书院和白鹿洞书院等。而中国这种建筑最集中的代表无疑当属文人园林。然而，尽管这类建筑在历史上早已存在，中国建筑家们对于它的关注、研究、评判、阐释、借鉴和发扬光大却是在 1930 年代之后。

中国文人建筑的现代发现者是童寯。他在 1937 年完成的《江南园林志》一书是中国现代史上第一部园林研究专著，而他本人也在中国建筑界第一次揭橥了中国文人建筑之美。在《江南园林志》中童寯注意到了中国园林的布局之妙，即"在虚实互映、大小对比，高下相称"，而为园的三种境界依次是"疏密得宜，曲折尽致，眼前有景"。他还注意到了植物的重要性，"园林无花木则无生气"，他赞同计成所说"旧园妙于翻造，自然古木繁花"，因为"屋宇苍古，绿荫掩映，均不可立期"。他称赞园林屋宇，认为它们"方之宫殿庙堂，实为富有自由性之结构"。他欣赏园林围墙"式样变幻"，墙洞外廓"任意驰放，不受制于规律"，漏窗能以日光转移而"尤增意外趣"，而铺地则能"形状颜色，变幻无穷，（材料）信手拈来，都成妙谛。"① 所以我在《童寯的职业认知、自我认同和现代性追求》一文中说："如果说在 1930 年代以梁（思成）刘（敦桢）为代表的中国营造学社研究者们首先关注到的是以宫殿和寺庙为代表的官式建筑和它们所体现的中国古代建筑法式，那么童寯则在中国现代建筑家中最先发现了古典园林所体现的中国文人建筑的美学追求。"②

不无遗憾的是，虽然童寯同样是中国西方现代建筑研究的杰出先驱，但他却没有象梁思成和林徽因用西方建筑的结构理性主义美学评判中国木构建筑那样，从现代建筑的角度去阐释中国文人建筑，并将它转化为可资中国现代建筑创作的借鉴。这一使命便落在了其他建筑家的肩上，刘敦桢、郭黛姮和张锦秋，以及汉宝德就是其中的代表。

1956 年 10 月，刘敦桢在南京工学院第一次科学报告会上发表论文《苏州的园林》，他在文中指出了中国园林在空间设计方面的特点。③ 1963 年，郭黛姮和张锦秋在《建筑学报》上发表了《留园的建筑空间》一文，又从对空间动态体验的角度将中国园林建筑的特点概括为"尽变化之能事，重室内外之结合"。④ 几位学者对中国园林空间问题的重视当受到了现代主义建筑理论的影响。1941 年，著名现代建筑理论家和史学家西格弗里德·吉迪恩（Sigfried Giedion）在《空间、时间和建筑——一种新传统的成长》（Space, Time and Architecture: The Growth of a New Tradition）一书首先将现代建筑的出现视为一种新的空间观念的产物。他将这一新观念概括为一体化的"空间 - 时间"概念，即空间不再是三个维度，它还包含了时间——也即运动的因素。至 1950 年代，吉氏的"空间－时间"一体思想已经成为解释现代主义建筑的经典理论。受其影响，这一时期中国一些大学的建筑系也在教学中引入了"流动空间"概念，用于描述连续性的空间。这个概念随之启发了中国学者和学生对于传统园林现代性的新认识。⑤

图 1. 松江方塔园（局部）

　　而以笔者所知，最早提出"文人系之建筑"这一概念并对文人建筑观进行概括总结的建筑家是汉宝德，他对中国文人建筑的现代阐释也较其他园林研究的学者更为广泛。在其 1972 年出版的《明清建筑二论》一书中，汉宝德根据明代计成的《园冶》和文震亨的《长物志》等书将中国文人的建筑观归纳为三点，即"平凡与淡雅"、"简单与实用"和"整体环境的观念"。他解释"平凡与淡雅"时说："表现在建筑实质上的淡雅，自非画梁雕栋，而是对建筑用材很慎审的选择，对质感、色感的精心的鉴赏、品味。"⑥他把"简单与实用"与西方现代建筑的机能主义相联系，并说："这种经验的机能主义的方法，使用日久，逐渐变成思想的习惯，在对材料的品赏高度敏感的协助之下，一种精神的机能主义，就逐渐的在这群人中发展出来……慢慢综理为判断的标准，因而自然成为设计的标准。"⑦他还认为，计成在《园冶》中提出的"因借"思想，就是以总体环境为思考起点的建筑观。他说："西欧的建筑界，直到现代建筑的整体建筑思想出现在都市景观上以后，才了解环境之一体性。西人所谓之都市景观（Townscape）实藉（际）只是借景在城市中之应用而已。"⑧汉宝德从建构、功能和环境三个方面阐明了中国文人建筑的现代性。

　　作为一名对中国文化有着深厚修养的现代建筑家，冯纪忠在 1970 年代末设计的上海松江方塔园给我们带来了更多有关中国文人建筑美学的启发（图 1）。在方塔园的设计中他一反当时流行的仿古做法，而将不同时期的建筑，如宋代的方塔、明代的照壁、清代的天妃宫和当代的何陋轩运用颇具抽象构图意味的平面结合为一个新的整体。而在新建筑中，他又灵活采用多种材料，如传统的砖石木竹与现代的钢架，使之既有传统意味而又具时代精神。该园自其建成以来就引起了中国建筑界的广泛关注和深入研讨。在我看来，它给我们的启发集中体现在一种从中国文人建筑的角度对于现代建筑"空间—时间"概念的新理解。

　　刘敦桢、郭黛姮和张锦秋从空间的角度对中国园林的阐发促进了学界对于中国文人建筑的认知。不过他们的空间概念仅有视觉性而缺少其他物理性，而他们的时间概念则是一般现在时态而缺少历史的维度。虽然他们都注意到了园林的"意境"问题，但却没有深入探讨这一问题可能揭示的中国文人建筑的时空虚拟性。⑨汉宝德甚至将计成关于借景所说的"物情所逗，目寄心期"视为一种"纯粹唯心的说法"。他更斥文震亨在讨论园林水石时所说的"一峰则太华千寻，一勺则江湖万里"，说这"若不是有精神病，则必是做白日梦"，⑩完全忽视了早在文氏诞生近一个世纪之前就已经在日本出现了的枯山水庭园。

不同于现代主义理论家空间概念的抽象性和普适性，方塔园运用多种建筑材料与林、木、花、草，甚至佛香、梵铃等元素以带给人视觉、触觉、嗅觉以至听觉上的体验。冯纪忠创造的方塔园"空间"因此与当代西方现象学的"场所"概念不谋而合，——正如舒尔兹（Christian Norberg-Schulz）所说，场所"显然不只是抽象的所在地而已。我们所指的是由具有材质、形态、肌理以及颜色的整体。"⑪而他对原有地形的利用，又符合当代建筑中"批判的地域主义"所强调的对于地形条件和场地历史的尊重，——正如弗兰姆普敦（Kenneth Frampton）所说："与现代前卫建筑更抽象和正规的传统所允许的相比，批判的地域主义必然包含一种与自然更直接的共生互动的关系（Dialectical Relation）。"⑫当然，刚刚经过文化大革命的冯纪忠不可能了解到当时西方现代建筑的新发展，他的设计理念当更多地是遵循了中国园林的原则，如"因借"，以及中国古代文学所表现的空间认知，即多种感官的"交感"。⑬

另一方面，冯纪忠还在方塔园中引入的历史遗物——如宋塔、明壁和清构甚至一些旧的碑石，这使得方塔园的"时间"体现出了中国传统绘画、书法甚至文学所追求的"古意"以及19世纪西方美学所揭示的"沧桑感"（Age Value）。元代画家、书法家赵孟頫频曾言"作画贵有古意，若无古意，虽工无益。""古意"由此成为后代绘画、书法以及篆刻的一个重要美学标准。而19世纪奥地利美学家里格尔（Alois Riegl）则认为，沧桑感带给一个物体感染力（Aura）和真实性（Authenticity），并创造了一种怀古的氛围。⑭中国书画和篆刻对古意的追求表现在对于秦汉魏晋艺术古拙恬淡、潇散简远风格的追摹。而童寯曾把这一审美用于对园林的品评，如他说"惟谈园林之苍古者，咸推拙政。今虽狐鼠穿屋，藓苔蔽路，而山池天然，丹青淡剥，反觉逸趣横生。……爱拙政园者，遂宁保其半老风姿，不期其重修翻造。"⑮

冯纪忠将各种历史风格甚至遗物并置杂陈的做法用他自己的话说就是"与古为新"，即"今天的东西，今天的作为，跟'古'的东西摆在一块，呈现出一种'新'来。"⑯"与古为新"的做法在中国文人艺术中也早有先例，例如明朝的"杂书"书法、⑰清人的"什锦屏"（图2），以及种种以"八破图"和"锦灰堆"为题的绘画。作为一种视觉体验，其做法又与日本园林设计以及绘画中的"见立"思想暗合，即旧材新用（图3）。

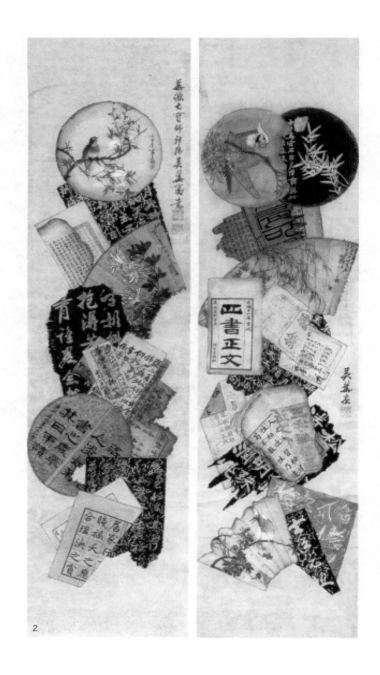

图 2 吴华《什锦屏》之一 [1885 年，（美）康奈尔大学 HFJ 博物馆藏]

452

图 3. 体现"见立"思想的日本冈山县赖久寺枯山水庭院铺地和汀步（小堀远州设计，江户时期，17 世纪）

增加方塔园"古意"的另一做法是"用典"，即以历史典故命名建筑——如"何陋轩"。这一做法也被贝聿铭采用。在北京香山饭店的选址和布局设计中贝也借鉴了中国园林的"因借"思想。但在时间性的表现上，他采用的是"典故"而不是沧桑感。如他在庭院中设置的流杯渠引人追想到历史上的"兰亭雅聚"。这一做法与清代乾隆花园中的"禊赏亭"、北海的"濠濮涧"和颐和园谐趣园中的"知鱼桥"异曲同工，目的都在于引导游人穿越现实的空间而进入一种历史空间的幻境。而在苏州博物馆的设计中，贝还将拙政园内的"文衡山手植藤"移植一枝于内庭，从而使这一 21 世纪的新建筑也带有了明代文征明的"手泽"，或里格尔所说的"感染力"。"移植"与佛教寺院的"分香"或祖先崇拜的"通谱"相似，它们目的就在于确立一种或文化、或宗教、或血缘的正统性和延续性。

如果说现代主义理论家们讨论的时间概念是一般现在时态（Present Tense），而一些复兴主义和未来主义的设计是过去时态（Past Tense）和未来时态（Future Tense），那么冯纪忠在方塔园以及贝聿铭在香山饭店和苏州博物馆中所表现的时间就是一种"现在完成时态"（Present Perfect Tense）。它将过去和现在联系在一起，在空间体验的历时性中加入了一个历史的维度，而这种体验也因此转变为一种古今的交流与对话。

2012 年荣获普利兹克建筑奖（Pritzker Architecture Prize）的王澍建筑师曾对冯纪忠的方塔园设计赞赏有加，王本人的大量设计也堪称是中国文人建筑传统的现代复兴与发展，而其最重要的特色就是冯纪忠提出的"与古为新"。

本文是 2011 年 5 月 16 日笔者在同济大学建筑学院所做讲演"冯纪忠的空间与时间——方塔园的启示"的发展。在整理成文的过程中又因王澍建筑师获得普利兹克建筑奖而进一步扩展，并以"中国文人建筑传统复兴与发展之路上的王澍"为题发表于 2012 年第 5 期《建筑学报》。值此冯纪忠先生诞辰 100 周年之际，笔者谨抽取文中相关内容，作为一瓣心香献上。

赖德霖

美国路易维尔大学美术系亚洲美术与建筑助教授、建筑史学者

2015 年 1 月 7 日德霖识于路易维尔大学

454

注释:

① 童寯《江南园林志》（北京：中国建筑工业出版社，第二版，1981 年），7-14 页

② 赖德霖："童寯的职业认知、自我认同和现代性追求"，《建筑师》，155 期，2012 年 2 月，31-44 页

③ 陈薇："《苏州古典园林》的意义"，杨永生、王莉慧编《建筑百家谈古论今——图书篇》（北京：中国建筑工业出版社，2008 年），115-122 页

④ 郭黛姮、张锦秋："留园的建筑空间"，《建筑学报》，1963（2），19-23 页。不过两位建筑家在后来的事业中都没有继续对中国文人建筑的探寻。郭以研究宋、辽、金和清官式建筑著名，张则以设计仿唐建筑闻世

⑤ 参见"陶友松"，杨永生、王莉慧编《建筑史解码人》（北京：中国建筑工业出版社，2006 年），280-286 页

⑥ 汉宝德《明清建筑二论》（台北：镜与像出版社，1972 年），15 页

⑦ 同上，21 页

⑧ 同上，24 页

⑨ 关于意境问题，周维权有更深入的讨论。见《中国古典园林史》（北京：清华大学出版社，第二版，1999 年），18-20 页

⑩ 同上，29-30 页

⑪ Christian Norberg-Schulz, Genius Loci: Towards A Phenomenology of Architecture（New York: Rizzoli, 1979), pp. 6-7.

⑫ Kenneth Frampton, "Towards a Critical Regionalism: Six Points for an Architecture of Resistance," Hal Foster, ed., The Anti-Aesthetic: Essays on Postmodern Culture (Port Townsend, WA: Bay Press, 1983), p. 26.

⑬ 我以为中国建筑空间体验中的"交感"——即多种感观的交织，可以《红楼梦》"大观园试才题对额"一回中贾宝玉所题楹联为证，如"绕堤柳借三篙翠，隔岸花分一脉香"（沁芳），"宝鼎茶闲烟尚绿，幽窗棋罢指尤凉"（有凤来仪，后名"潇湘馆"）以及"吟成豆蔻才犹艳，睡足酴醾梦亦香"（蘅芷清芬，后名"蘅芜院"）

⑭ Alois Riegel, "The Modern Cult of Monuments: Its Character and its Origin," Oppositions 25 (Fall 1982), 25-51.

⑮ 童寯《江南园林志》（北京：中国建筑工业出版社，第二版，1981 年），28-29 页

⑯ 冯纪忠："与古为新"，见冯纪忠《与古为新——方塔园规划》（北京：东方出版社，2010 年），73 页

⑰ 参见白谦慎《傅山的世界》（北京：三联出版社，2006 年），153-187 页

到方塔园去

　　从同济去方塔园的路并不好走，这是我时隔多年后对初访方塔园的非自愿记忆（Involuntary Memory）①。一层层日后的阅读和反思被我叠加到了那次初访身上，以至于有些细节开始变得日益清晰起来，而另外一些则变得相对模糊，甚至包括那次初访的确切时间②。好吧，就算那是 1983 年春季里一个风和日丽的日子。那一天，当校车颠簸了几个小时从喧嚣的上海驶进当时只有几万人的松江时，衣被天下、长街十里的繁荣已沉到了这座古城的底部。像许多江南古镇一样，松江城面目敝旧。而方塔园这个冯纪忠先生"文化大革命"之后的力作就守在这敝旧旁边，隐在大上海的边缘。

　　那时，我们这届学生刚刚修完了赵秀恒老师的空间构成课，大家毫不意外地都能欣赏方塔园里那迥异于一般江南园林曲径通幽状的"空间限定"（Plane-Defined Spatiality）。我想很多初访方塔园的人都会有这种新鲜感。我记得，当我走在方石砌出的堑道里，看着斜墙一层层错开，石块偶尔凸出，我惊讶地意识到，原来用卡纸围合的空间界面也可以用这么有力的石材给砌出来呀。同去的王扣柱老师一个劲地让我们看那地面，还有诸如承托着石础的台子。说实话，当时并不懂得这铺得一层层的台地是为了哪般。

整个园子里最能唤起我们共鸣的要属有着瓦顶与钢柱的北门了。就在前一年里，贝聿铭先生（I.M.Pei）设计的香山饭店也刚竣工。随着香山饭店的形象逐渐深入人心，大一大二的学生也开始关注起中国现代建筑的传统性或是传统建筑的现代化命题来。我们年级 "未来建筑师" 小组的几个成员已经从陈从周先生那里借来香山饭店的幻灯片，一张一张地研读过贝先生所谓 "新而中" 的建筑细部。

宏大命题历来更具煽动性，更能激动年轻的心。这个"新而中"的话题甫一出现就在同济课堂里得到了积极的响应。我日后对于传统和历史的兴趣也多半跟 1980 年代的那些讨论有关。后来，当我拜读了冯先生的访谈录时发现，冯先生从维也纳归国后，他以及他那一代建筑师也都曾关注过类似的话题。冯先生在 1952 年同济图书馆设计方案里就试验过 "马头墙" 的做法③，跟香山饭店那些母题们不谋而合。当冯先生的高中同窗贝聿铭以每平方米 1028 元的天价完成了贝氏阐释时④，我们这些冯先生的弟子的弟子们也期待着从系主任的作品里看到一种不同的回应。

果然，按照当时主管上海城建的钱学中先生的话说，这个北门设计得有些意思。"用几根钢管做柱子，很简单！工地上哪里都有钢管。上面用角铁及螺丝钢做成构架，有点空间结构的味道。屋面，檩子也就是小的工字钢，然后铺上木板，上面瓦片一盖。这些材料，才要花多少钱呐？施工又是多么的简单？但是这个作品，你看看，我说一直到现在为止，全国所有园林大门，或者其他的公共建筑，没有看到有一个用这样的材料，达到这样的艺术效果的！一看就是中国的味道，又不是古代的，是非常现代化的"⑤。

钱先生的感言大体也道出了我的心声。方塔园北门的现代与古朴、概炼与轻灵，是以一种看似我们大家都可以效仿的俭朴呈现出来的。我那时并不了解冯先生的个人履历，亦无从揣摩冯先生这种点石成金的本领是何以练就的。如今回想起来，冯先生在归国之后花了他生命中最为宝贵的 30 年，体悟到了在中国做建筑师的那份深重与责任："建筑的问题就是这样。它有很强的工程性。虽然你不能超越它，但它也有个性的一部分。难就难在这个地方。个人，一方面不能超越物质那一部分，另外也不能超越社会不接受的部分，建筑比其他的艺术更难"⑥。早在"三反五反"期间，当冯先生开始接手同济和平楼的设计时，在项目资金匮乏且话语权有限的条件下，冯先生还是想方设法要让和平楼身上体现出一点点他所追求的"建筑动作"来。他说，"我把底下的窗稍微（做）窄一点，上头的窗稍微宽一点。这样就使得两层楼的建筑看上去底下稳一点，上头稍微轻一点，是不是？我说这个为什么道理？我在那种心情之下，回到图纸上还是要略微弄得有点花样，有点意思在那儿。这个意思当然是很小的一点意思，动作也很少，但是我认为这种地方正是建筑需要的"⑦。

我们是到了 1990 年代才开始呼吁建筑要"以人为本"，而冯先生的和平楼早就埋下了面向人性的如此细腻的建筑诠释。惭愧呀，我从和平楼前走过了无数次，偶尔会感觉到那栋小楼传递来的温暖，但我从未意识到我的感受源自设计师埋下的"建筑动作"。像入口处骑楼式的做法，半隐了入口，没有那么直白，同时弥散出一点民居的味道来。这些地方就是冯先生所言的"这种地方正是建筑需要的"东西。

从建筑本体到窗台设计，冯先生几十年来百转千回地试图打通亘在"思"与"筑"之间的阻碍，其结果之一就是我们后来每逢听冯先生点评历史与建造时，总有那种破墙而出的畅快。譬如读到，"秦始皇向往仙境，这个'神'是'示'部，'仙'是人部，皇帝憧憬的极乐世界以及从神近乎人化了，人殉到了尾声。极乐世界接近了人间，才出现园林，人才对自然不再抱有恐惧"⑧，我即刻被震了一下，我的脑海里会浮现出冯先生指点园林流变时的身形与意气，通达透彻，入木三分。⑨

等我在 1988 年年底读到《何陋轩答客问》时，我已经出国留学有段时间了。我在 1987 年参加纽约水岸设计竞赛时，跟着加拿大老师和同学们去了一趟埃森曼（Peter Eisenman）的事务所，听埃森曼滔滔不绝讲了一个上午，回来后，根据自己的笔记和阅读，写了篇介绍埃森曼创作手法的文章⑩寄给了《时代建筑》。巧了，冯先生的《答客问》也发表在同一期上。编辑徐洁在给我寄来的杂志里留了一张纸条，嘱我细读冯先生的文章。我离开上海时，何陋轩尚未建好。此时，看到杂志上那茅屋一般的形象，不禁大为所动。我那时也参加了一个园子的竞赛，听冯先生言到："禹锡《陋室铭》，铿锵隽拔，不在长短。建筑设计，何在大小？"可谓字字入心，我选的基地好像也只有半公顷大小。

那篇《何陋轩答客问》向我敞开了设计的另外一个维度。我之前从没想过设计可以这么平民化又如此恣意狂放颇具禅意。诚然，我当时人在海外也就根本搞不清楚这文章的一问一答间冯先生还要告诉别人，"我是'独立的，可上可下'"①。同样，我那时亦不可能读出其设计过程中的各种指涉与观照②。我在彼时彼地透过文字和图片倒是看见了一颗狷狂的文人心。

却说那日放下手中的杂志，竟呆了半晌。阅览室对着的庭院里已堆满了白雪，我在脑海里则努力搜寻着我对冯先生的印象，结果，时间定格在了某个初冬的下午。我们几位同学在一二九礼堂操场上踢完了球，汗流浃背地遛到了文远楼前的那片草地。不知谁踢偏了一脚，把足球踢到了路上，恰巧冯先生从那里经过，随性一脚，又把皮球给踢了回来。几位同学笑着给冯先生鼓起掌来，而冯先生呢，也点头笑笑，双手仍旧插在袖管里，径直走进了文远楼里。我对我们这位老系主任的印象也就定格在了那倏然隐去的背影上。

这一印象随着时光的流逝失去了细部，变成了深刻的剪影，以至于后来的 30 年里，我常觉得我个人的学术成长总跟文远楼里的那个背影有关。

作为同济人，不管我人在国内还是海外，我对有关方塔园的消息保持着持续的关注。然而，再访方塔园的机会好像次次错过，一直到了 2007 年，"到方塔园去"已经变成了一种学术必然。因为我应承了在 2007 年年底要在广州华南理工的讲座上，跟同学们探讨一下 19 世纪末叶滥觞的"神智论"（Theosophy）与风格派（De Stijl）乃至包豪斯（Bauhaus）的微妙关联；还有，我想梳理一下充斥在斯卡帕（Carlo Scarpa）和霍尔（Steven Holl）等人作品中那些碎片般的缺口们到底跟风格派有着怎样的似与不似③。这个话题，从 1980 年代末起，就尾随着我。

　　重读杜斯伯格（Theo van Doesburg）的《新造型艺术原理》，让我再次领略了1920 年代现代派话语中的强硬、激进、乐观与决然。当年风格派成员们所签署的《宣言》[14]裹挟着那个时期荷兰艺术家们所期待的"现代性"（Modernity）[15]。他们的立场是国际性的，号称自己是进步的，最终要通过行动在未来解决所有的问题。他们身上没有丝毫对过去的留恋。作为思考生活的方式，风格派《宣言》也把艺术形式与客观、普遍、构成性联系了起来，起码在绘画上是这样。风格派画家们都试图把绘画艺术从对自然的模仿中解脱出来，既不推向印象，也不推向人群，而是推向开放的宇宙[16]。蒙德里安的话就佐证着这一立场："在自然界，形式（肉身性）是必要的——在自然界，我们所看到的一切都只能通过形式呈现，而形式则要通过（自然的）色彩可见……在艺术中，我们对普遍性（的关系平衡造型性）进行直接的造型表达，对非肉身性的东西进行体验，并因此剔除蒙蔽着永恒的暂时性"[17]。从此，我们也在蒙德里安的画中只看到水平与垂直线、直角、三原色，当然，这些线和块面的不均匀构成是漂浮在无框的画面上的。

　　我从蒙德里安、杜斯伯格、康定斯基、伊顿等人所相信的"联觉"以及声音、色彩与形式的对应关系溯到了神智论的影响[18]。而风格派艺术家们的实验远不只理论上的。他们的色块构成很快就从画布落到了建筑身上。他们会给房子室内墙上刷上大小不一补丁般的色块，希望通过那种色块的叠加，将建筑墙体从盒子状态分解成为板块，主要是在空间感觉上，让那些补丁般的缺口承担消解封闭空间，走向开放宇宙的任务[19]。最终，这类新造型主义的三维绘画实验演化成了诸如施罗德住宅（Schroder House）的板块状墙面以及密斯巴塞罗那展览馆（Barcelona Pavilion）身上那些各自独立的墙们。

　　是的，我所追溯的就是 20 世纪初年发生在欧洲现代主义建筑场里有关空间构成的一段演化史。它杂合了一堆新旧时代的宇宙论，一些良莠并在的画论和设计原理，最重要的是，它所展示出来的现代性，奋不顾身地拥抱着技术、理性、客观性以及打破国家与地域界限之后的国际主义。然而，这现代性并不是真空标本，等现代建筑运动发展到斯卡帕那代人的时候，风格派的决然和激情都已平息。斯卡帕根本就不洗刷传统，他是不是个开放宇宙论者都需另当别论。于是，我们在布里翁家族墓地（Cimitero

Brion, San Vido d'Altivole）里即使目睹了一条嵌在墙上白色、黑色、金色、银色和其他色彩的玻璃马赛克的"天际线"，它也不一定只代表无垠宇宙，如萨博尼尼（Guiseppe Zambonini）所言，那更多的是"一个关于内心故事的水平展开的情节"[20]，是生者与死者、今生和往世的对话。在那一刻，在那个墓地里，现代性变得感伤起来。而在维罗纳古堡博物馆里（Museo di Castelvecchio, Verona），蒙德里安式的不规则窗棂、刻意破掉框子的石灰华铺地、带着缺口的水泥墙们，既没有沦落成为无关痛痒的形式手段，也基本告别了杜斯伯格那乌托邦的口味。它们成了插入历史遗迹中的当下姿态，因与旧建筑的反差，让记忆震荡了起来。[20]

对斯卡帕建筑的研读，让我不由地就想起了冯先生设计的方塔园。我问自己，冯先生的方塔园呈现给我们的又是怎样一种现代性呢？冯先生几十年来不断强调要用"情"克服技术的"冷"，在方塔园身上实现了吗？这一好奇让我生发了重返方塔园的强烈渴望。

2009 年 12 月，正当我准备启程去广州时，传来了冯先生过世的噩耗。想到一年前在网络上看到冯先生在深圳获奖时的情形，颇有些愕然。愕然之余，再也没了托词。我在广州讲座结束后，去了苏州，又从苏州坐上了开往松江的长客，去完成一次我个人对冯先生的拜谒和凭吊。

我差不多有 10 年时间没再走过苏州到松江的这条线了。昔日的河汊沟渠填的填、断的断，或是被高速路所覆盖。冯先生当年所赞美的庑殿顶农居所剩无几。加油站、仓库、停车场、楼群，成了沿途常见的地标。

去年此时，寒流压近上海，方塔园里一片阴霾。寂静里，一个节点一个节点地看过来，感慨油然。有关方塔园作为冯纪忠建筑创作"与古为新"的价值已经被讨论过多次，这里，我只想回到前面我的那个疑惑上去：与西方现代建筑大师对于现代性的阐释相比，冯先生的方塔园到底有着怎样的不同与贡献呢？

我还是从"赏竹亭"处那条一半处在屋檐内一半处在屋檐外的石凳讲起吧。如果我们把它视为是一种"空间构成"要素的话，无疑，这种说法完全成立。它导引着游人的视线，跟不远处的石马构成了类似巴塞罗那展览馆中墙体与雕塑的微妙关系；其次，它强化着路径，又将场地划分成为左右两块。在这个意义上，它就是规定空间的界面。然而我们不该忘记，这个长条的家伙毕竟同时还是一条石凳。雨天、晴天、夏天、冬天，人多、人少，游人是可以选择坐在这条长长的石凳上，并且根据天气和心情，去选择坐下的位置。这让它彻底区别了那种只能看而不中用的空间构成要素。冯先生很看重这个"用"字。然而，也就在这个"用"字上，冯先生同样破掉了传统定式。在任何一个中式的亭子里，鹅颈椅或是美人靠不外是绕着亭子比较老实地作为边缘坐席出现的。冯先生则说，"那个草亭子其中的一个座位是伸出去的，至于这个亭子上头的草顶，我不管它了，反正蛮好嘛，这个亭子特点就在这个地方"②。冯先生用看似随意的一推，就把习惯做法中总是处在四周的长凳，推到了亭子的中央。不仅如此，妙就妙在，那石凳且从草顶下飞将出去，绵延向竹林。这就等于把石凳"用"的定式解开，注之以新的价值与身份。

可以这样说，在方塔园里我们所看到的貌似风格派手法的切口、残缺、块面化细部都有这种妙意。它们多是对于中国传统定式的破解与再造。塔院围墙本可以被连起来，再开上几道角门。五老峰前铺地的残角也可以被补满，只要让石头挪挪位置。可是冯先生在这些我们习以为常的所谓白墙灰瓦和青石铺地的传统做法身上，只消这么一撕，这些本来已经沉入定式的套路就具有了陌生且灵动的开放感。当塔院遭遇了广场，最终出现了开放的墙；当何陋轩从高处伸到水边，它的围合变成了流动的弧面镂空矮砖墙；当河道被扩大成为水面时，水系衍生出一种新的尺度；当草地变成草坪时，在遗址身边出现了现代公园的要素。如前所述，这不是彻底让人头晕目眩的未来感或是不可融化的抽象感，而是意料之外情理之中的以现代西方建筑的基本构成手法，向基地自身故事和历史回望的"建筑动作"。

这种封闭与开放的对话也同样出现在斯卡帕古堡博物馆墙面的撕口上（我不知道冯先生是否讨论或解析过斯卡帕的作品。或许这对我来说已经不太重要，因为我只是想说二位大师共享着某种对于历史的敏感）。在斯卡帕的建筑身上，这种撕口，一来可以破掉新墙的完型，使之没有那么强势；二来，恰好可以通过缺口去做新旧建筑的对比，形成一种类似考古层累的姿态，以一种蒙德里安抗击封闭的视觉美学手段，去反衬展品或是旧建筑身上的斑驳肌理。

不过在方塔园里，诸如何陋轩周围的那些切口在日常生活中还兼任着平台上的排水功能。这就让冯先生的作品远离了斯卡帕细部的精致，更具人间烟火。冯先生的何陋轩可不是在"看的目光"中老去的，而是在脚的践踏、烟熏火燎、满地流水的状态下老去的。怎么说呢？这倒不由地让我想起海德格尔（Martin Heidegger）对于梵·高（Van Gogh）画中农妇破鞋的那句由衷赞美："梵·高的油画揭开了这器具即一双农鞋真正是什么。这个存在者进入它的存在之无蔽之中"[23]。

当竹工们的劳作完成之后，何陋轩的命运也就交给了节气、使用和周围的水土；这个棚子上来自田间山坡的茅草和竹材，根本比不过石头对于时间的抗拒能力。它们庇护棚下生命的过程也是它们自身消亡的过程。在它们的衰败中，何陋轩那种对于生命的庇护使命才能得以圆满。从一开始，从冯先生下笔时，这个简朴又温和的"陋轩"根本不奢求自己肉身的永恒，它的老去和更新恰恰成就了"何陋轩，何陋之有"的内核。

这是冯先生到了晚年才在设计中抵达的圆融境界吗？还有，冯先生在方塔园里，还采用了一种跟斯卡帕相近且很能体现冯先生性格的设计策略，那就是用平面定位线和竖向标高去讲述基地故事的手法。

我们都知道文艺复兴的建筑师们特别痴迷于在建筑的平立剖上埋下具有神性比例的"线构"（Lineamenta）。而到了斯卡帕这里，他用一些跟基地具体历史有关的特殊或是偶然性的几何控制线丰富了以前那种普世性的线构。譬如，在维罗纳人民银行（Banca Populare di Verona）的立面上，那些窗子的转角都不是真正的90°角，而是来自该基地里罗马遗迹的88.5°转角[24][25]；在威尼斯斯坦普里亚基金会（Fondazione Querini Stampalia, Venice）室内的细部上，我们会看到诸如不同高度上石灰华之间被刻意显露出来的接缝。这些接缝对应着室外小桥的桥面高度。而靠近运河一侧跟旧建筑脱开的新墙的高程设计，记录了发生在过去的洪水水位标高[20]。也就是说，斯卡帕设计中的诸多几何控制线悄悄地带入了某些基地历史的线索。而我在方塔园里亦惊喜地发现，原来整个园子的水平和竖向控制线里，也有类似的历史或是自然史的刻写。

像标高，方塔园园里的标高设计非常复杂：

北入口：+5.03 m；北路径中段高处：+5.80 m；北入口处土丘最高处：+6.5 m；天后宫台基：+5.4 m；天后宫台基与广场之间的台基：+6.8 m；方塔地面：+4.17 m；周围地面：+4.7 m；广场：+3.5 m；照壁底部：+4.67 m；照壁前水池平台：+4.10 m；西南原有小土丘：+10.5 m；塔西原有小土丘：+10.3；东北角原高：+6.0 m 改造为+8 m；东入口：+4.14 m；东北角堑道起始平台：+5.4 m；堑道升高到：+6.2 m；堑道结束处：+4.2 m……

如冯先生在《方塔园规划》一文中所给出的解释那样[27]，塔院广场的标高为+3.5m，这是当地洪水水位的高度。它也是冯先生为了要突出方塔的高耸，所能够下挖的最低极限；方塔的地面标高为+4.17m，明照壁底部平台标高为+4.67 m，这类标高其实都是方塔园未建之前，松江古兴圣教寺和三公街的历史标高。如果我们比对一下旧日地图和方塔园标高设计，冯先生对于历史遗存的标高一个都没有动，不仅没有动，还赋予了它们一定的纪念性；而在另外一类属于浅丘或是河道地貌的标高上，冯先生基本上基于原来地貌特点做了一定程度的特征放大。比如，在园子西南角，原本地势就不低+10m，那么冯先生造林时，把挖河道里的土又堆到这片土丘上，冯先生说，这个方向上，园子外面的建筑实在煞风景；还有就是基地东北角，那是过去关帝庙的基地，+6m 标高，冯先生在这里做到+8m，也对这个方向进行了遮挡。

与斯卡帕那种类似藏头诗般的历史遗存标高设计法相比，冯先生的标高设计也更倾向于实用性的考虑。不过，在我看来，冯先生还是有意无意间以他行事的性格完成了两件重要的事情。一个，冯先生同样以类似考古学家的敏感，最大限度地保持了历史遗迹的历史定位；其次，他总在"放大"着这些历史遗存在空间范围上的影响力。

让广场全面下沉以便突出方塔的高耸，这点，我们前文已经说过了。而当我们沿着被扩大的水体北岸向东走去时，我们会在笔直的硬岸线上看到一石尺码的错位。当我们回到总平面上看时，这个看似偶然的错位点，大体对应了方塔东侧的檐口线。隔着一道围墙，隐约之间，方塔的影响力就这么弥散了过来。也许我们根本就不会注意到这种关系，也许看到了，仅仅将之视为是一种形式游戏而已，但那确是多年前冯先生在园子各处为方塔身影悄悄埋下的伏笔。它也是那种冯先生很在意的"建筑动作"。

我是在下午快近 4 点时才从松江搭长途车返回上海的。去年的上海正在筹办世博会，到处都在忙着修路。车子进到徐家汇就被堵得寸步难行。我换了一辆出租，上了高架，往同济奔来，却同样被堵在车潮里。透过车窗，看着傍晚时分大上海绚烂的灯火，我又开始回味起白天的经历。时隔 26 年，冯先生再一次让我望见了那个隐去的背影，先生的作品真是常看常新。26 年后，我从冯先生的作品中所发现的已不再只是立意高远，还有他留在人世的一抹温情。先生从基地出发，从普通建筑的基本问题出发，消解了风格派积极革命态度背后的对抗、虚无和痛苦[28]，同时，也改造了我们传统的自满与封闭。他没有把传统的再造仅仅理解成为形式的纪念性，没有。他也没有把现代建筑创作推向非此即彼的绝境，没有。就在建筑泛滥成为一种喧嚣的时代奇观时，冯先生把建筑身上的现代性诠释成了一种可以跟祖先对话并跟普通人生命相融的绵长。做到了这个份儿上，冯先生的方塔园算不算是对中国现代建筑发展的重要贡献呢？"建筑比其他的艺术更难"，这是冯先生多年前的慨叹。幽暗中，我听到了心跳。

从同济去方塔园的路并不好走，回来的路也很难。

刘东洋
自由撰稿人，笔名城市笔记人
原载于《时代建筑》2011 年第 1 期

注释:

① 心理学里管那些通过施加意愿所唤起的各种线索都叫做自愿性记忆,从中意识可以寻找对于过去经历的重现;而非自愿性记忆往往是很难靠意愿唤起的线索,可能是其他记忆的副产品或是一些珍贵或不太珍贵的片段。这个词现在倒是经常被用来形容斯卡帕等人的作品特征来,所以,此处我也就转用一下,去描述我对初访方塔园某些细节的不自觉忘记

② 我会大致上把那次初访方塔园的时间设定为 1983 年,因为转过年来就从各类媒体那里听到了各种对于方塔园的非议。是春天吗?好像。可是与我们乘着校车同去方塔园的王扣柱辅导员该是那年秋季才开始留校任教的

③ 冯先生自己后来认为,那不算是深思之举,真的造出来,也会不满意的

④ 折合成 1979 年的美元市值为 685 美元。在 1970 年代末、1980 年代初,1000 元人民币每平方米的造价可谓天价。当时很多机关厂矿职工的月薪也多在几十元人民币的水平

⑤ 见冯纪忠,《与古为新:方塔园规划》,第 149 页

⑥ 见冯纪忠,《建筑人生:冯纪忠访谈录》,第 86 页

⑦ 见冯纪忠,《建筑人生:冯纪忠访谈录》,第 35 页

⑧ 冯纪忠,《建筑弦柱:冯纪忠论稿》,第 125 页

⑨ 冯先生自己这样解释北门的设计:"一个横着的,一个竖着的,它们是错开的关系。因为错开,有点距离嘛,所以老远看着,它有点歇山的感觉。因为它是朝北的,是从北面看嘛,太阳总照不到,它主要是一个面起作用……"(见冯纪忠,《与古为新:方塔园规划》,第 141 页)。这段话平和地道出了冯先生对民居意象以及现场直观感受的重视

⑩ 这篇文章如今看来既没有真正揭开"解构主义"(Deconstructionism)的来龙去脉,也没有真地搞懂埃森曼的句法渊源,跟冯先生的《答客问》比起来,鲁莽草率毕显

⑪ 见冯纪忠,《与古为新:方塔园规划》,第 74 页

⑫ 冯先生在 2007 年的回顾中说,何陋轩的"动感"比巴塞罗那展览馆大一点(冯纪忠语,见冯纪忠 2010:p.80);何陋轩的弧墙堪比博洛米尼(Francesco Borromini)对圣玛利亚教堂墙面流动的处理(冯纪忠语,见冯纪忠,《与古为新:方塔园规划》,第 106 页)。注:如果指外墙的流动,此处的"圣玛利亚教堂"很可能指圣卡洛教堂(San Carlo alle Quattro Fontane)

⑬ 参照 Schultz, Anne-Catrin, "Carlo Scarpa: Layers", c.2007

⑭ "(1)我这里所代言的荷兰风格派,源自接纳现代艺术后果的必然性;就是说,要针对普遍性问题,找出实际的解决方案。(2)对我们来说,最重要的就是建造,而建造就是把我们所能拥有的手段组织成为某种统一性。(3)这种统一性只有通过克制表现方式中那些武断的主观要素才能够实现。(4)我们拒绝对于形式的一切主观化选择,我们将采用客观、普遍、构成化的方式去选择形式。(5)我们管那些不害怕艺术新理论后果的人,称为进步艺术家。(6)荷兰进步艺术家们最先采纳了一种国际化的立场,即使在第一次世界大战期间…(7)这种国际化立场源自我们工作本身。亦即,源自实践。在其他国家那里,同样的必要性也出自进步艺术家们的发展。"(见 Doesburg, Theo van, "Principles of Neo-Plastic Art", c.1968, p.2)。

⑮ 有关现代性(Modernity)的概念,哲学家哈贝马斯(Jurgen Habermas)曾在《现代性——一项未竟的工程》中给出过一次从古到今其历史语境的综述,显然,在古代,人们对于"现代"(Modern)的意识在于要从当下和过去的关联中去寻找新与旧的过渡。亦即,这种对于"现代"的意识并不排斥传统。自 18 世纪的启蒙运动之后,出现了根据科学、道德和艺术的自身内在逻辑去发展"客观科学、普世性道德观和法则,以及自主性艺术"的有关现代性的庞大工程(见 Habermas, Jurgen, "Modernity—— an Incomplete Project", c.1983, p.9)。现代性显然成了基于普世理性、强调自主、拥抱开放的思维方式和社会运动。在这种激进的革命态度下,传统开始受到了极大的挑战。"现代性拒绝传统的任何规范化要求;现代性生活在对于所有规范的造反的体验之中"(Habermas, Jurgen, "Modernity——an Incomplete Project", c.1983, p.5）。我们因此也就颇能理解，在风格派的先锋艺术家那里，现代艺术是要朝未来看的，可以与传统无关的。对此海尔蒂·海尼（Hilde Heynen）将之概括为先锋艺术的无根性（Rootless）（见 Heynen, Hilde, "Architecture and Modernity: a Critique", c.1999, p.9）

⑯ 这份 1922 年的《宣言》主要是杜斯伯格一人的手笔，毋庸多言，在这个新立场与新艺术的形而上学光环下，风格派这个小团体里也是充满了差异性的。里德维尔德对于家具线条直线化的处理可能更多地源自车床加工木料时的技术理性，而蒙德里安对于直线的恪守根本在于他认为宇宙万物皆可被削减成为水平与垂直的矛盾。基于这一点，蒙德里安并不认为自己是在画着一些莫名其妙的抽象画，而是在画着很具像的宇宙深层结构

⑰ 见 Mondrian, "The New Art——New Life: The Collected Writings of Piet Mondrian", c.1986, p.49

⑱ 见 Besant, Annie, & Leadbeater, C.W., "Thought-Forms", c.1980

⑲ 见 Friedman, Mildred, edited, "De Stijl: 1917-1931, Visions of Utopia", c.1982; Troy, Nancy J., "The De Stijl Environment", c.1983; Blotkamp, Carel, edited, "De Stijl: the Formative Years 1917-1922", c.1986

⑳ 见 Zambonini, Guiseppe, "Process and Theme in the Work of Carlo Scarpa", in "Re-Reading Perspecta: the First Fifty Years of the Yale Architectural Journal", c.2004, p.475

㉑ 见 Schultz, Anne-Catrin, "Carlo Scarpa: Layers", c.2007, p.60

㉒ 见冯纪忠，《与古为新：方塔园规划》，第 59 页

㉓ 见海德格尔，"艺术作品的本源（1935 － 1936）"，《林中路》，孙周兴 译，第 19 页

㉔ 对此，萨博尼尼曾写到："从布里翁家族墓地开始，斯卡帕就开始发展一种更为抽象的态度，一种近乎建筑沉思般的更加默默思考的成熟。从这时开始，斯卡帕的每个方案都全部变成了他一个人的设计，通过提出具有挑战性的问题，斯卡帕成了能回答那些问题的唯一的人。斯卡帕顽强地思考着从之前项目积累下来的各种问题，越想越深。在维罗纳人民银行那里，斯卡帕在拆掉原来的建筑后，在拥挤的罗马方格子之间，建立了一个巨大的虚空。在这栋建筑身上，平面形式和立面是彻底脱钩的。为了寻找一种非常艰难的挑战，斯卡帕决定拿来老楼平面上所谓直角转角上 1.5° 的偏差，让这种角度差，贯彻到了整个新楼的任何角落"（见 Zambonini, Guiseppe, "Process and Theme in the Work of Carlo Scarpa" c.2004, p.473）；另一位斯卡帕的评论者科里帕（Maria Antonietta Crippa）也写到，"这似乎显示出来斯卡帕对于习惯做法的一种无法忍耐，甚至到了一个程度，想要抗拒功能性"

㉕ 见 Zambonini, Guiseppe, "Process and Theme in the Work of Carlo Scarpa", in "Re-Reading Perspecta: the First Fifty Years of the Yale Architectural Journal", c.2004, p.473

㉖ 见 Zambonini, Guiseppe, "Process and Theme in the Work of Carlo Scarpa", in "Re-Reading Perspecta: the First Fifty Years of the Yale Architectural Journal", c.2004, p.472; Frampton, Kenneth, "Studies in Tectonic Architecture: the Poetics of Construction in the Nineteenth and Twentieth Century Architecture", c.2001, p.299
见冯纪忠，《与古为新：方塔园规划》，第 .123-128 页

㉗ 见 Heynen, Hilde, "Architecture and Modernity: a Critique", c.1999, p.27

㉘ 见 Heynen, Hilde, "Architecture and Modernity: a Critique", c.1999, p.27

参考文献:

[1] Besant, Annie, & Leadbeater, C.W., "Thought-Forms", Wheaton: the Theosophical Publishing House, c.1980

[2] Blavatsky, H.P., "The Key to Theosophy", edited by Joy Mills, Wheaton: the Theosophical Publishing

[3] House, c.1972

[4] Blotkamp, Carel, edited, "De Stijl: the Formative Years 1917-1922", Cambridge: the MIT Press, c.1986

[5] Dal Co, Francesco, & Mazzariol, Giusseppe, "Carlo Scarpa 1906-1978, Complete Works", Milan, c.1984. Doesburg, Theo van, "Principles of Neo-Plastic Art", translated by Janet Seligman, London: Percy Lund, Humphries & Co. Ltd., c.1968

[6] Frampton, Kenneth, "Studies in Tectonic Architecture: the Poetics of Construction in the Nineteenth and Twentieth Century Architecture", Cambridge: the MIT Press, c.2001

[7] Friedman, Mildred, edited, "De Stijl: 1917-1931, Visions of Utopia", Minneapolis: Walker Art Center, c.1982

[8] Habermas, Jurgen, "Modernity—— an Incomplete Project", in "The Anti-Aesthetic: Essays on Postmodern

[9] Culture", edited by Hal Foster, Port Townsend: Bay Press, c.1983, pp.3-15. Heynen, Hilde, "Architecture and Modernity: a Critique", Cambridge: the MIT Press, c.1999

[10] Kandinsky, Wassily, "Kandinsky: Complete Writings on Art", edited by Kenneth C. Lindsay & Peter Vergo, Boston: Da Capo Press, c.1982

[11] Marinelli, Sergio, "Carlo Scarpa: il museo di Castelvecchio", Venezia: Electa, c,1996 Mondrian, Piet, "The New Art——New Life: The Collected Writings of Piet Mondrian", edited and translated

[12] by Harry Holtzman & Martin S. James, Boston: G.K.Hall & Co., c.1986

[13] Schultz, Anne-Catrin, "Carlo Scarpa: Layers", Stuttgart: Axel Menges, c.2007 Troy, Nancy J., "The De Stijl Environment", Cambridge: the MIT Press, c.1983

[14] Wiesman, Carter, "I.M.Pei: a Profile in American Architecture", New York: Harry N. Abrams, c.1990

[15] White, Michael "De Stijl and Dutch Modernism", Manchester: Manchester University Press, c.2003

[16] Zambonini, Guiseppe, "Process and Theme in the Work of Carlo Scarpa", in "Re-Reading Perspecta: the

[17] First Fifty Years of the Yale Architectural Journal", edited by Robert A. M. Stern, et al., Cambridge: the MIT Press, c.2004, pp. 467-492

[18] 海德格尔, "艺术作品的本源(1935 － 1936)" [M], 林中路, 孙周兴 译, 上海: 上海译文出版社, 1997.

[19] 冯纪忠, 与古为新: 方塔园规划, [M] 赵冰 主编, 北京: 东方出版社, 2010

[20] 冯纪忠, 建筑弦柱: 冯纪忠论稿, [M] 上海: 上海科学技术出版社, 2003a

[21] 冯纪忠, 建筑人生: 冯纪忠访谈录, [M] 上海: 上海科学技术出版社, 2003b

[22] 赵冰, 主编, 冯纪忠与方塔园, [M] 北京: 中国建筑工业出版社, 2007

小中见大
——我读方塔园"何陋轩"

黄一如

记得第一回接触方塔园"何陋轩"，是在 1986 年的下半年。那年我有幸成为冯先生的弟子，开始在冯先生的指导下学习。先生嘱我制作一个 1:100 的"何陋轩"模型，藉以表达他对于"何陋轩"以及周遭环境的完整想法。那个时候做模型，没有机器、全靠手工，由于"何陋轩"的材料和结构都比较特殊，所以前后用了近半年时间，几经修改才告完成。就在这半年之中，我不仅几次跟冯先生去"何陋轩"工地，而且还在冯先生指导模型制作的过程中，通过这一方小小的模型，得以"小中见大"，逐渐对"何陋轩"的设计有了些许自己的解读。

冯先生一直认为，中国文化对社会和谐的追求，结果却往往表现为对个性的压抑。从开始起，"何陋轩"处处都在表达一种独立意识，不仅建筑整体意象被刻意与方塔园中其他建筑拉开距离，而且从建筑各部分到各建筑元素连接节点的处理等等，均力图表现以各自独立为前提的连接关系。例如，茶室与厨房在形式、结构与材料上各自独立；又如，做弧墙的时候，冯先生强调，每片墙都应该是单根圆弧的一段，两片墙之间先形成缝隙，然后再以矮墙相连；再如，对植物的配置，也是让常绿植物和落叶植物如围棋黑白子般各自成"势"，一年四季方能形成丰富而互异的空间开阖关系。在我看来，建筑界多受关注的"建构"理论，表现在形态上，其实也是力求在建筑构件的独立性基础上，表现巧妙而清晰的连接，构建"可拆分"的建筑。

"何陋轩"的平台与竹构各为独立而完整的系统，互成角度；由于平台铺面是刨平后打磨的青砖，十分易碎，因此，竹柱最好落在竖铺的砖条而非平铺的砖面上，这在模型制作中尚且十分不易，更不用说实际建造了。经过仔细推敲，绝大多数竹柱都立在了砖条内，冯先生喻之为"表面的随意性与内在的精确性结合"。冯先生十分欣赏东坡名言，"反常合道为趣"，力图以理性精神去追求"气韵生动"的浪漫艺术趣味，这不仅体现在"何陋轩"，也凝聚于他为同济大学建筑与城市规划学院提炼的"缜思畅想"学术精髓之中。

冯先生用"形、情、理、神、意"五个字，从艺术的演进和共存关系的角度，概括了中国风景园林的历史发展脉络；其实，这五个字，也是读解"何陋轩"的最佳切入点：寓情于空灵飘逸，藏理于风骨神韵，表意于竹间池际。而冯先生正是凭籍思想的巨大力量，穿透了那个艰难时代的重重雾霾，通过小小的"陋室"，构筑起一个中国现代建筑的历史坐标点。

黄一如

同济大学建筑与城市规划学院副院长、教授、博士生导师

因何不陋

童明

初见何陋轩的施工图，最惊讶的莫过于图纸在某些方面的简单性。且不说图纸的数量不过七八张，就其内容而言，也不如想象的那般复杂。如南立面，通篇上下除了简单的墨线图形外，只有檐口所标注的"+6.30"这么一个数字，而侧立面除了增加屋脊和北侧檐口的标高外，再无别的更多信息。

然而每入何陋轩，所获的现场感受却是如此丰富，以至于上上下下、反反复复地寻视良久，也难以在概念中构成一份清晰的图景。可以说，这种丰富性来自于穿梭土丘、竹林、曲垣之间的蜿蜒石径，来自于临水而设、错层叠加并且相互旋动的青砖平台，来自于当空悬浮、由众多繁复的竹竿节点所构成的硕大草棚，在这样一种全然笼罩之下，各种因素都在暗处构成了一种相互转换的欲动。

这一切无不在志得意满地表达着作者本人的初始设想："意动空间"。

冯纪忠说，"这是我本人的'意'，在那里引领着所有的空间在动，在转换……"[①]

于是，为了弄清楚这一形式复杂的作品，人们更多习惯性地从建构的角度去理解，如 2001 年《A+D》杂志曾经以"建构"为题对冯进行的访谈，2004 年华霞虹在《时代建筑》有关同济四个建筑作品评析中对何陋轩的解读。今年杭州中国美院建筑系二年级的课程设计也以何陋轩为对象，其中一部分就是针对其中节点构造所做的研究，以"拆

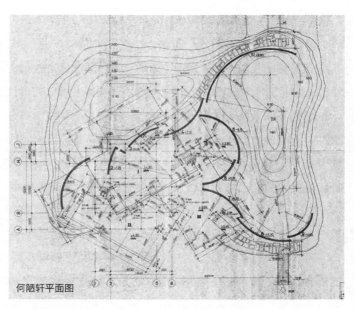

何陋轩平面图

造何陋轩"为题，对竹轩的全部竹节点进行了详尽的分类，并且在此基础上复制了所有模型，研究了替换设计，同时模拟《营造法式》中传统的样式图来表达记录，丰富的成果摆放了满满一间展厅……

然而对照着当年何陋轩的施工图，图纸表达的方式及其内容却令人不免产生这样的疑虑：我们是否在以现今的思维方式误读着何陋轩？因为图中关于细部节点的描述除了涉及曲垣、挂水以及"何陋轩"三字的立匾之外，并没有关于竹轩构造的任何信息。即使在与这些精巧节点相关性最多的剖面图上，涉及这些细节的地方也都是含糊其辞，一笔带过。

冯本人的言论也验证了这样一种事实。在 2007 年有关何陋轩的访谈记录中，他非常坦率地陈述了这一点："竹结构的问题，就是不能做这么大空间，我们没办法考虑。竹匠考虑这个问题，就随机应变得比较多。我们看来是随机应变，实际上他们有很多程式我们不知道。所以当时我就照他们的意思去做，具体照竹匠来决定，我们就决定柱子的距离，和要多少柱子。"②

但紧接着冯又说明何陋轩的设计并非是粗放型的，"它还是一个有组织的房子，不是一个随便的房子"。只是这种不随便性的着落点与我们今天所关注的方式不一样，在某些方面，何陋轩的设计表达可以是非常约略的。作者最关心的就是"意动空间"

的情境，"这个做到就够了，至于面上怎么搭的，就让他们去搭，因为我们决定不了"。③

因此在2001年《A+D》的访谈中，当方塔园被以建构的名义而提及时，冯推辞说："它在很多方面未尽如人意，当时并没有完全安静下来……还缺乏细节，缺乏'建构'……"而另一方面，冯又认为，"贾岛一类的'推敲'亦不可或缺。"④

换一种方式理解，这样一种推敲可谓一种关系上的推敲。"不论台基、墙段，小至坡道，大至厨房等等，各个元件都是独立、完整、各具性格，似乎谦挹自若，互不隶属，逸散偶然，其实有条不紊，紧密扣结，相得益彰的。"⑤

实际上，这种貌似逸散偶然，实则紧密扣结的方式，应当是贯穿于整个方塔园的构想之中的。

为什么何陋轩的意图会是一个"意动空间"，而不是一个"行动空间"？这需要回到何陋轩的初始设计目的。冯在勾画何陋轩之前就已经估计到，游人在偌大的方塔园中游走半日之后，何陋轩其实就成为临出门前最后的一个休憩点。因此，"到那里就坐下"，但这并不是简单的坐下休息，而是"一坐就感到它的变动，一直到走……"。这样一种静止与欲动的关系并不是"从这个地方到那个地方"，而是环岛景观在固定坐者的四周形成了一种意动状态。"久动思静，现在宜于静中寓动，我设计时正是这样想的，不然的话，大圈圈之中又来一小圈圈，那不就乏味了。"⑥

于是直到临近实施的那一刻，何陋轩从规划中的庭院游廊格局转变为阴凉轩敞、竹构草顶的歇山厅。

但是仅有这样一座精致的敞厅是不够的，冯所指的意动状态应当就是那种丰富性，也就是能够为观者提供足够的情趣。

冯是这样来解释"趣"字的："趣就是情景交融，物我两忘，主客相投，意境生成的超越时空制约的释然愉悦的心态。"⑦

为了达到这样一种状态，需要确凿而清晰的方式才能实现。在他眼里，"所谓意境，并非只有风花雪月才算"。进而言之，就是里面的空间怎么变化，变化的幅度应当如何等具体的措施。在设想中，何陋轩的空间感受不仅应当随着位置的移动而变化，也应当随着时间的延展而变化，从而形成比其他建筑更多的"总感受量"。

如果顺着这种思路来反观何陋轩的设计过程，则会看到那种历经欧洲现代建筑教育熏陶，又秉承了中国文人情怀的思维所着重关注的内容。

首先是何陋轩的型制，其规模与格局的对话者是方塔园另一端的宋代方塔、天妃宫、楠木厅甚至北大门，它们是散落于方塔园中的"点"，既各自独立，又相互照应。因此何陋轩作为其中之一，其分量不能少于其他任何一个，这也许是冯将原先的分散格局转换为集中格局的另一个重要原因。而且何陋轩应当如同其他"点"一样，需要配以一个尺度相当的基台，"就好像是博物馆里一件贵重的东西,都用一个托子托住它"。[⑧]

何陋轩的基台虽然规模取自天妃宫，但它所强调的是意动而不是静止，因此这里的处理方式必然不同于其他。由于竹轩作为岛上唯一的主体建筑，它需要恪守坐北朝南的传统规矩，因此只有基台可以成为实现该意图的主要媒介。三个大小等同的青砖平台依次相互转动30°，并以逐级高差相互叠摞，其结果就是虽然竹轩本质上朝向明确，但由于与底部基台的错动关系，观者的视觉无论是跟随着上方的竹棚，还是跟随着下方的基台，都会产生一种旋动的感觉，而这种旋动又会将观者的视线带向竹轩的四周。

其次，由于竹轩与基台之间的错动关系，基台又是由三个相互转动的平台所构成，导致竹棚与台基的连接关系很难确定，因此正是在这里体现出设计者的精细度之所在。

冯要求竹轩的"柱子都是在砖缝里面"，这是因为何陋轩唯一费钱的材料就是铺地的大方砖，为了使竹柱在落地时避开大方砖，方砖的间隔采用小青砖竖向嵌缝，既为了加强方向感并有利于埋置暗线，也为了接纳铁质的柱基，消除尺寸误差。而三层平台错叠所留下的一个三角空隙，恰好可以竖立轩名点题。

另外，由于何陋轩的目的是休憩、观景，此时的墙垣在这里并没有围闭的必要，相反，它们以各种弧线形状延伸，散嵌到四周的地形中，从而起着屏蔽、导向、透光、视阈限定、空间推张等作用。功能上起着挡土作用的高矮不一的弧墙，实际上也与屋顶、地面、光影组成了随时间不断在变动着的空间。其结果，就是由竹轩、基台所形成的旋动关系，经由这些弧线挡墙的作用，从何陋轩的内部空间一直"引发"到对岸。

如果回复到何陋轩在建造之前的地形图中，我们就能体会到这样一种思考逻辑的用心之处：当时设计者所面对的核心问题可能就在于，在这样一种几近白纸的条件之下，身处何陋轩能够观赏到什么样的景致？

彼时何陋轩所处的基地，南侧水塘刚刚完成，四周树木仍然稀疏。虽然冯拥有绝好的预判性，二三十年后，园里的小树都长成大树，并且也会越长越茂密，空间感也会发生变化。但是在当时所能够即刻获得的则是各类独立要素所构成的有趣关系，时间推移的作用只会使四周不断成熟的景物渐次融入进来。

由此，我们最终会明白，为什么在何陋轩的立面图上，冯只关心檐口标高这一信息。

屋檐之所以压得这么低，是"因为墙靠马路相当近，我不愿意让他一进门就看到很多外面的东西"；但另一方面，这也相应推动了冯所谓的"意动空间"这一主题，这实际上就把核心思考从"景物对象"转移到"景致关系"上来了。

本来因为南望对岸树木过于稀疏，所以有意压低厅的南檐，把视线下引。而弧形挡土墙段对前后大小空间的形成，原是出于避开竹林，偶尔得之的，却把空间感向垂直于厅轴两侧扩展了，纵横取得互补。我总觉得，一片平地反而难做文章……⑨

因此在后来的一张"方塔园植被改造总图"中，虽然何陋轩只呈现为一个正南正北的十字形简单轮廓，但正是在这简单轮廓之下，却包含着一系列的复杂转化。我们从这几张为数不多的施工图纸中可以寻找到一些实际效果的具体原因。

正因为南侧的压低檐口，竹轩的屋面坡度才会显得更为陡峭，草棚屋顶在弯曲路径的映衬下会显得更为硕大，从而凸显出作为园中一"点"的合宜分量；棚内屋架的构造本身并不是设计所关注的重点问题，上方竹结构的接点涂黑、杆件涂白，其意图就是使得屋顶能够变轻，能够飘动，从而弱化硕大尺度所带来的压抑感觉。

竹轩本身的结构虽然周正规则，但是在南北纵向剖面中，屋脊线却向北多移动了一跨，不等跨度关系，使得落于下层平台的南侧檐口由于更长的放坡而显得更为深远。

东西两面的侧檐由于与弧墙的对应关系，所以其外边在施工图中也被修改为弧形，构成深浅不一的进深，从而也引起了下方斜撑立柱的各式造型。

外围的墙垣之所以设计为曲线，不仅因为是地形的关系，更重要的是考虑到早晚阳光的转换所带来的光影变化，从而使得在竹轩内所感受到的空间也随着时间在转变……

从这些方面来看，何陋轩在中国近现代建筑中可谓是一件为数不多的、无论从形式还是从意图可以清楚解释的作品。它的精确性存在于对所设意图的落实方面，也存在于对仗关系的娴熟运用：周正与散逸，方直与弧曲，透空与密实，安静与欲动……

设计就是这样考虑的。⑩

冯是中国近现代建筑师中少有的具有明确主体意识的人。在他的言谈中，经常会出现"符合我当时的心境"这样的话语。在方塔园的思考过程中，理应的挑战存在于，它是"从头开始空白的"，但冯对此却是"蛮开心的"。勿如说，即使从头开始，方塔园的诸多因素实质上还不得不取决于历史、现状、他人……但是何陋轩的情况却有所不同。冯称何陋轩是方塔园中"我的一个点"，引领着"我的一个点"如何发展的就不仅仅是与之有共鸣的"宋代精神"在流动，更重要的是，"我的情感，我想说的话，我本人的'意'，在那里引领着所有的空间在动，在转换"。

冯将整个方塔园的设计解释为取自宋代精神，也就是写自然、写山水的精神，但是在何陋轩，自己所遵循的则是写自己的意，就如同苏州园林是写主人自己的意那样，其主题不是烘托自然，而是将自己的"意"摆放在自然中。

于此，我们可以理解这里所指的"意"并不是一种工匠精神，工匠只是遵循既有的法则，但建筑师所更为关注的则是如何从无形之中寻找到有形之法。

当冯谈及创作方塔园的设计精神时，想到了"与古为今"这四个字。他是这样来解释的："为"是"成为"，不是"为了"，无论是为了新还是为了旧都是不对的，关键在于"与古"前面还有一个主词（Subject），主词在于"今"，正是主词的存在才可能推动与"古"为"新"的这一过程。⑪

因此在《A+D》的访谈中，当冯遭遇"建构"这一词语时的反应是："一方面，建构的本意无非是提示木、石材如何结合一类的问题，但另一方面，它要求考虑人加工的因素，使人的情感在细部处理之时融进去，从而使'建构'显露出来，比如对于石材的处理，抛光是一个层次，罗丹式处理是又一层次，这种'简单'会使我们更深地体会到它的丰富性。在我看，'建构'就是组织材料成物并表达感情，透露感情。"⑫

我们无从得知冯是否研读过弗兰姆普顿的《建构文化研究》之类的书籍，但是从其言谈及设计中可以看出，对他而言，建构是一手段，而非最终目的。相应地，冯可能更喜欢用"意"这一中文词语来应对"建构"语境中的"诗"或者"精神"。

无意之笔只能是照相机、复印机。⑬

"意在笔先，定则也。"冯在回忆访谈中有一段引用郑板桥画竹时的所悟之言颇具深意，"晨起看竹，烟光、日影、露点皆浮动于梳枝密叶之间，胸中勃勃，遂有画意，其实胸中之竹并不是眼中之竹也，因而磨墨展纸落笔，倏忽变相，手中之竹又不是胸中之竹也"。

意中之竹，眼中之竹，手中之竹，以及画中之竹，其实各不相同，它们之间的相互转化必须经由主人的一番细斟慢酌、慎思密想之后才能达成。

"意"在冯的解释中可谓是朦胧游离的、渴望把握而尚未升华的意境雏形。他说意象只有经过安排组合，寻声择色，甚至经受无意识的浸润而后方成诗篇画幅。⑭这可能意味着两方面的含义："意"是先于创作活动而存在的，无意也无画，当然也无建筑，但它取决于作者本人的积淀；另一方面，"意"是需要一个清晰有效的过程来表达的。在设计之初，当"身处设计的临界点时，我想很难判断自己所具有的理念具体是什么？"因为"意"是需要一种艰苦卓绝的过程来实现的。

就艺术创作活动一般来说，意念一经萌发，创作者就在自己长年积淀的表象库中辗转翻腾，筛选熔化，意象朦朦胧胧地凝聚起来，意境随之从自发到自觉，从意象到成象而表现出来，意境终于有所托付。⑮

这也是建筑设计所经常面临的情况："结合项目分析，意象由表象的积聚而触发，在表象到成象的过程中，意境逐渐升华。不管怎样，三者互为因果，不可分割。我们争取的是意先于笔，自觉立意，而着力点却是在驰骋于自己所掌握的载体之间的。"⑯

通过何陋轩可以透露出，冯是属于真正意义上的那样一种建筑师，也就是能够真正以建筑方式进行思考的现代建筑师。他不仅在真实的环境中从事建造，而且也在自己的心灵深处从事建造。

这种建造不是那种动辄社会责任、文化传承之类的惶惶言论，也不是那种循规蹈矩、呆板严实的亦趋亦步，它是思维的一砖一瓦的真实搭建。因此，决定着建筑品质的往往并不在于外部因素，"建筑设计，何在大小？要在精心，一如为文。精心则动情感，牵肠挂肚，字斟句酌，不能自已……"⑰

在这样一种过程中，冯始终不离的是对这一过程标准的理解：真趣。

正是由于这一标准何其难也，才使得何陋轩背后的工作"夜以继日，寝食难安"，也正是由于这一标准，才使得冯的建筑"诚不若于读诗文中寻趣，其乐无穷"。

童明

同济大学建筑与城市规划学院教授、博士生导师

原载于《城市 空间 设计》2010 年第 5 期

注释：

① 冯纪忠，《与古为新——方塔园规划》，东方出版社 2010 年版，第 6 页
② 同上，第 91 页
③ 同上
④ 冯纪忠，《关于"建构"的访谈》，《A+D》，2001 年第 1 期，第 67 页
⑤ 冯纪忠，《与古为新——方塔园规划》，第 135 页
⑥ 同上，第 133 页
⑦ 同上，第 141 页
⑧ 同上，第 4 页
⑨ 同上，第 137 页
⑩ 同上，第 77 页
⑪ 同上，第 4 页
⑫ 冯纪忠，《关于"建构"的访谈》，《A+D》，2001 年第 1 期，第 68 页
⑬ 冯纪忠，《与古为新——方塔园规划》，第 140 页
⑭ 同上，第 141 页
⑮ 同上，第 136 页
⑯ 同上
⑰ 同上，第 137 页

时间的棋局与幸存者的维度
——从松江方塔园回望中国建筑三十年

周榕

题记

　　　　"万物害怕时间，而时间害怕金字塔。"——阿拉伯古谚

一、时间的幸存者·方塔园参照系

　　时间仿佛在方塔园静止。

　　除了北门内一簇应景的 2010 年上海世博会宣传角，以及两个人迹罕至、被用作游乐园与碰碰车场的园中园之外，松江方塔园与这个时代几无关联。

　　这一块时间的飞地，宋塔自 915 年前升起，明壁自 639 年前矗立，清宫自 126 年前肇始，园林于 27 年前落成，而塔、壁、宫、园浑然一体，被时间摩挲得如此圆融。这座园林不属于这个时代，甚至也不属于它设计建造的那个时代，它既未曾操持某个时代专属的符号和语汇，因此也逃脱了被囚禁于特定时代壁障中的命运，当一波又一波的时代大潮退去之后，松江方塔园，就这么成为时间沙滩上为数不多的幸存者之一。

　　在方塔园登塔，恍若回溯中国建筑三十年的旅程。攀梯而上，每高一层，园外的景象

图 1~3，方塔园登塔时窗外
每一层不同的景象

就多浮现一分：从 1980 年代初的仿古建筑，到 1990 年代混用欧陆符号的折中式住宅与酒店，再到正在兴建的时髦写字楼，大量风格各异的城市建筑争奇斗艳，触目伤心，共同构成了一幅变乱的中国风景，或者，一幅年代清晰的地质考古断面（图 1~3）。

和几乎所有的中国当代城市一样，方塔园外的世界，仿似时代"灾变"的结果，太多的形式错铺杂陈，彼此毫无关联，也梳理不出一条渐次发展的清晰脉络。时代的情境烟消云散，惟余建筑和城市共同凝固为尴尬的表情和姿态。方塔园与园外的城市，彼此构成了相互的参照系，一方是时间的从容与舒缓，另一方是时代的慌乱和喘息。

以方塔园为参照系来收纳中国建筑三十年来所横越的时代，从时间幸存者的维度重新拣选三十年中国建筑所收获的果实，可以发现，尽管时代的建筑遗存是这么丰沛，然而历经时间网眼的重重筛选尚能幸存的样本却如此寥落。假如建筑史只记载幸存者的话，那么近三十年中国建筑所爆发出的海量创造，完全可以凝缩为薄薄的几页，但即便在这寥寥数页建筑史中，也必定还有相当数量的入选者是为了照顾其代表性而勉作充竿。

松江方塔园，三十年前从这个时点出发的中国当代建筑，经过三十年来一日千里的狂飙猛进，最后发现仍然没能突破方塔园所构筑起来的散淡格局。

时间漫不经心地投下几枚棋子，就封锁住了中国建筑的所有去路。

二、幸存者的秘密·何陋轩密码

在时间中幸存是源于宿命，而决非出自偶然。

这座 1978 年起由冯纪忠先生领衔设计、1982 年开放、并于 1988 年陆续收尾建成的园林，在 1980 年代既不曾身处时代的聚光灯下，也未被卷入彼时中国建筑界有关创作方向的炽热论战之中。和 1980 年代声名显赫的中国建筑典范——如"神似派"的香山饭店、"形似派"的阙里宾舍、以及"创新派"的北京中国国际展览中心等时代弄潮儿相比，方塔园似乎与时代建筑的主流相违甚远：它拒绝复古，也不标榜创新，既非现代，亦非后现代，难以被任何一种现成的理论总结，也无法被任何一个时兴的流派归类，遗世独立，孤芳自赏，甘于寂寞。

回首当年，松江方塔园在设计之初所应对的，是一个位处上海远郊区县、远离重点区域与热点问题、且乏人问津的"小题目"。或因夙缘至此：唯其偏，故能逸兴超拔；唯其冷，故能沉潜含玩；唯其小，故能一意孤行。

方塔园进行设计的年代，正值中国建筑界劫后余生之时，似醒非醒、起而未作之际，西方时新理论尚未传入，集体的声音也尚未合流，苍黄交界，一统未判，未来的建筑创作方向尚处于纷扰与迷茫之中。这样的时代缝隙，为建筑师保留了难得的稍纵即逝的私人空间，正是这宝贵而短暂的"逍遥游"的良机，与建筑师自身的深厚学养及雅量高致契合共振，才诞生出方塔园这样的传世"逸品"。

值得庆幸的是，方塔园设计从一开始面对的，就是一个时间课题：宋代的方塔、石桥，明代的照壁、楠木厅，以及清代的天妃宫，这些相距数百年、分属不同时代的古物，如何能够组织成一个有机的历史整体，是方塔园设计中最大的挑战。也就是说，为凸显其发展源流并建立各历史遗存间的关联，方塔园设计必须精心构筑起一个时间格局，而模糊掉其时代属性。在这个时间的大格局中，隐含的是对永恒问题的思考与觉悟：今与古、人工与自然、私人与公众、自由与秩序、人与天地万物的关系安排。

一个恒栖于时间中的旷世杰作，在时代的喧嚣中很难被快速地理解消化，甚至三十年时光的背书与阐发，都不足以让世人充分破解其蕴藏的深意，幸好，冯纪忠先生于 1988 年发表的《何陋轩答客问》[①]，给我们留下了一窥堂奥的线索。

《何陋轩答客问》凡 2700 余字，不费辞章而余音隽永。通篇看似跳跃散漫，随性而议，实则谋篇精老，有深义存焉。文章虚托主客[②]，以问答为线，客喻指外部世界的已然状态、应然力量、预设的既定视角和惯常的思考轨道，而主则寄意内心世界的价值操守、文化依托、私人趣味与情感纽结。客以通行观念诘主，而主则以个体经验答客。客要求明秩序、定规律、归类别，主却引经典、绕弯子、顾左右，曲意化解客之咄咄攻势。问答揖让之间，何陋轩乃至整个方塔园的设计思想昭然纸上。

首先，《何陋轩答客问》一文满溢着清晰而浓厚的主体自我意识：作者拒绝庸常的惯性思维，而强调"反常合道为趣"的私人趣味，从方塔园力排众议的下沉堑道（图 4），到何陋轩削弱节点清晰度的漆涂（图 5），设计者始终坚信这种匠心独运的私属趣味不会被时间所淹没，坚信只要游客进行"独立体验"，并尊重自己的内心情感和主体选择，即能对设计者的苦心孤诣有所会心。

图 4. 堑道
图 5. 何陋轩削弱节点清晰度的漆涂

　　其次，通篇无一字言及时代精神与创新诉求，却透露出强烈的历史自觉。作者对松江至嘉兴一带庑殿式弧脊民居"颇惧其泯灭"，故"掇来作为设计主题"，得其意而不拘其形。此一神来之笔，令方塔园与外部更浩大的时空联结在了一起，何陋轩的形式看似天外飞仙，实则薪传有序，历史的文化血脉在此获得接续，新建筑被赋予了某种精神的"根性"。

　　最为重要的是，即便在一个茶室这样微不足道的园林小品设计中，作者仍力求"小题大做"，毫不以利钝得失为意，殚精竭虑，倾情动感，终至"牵肠挂肚，字斟句酌，不能自已"，设计者在此寄寓的，远非功利性的考量，而是对文化的深情关切。因此，《何陋轩答客问》并非一份建筑设计说明书，而更应看作冯纪忠先生的一纸"文化自白"。在这份自白书中，作者决不涉宏大叙事之辞，更不以中国建筑界的代言人与指路者自居，而是爬梳低微，嗫嚅私语，通过"探微入秘"与"反求诸己"织构出一张具有开放性魅力的絮语网络，就在这嘈嘈切切的絮絮叨叨中，读者可缘于自己的悟心而不断撷得灵性的吉光片羽。恰如作者所言，建筑"一如为文"；与私意甚浓的文章一样，方塔园既是一个服务于大众的"公园"，也是一个供设计者寄托文化情怀的"私园"，何陋轩也正是通过围绕着私与微的散漫独白和絮语，而闪现出一种为习惯于用普遍宏大的功利价值来衡度建筑的人们所难以理解的、超越性的文化光辉，这种光辉虽微弱但持久，假以时日，终究会令耀眼的时代光环也黯然失色。

　　假如方塔园所揭破的时间秘密必须形诸文字、敷衍密码的话，不妨断章取义，从《何陋轩答客问》一文中直接提取十二字真言："谦挹自若，互不隶属，逸散偶然"[③]。通过这三组概念透镜回望三十年来的中国建筑史，冀图可以破除遮蔽，去伪存真。

三、谦挹自若·站队与代表

　　挹，同抑，谦挹自若，即谦抑自若。

　　谦抑自若，谈何容易！

　　中国建筑师三十年来第一难做到的，是"自若"；第二难做到的，是"谦抑"。

　　三十年来中国建筑师在集体意义上无法做到"自若"，是因为他们首先就无法做到"自明",也即难以明晰定位自我身份,搞不清"我是谁"的问题。

方塔园着手设计之初所面对的,正是"文化大革命"后满目疮痍的文化废墟。经过此前三十年连绵不绝的政治运动与高强度持续性的奴化教育,中国知识阶层的独立人格被摧毁殆尽,私人趣味被连根铲除,一切为政治服务成为高度内化的自觉律令。在这样的时代大背景下,还能保存冯纪忠先生如此特立独行的"文化另类"实属侥幸。事实上,由于在此前三十年的历次政治运动中,建筑总难逃成为意识形态载体的命运,建筑批评几乎被政治批判所取代,因此从群体意义上说,中国建筑师早已被折腾成惊弓之鸟,最明智的现实策略,就是完全放弃自我,明辨政治风向,向强权低头效忠,对强者趋附谄媚。

独立人格的沦丧令中国建筑师集体养就了唯上唯强的媚骨,并始终困扰于唯恐自己处身错误群体的身份定位焦虑。在这种焦虑的长期煎熬下,保持政治嗅觉的敏感性,永远选择从众、选择站在强势力量的一边已经固化为中国建筑师集体无意识中根深蒂固的"站队"情结,并形成强大的文化基因通过建筑教育与职业实践代代相传、流害广远。可以说,1949以降,前三十年对中国建筑师群体空前成功的"人格改造",已经在无形中决定了后三十年中国建筑的格局与走向。

近三十年的中国当代建筑史,就是一部反复易帜的"站队史":

1980年代初期中国建筑界热闹非凡的对民族形式"形似"与"神似"的争论,实质上就是选择在政治上站在保守派一方还是站在改革开放派一方的站队表态;而1980年代后期在建筑创作方向上关于"传统"与"创新"的大讨论,不过是"形似"、"神似"之争换了一个面目的延续,是在政治风向逐渐趋于明朗后,中国建筑师选择再次站队的宣言。后现代主义建筑理论之所以能够在1980、1990年代的中国风靡一时,并获得比西方原产地更加广泛的实践应用,其根本原因,是这种理论可以为中国建筑师上一份政治的双保险:在形式上既照拂了守旧派的脸面,又通过适度的"创新"和"变形",向唯"新"是举的改革当权派表功示好。

在不断揣摩上意的过程中,中国建筑师的谄媚功力已臻化境:1980年代末政治风向的突变,立刻就响应为1990年代初建筑复古风尚的流行;1990年代中后期所谓"欧陆风"建筑的大规模繁衍,在某种程度上,可以被视为中国建筑师群体在传统的政治权力和新兴的资本权力之间两面讨好的避险之举；而同一批操弄古典语汇得心应手的建筑师，在 2001 年中国跃入全球化浪潮的政经走势确定无疑后瞬间摇身一变，爆发出的惊人"创新"能量令人瞠目。

对外部强势力量的无条件屈服顺从，对权力意志无节制的谄媚放大，把中国建筑师打造成庞大的投机群体。他们中的绝大多数既无价值准则，也无文化操守，更没有职业尊严，只要时机成熟，他们随时准备跟进任何一个主导性的潮流，并向任何一种强大的外部权力效忠。三十年来，中国建筑师站过传统的队，也站过创新的队；站过乡土的队，也站过国际的队；站过现代的队，也站过后现代的队；站过文化的队，也站过时尚的队；站过奢华的队，也站过生态的队；或者说，他们可以随时站在任意一条队伍中，也可以同时站在所有的队伍中。

三十年来，中国建筑师谄媚过政治，也谄媚过资本；谄媚过计划，也谄媚过市场；谄媚过低俗，也谄媚过高雅；谄媚过媒体，也谄媚过策展人；谄媚过盲目的生产，也谄媚过更加盲目的消费；一句话，三十年向时代强权习惯性的倚门卖笑，留下的是一大堆轻浮而惶恐的集体形式泡沫，而真正具有个体价值的"好建筑"，以今天的眼光算来堪称屈指可数。

中国建筑师由独立人格丧失而产生的身份焦虑，不特表现为选择站队时权衡利弊的"初始焦虑"，更大量体现在站队之后如何突出表现以"固宠"的"持续焦虑"。独立人格被体系化地剥夺，令中国建筑师个人化的价值体系无由构建，私人的文化趣味更无从谈起，他们唯一可做的，是将自己明智地归类于某一个强大的外部组织，依靠组织、效忠组织。个体的内心力量愈弱，就愈需要被组织所赋予的某种虚幻的集体力量来"加持"，因此迫切需要通过"代表"组织获得个体身份的锚固。在身份焦虑的集体无意识的催动下，中国建筑师三十年来最喜欢充当集体的"代言人"，他们代表过传统、代表过时代、代表过地域、代表过全球，代表过舶来的理论潮流，代表过本土的社会公众，……唯独没有代表过真实的自己。

无论在政治权力时代、资本权力时代、还是在媒体权力时代，这种急切地抢夺眼球、争当"代表"的游戏在中国建筑界从未停止。一方面，"代表"意味着泯灭自我，替被抹煞了个性而面目模糊的集体发言；另一方面，"代表"的"资格认定"要求代表具有"代表性"，不能甘于平淡而必须语出惊人。在这个焦灼的"代表语境"中，"谦抑"

二字对中国建筑师而言不啻是天方夜谭。三十年来的中国建筑一方面极少带有个人情感的特殊印痕，另一方面则不断通过浅表符号化的堆砌与宏大、夺目、夸张的形式表演，来"旗帜鲜明"地抢在"队伍"的前列，以获得公众的注意与认同，成为时代旗幡上耀眼的LOGO。三十年来的中国建筑史上，数量最庞大的，就是这种被"代表心态"催生出来的"亮相式建筑"，也就是那些为强调某类"代表性"特色而竞相进行无节制表演的建筑；"亮相式建筑"初看惊人，再看滑稽，三看无聊，它们越渴望代表时代，就越容易被时间抛弃，成为盛大游行后满地残留的垃圾。

走出站队，找回自我，精神独立，拒绝代表，是中国建筑师必须服下的一剂解药。"谦挹自若"虽不能至，但多少可以心向往之。

四、互不隶属·时代精神与历史意识

"互不隶属"，是对时代的一种态度。

金岳霖有言："凡属时代精神，掀起一个时代的人兴奋的，都未必可靠，也未必持久。"对三十年来痴迷于表现"时代精神"的中国建筑界来说，此语洞见真相，振聋发聩，令人警醒。

六十年来，在革命语境中成长起来的几代中国建筑师，一直受到的都是反历史的"革命教育"，一次又一次有目的、系统化的文化灭绝无情斩断了他们与历史之间本应连通的血脉经络，令他们对生养、哺育自己的伟大文明几无觉知。因此，对绝大多数中国建筑师而言，历史不过是零散、片面、甚至是虚假的有关既往事件的知识，而不是浸润于浩瀚时空中延绵不绝、与我们当下血脉接续、且联结起过去、现在、未来的深邃而自觉的历史意识。

三十年前中国建筑师所面对的，原本就是一个错乱的历史语境：中国传统的本土建筑体系因时代发展与政治斗争需要而屡遭腰斩，从欧美和前苏联移植进来的西方前现代建筑体系亦水土不服、气息奄奄，西方现代建筑体系则因长期闭关锁国而音讯隔绝，再加上十多年建设停滞期造成的经验空白与人才断代，可以说从三十年前的起点伊始，中国建筑就缺乏一个足以依托的、具备高度"历史合法性"的建筑传统。

历史感的匮乏与建筑传统的断裂，令中国当代建筑的起点悬置于一个无根无系的不确定时空，也迫使在革命语境中成长起来的新中国建筑师只能选择退身于时代的小格局，以表现同样缺乏根性与定位的"时代精神"为唯一的己任，而放弃了在时间的大格局中重建历史的文化使命。然而，昧于历史的，也必昧于时代；断绝传统的虚妄革命，以及没有历史感的所谓"创新"，注定只能是无根之木，无源之水。中国当代建筑也因此进入了三十年漂流期：没有历史的定位导航，远离传统的护佑滋养，不加选择地吞咽一切时代输送来的思想饲料，并急迫地与所有看似庞大坚固的时代漂浮物进行栓接。三十年来，中国建筑界在缺乏深入研究的情况下，就接纳并实践了西方一百年来几乎所有的建筑思想与流派，并把其据为自己"创新"的成果，却从来不曾质疑它们对于中国建筑和文化的历史价值何在；所谓的"时代精神"成为背弃历史的挡箭牌与粗劣制造的保护伞。

在风云迅变的时代，"革命"成为中国建筑界唯一的传统：新生代建筑师总是不断地否定前辈建筑师的工作，不断地把本已稀薄的建设推倒重来。三十年间，中国建筑现象更变如走马，建筑师改换门庭如翻云覆雨，但其中既乏个人的恒久坚持，也无代际的因袭传承，更没有锚固于时间中的历史自觉；因此三十年来的中国建筑，除了留下一叠时代的标签外，并未累积起历史的重量与意义的深度，也未能建立起连续的传统与稳定的文化坐标系，更无法给后代留下丰饶的、可继承并发扬光大的建筑精神遗产。从文化意义与历史价值考量，中国建筑师几乎完全浪费了这个人类史上不曾出现过的，最庞大也最疯狂的建筑生产时代。

对于当代中国建筑师来说，从时代精神的禁锢中越狱，"互不隶属"，进而自觉走出文化的漂流状态，重新在历史中寻找锚固点，是一次新的思想解放，也是一个漫长而艰巨的任务。

五、逸散偶然·功利价值观与超越性格局

中国建筑，从集体的意义上说，在过去的三十年中只坚守过唯一一个不曾改变、一以贯之的"主义"，那就是"功利主义"。

六十年来，中国的教育体系一直被"工具论"所支配，其核心思想，是泯灭被教育者的主体意识、独立精神、自由意志与文化关切，从而令其丧失自主的价值判断能力，彻底沦为服务于权力的被驯化工具。1952年院系调整之后，建筑学专业被纳入理工科体系，以快速、大量培养"建设人才"——具备建筑专业知识与设计能力的绘图机器——为主要目的。这种被工具论主宰的建筑教育，导致中国建筑师集体堕落为徒具工具理性而无人文关怀的匠人，中国建筑界全行业的功利价值取向，是工具化教育的直接产物与必然结果。

所谓功利价值观，是一种仅仅关注当下与身边利害得失的思维方式，它精心计算投入与产出的直接效率，并完全按照其回报的多寡来决定自己趋利避害的行动选择。功利价值观将人的价值视野拘限于一个狭小的时空范围内，从而严重禁锢了主体的生命格局。功利价值观对中国建筑师的精神宰制，导致三十年来生产出无数速朽的中国建筑：太多仅仅建成十几年、甚至几年的建筑，现在看来就已不堪入目；多少当年叱咤风云的名作，于今观之味同嚼蜡，泯然于众。

建筑的生命周期，远远跨越了个人、一代人甚至几代人的生命周期，建筑的价值从本质上讲是一种超越性的生命价值，即通过将人类个体在有限生命中的创造，与逾越一代人寿命的更久远的时间相锚固而获得更加深邃的意义。因此，建筑师所从事的工作，本质上应当是一种超越性的工作，他所着眼的，除了眼下的功利价值域限之外，还应涵括更为阔大的超越性价值空间；唯其如此，建筑师的工作才可能突破个体生命的有限时空，而获得凌越现世生存利害的文化意义与恒久价值。

"逸散偶然"所描绘的，正是这样一个具备"超越性"的价值格局："逸散"，是一个比时代参照系更加雄阔浩淼的大时空思考系，一种比个体的功利生存更加自由烂漫的文化生命状态；"偶然"，则是摆脱了功利价值的小格局中"直接因果律"的主宰，而焕发、张扬出的自在自为的生命意志。"逸散偶然"抒写了一种消逝已久的、在时间中栖止从容的中国文化精神，这种精神自近代以来，历经外忧内困、民生凋蔽、文争武斗的侵扰，政治运动、权力机谋、文化杀伐的摧残，以及经济腾飞、贪欲汹涌、声色犬马的诱惑，在今天的中国已近空谷足音，对当代中国建筑师而言更如同天籁稀声，充耳不闻。三十年过去，大道汹汹，背影如鲫，挤上时代功名榜的"名建筑师"和"名建筑"不知凡几，但冷眼看来，在"逸散偶然"的偏僻小径上，竟仍然还只有那个踽踽独行的身影踯躅而已。

六、三十年风雨一局棋·返乡之旅

棋局是一个时空系，而对弈所比拼的，是思考格局。

棋力低者看一两步，棋力高者看十几步；棋力低者陷溺于局部得失的小格局，棋力高者着眼于全盘统领的大格局；对弈双方如果不在同一水平的时空思考象限，则格局较小的一方必败无疑。

三十年中国建筑的发展，弹指间留下了与时间对弈的一枰残局。

总体而言，中国当代建筑师们算赢了局部，却算输了满盘；赢得了时代，却输给了时间。

输也不足为奇。

在被奴化教育摧毁独立人格、革命教育摧毁历史自觉，工具教育摧毁超越性文化价值观之后，中国建筑师在三十年前手谈起始，就被锁困于集体格局、时代格局和功利格局而不自知。时间不动声色，任他们兴高采烈地造势布子、攻城略地、只争朝夕，待时候将到，才不慌不忙地把大龙一一收割，抽提干净。

历史，就是时间与人类对弈的一盘漫长的棋局。

在历史的棋局上，时代是盲目的，易于被欺骗、被戏弄、被设计，对谄媚者也特别青眼有加，因此时代最容易宠错孩子，发错糖果。

而时间，是检验建筑的唯一标准。

也只有时间，是检验一切文化生命力的唯一标准。

"试玉要烧三日满，辨材须待七年期"。鉴定真正的好建筑，三十年时间虽然有限，但对于识别那些假冒伪劣的"好建筑"，三十年时间已经足够。

常言"物是人非"，而中国建筑界三十年来竟多上演"人是物非"的戏码，建筑的价值寿命远不及其设计者的个体寿命长久。一个建筑师最悲哀的，莫过于眼看着自己创造的建筑迅速地失去价值，变为难以处理的垃圾。三十年，造就了一个地产竞相升值而建筑竞相贬值的时代，或者说，在既往时代我们珍若拱璧的建筑价值，在今天看来，只是一场虚妄。

将历史的漫长棋局复盘，从更广袤的参照系观察，所有欺瞒时代的狡计都一望可知，无所遁形。时间将揭破一切的建筑化妆术，显露出三十年中国造物浅薄、空洞、市侩、虚伪、趋炎附势、狐假虎威的本来面目，一如它们希图粉饰却实际上忠实记载的这个时代一样，盲目、狂热、反智、空虚、断根失魂犹沉溺迷梦。

呼然一声，棋已终局。

三十年的时光丛林，短视的中国建筑师们以不确定之身，从不确定的起点出发，向不确定的未来超速狂奔，清醒是侥幸，迷失是必然。"该得到的尚未得到，该丧失的早已丧失。"④

是时候驻足喘息，扪心自问：

我是谁？

我从哪里来？

我向哪里去？

松江方塔园，宛如三十年前智者植下的一根标尺，在 2009 这个骤然失速的彷徨年份，提醒中国建筑师集体已经在时间中迷路太久。

丘吉尔说，"人类能向未来眺望多远，取决于能向自己的过去回望多远"。正如迷路时最好的方法是寻找来路一样，对中国当代建筑师来说，此刻应对迷失的最佳策略，不是继续涂鸦毫无依据的未来，而是立即开始精神返乡的奥德赛。

回家，从时代的因果链条中解脱，重新在时间中定位栖居。

未来不在远方，即在家的左近，

回家，是时候了。

余音

对于回顾来路，《何陋轩答客问》中有一段妙文：

"说着说着，日影西移，弧墙段上，来时亮处现在暗了，来时暗处现在亮了，花墙闪烁，竹林摇曳，光、暗、阴、影，由黑到灰，由灰到白，构成了墨分五彩的动画，同步地凭添了几分空间不确定性质。于是，相与离座，过小桥，上土坡，俯望竹轩，见茅草覆顶，弧脊如新月。"⑤

周榕

清华大学建筑学院副教授、博士

原载于《时代建筑》2009 年第 3 期

注释

① 《何陋轩答客问》首刊于《时代建筑》1988 年第 3 期，后重刊于《世界建筑导报》2008 年第 3 期，重刊时作者对部分文字作了改动，本文引述以重刊文字为准

② 对比相隔十年后作者重刊《何陋轩答客问》一文时的文字改动，发现部分言辞与原文主客异位，足见主客之言皆为虚托，聊以起兴而已

③ 原文为"总之，这里，不论台基、墙段、小至坡道、大至厨房等等，各个元件都是独立、完整、各具性格，似乎谦揖自若，互不隶属，逸散偶然；其实有条不紊，紧密扣结，相得益彰的。"这里断章取义，截取十二字聊充密码

④ 引自海子短诗《秋》

⑤ 引自《何陋轩答客问》，时代建筑 1988 年第 3 期，P5

参考文献：

[1] 冯纪忠，何陋轩答客问 [J]，时代建筑 1988 年第 3 期，P4-5，58；世界建筑导报 2008 年第 3 期，P14

[2] 冯纪忠，方塔园规划 [J]，建筑学报，1981 年第 7 期，P40-45，29

空间原理
——第一个以空间为主线的教学体系

刘拾尘

首开先河：国际领先的空间教学体系

　　冯纪忠在 1950 年代提出的"空间原理"教学体系，是中国乃至全球第一个以空间为主线、全面组织各年级建筑设计教学的体系。它打破了过去以类型来组织设计教学的传统，也把形式训练退居其次，而将空间作为核心问题提出来；进一步又将空间按照从小到大、从少到多、从简到繁的方式分类，贯穿进各年级教学；更进一步，再将不同空间需要解决的不同问题、与不同专业的结合穿插在其中，全面组织教学。经过这样的教学训练，学生掌握的是针对不同类型空间的设计原理，而不是针对不同类型建筑的经验；对设计方法的认识也不同，因此可以举一反三，用原理解决今后面对的新问题、新类型。

　　冯纪忠始终强调设计的原创性，设计是要训练的硬功夫。所以不难理解他的教学重点强调的是原理和方法，学生掌握原理才能熟练应对日后遇到的各种具体问题。无论建筑、规划、景观，以空间为主线推进设计都同样重要。他回忆说："1960 年代空间的问题很重要，真正以空间作为主线来考虑问题，当时不容易被人接受。但事实上，不管是建筑，还是城市、园林，以空间来考虑问题要更接近实际[1]。"

　　他认为单纯强调形式或功能的决定性都是片面的。当他把空间原理的方法论溶入到现代建筑教学之中，既不同于布扎（巴黎美院，The Beaux-Arts）的形式主义、也不同于现代建筑的功能主义、甚至不同于他留学的维也纳的设计思想，在全世界都具有领先性。缪朴指出，这不仅在全国首开先河，就是在国际上也是先进的[2]。顾大庆认为，"空间原理"对空间意识和方法意识的觉醒基本与西方国家同步[3]。那么这样一部空前绝后的教学体系是如何产生的？之后又有什么样的境遇？为什么今天我们对它知之甚少呢？

困境求真：在厨房里琢磨建筑教育

1950 年代运动不断。1952 年院系调整，冯纪忠本在规划教研室，他和金经昌非常合得来，两人一股热情，想把城市规划搞深搞透，确实 1950 年代各个城市也开始需要规划。可惜这时候建筑却被"拔白旗"给拔掉了，和规划分开，并到土木系，叫建筑工程系，当时全国 7 个建筑系只有同济大学的建筑系有这样的遭遇。

这种情况下，工作事实上是停顿的，冯纪忠既不能碰规划，也无法参加教学。适逢三年自然灾害，又缺乏营养，只能靠黄豆粉度日。虽然在外没有项目可做，在家他也不愿闲着，就在狭窄的厨房里琢磨教学的事情，在教学方法上动脑筋。生活的困难反而使他通过教育对设计思想进行进一步的反省。他认为教育是要教给人们体系和方法，因此设计如何成为一种方法、如何把这种方法传授给别人就成为他思考的内容。反过来，必须把创作的方法讲清楚，同时又让学生能够掌握，这又促成了他建筑思想的推进。据冯叶回忆：

"在那个小厨房里有个小桌子，是我妈从旧货市场上买来的，四角有点生锈，摇摇晃晃的……我是睡在厅里，因为我们是一厅一房间，但是，是没有间隔的。我记得每次在我们临睡前，我爸就开始擦桌子了，因为吃饭的桌子上有油。一擦桌子，那桌子就摇摇晃晃的，擦完以后，他说你睡吧，就又拿出他的书稿，进小厨房去了。我有时候半夜会醒，就看到那厨房的门缝还透着灯光。啊，他还在写！后来我才知道就是写《空间原理》，做备课等工作[4]。"

494

（接上页）16	
形势和有关党的方针政策	系内重大事件
	63年上半年吉隆滩胜利纪念物方案设计国际竞赛，是交卷而不加追问，派教师自行结合搞的（唐云祥自己参加一组，但未具名）。芮光庭曾表示：不组织、不安排（时间、人力）经费包揽。结果演出明拿暗送资产主义丑剧。 ▲ 设计工程： • 独门独户小面积住宅设计，并配套家具设备和试制。由于不大众化而受到批评。 • 63年上半年，与华东院协作设计桂林芦笛岩设计。 ▲ 关于"空间原理"： • 62年秋，冯纪忠去城规教研室介绍"空间原理"。 • 62年底，"空间原理"的设计课在建四教学中引起部分教师的不同意见。当时总支周简、唐云祥等掩盖矛盾，校往不管。 • "空间原理"组织编写教材。 • 63年3月，傅信祁来面工作给"空间原理"助课。 • 63年6~7月，教育部布置修改教学计划，精简学时。全国建筑学计划在上海召开修订会议，全国冯纪忠推荐搞"空间原理"系统制计计划，并展出"空间原理"设计作业，遭到其他学校的反对。会后我系仍按"空间原理"系统单独制定教学计划，傅信祁曾说是建工部同意的。 ▲ 教材编写： • 63年8月，罗小未、王秦缝编写"近代与现代外国建筑史"，资本主义国家部分初稿正式铅印。 • 63年5月起，丁肇图开始编写房屋构造（等一部分木构造，第二部分砖石房屋，第三部分多层房屋） ▲ 62年8月公布、63年3月传达并试行教师工作量计算制。

图 1. 同济建筑系印刷的 "革命手册" 大事记

屡遭批斗："冯氏空间原理"

在对冯纪忠的多次访谈中，他并未多提"空间原理"。一个原因是 1980 年代后他的兴趣点已经超越"空间原理"；另一个原因是"文化大革命"中所经历的一场场批斗、下放，几乎沦落到家破人亡的绝望困境中，"空间原理"都是一个被攻击的靶子。

我们发现了"文化大革命"期间批斗冯纪忠的小册子：同济建筑系印刷的"革命手册"大事记（图 1）。为了批斗的需要，书中多次重点记录了"空间原理"的教学执行情况。教职工之外，各年级各班学生的批斗记录仍然历历在目。书中高呼，"头号反动学术权威"冯纪忠的"冯氏空间原理"是一颗"大毒草"、"反党"，当时批斗的火药味之浓，在今天的人们看来仍然心有余悸。有人觉得不公平，1967 年请冯纪忠写了一个材料，希望引起实事求是的分析和正确评价，结果反而招来更大的灾难。

不过这本册子倒成了"空间原理"传播的珍贵历史记录，虽然在那个年代受到排挤和打击，但"真"的理念和方法，终将传播开来：

1962 年底冯纪忠去城市规划教研室介绍空间原理。

1962 年 9 月起，建筑学 2、3、4 年级全按空间原理系统进行教学（包括课程设计）。

1962 年底，组织编写空间原理教材。

1963 年 3 月，傅信祁（冯纪忠的助手）去南工介绍空间原理教学。

1963 年 6~7 月，教育部布置修改教学计划，精简学时。全国建筑学计划在上海召开修订会议。会议期间，冯纪忠推荐按空间原理系统制定计划，并展出空间原理设计作业，遭到其它学校的反对。会后我系仍按空间原理系统单独制定教学计划。

1964 年 5 月，学术讨论会上，葛如亮作了大空间建筑设计原理问题介绍，会后讨论争论激烈（有校外设计单位等参加），当时冯纪忠说看教学效果，要 10 年后见效……

提纲挈领：空间原理的基本构架

空间原理的核心思想，是通过不同年级、不同空间类型的练习，比如大空间塑造、空间排比、空间顺序等，结合课程组织，加上讲述和教授工作方法，让学生掌握设计原理。

冯纪忠提出的"空间"是想让建筑区别于形式处理。作为他的现代建筑的基本概念，建筑应该是空间与形式的组合，所谓的空间是指"空"和"实"的整体。他对空间也分类，但分类是按空间组合中的主要矛盾、不是过去按建筑用途的分类。空间原理的基本构架如下：

第一章：如何着手一个建筑的设计

从第一个小设计着手，次序不应是，"总体→单体→室内"，而应是，"总体→单体←室内"。第二个设计题小学校，把室内空间组成使用上不可分的组，但不忙于组成单体。以这样的若干个组与室外若干项用地同时组织总体平面，才能分析比较用地的经济。

从使用要求、组织平面到立体空间。这个立体空间用物质（顶）覆盖起来，就不得不有所调整，首先是高度的调整。随之而来的是承重问题和功能上分隔联系有矛盾，又要进行调整，这时首先是平面的调整。构成形体后再根据多种因素，全面调整。

第二章：群体中的单体

主要是居住建筑设计、居住生活中心。强调社会生活组织和建筑群体布局、居住建筑的基本单元和组合形式。从规划到建筑到室内不是接力棒，而是一环扣一环。每一步都不是孤立的，而是承上启下，既服从程序的客观规律，又要反复，由里到外，由外到里。古典主义地由外到里和功能主义地由里到外都是片面的。

隔而不围，围而不"打"，是指工作方法。先把问题摆一摆，犹如"隔"，随后把问题与问题的关系弄清，即把各个问题"围"一"围"，然后才能或平行或先后地"打"。犹如围棋，不急于求活。土地要算了用，不能用了算。

第三章：空间塑造

包括大空间塑造、空间排比、空间顺序、多组空间组织等。是按空间组合中的主要矛盾分类，不是指建筑用途的分类。它们既是建筑的现象，又是设计过程的主题。

设计的步骤是先求主体使用空间，其次与附属空间组合起来，然后布置结构，最后处理造型。这是大体的设计步骤，但又要逐步调整。组合在结构布置之前，并在结构布置的同时加以调整，才能使功能要求处于主动。附属空间不单是消极地完成辅助主体空间的任务，而且也是组合中的活动因素。

视线设计、音质设计、体育活动净空、通风采光等技术条件应都是大空间要考虑的内容，力和使用空间的形状是决定大空间结构的主要因素。

第四章：空间排比

大体步骤是先求单元，然后组合。在求单元时已把功能结构以至设备采光等因素综合起来，而在组合时又有上述诸因素的综合问题。平铺或层叠的组合又各有不同的问题。

排比是为了求得功能单元和结构单元两者最经济的结合。但不能把两者在三度空间上的一致作为排比的唯一结果甚或追求的目的。包括图书馆，办公楼，成片厂房等。教学楼多种用途的空间单元与相应的结构单元的确定，办公楼的桌距、窗轴距与结构中距，书库的架距与柱距，实验楼平面与垂直的固定设备与设施的灵活分间的矛盾及其解决办法，成片厂房柱网的选择说明使用灵活和节约面积与节约外围结构的斟酌。

结合排比，说明模数化、标准化、定型化、装配化的含义。

第五章：空间顺序

如工业建筑的工艺流程与空间组合，交通枢纽站内部的流线组织和建筑空间关系，展览场所中多线流程的分析、组织及其构成建筑空间的工作步骤。

第六章：多组空间组织

以医院设计为主要例子。

第七章：综论

第一二章为第一阶段，第三四五六章为第二阶段，均结合设计题逐步逐个讲授。在这个基础上，最后再对建筑空间组合设计原理作一简要概括的论述[5]。

大道至简：空间是设计的根本

空间原理立足于改变过去教学中的缺陷，过去建筑设计根据类型来组织：先做幼儿园，再做图书馆、住宅、剧院等，虽然也是从头到尾细究一遍，但学生就不能举一反三，没有学过的类型就不会设计。这就是教学体系的问题，教学不应该只教经验、类型，而应该是方法和原理。形式的规律当然也有，形式训练也重要，但必须从属于空间的主干，空间为主，形式为次。

教学上，不能割裂开来，只讲一个形式的规律，形式规律当然有，但它不能独立，一定是跟其他的规律结合之后才能合理。所以讲空间原理，不能属于绘画型的思维方式。[1]

冯纪忠回忆，在奥地利时，有一本 1936 年诺伊费特（Neufert）《给设计人的手册》，建筑师人手一册，里面除了图表、举例，还有一部分"讲共同的东西"，走道应是怎么样，门厅应是怎么样[6]。冯纪忠觉得这部分很重要，他的空间原理某种程度上也在探索这种"共同的东西"。维也纳的教学还是按照不同类型组织，一个类型可以很深入，但类型对概念却不起作用，倒反而是空间这部分能起作用。他回忆说：

"就考虑到有个大的分类，大的分类以什么为题才能把整个联系起来、骨架搭接起来呢？我想到就是空间了[7]"

"我一方面搞总的安排，一方面搞细的比较。这是另外一种，像排比就是另外一种空间。这些例子很多，我们不同的工作都归到空间组合上来考虑的话，有很多问题都可以解决了。工作方法、工作次序、经济都有一定的安排。主要是拿这个把问题抽出来，以空间原理提纲挈领考虑设计。这里就有很多种方法问题了，我们搞方法论，其实很多方法论的内容在空间原理里已经用了，不过，现在方法更细致、更科学化了。实际上方法也好，手法也好，一定要有一个提纲挈领的东西。这个领是什么呢？就是空间[1]。"

"冯氏空间原理"（"文化大革命"语）有以下特点：

　　以空间为主线来推进设计。以此为前提再对形式和功能反复推敲。形式和功能是互动关系。

　　并非某个年级或专题式的教学实验，而是全面贯穿到从低年级到高年级的整个教学过程。

　　空间作为纲领全面组织其他课程。结构、声学、技术等相关课程，根据不同空间的需求，在不同时段切入。

　　超越形式主义和功能主义。既不是古典主义的形式训练，也不是功能决定形式。而是先研究空间的组织。再把形式和功能两个因素，反复磨合。

　　设计方法本土化。他强调保留成对的概念（比如屋顶的内需和外因，平面的分隔与联系，承重结构的制约又不能拘泥）不急于解决，而是"围而不打，把问题摆一摆，再平行地解决，不盲目单独深入"。这是借用了围棋的智慧，重在纵观大局的"围"，而不是局部的"争"。他已经在将传统文化融入设计方法。

　　空间原理中，冯纪忠写下的第一点是"对此事、此地、此时的全面了解"。任何设计首先都要经过对要求、现实、环境的理性分析，然后才能进入组织空间的程序，之后才是形式和功能的反复磨合。在他晚年的研究中，设计已经不止于此，更进一步的是"意动"，简单说就是原象如何成为意象、意象如何升华而成为意境。空间原理解决的是操作层面的问题，适合大规模的教学训练；意动是设计的更高境界，曲高和寡，来自于他对中国古代诗歌的体悟，也完成了他对传统更加诗性的回归。

原创为本：空间原理的意义

　　比较早期的现代主义，西格弗里德·吉迪恩（Sigfrid Gideon）也在思考时间、空间，试图把爱因斯坦的相对时空结合起来。但他还在认识论的阶段，是根据 Time, Space and Architecture 的思路，从历史来源、思想、哲理上来谈空间，那是认识空间的问题[1]。包豪斯虽然在推行现代建筑，却并没有提出方法论[8]，而一套系统的方法论一定要经过大量的现代建筑的创作之后才能总结得出，之后才能教授。空间原理教学体系的背后，是冯纪忠从求学到归国、多年磨砺总结出的完整的设计方法论。

在全球层面上，1960 年代，把方法论转化为教学体系，空间原理和 "德州骑警" 有共同的前沿性 [9]。几乎同时期 "德州骑警（Texas Rangers）" 也在进行教学实验。本哈德·赫斯里 (Bernhard Hoesli)、柯林·罗 (Colin Rowe) 和约翰·海扎克 (John Hejduk) 等不但对布扎的教学体系有批判、肯定，对于当时流行的包豪斯教学体系也有独立的判断 [10]。赫斯里后来在苏黎世联邦高工发展出的一套建筑设计入门训练方法，将空间的教育具体化为一系列的基本练习 [11]。

值得强调的是，相对于中国过去引进的布扎体系、或者后来引进的包豪斯体系，空间原理体现出更多的原创性。虽然有来自维也纳的现代思想影响，但空间原理贯穿教学的整个体系前所未有，而且它还吸取了传统文化的智慧。它是针对当时的中国国情和实际教学需要做出的探索，即使在今天对于设计教学仍然有启发意义。面对当今建筑设计的诸多流派，一波波的思潮，一轮轮的风格变迁，如果我们回顾冯纪忠在 1950 年代提出的观念，"空间才是建筑设计的核心问题"，会更清楚什么才是设计的根本，从而不至于盲目追随西方思潮，甚至陷入强势文化的商业圈套而不自知。须知强调形式的方法难免落入形式的圈套，导致设计传统建筑就是简单仿古，不顾当下的技术条件；即使做现代建筑也流于形式抄袭，产生大量的图像建筑。不仅缺少创新，使用起来也问题重重。我们今天所看到的大量设计未必解决好了空间原理中的问题，包括不少媒体追捧的、把中国作为实验场的国际建筑明星的设计。如果更多人接受过空间原理的训练，如果空间原理能够更早、更广地传播，这样的劣质建筑会少得多。

超越布扎：主流之外推进现代建筑教育的努力

顾大庆指出，中国建筑教育主流，是布扎建筑教育在中国从移植、本土化到衰败的过程。欧美的布扎建筑教育在 1940 年代前后的二三十年间发生衰退 [12]，从布扎的形式主义转向以现代建筑为基础的功能主义。而我国的布扎建筑教育则一直延续至今才发生转变。但《空间原理》就是 "在布扎主流之外推进现代主义建筑教育的努力 [3]"。冯纪忠回忆当时的情况说：

"建筑初步很能反映这个学校对建筑的一个基本看法，1960 年代，我感觉，国内的建筑初步非常偏。完全是画图，表现。在有些学校，如果你是拿出一个方案来，没有色彩、根本就看都没人看。我们那时是要表现的话，可以有色彩，水彩，可以用碳笔、铅笔，渲染不很强调。渲染是在搞建筑历史用的多，也渲染得相当细致。"

1963 年全国建筑学专业会议上，同济展出了空间原理的初步教学成果，各年级的计划、设计安排、学生图纸。当时是反对者众，赞同者寡，仅有天津大学的徐中等少数人支持。对于空间，"我们国内还没有真正接受"，但是，这套空间原理设计教程还是对其他的一些院校有一定的影响[3]。顾大庆记载，受刘光华邀请，冯在"文化大革命"前曾经到南京工学院介绍过他的"空间原理"教程[3]，此时空间原理的教学体系基本形成，当时的学生还是有所收获。但紧接着就是冯纪忠被打成反动学术权威，不断批斗。教案真正得到公开发表是 1978 年第二期《同济大学学报》。已是 15 年后。

2007 年，当《冯纪忠和方塔园》展览在深圳举行的时候，一位远道而来的 1960 年代学生说，受益于当年空间原理的教学，当遇到没有接触过的项目时，不会觉得心中没底，遇到机场航站楼也同样马上可以设计，那不外乎就是大空间和空间顺序的问题。

今天空间原理作为现代建筑教育创新的意义已渐渐为人所知，以空间为主线来组织教学也已经在一些高校得到应用。可惜在 50 年前，随着空间原理教学体系的中断，中国的建筑教育也错过了第二次与现代建筑擦肩而过的机遇[3]。

刘拾尘（本名刘小虎）
华中科技大学建筑与城市规划学院副系主任、副教授

参考文献:

[1]　冯纪忠，冯纪忠访谈 [Z]，2007，冯叶收藏.

[2]　缪朴. 什么是同济的精神？——论重新引进现代主义建筑教育 [J]. 时代建筑，2004，2004 06 特刊:
　　　同济建筑之路：p. 38-41.

[3]　顾大庆，《空间原理》的学术及历史意义，冯纪忠和方塔园 [M]，赵冰，2007，中国建筑工业出版社:
　　　北京. p. 92.

[4]　冯叶，走进方塔园 [M]，// 赵冰，冯纪忠和方塔园，2007，中国建筑工业出版社：北京. p. 92.

[5]　冯纪忠. 空间原理（建筑空间组合原理）述要 [J]. 同济大学学报，1978，02：p. 1-9.

[6]　Neufert，E. Architect's design instructions[M]. 中国建筑工业出版社 2000 译 .：德国国家标准
　　　委员会，1936.

[7]　冯纪忠. 建筑人生 [M]. 上海：上海科技出版社，2003.

[8]　Harbeson，J. The study of architectural design[M]. New York：The Pencil Points press,
　　　Inc., 1926.

[9]　Rowe，C.，Koetter，F. Collage city[M]. Cambridge，MA：The MIT Press，1978.

[10]　Rowe，C. Transparency[M]. (1). Basel：Birkhäuser Basel，1997.

[11]　Caragonne，A. The texas rangers：Notes from the architectural underground[M].
　　　Cambrdge MA and London：MIT Press，1995.

[12]　Crinson，M. J. L. Architecture—art or profession?：Three hundred years of architectural
　　　education in britain. [M]. Manchester：Manchester University Press，1994.

冯纪忠，中国错失了的东方现代主义

殷罗毕

当冯纪忠先生于 2009 年 12 月 11 日因病去世之后，上海北京等各地报刊的文化版宣称"中国建筑的一个时代结束"的有之，称其为"我国现代建筑奠基人"的有之，以"不能被遗忘的现代建筑前辈"为题的亦有之。这些高度概括以至于空空如也的口号标题和其下百度百科说明书般的内容恰恰证明了我们的媒体和这个时代对于冯纪忠这个人物的无知。

问题的实质在于失去了冯纪忠，我们失去的究竟是什么？对此问题的回答，就需要我们去读解他究竟做了些什么，和未能做成什么，在刚刚过去的这半个世纪中。

冯纪忠在上海圣约翰大学学土木时（1934 年），当时同班同组一起做测量的有贝聿铭和胡其达。1936 年他去了奥地利维也纳工科大学（T.H.）学建筑，这所学校和包豪斯有着直接的血缘关系，某些包豪斯的教员甚至都是他们的学徒。以冯纪忠自己的讲法，"格罗皮乌斯是从贝伦斯学过的，贝伦斯是维也纳工科大学奥托·瓦格纳（Otto Wagner）的学生。奥托·瓦格纳已经是所谓新艺术风格的后期，现代主义的苗头在维也纳已经冒出。"因此，冯纪忠在维也纳接受的事实上是当时最为现代的建筑设计训练。在那里，学建筑不再只是学建筑，而是需要学习道路系统、给排水系统，学习空间结构和甚至动手制作雕塑。作为工程师毕业的冯纪忠，空间的功能已然成为其设计和规划中的核心问题，而不再拘泥于古典建筑传统对于例如大屋面、门窗形态或某些柱子的所谓审美和雕琢。

但现代主义的中国建筑师尚未发挥和解放其东方空间的现代魅力和能量，他的建筑之路途在欧洲就遭遇到了一次暴力冲击。冯纪忠原先准备做的博士论文是维也纳的一处老建筑，测量工作都已经完成，就在他即将开写之际，"第二次世界大战"降临，整栋建筑在战争中被炸毁，博士论文也不了了之。冯纪忠此后的一生中几乎从不提及自己其实是念过博士的。这次事件看似意外，事实上，是历史扔给冯纪忠的一颗炸弹。这颗炸弹以一声巨响明确宣告了建筑是一种高度依赖于物质的脆弱艺术，建筑师显然不是这种艺术的真正主宰者。

从奥地利回国之后，1948 年底至 1950 年代初，冯纪忠在上海都市计划委员会参加了上海的规划。当时，冯纪忠便提出了有机疏散的观念。在他的规划设计中，整个上海将进行分区，其中用绿化带隔开，在这一都市规划中，闵行和吴淞都成为了城市有机疏散中的区块。但就在此时，苏联专家来了，一切规划都听苏联专家，有机疏散被打倒。于是，城市就困在自己的环路里，其内部是痛苦的交通梗阻和住房危机。

在冯纪忠的规划中，我们曾经可能有过另一个上海和另一种城市发展模式。在这个方案中，城市的扩展将保留原先的自然地形，街道之间会有小河，住宅区之间保留高低不平的自然坡地。每片街道都将具有自己明晰的地理形态和可追溯的微观地理历史。这便可避免市民在城市到家不知到家、无可识别的空间迷茫，而这恰恰是当下的北京、上海乃至绝大部分中国城市所身处其中的困境。

即使其设计的重大方案屡屡未能实现，但事实上 1950 年代已经是这位雄心勃勃的设计师事业最为顺利的好时光了。这个十年间，他留下了东湖客舍和同济医院这样的经典作品。前者成为了顶级别墅的一个标杆，而后者在如何隔断交叉感染等空间处理上成为了此后众多医院的翻造模板。而此后，设计事务所便不许开业，冯纪忠能参与的设计也从越来越少变成为没有设计可做。在当时的中国，设计不再是一个或一群需要建筑的人向一个专业人士的邀请，是个人或某个群体对于某种空间的需要，空间的生产已经成为了一种国家政治意志的体现，所有空间的生产都成为了国家所从事的生产。空间的设计、规划和生产显然不再是一个竞争最优方案和公民选择的过程，而成为了一种体制内部的自我安排和循环。按照冯纪忠自己的回忆，"国家有设计院摆在外面，这个体制是最好你学校别插进来"。学校都无参与的机会，独立建筑师当然更没有施展的机会和空间了。除了作为御用工匠，为最高权力者献艺之外，例如那个为毛泽东修建在武汉长江边上，以供其度假使用的别墅——东湖客舍。

设计了毛泽东别墅的建筑师，住在上海襄阳北路的弄堂房子里，再没有设计可做。他的小房间里堆满了书和箱子，唯一剩下的空间就是一张小桌子。一开门就是桌子，开门就不能坐着，坐着就不能开门。在这个开关之间就没有容身之地的空间中，1980年代之后流行于我国建筑院校的"空间组合原理"就在1950年代末诞生了。这个空间原理，正是从最小的空间，从最基本的单元开始的。

空间组合理论，在当下西方理论全面蜂涌而入的建筑界看来，已无多大新意和冲击力，但在1960年代，这完全是一个全新的、刺激性的空间观。冯纪忠的空间观是功能主义的，而中国1960年代的建筑界，基本上还是形式主义的空间观，主管部门、建筑师都还就屋顶、柱子和门窗的细节纠缠在民族形式、西方形式和西方技术的争论泥潭之中。在冯纪忠的这个空间组合理论中，建筑设计的重心从建筑本身，转移到了空间的处理。一栋建筑的建成，其周边的空间，被它分割的空间如何，在使用中是如何的功能和体验，才是建筑师设计的最后目标。

1960年代初一届全国建筑学专业会上，当建筑界第一次听到空间组合理论时，表示接受的只有两人。尽管它遭受了近20年的冷遇和排斥，但在1980年代之后，空间组合理论为中国高校的建筑学专业提供了一种基本的现代设计方法和空间观。

这位建筑师为中国建筑和空间作出的最大突破，便是位于上海松江的方塔园了。

在方塔园，冯纪忠抵达了一种东方意味的现代空间。这个空间不再是功能上的分区，不再是形式上的拟古、形式上的民族化或者叠方格子做组合玩形式上的现代主义，而是空间本身的呈现。冯纪忠以一个小小的庭院提请人民注意，他们每日习以为常的空间，其实是被杀死了的空间的尸体。房子只是用来住的，街道只是用来交通的，人对于身处其中的空间早已经麻木而毫无体验感。这种空间麻木感，并不在于居住者和穿行者本身的问题，更多的还在于每个公民其自身空间权利的被剥夺。千城一面的单调城市，单调的街道，它们的面貌显然绝不是居住其中的那些居民所决定的，而是来自同样单一而面目单调的权力。作为建筑师，便是以一种职业的技术代理公民的空间权利，去争夺和生产出更符合人类内在精神的丰富空间来。

真正的空间带来的是身体全新的感知，它唤醒你，让你意识到自己在空间的运动和变化，而不仅仅是经过。进入方塔园，你的眼睛就打开了，看到了空间在你的身边环绕、周行。建筑师王澍在 2007 年回忆 10 年前他所见到的方塔园时，他惊诧得发现自己几乎能回忆起它的每一处细节和气息。园子的入口门棚是常被提及的，从照片上，他的兴趣在它用拇指粗罗纹钢筋焊接的支撑结构，柱子和梁连续变化，撑起一大片瓦顶，却如此轻盈。那是一扇几乎不再是园门的园门，以王澍自己的说法，"比一般的园门要大得多，以至产生了一种门房、亭子、大棚的混合空间类型"。

空间被从单调、坚硬的建筑格式和陈旧观念中开放了出来。进入园门之后，走在石道上，举目便见平远的水面映照着一截低平的白墙，白墙上方是宋代的方塔。顺着石道绕行，白墙便回转过去，塔身耸立在前。而塔后方下沉的堑道，两侧的草坡，都给游园者不断地带来不同的视平线高度，高低错落的不仅仅是风景，同时也是身处其中的人物——这空间存在中的主体。

对旷远空间的着力，以王澍的评价，则"颠覆了明清园林的繁复意涵"。而园中以竹子、稻草、方砖建成的何陋轩，更是一件具有美学和结构突破性的作品。这个超低成本的建筑，每个元件都各自独立，四个方向的屋面只是互相交错，而没有缝合。换言之，是顶在天空中的四片稻草，似乎临时遭遇，便成了一处可以栖身其下的建筑了。

以完全现代的钢架结构的方式，使用纯中国本土的竹材料，冯纪忠创造了一个东方的现代主义案例。在这个开合未定而通透的小筑中，冯纪忠为中国传统空间讲究的旷远和轻盈找到了一种现代的形式表达。

这个工作，事实上恰恰是日本建筑师们在"第二次世界大战"之后所完成的东方空间经验的现代化转换。黑川纪章对封闭空间与开放空间之间过渡空间的强调，几乎是冯纪忠何陋轩设计的异国同语。但冯纪忠在 1984 年完成了方塔园之后，依然受到了批判，反党、卖国（因其简洁的现代风格而联想到日本园林）的攻击之后，冯纪忠的方塔园博物馆设计受挫流产。而此后的整个 1980 和 1990 年代，冯纪忠因为种种原因始终未有参与设计和创作的机会。

因此，即使在冯纪忠先生去世之前，我们也已经失去了他，失去了一个上千年的东方空间感获得现代化表达的机会。如若冯纪忠所代表的既接受了传统诗书浸染又获得西方技术的中国第一代现代建筑力量正常生长和发育，那么我们的城市在 20 世纪后期便不会反复纠缠于高楼加中式帽子和全盘西化彻底丧失空间身份的泥潭之中。而我们当下所生活其中城市，也不会如此的单调乏味。

殷罗毕

同济大学哲学博士

原载于《城市规划学刊》2012 年第 3 期

第二部分　会议发言实录

"第一届冯纪忠学术思想研讨会"
发言实录

    "第一届冯纪忠学术思想研讨会"于 2007 年 12 月 10 日在深圳画院报告厅举行。研讨会由武汉大学城市建设学院创院院长赵冰教授、深圳画院副院长严善錞先生和中国艺术研究院王明贤先生共同策划，会议由王明贤先生主持。

傅信祁（同济大学建筑与城市规划学院　教授）

冯先生是我的第一个建筑老师，我是他的第一个学生、第一个助教，也是和他一起合作搞建筑的工作人员之一，主要是画图。

抗战时期，同济大学从上海迁到浙江金华、江西赣州、广西八步、云南昆明。我当时是在昆明高职毕业，工作了三年半。后来听说同济大学要办建筑系，我就到李庄去报考。结果等我到了那儿以后，建筑系不办了，只好读土木系。在李庄读了三年后，抗战胜利，那是 1946 年。同济大学搬回上海，冯先生就是那年冬天从欧洲回到上海的。

我毕业那一年，1947 年，在同济现在的 129 大楼那个地方，当时土木系系主任李国豪先生对我们毕业班的同学说，你们还应该要丰富知识，他说要再办一个建筑讲座，就是建筑选修课。当时冯先生回来以后，在南京都市计划委员会工作，他每两个礼拜到上海来看他的母亲，这样每两个礼拜冯先生就来我们这里讲一次课。那时候我们同班同学有 50 多个，大家忙于找工作和做毕业设计，也不晓得选修课谁上、上什么内容，同学们很少来听课。但我是每次必到，因为我就是想学建筑。从那时起，冯先生就是我的第一个建筑老师，冯先生讲建筑艺术，实际上是讲西洋建筑史的一些内容。

1947 年夏毕业后，我和两个同学在上海开了一家建筑设计事务所。冯先生有空就到我们事务所来，我们就向他请教设计问题。当时我们事务所有一个项目，是在上海哈同花园西北角的铜仁路南京西路转角的地方，业主分到这块地，要造一个房子，但他也没定要造怎样的房子，让我们做些方案让他们选。后来，冯先生来了，他给我们画了一张透视图，方案中间是 9 层，下面 2 层，后面大概是四五层，就是在角上造这么一个房子。当时上海除了国际饭店、外滩的上海大厦、中国银行和沙逊大厦以外，基本上没有 9 层以上的建筑。可惜临近上海解放，这个房子没有画成施工图，业主也没有造成功。

另外，冯先生设计了一个小住宅，是我给画的图。那是在延安路旁边一个街区里面造的单层小洋楼，中间是起居室和餐厅，右边是书房，左面是几个卧室。这个设计，连施工图都画好了，可惜也没有造成功。这些大概就是解放前跟冯先生一道做的事情。

解放后，学校要造学生宿舍。校长夏坚白要我们设计一个学生宿舍。我当时就跟冯先生研究怎么设计。房间先要设计好，放 4 张床，那时没钱做双层铺，计划将来变双层铺；另外除了睡觉以外，还要有学习的地方，所以房间里一边做住的，一边摆书桌，学生可以读书；另外，进门的地方留了一块作为储藏室，摆了 120cm×80cm 大的壁橱，把学生的一些杂物储藏在那里。整个宿舍楼房间一边有窗、一边没有窗。冯先生对功能非常考究，宿舍楼南北向做宿舍，东西向就放置盥洗室和卫生间。楼最后造好了，就是现在的解放楼。当时因为我们设计了壁橱，到高教局去批的时候，他们觉得壁橱好像太贵了，学生宿舍怎么做壁橱呢？所以把壁橱取消了，现在门旁边就只有一段墙。

后来冯先生搞事务所，他的第一个工程是公交一场的设计竞赛。那个时候他没地方搞设计，就跑到我家去了。我家住在江西路福州路，当时英国人造的一个 3 层楼的砖木房子，房子屋顶里头有阁楼，阁楼里有个小房间，里头有个老虎窗。我们把那个阁楼打开，觉得阁楼里头的空间很大，就再开两个老虎窗，把这个阁楼变成 3 间房间的一个住宅。冯先生觉得这个房子很好，他当时要设计公交一场，就到我家里来，在那个老虎窗下面，两个人讨论，画公交一场设计图。冯先生在这个设计上提出几点。一个是建筑要考虑规划问题。他觉得别人设计的公交一场，要不是转角的地方开门，要不是在四平路开两个门。冯先生认为四平路是比较繁忙的道路，这里开门，车子进进出出，交通有冲突，所以应该另外开一条路进门，这样对马路的交通就不会造成冲突。所以，现在公交一场里有一条马路是可以两面通的，这个是他在规划上比较注意的。

另外，公交一场也是结合了当时世界上最新的技术。冯先生带了一本法国杂志，里头讲的全是薄壳，各式各样的薄壳。冯先生想造些薄壳，他说停车库比较大，所以屋顶比较大，屋顶的尺寸我记得不是很清楚了，大概是 3 个 9m，大概 27m 宽，27m 深，接近方块，中间 4 个柱子，这样就做 9 个薄壳。9 个薄壳，假设中间是筒型薄壳的话，就没办法采光，后来我们研究下来，发现有种薄壳可以做到一边是拱形的，另一边是一条直线，这个薄壳就是冯先生书上写到的，叫做瓦型薄壳。它前头是圆的，到后头变成平的，是变截面的一种薄壳。9 个变截面做成的屋顶从这里画一个剖面就是锯齿形的，这样它中间的采光通风就解决了。冯先生做了这样一个薄壳的停车库。另外还有一个修车场，是中间薄壳高、两面斜顶，然后两个房子连起来的这样一个薄壳。关于这个长度，上次冯先生打电话问我，到底尺寸多少，我实在记不清，后来我去问余载道，我们都记不清到底什么尺寸，因为薄壳造好了以后，它的四个角裂缝。为什么会裂缝呢？主要是四个梁温度收缩和薄壳收缩不一样，四个角的剪力比较大，所以这个地方裂缝。实际上结构师对温度收缩的这个剪力没有考虑，他只考虑了力学上的力，没有考虑温度收缩的问题。这是我们中国的第一个薄壳，当时冯先生设计的都是一些比较先进、比较新的东西，我在看到他那个法国的杂志以前，对薄壳根本就不晓得，不知道世界上还有薄壳这种结构。那时候也算是刚刚认识薄壳，后来我们就在我们学校后面造了些砖薄壳，那个也是冯先生主持的设计。

跟冯先生一块搞的项目，除了公交一场以外，还有东湖客舍和同济医院。东湖客舍是冯先生已经画好了平面图，叫我给他配屋顶。平面基本上画好了，屋顶我觉得很难做，大大小小，高高低低，要做四落水就很难，而且要结合有起伏的地形。想来想去，我和冯先生决定把这个屋顶做成椽架式的。椽架式是一个椽架一个拉杆作为一个架，就一个架接一个架这样做下去，与房间大小没有关系。屋顶一做椽架以后，因为有高低，檐口拉平就没有味道了，所以冯先生就要求檐口有高有低，那么檐口就根据建筑的需要，房间有高有低，檐口也随之有高有低。甲方提出来这个房间至少要 3.2m 高，冯先生本来想造低一点，就招待所来讲，造低一点比较舒服。结果甲方一定要 4.2m 高，这样后来我就把客房做 4.2m，走道的檐口就低了。走道的低，房间的高，这样檐口有高低了，前头高，后面低，其他地方甚至大客厅也是这样。檐口有高有低，这样屋脊也有高低。我与冯先生两个人花了很多时间研究檐口和屋顶，做好以后，是有一些味道。

另外还一个同济医院，也是在武汉。每一个平面，他都画得很仔细，都是和当地的医务人员讨论了以后拿回来，我们给他配结构。另外这个设计除了造型以外，他对技术是相当注意的。

在教学中间，我们讨论要注意结构选型、重视在技术方面的一些东西，有的毕业班的课需要构造老师、设计老师一起来带。这样子来教学就可以既考虑建筑问题，又考虑技术问题。所以我觉得冯先生在创新方面，在功能、规划、技术各方面都是比较全面的。

邓述平（同济大学建筑与城市规划学院 教授）

我是在 1946 年进同济的，那时是土木系，到高年级，有机会听到冯先生给我们讲的建筑课，他上三门课：一门就是刚刚傅老师讲的建筑艺术方面的；再一门课就是讲建筑技术构造的；还有一门课讲建筑设计。我还记得当时冯先生给我出了一个题目，做学校的设计。冯先生后来就到同济来专职做教授。

我首先想简单讲一讲办专业的问题。冯先生当时在奥地利留学，在他学建筑时，他的老师就有规划意识，强调建筑设计跟城市规划的关系，他自己讲他在学习过程中，规划非常重要。所以他回来以后，实际上在解放前已经在想这个事情。上海在解放前做了一个大上海的规划，除了冯先生之外，另外还有几个，像谭先生、钟耀华先生、程世抚先生等，他们都在都市计划委员会。大上海的规划实际上就是有机疏散的，在1948年、1949年时，做出这样一个规划是非常超前、非常先进的。

从1948年开始，冯先生、金先生就想在同济办城市规划专业，所以同济土木系到高年级就设立了市镇组。解放后，1952年的院系调整是一个很好的机遇，当时上海所有的土木建筑的学校全部集中到同济来，包括之江、圣约翰以及其他好多学校。当时就说办两个专业：一个是建筑，另一个就是都市建筑，都市建筑实际上就是城市规划。1950年代时要学苏联嘛，苏联有什么，我们就要搞什么，所以就找了一个名字叫"城市建设与经营"，本质上来讲是办城市规划，所以课程安排的最大特点就是建筑学和城市工程并重。冯先生的眼光确实是看得很远，他觉得作为一个建筑师，不能孤立地做建筑，应该从更大的范围来考虑，一定要跟规划联系起来。的确，他的教学和研究工作都是这种思路。

到1955年要申报专业，申报前在全国教学计划会议上进行讨论，7个学校参加，有6个学校反对。他们认为办专门化就够了，只要再加2门规划的课。但是在冯先生的坚持下，最终高教部批准独立成立专业，到1956年同济就正式办城市规划专业。城市规划专业办了以后，接着就想办园林专业。所以招生的第二班就分一半人去搞园林，叫园林专门化。城市规划毕业生为中国规划做出了很大贡献，像第一任的中国规划设计院院长就是同济1953年毕业的，1953年支援了大批规划毕业生到北京，第一个5年计划中做了很多城市的规划。当然在北京、在中央也有全国很多其他专业的也都转来搞规划，但经过高校专业培养的就只有同济的。冯先生重视规划的思想确实很有远见。

就创业来讲，假如没有冯先生、金经昌教授先瞻性想法的话，规划这个专业就办不起来。前几年在同济召开世界规划院校大会，这是非常了不起的一件事情。在1950年代全世界办规划专业的也就是五六家，现在我们国家办城市规划专业的学校大概有数百家。所以我认为同济对我们国家的城市建设，城市规划专业的发展是有非常大的贡献的。1960 年代到文化大革命园林专业受到一些冲击，没有得到发展。恢复高考以后，1977 年城市规划专业恢复招生，1979 年园林专业正式成立并开始招生。同济这两个专业办起来和冯先生的指导思想有密切的关系。同济的建筑教育的三驾马车，建筑学、城市规划、风景园林，这 3 个专业办起来说明冯先生在教育上的前瞻性。

第二个想讲冯先生的敬业精神。我们也曾跟着冯先生一道做了不少事情。1952 年院系调整成立建筑系以后，就成立了城市规划教研组，同济是 1952 年就有了城市规划专业课。当时在规划教研室有 5 个人：冯先生、金经昌先生、李德华先生、董鉴弘先生，还有我。后来冯先生就指导一系列的规划设计。当时要做一些题目，就考虑不要完全做新题，要做一些老的地区的规划。1954 年就想到兰州，跟时任兰州建设局长的任震英联系，他听说冯先生要去非常高兴。当时我去联系好了，任老就陪冯先生去现场转，确定了兰州城关区要结合黄河对面的燕家平老镇做规划，而不要完全是在一块新地上另起炉灶。老和新的结合，很多问题规划时就要考虑。后来冯先生不远千里亲自带陶松龄他们那一班的 4 个学生到那里去。那时坐火车不像现在这样方便，从上海到兰州，蛮辛苦的。

在带学生做一些项目的时候，他都亲自去调查研究，如嘉兴规划；后来做莫斯科西南区的一个设计竞赛冯先生也是亲自动手。

再想讲一讲创新追求。我觉得冯先生在教学上是很认真的，他作为系主任，一直亲临第一线。早期做设计室主任，在教学上他研究很快地把学生培养出来的教学方法，后来想出"放—收—放—收—放"的这个"花瓶式"的教学方法。

另一例是空间原理。建筑原来要是照类型来讲的，假如换了一个类型，没有做过，同学就有点束手无策了。冯先生就考虑怎么样让同学们能够掌握共性的东西，提出了空间原理。我就想通过这样两个例子，来说明冯先生在教育上的创新与敬业。

在创作上创新的追求从原来杭州的花港茶室一直到方塔园的设计都有表现。冯先生对把设计做好非常执着。花港茶室是比较早的作品，后来是方塔园。方塔园的基地原有一些老的建筑在那里，怎样把这些老建筑组合起来，又能够作为一个现代公园，与中国传统的古典园林又怎样结合，这里面冯先生考虑了很多：地景的运用、视角的考虑、游览的路线、景观的变化……冯先生的文章里面写得非常清楚，考虑得非常周到。

最后我体会最深的就是冯先生的治学，从 1970 年代末到 2002 年，他发表了 6 篇关于风景园林的文章，这 6 篇文章分析非常深透，特别是他通过与中国画、诗、文学的对比来研究风景园林发展的过程，所以我个人体会冯先生真的是博览群书。通过这样一个对比，他提出：画家作画，先见再想，再从心中的，到手中的，最后才把它画出来。虽然是讲画，但这个道理对做建筑、做园林来讲也是一样的。冯先生做方塔园时，他已经有这个画家作画的境界。他做的这个园林，是诗人的园林、诗人的建筑，令看的人也提高了境界。

王澍（中国美院建筑学院 院长）

冯先生在我们心目中的位置的确是不太一样。我一直觉得中国建筑的近现代史上有两位先生是我非常尊重的。

一个是东南大学的童寯先生。童先生除了早期就做园林研究之外，我觉得他最难得的一点是，在 1949 年以后，一个非常有名的建筑师不做建筑了，开始研究园林。我觉得这是一种精神和节气，是一种风骨。中国近现代的建筑师，尤其是最近几十年的建筑师，最缺的就是这种风骨。

冯先生，我尊重他哪里？大家一直说冯先生是被边缘化的，他搞现代的空间、现代建筑研究，大家对他的遭遇感到惋惜，但实际上他的那种边缘化的坚持是我们后面很多年轻建筑师心中的一种精神的力量。比如说我们这些年轻建筑师的探索，尽管好像有一些结果出来，但大体上仍然在主流建筑圈之外，实际上还是边缘化的状态。但为什么有一些人能够坚持？这些老先生在前面留下来的精神，对我们是有很强的支撑作用的。

冯先生第二点特别值得让我们学习的，就是我们会受到他的教育，包括今天我看展览，我还觉得是在受教育。这一代年轻人是成长在"文化大革命"后，有比较强的反叛精神，很多人相当自负，始终觉得能够使自己被教育的人是不多的，但是冯先生的东西不然。今天我站在大厅里，跟刘家琨就说，看了冯先生的东西，我的感觉是我们还要继续努力，还有差距。在一片创新的气氛当中，我仍然能够记得在 1980 年代初的时候，冯先生的方塔园一出来，连很多觉得自己很可以的青年建筑学子都被它震住了。我记得在南工建筑系里在做全国建筑竞赛，高届的研究生、年轻老师做的有一个大门的形象，就直接在抄方塔园北门。我当时就问，难道说你们就做不出一个不一样的门来吗。他们给我的回答说，冯先生的这个门实在做得太好了，我知道你要说我们抄了方塔园的北门，但是我们实在想不出比方塔园的北门更好的东西来。一个老先生在那样一个创新的气氛当中做出这样一件作品来，而且在年轻的建筑师中有如此分量，我觉得在那个时代是非常罕见的。

记得我直到 1996 年才去看的方塔园，这是它建成很久以后，这件作品至今仍然对我触动颇深。表面看上去是很集体的做法，后面却有很深的涵养，包括对中国传统绘画的理解、对文学的理解。其实刚才一听这些老先生介绍，我又有一些新的体会，大家都说冯先生开创了中国第一个城市规划专业，其实在中国传统中，建筑和规划这两个东西是不太分的，可以看到冯先生在谋篇布局这一点上非常有心得。现在很多建筑师只做一个房子，周边大概只做一个很小的周围环境，对于大片的谋篇布局有体会的中国建筑师近代也是不多的。这里所讲的规划，决不简单的是我们所说的城市规划、城市设计，实际上也包括我们现在讨论的最新的建筑教育。就是我们试图把建筑、城市设计、景观园林这些分割的学科彻底打通，重新恢复一种带有中国传统脉络的东西。

再讲一点，我看冯先生的东西就感觉"东西是正的"，这一点我觉得也非常重要。这几十年，中国一直在闹革命，文化动荡，说老实话，看大多数东西都是歪的。所以看到一个东西非常清正，这非常不容易，在冯先生这里面有清正之气，对我们后辈学子也非常重要。

最后，我想讲一点，就是我今天在展览里看的时候，我认真读了冯先生当时做方塔园的时候写给管理的领导的信件，还有他自己记的笔记，有几个小便签。我建议大家，尤其是我们年轻的同道啊，应该认真地去读一下。我觉得那是建筑学的正道的文字，表面上看几乎有点像营造法式，有点像谈做法。比如说，一进门该怎么做，几块石头该怎么铺，这边高一点，那边低一点。冯先生的文字一方面看上去非常朴素和直接，没有任何虚浮的东西，但是背后大的谋篇布局的意思，对每一处空间的状态和品质的了解，都在非常朴素的文字里面表达出来。我觉得现代中国的通病，就是我们现在建了太多的话语系统，比如说你去看一个建筑方案的介绍，一个年轻建筑师出来会说一大堆云里雾里的文化。我印象很深，在杭州，有一个建筑师把杭州一大片老城区破坏掉，开了一个 60m 的大道，他居然还在背唐诗，说是按唐诗意境干出来的，我当时几乎就想拍桌子。我记得我的导师把我按住，说你不能这样干，经常拍桌子是不行的，但是这种景象在全中国到处都可以看到。我觉得建筑学需要正本清源，不要不走正道，而正道是从这些看上去非常朴素的事情开始的，也就是在这个意义上，我觉得冯先生可以说从精神到很具体的、像是一个匠师的做法，整个层面上都是我们的榜样。

张隆溪（香港城市大学比较文学与翻译系 教授）

作为老一辈学者，他们在结合中国和西方的传统上，不仅是建筑艺术，从各方面来讲都有很好的条件。冯先生早年的时候，不仅有家族的渊源，还有机会到维也纳去留学，吸收了西方当时最新的建筑理念。回国以后，再回到中国自己的文化传统当中。所以我觉得看方塔园、何陋轩，这些名字本身，还有他的设计思想，都有很深的中国文化内涵。同时，又不完全是传统建筑样式，从他的设计内容，到他所使用的材料和观念，都确实是结合了东方和西方，中国和欧洲的文化精华。刚才王澍讲得非常好，现在年轻建筑家也许很自负，觉得自己很超前，可是看到这样的东西以后还是有很震撼的感觉，我觉得这种震撼的感觉是来自那种文化的底蕴，而这种底蕴不是靠自己的小聪明、一点点不够的学问就可以达到的。我觉得非常杰出的前辈学者往往给我们的启示就是这样。虽然我自己完全不懂建筑，可是我看了以后有很深的感受。

不管是做哪一个专业，是设计，还是文学、历史或者哲学，到了一定的高度的时候，一个领域的专家，一定是超越自己专业范围，能够考虑更广、更深的问题，变成一个文化当中的所谓"通人"，这是我很深的一个体会。每个人必须先有一个专业，必须是某一个方面的专家，不然的话你就很虚浮，到处都懂一点点，但是没有什么事很深入的。但是，另外一个局限就是，由于现在知识的爆炸，每个人成为一个专家以后，就产生专家的自傲，觉得我懂这一门，对别的东西没有了解的兴趣，而这样的所谓专家，其实局限是很大的。我就记得钱钟书先生有一句很俏皮的话，他说，"做专家在我们主观上是一件很得意的事情，可是在客观上是我们不得已的事情"。你们做不了大师，做不了一个文化的"通人"，不得已而做一个专家。所以，不要得意，专家是没有办法的事情。因为我们的知识太广了，没有一个人可以了解所有的知识。

这就使我想到冯先生在建筑方面是专业，诗、词方面的翻译，写的一些文章，比外国诗人的评论有意思。他好像特别喜欢柳宗元不太喜欢韩愈(这个我稍微有点不同意，我觉得韩愈也很了不起）。但是有一点对我影响非常深的是：他评翻译，尤其是国内翻译一些西方的诗，译者对西方的诗的体会不太深，冯先生的批评都是对的，我都是赞成的。但不管是批评别人的翻译也好，还是批评哪首诗诗味不够也好，都表现出非常重要的一点：冯先生有非常独立的人格。因为他自己有很深厚的文化修养，他有自己非常独到的见解、有自己的看法，而且他勇于把自己的看法讲出来，讲得也非常有自己的道理，这点我觉得是非常难得的。我们一般人很容易人云亦云，不仅在文学欣赏方面很容易这样，现在的很多东西都是如此：有个观念的问题不太看得出来，你就要听听专家来讲，专家讲了以后马上就点头称是，实际不见得里面是很明白的。冯先生不一样的一点是，有自己的想法，就讲出来，这点我觉得是人格的精神，是我非常佩服的。

几十年以来，中国在意识形态方面对知识分子压抑得很厉害，对知识分子打击比较多，不断的政治运动，都是批知识分子，知识分子能够保持独立性，这一点是非常非常了不起的。这点好多国外的学者，比如西方学者很难理解，而中国人对这一点感受非常深。所以我看到冯先生写的文章，哪怕我不同意，但是我不能不佩服他，他就是有独立的见解，他就要这样看、这样想。我觉得对文学、艺术的欣赏跟每个人趣味是有关系的，判断力、批判是康德讨论美学问题很重要的一点。我说，一朵花很美，我的基础是什么？这个基础没有一个逻辑观点作为基础；我说，2 + 2 = 4，你必须承认是逻辑问题。我说这朵花美不是逻辑的观点，他要讨论的这个"美"的观点，其实是以个人的趣味判断作为基础。可当我说这朵花很美，我的意思不是对我看、在我看是很美，我的意思是每个人看是很美。以个人趣味判断作为基础判断、审美判断，有它独特性；可是审美判断的意义是普遍的，这是个矛盾，这个矛盾就是康德要讨论的问题，所以他写厚厚的一本书就是要最终解决这审美判断的问题。审美判断是因人而异，是见仁见智，但是，重要的一点是要有自己的判断、见解。谈到最高境界趣味的问题，跟文化修养有关系，你读过多少书，看过多少东西，你有多少经历和见解，你的眼界和趣味就会体现出来。这一点，在冯先生身上体现得非常完美，从他的经历、他创作的作品、他写的文章，处处体现这一点，这是我很深的体会。

戴复东（中国工程院院士、同济大学建筑与城市规划学院教授）

我和冯先生这么多年在一起，一直在向他学习。冯先生有几句话，在我看起来，是他很多看法的浓缩。

冯先生说："我做的设计应该是'语不惊人死不休'。"这句引用杜甫的诗句，是很重要的话，这是冯先生一生在学术上、在做人、做事上的追求和浓缩。只有大智大勇的人，才能真正说出这样的话；也正是因为冯先生家学渊源，有各方面的功底，再加上他有能力，才会这样讲。

当时他做的学校中心大楼的方案，其他人要沿袭中国传统，做大屋顶，唯独他是用山墙的办法。山墙就是个比较高的房子，他动了很多脑筋，所以大家看到那个方案的时候，觉得非常好。当时没有被学校领导看到，那是另外的事情。那是一份很重要的历史材料，我希望把它找出来。

我做过冯先生一个学期的助教。当时做一个医院，冯先生特别关心病房的设计，又特别关心护士如何照顾病人的问题。因为病人住医院以后，等于一条命交给了医院。当时冯先生讲课里面讲到病人的床头要有报警器，或者是通讯工具，以便和护士进行联系。冯先生讲到在国外也有些人有这些想法，比如说病人不行了，找医生要赶快。护士问病人"你要干什么？"，"我要大小便"。护士跑到护士站、跑到其他房间，把便盆拿来，让他大小便。能不能弄一排按钮，"我要大小便"、"我要喝水"、"我要吃药"？你要设身处地想病人，那个时候病人意识不清楚，胡乱按一下、按另外一个东西，护士拿来和病人要的不一样，你的努力不白费了吗？我觉得这点是很重要得一点，对我来讲，是启发很大的。就是说你在设计的时候要弄清你为什么人着想，怎么着想。真正去为他着想，你才能收到事半功倍的效果，否则你好象很努力，做很多事情，最后不是那回事。

也是在医院的设计中，冯先生讲，医院设计是非常重要的事情，它关乎病人能不能治得好。医院的作用、医生的作用，主要是治病救人。你要设计医院，还是从协助把病人的病治好入手，这几句话对我影响深刻。

冯先生讲了很多很多东西，但是我记不住，这几句话我印象非常深刻。

另外，《同济学报》1979 年第 4 期的建筑版上有篇文章叫《组景刍议》，"刍议"就是随便说一下。我认为这篇文章要想办法把它组织到冯先生的文集中去。冯先生随便谈谈的"组景"，是开天辟地的，且开了这门学问。怎么人把风景组织起来？没有人谈，你可以随便组织。现在有很多人随便在组织风景，像关公、像公鸡、像鳄鱼，都是搞这些东西。冯先生不是的，冯先生有非常深厚的中国艺术、诗词文学的功底，在这篇文章里面，他把很多中国古代诗人写的诗的内容放上去。但是他也说了，有的诗人是写情，而不是真正写景的，冯先生说要把写景的内容放上去，那些人写的东西的确是写到点子上。我觉得冯先生开拓了一个新学科，他真正开创了景观环境学科。这篇文章我建议冯先生找点时间把它进一步升华，这是一门很重要的开创学科。

我觉得"语不惊人死不休"，是冯先生这个人的代表，不是随便说出来。这是一个大智大勇的人，他的一生到现在，也一直是这样做的，这是值得我们后辈学习的。同时，他所处的历史环境，使他受到了很多不公正的待遇，受到很多批判。但是，冯先生始终没有随大流。从开始就提出花瓶式教学，所谓花瓶式教学就是学生进来之后，先让他们放开，逐渐放到三四年级左右，再收起来，了解建筑有很多东西制约，到毕业设计，再放出去，就像花瓶的形态。大家批判时候，没话说，说这是花瓶式教学，冯先生教学生做花瓶，这是很可笑的事情。但是冯先生没有因此泄气，继续搞空间原理教学，让学生抓住共性的空间去学习。不同的空间、不同环境、不同位置，它自然有它的处理办法，也列出一个系列，组织教学。空间原理的教学也让他受到了很大压力。有次到同济新村的路上，学校一个领导遇到我，问我你们在搞空间原理？我说冯先生在搞，他说怎么样？我说很好，他说是不是有什么问题？等于在暗示，我说我看不出问题，他说那你们好好搞。在压力面前，冯先生并没有泄气，冯先生受到很多很多不公平的待遇，但是对冯先生，你这方面打击我，我可以把力气用到另外方面去。冯先生做了很多很多其他方面的努力，特别是对中国古代诗词研究，把它们运用到建筑、运用到园林、运用到城市环境方面来，我觉得这方面的确值得我们大家很好地学习。

陈宗晖（同济大学建筑与城市规划学院 教授）

冯先生因为过去有很好的条件，掌握了各个方面的学识，也能够非常好地把这些东西综合运用到建筑领域里去。所以跟他切磋的人，都觉得是个很好的学习机会。

我比傅先生晚了近 5 年接触到冯先生。1952 年到同济设计院参加工作，分配在二室，冯纪忠先生是二室的主任。那时，我初出茅庐，对设计工作一窍不通。进了设计院以后，作为冯先生的助手，我参与设计了华东师大的化学馆和数学馆，带了一批将要毕业的学生做具体设计。当时，这对我来讲是比较困难的，因为工程要解决一些实际问题。冯先生手把手地教我。当时，他给了我一些化学实验室模型，让我从设计实验室开始学起，就这样，我一步一步地走下来了。我觉得冯先生非常亲切且容易接触，不像其他难以搭上话的老先生，我可以同他无话不谈。这个工作，实际上我是从"零点"起步的，但之后，逐步跟冯先生做了一些其他工作。今天回忆起来，还是感觉这是段令我非常难忘的时光。

医院建筑是冯先生的特长之一。他做的武汉医院是非常好的医院。我考取在职研究生以后，要写论文，冯先生就指定我参与医院设计。当时他在搞空间原理了，把空间分成四大类，前面的三类（即大空间、空间排比和空间顺序）在教研室里已经布局好了，最后还有一个类型——多组空间组合，就是以医院为主要例子。他对我说，你把这个医院的"多组空间组合"做好了以后，你的论文就通过，做不好就不能通过。做昆明医院时，冯先生看了我的初步方案后指出，设计要"因地制宜"，在设计里要将昆明"四季如春"的气候特点体现出来，充分运用室内室外的空间条件，把有些医院需要的房间如候诊室这样的空间放到室外去，这样既充分利用空间，又可以减少投资，还可以做出不同的组合。甲方对此也非常满意。在武汉医院的设计中，交通流线是设计亮点之一。冯先生讲，医院的设计主要是流线，你做得好做得坏，就看这一点了。武汉医院是十字形，十字形就是一点：交通点散，它通四条路。到昆明医院时，他提出要增加交通，避免交叉。因为昆明的条件不一样了，会有一些东西向房间，也没有太大妨碍。这样一来，就组织成一条线通六条的流线，这个意见确实很好，后来既缩短了交通线路的长度，又节省了面积。在跟他学习医院建筑的过程中，我发现，冯先生的思路非常广阔，向冯先生学到的内容也是我终生难忘的。

还有件事对我触动也是比较大的。我们做设计一般来讲是会按照任务书的要求，墨守成规，在任务书里面"打圈圈"，但冯先生不是，他是从广义上来看这个问题。1958年，北京要做人民大会堂，提出方案设计要"广开门路"，希望各个地方都提方案。上海选了三个单位：华东院、民用院和同济，三个单位各做一个方案送中央来研讨。同济是冯先生带队，他说我们大家要统一思想后才能够开始工作。民用院的陈植老先生、华东院的赵深老先生以及我们同济的冯先生三个组都一起进行了讨论。冯先生当时提出来，"我们现在做的这个地，因时因地都要结合起来考虑，人民大会堂这个地方一定要考虑跟环境结合、跟时代结合、跟具体结合。今天我们在这里造这栋房子，必须要三个统一：一个是逻辑的统一，一个是环境的统一，还有一个是风格的统一。这个地方只能是南北向，这个是前提。"大家讨论时都认为，天安门旁的两个展览馆和人民大会堂如果搞成东西向，就跟天安门的协调产生矛盾，这个是根本的问题，冯先生讲的话是对的。但当时这个方案在上面却很难通得过。冯先生他想到什么就说什么，没有考虑到其他因素，而我们还有点胆小，恐怕在天安门前面搞南北向会招来不同意见。这样一来，我们只是贡献了一个方案，这个方案还是做了主轴南北向。做成南北向以后，最困难的就是大会堂的屋顶问题，如果做成"天坛模式"的屋顶就太老套了。后来，冯先生亲自动手，用纸折了一把伞，反复折叠后，构思出个圆形的翅膀造型来，这个方案最后还是行不通，没造。最后，还是用北京那一长条东西向的方案。总的来讲，冯先生的思想是非常的活跃，而且他一下子有很多别人没想到的想法，这些都是值得学习的。

另外一件事情，这几年下来，我觉得冯先生确实是有独到之处。他的古文底子非常深厚，也有很深的文学造诣。今天回过头来看，方塔园的设计确实跟其他的古典园林，或者是新造的园林有很多地方是不同的。它既有古的脉络输送，又有很多新的思想创造。

吴家骅（深圳大学建筑系 教授）

我18岁进同济，那时候，想见冯先生根本见不着，他也没给我们上过课。我见冯先生，是在他最倒霉的时候，当时我是红卫兵。我感谢上苍给了我一颗善良的心，不去做那些作孽的事，我看见冯先生可怜，堂堂一个同济大学的系主任，一介学者，风流才子，就在我旁边扫马路，干脏活、粗活。

我是今天才知道"空间原理"是怎么回事。那个时候，"空间原理"就是个有力的幌子，供我们批判的，想批判还搞不清楚是怎么回事，大空间，排比组合啊……我想这个人就在这，批它干什么！弄清楚，请他讲讲不就行了。我就悄悄地说："您回去"。"干什么？"他当时紧张。我说，"没事，跟我走"，我就把他拽到文远楼的教室里头，我说，"坐下，歇会，别扫地了，我问您一点问题"。他一看，红卫兵哪有这样的？我说："冯先生，您给我说说，'空间原理'到底是怎么回事？"那时候正闹着革命，很紧张啊，弄不好，把我也给弄进去了，但是我觉得要搞清楚。

还有一件事，他偏偏跟林风眠关系这么好。他为什么不跟徐悲鸿关系很好？他为什么不跟那些搞具像艺术的人打得火热？他为什么对那些法国印象派，或者法国印象派之后的一些东西有感觉？他能交这种朋友，品质是一方面，姑且不论，那起码按照他们说的，趣味相投，他欣赏印象派，以及印象派之后，也就是说他建筑思想的基础，不是古典的艺术，是发源于 20 世纪初的现代艺术。

因此冯先生的思想新，新在哪里？新在他的营养也是新的。我发现冯先生在艺术上也是有创意的。看了冯先生的创作、冯先生的工作，以及冯先生的艺术趣味和诗词，我发现他对抽象艺术的概念和感觉非常敏锐，这是他文化底子很重要的一部分。

我从冯先生这里还感受到一个问题。我们毕业了也没搞清楚，"空间原理"是怎么回事，我进去就批花港茶室，道士帽子，一直批到"文化大革命"，整个就是在一种不愉快的气氛中看着冯先生受煎熬，我学什么呢？但是，学并不重要，影响更重要，真正受过冯先生教诲的就是前面在座的几位先生，大量的同济人并没有受到冯纪忠先生直接教诲，但他有精神领袖作用。他的精神，其实是建立在现代思想、现代设计哲学、现代艺术基础、对人的关照、对现代技术的关照上的，甚至他在文章里还提到了"信息"两个字。也就是说冯先生他制造了一个"场"，这个"场"影响了同济的几代人！

建筑学不是学的，是影响的。冯纪忠先生的影响之大，在于他影响了你的心灵。我认为冯先生对我影响最深的是，他是知识分子，他不求。他从没去北方争什么事情，什么会场上也没见他的人影，我也学他，最讨厌开会，我觉得他求之而不得，不去求。另外，我发现冯先生设计做不了就去写文章，文章写不了就写诗，干什么实在不行，就出国溜一圈。因此冯先生是退一步海阔天空，你们不是文字狱吗，我就述而不著。

冯先生还有一个优点，他不出头，他没有霸气，他不想在主席台中央坐着，他老溜边座。他有骨气、有德行，我觉得他的学术思想与他的人格是合二为一的。

另外，我讲一点，我觉得冯先生是一个情商很高的人。情商高的人敢承担，对子女、对妻儿也是如此。当时批判冯先生还有一个大问题，就是不让师母做饭。他们家总是到瑞金饭店吃饭，不让师母做饭，说是那小手指做饭多了就没法弹钢琴了。我觉得冯先生始终对他的家庭充满感情，对他人也没有要求，没有恩怨关系。因此我觉得冯先生的成就不在你多聪明，也不在你孜孜不倦的写了多少书，也不在你有多少学生，也不在于你地位有多高，而在于你智商、情商极高，而且持之以恒的，许多年影响着别人。

郭谦骅（广州住宅建筑设计院）

我是建筑学 60 级、66 届的。吴家骅说，空间原理只有老先生学了，不对，我是"空间原理"的第一批学生，一直到学完，冯老师见不到了。现在才知道他去了哪里，原来已经受了这么多的迫害。

"空间原理"对我的教益是很大的，现在给我学生讲的时候，经常是用空间的办法去讲。记得注册建筑师有一次考试，考的是航空港。许多人出来都说从来没做过。我说，航空港存在之前，也从来没有人设计过。这是很简单的一件事情，我就拿冯老师的"空间原理"讲，就是这么一个大空间，里面几个小空间，你把流线串起来，你肯定能过关了，只要 50 几分就及格了嘛。当时，许多人就交了白卷。为什么呢？我认为，我们现在的一些教学制度里，没有把冯老师的"空间原理"讲下去，但我认为"空间原理"是很值得我们探讨的。你哪可能把所有的建筑都学完，但是空间原理就可以把问题都概括起来。

当然我跟冯老师的缘分也是"空间原理"。在"文化大革命"的时候，我只好做红卫兵，去说了几句错话。当时有一个唱反调小组，写了三条观点：第一，建筑系不是顽固堡垒；第二，史殿军，他是我们的副书记啊，是三点几类干部，可能年轻人不知道，四类干部打倒，三点几类干部这意思就很明显了；第三，冯纪忠的"空间原理"有可取之处。结果吴家骅是充军到甘肃，我是充军到攀枝花。

钱学中（上海市原副市长）

我看到"冯纪忠和方塔园"这题目，我就想告诉大家，冯纪忠和方塔园中间还有一段小插曲，一段往事，跟我有一点关系，有一点因缘。

1980 年代初，我离开了工作了 28 年的设计领域岗位，到上海市政府工作。工作的时候，我跟倪天增副市长一起，他是清华大学毕业的，我是同济大学建筑系毕业的，我们俩人分管上海的城市建设。那个时候方塔园已经在修建了，有匿名信告到了市委、市人大和市政府，否定冯先生主持规划设计方塔园，用的当然是"文化大革命"中的语言了，要市政府做出决策，停工、修改、或者推倒。这事就交给我和倪天增来处理。倪天增也是建筑系毕业的，我就跟他商量，一起先到方塔园去看看，究竟怎么样。

去了方塔园后，一看就感到方塔园跟我们上海看到的其他公园都不一样！很有新意！有点国外公园的意思在里面，但又不一样。既有西方园林又有我们传统园林的风格，两者自然地融合在一起了。

我们重点就看检举信中说的北大门，信中就是举了北大门这个例子，说设计得就像一个"道士帽"。信中说，"你看，北大门不是斜的坡屋面吗？怎么搞个道士帽在方塔园大门口？这是特别严重的问题啊"。但实地看了后，我对这个大门倒是比其他地方感受还深刻。为什么呢？我自己从事建筑设计与规划工作多年，然后到市政府又主管这方面的工作，对建筑行业非常了解。我们过去做设计时都是受造价的影响，施工单位就是工人阶级领导一切，他说不行就不行，造价高的就说你这是浪费，经费都是很有限的，基建项目的经费超过一点，在"四清"运动中就受批判，后来凡是运动一来，总是会受批判的，认为你违背了"勤俭建国"的原则，什么浪费和犯罪之类的问题都是要低头认罪的。你想，刚开始改革开放的1980年代初，一个园林建筑能投进去多少钱？这些投入有限，设计成这么一个大门，既实用，又有品味，有创新、有现代气息，不容易啊！北大门用了几根钢管做柱子，很简单！工地上哪里都有钢管。上面用角铁及螺纹钢做成构架，有点空间结构的味道。屋面，檩子也就是小的工字钢，然后铺上木板，上面瓦片一盖。这些材料都是在废料里拣来的，做成这样的一个作品，这才要花多少钱呐？施工又是多么的简单！但一直到现在为止，全国所有园林大门，或者其他的公共建筑，没有看到有一个用这样的材料达到这样的艺术效果的！一看就是中国的味道，又不是古代的，是非常现代化的。当时造价这么低，就地取材，能够达到这么好的效果，我说真的是"完美无缺"。

我始终认为现在搞的许多建筑花哨得很，不需要花的也硬是堆积上去，没有什么稀奇！有了钱以后，你什么都可以做，但不一定做得好！像方塔园北大门这种，才是我们建筑师应该去追求和创造的！应把这种创作思想作为指导思想。

　　我跟倪天增说，我们可再也不能像以前历次运动中那样了。改革开放以后，刚刚像是死里逃生，知识分子看到春天来临，心灵中间好像又有了创作的天地，再这么一来，好像风波又要来了。我跟倪天增说，冯先生一定心情很沉重，我们一起去拜访冯先生，到他家里去看望他。

　　说心里话，一个是慰问他，第二个，我们希望代表其他正直的老百姓给冯先生致歉！竟然现在还有这样来给方塔园"扣帽子"的！但是这些话，我们当面都不说。冯先生都记得。昨天晚上吃饭的时候，他说，倪天增跟钱学中到他家来了，跟他说旧城改造。1980年代初的时候，正好有一些极左的人对改革开放有非议，就是在这样一个极左回潮的时候，小平同志说，不去和那些极左言论争论，我们一心一意搞经济建设，搞中国特色的社会主义。我跟天增同志决定对这个匿名信不予理睬。就跟冯先生说，旧城改造也好，其他各方面也好，希望继续为我们国家，为上海社会经济的发展，做出您的贡献！我们没有提匿名告状方塔园这事，我们不说，就意味着没有这个事！着重说其他的，也提到一句方塔园，您发挥您的才华，将您的构思完整地实现出来。

　　"冯纪忠和方塔园"这个册子上本来也要我写一段。我想把这个过程写出来，但担心我的文笔不好，怕写得罗里吧嗦，跟冯先生非常简练的风格配不上。我想配合冯先生，用最简练的话表达出最完整的事物来。我想我是冯先生的学生，我要写几个对他敬颂的话，用什么最简练呢？后来我想了两天写了八个字——"才艺卓越，德行亮节"。"才艺卓越"是大家公认的，而冯先生为什么能这样"才艺卓越"？我想到他的为人，"德行亮节"。德，道德；行，他做人的行为；高风"亮节"。如果冯先生没有为人方面的高风亮节，他的才艺不可能那么完美。我认为，冯先生的成功还不止才艺跟德行的结合，我再归结两句，一共有三个结合。

　　第二个结合，是中西文化的深度结合。冯先生中国传统文化的功底深厚，而他对西方文化的功底同样深厚。他将中国的诗词翻译成英语，外国的诗词翻译成中文的推敲。正是因为有这样深厚的中西方文化功底，将其融会贯通，他的作品才能够这么好。

　　第三个结合，就是传统跟现代的结合，这是冯先生追求的目标。概括起来，就是他曾经写的四个字——"与古为新"。传统的优点还是要发挥，但并不是照抄照搬，或者是模仿，完全是要有创新的，他的作品就是这样一个完整的结合。

　　这三个结合，使冯先生的作品，才能够升华到很高的境界。

最后我还想说的，希望大家回去一起去呼吁，让方塔园即便不是作为文物古迹保留，至少也是作为现代历史建筑挂个牌，给它保护下来。现在的方塔园，商业气氛太浓厚，搞得不伦不类，失去了原来的创意，意境被破坏掉了。希望我们能够去呼吁呼吁，挂上牌子，有关部门就可以出面来支持保护方塔园。

曾昭奋（清华大学建筑系　教授）

我还记得 1957 年，我大学二年级时的情形。一年级时，我在北京看了两个住宅区：一个是地安门住宅，大屋顶；一个是西郊百万庄，"学苏"的。它们完全不管中国的实际情况，"学苏"的就将东西南北做成一个图案型的，管你朝南、朝北、朝东、朝西。二年级时到上海去看了曹杨新村，它既不是古典的，也不是"学苏"的，它是非常尊重环境，尊重上海人的生活习惯。当时的朝向，还有生活水平、建筑技术水平、经济水平，把原来环境都保留下来了。为什么北京盖成那样，上海盖成这样？上海一个工人新村的环境都保留下来了，北京就完全不管现实情况。地安门住宅、百万庄住宅区现在还在，曹杨新村也还在。

到了 1980 年代，大概 1983、1984 年，我就写了一篇文章叫《京派与海派》。我把北京这一派跟上海这一派加以对比，就是从这两种住宅开始的。从这两种住宅往里，往后面来追，就可以追出京派和海派的差异。那种建筑思想的与指导思想的对比，我想了 20 年，好像才想清楚了一点儿。我认为，北京是给传统箍得太厉害了，上海是"海纳百川"，尊重环境、尊重人。北京是给传统箍得一点创造性都没有了，一点人性都没有了，就只有秩序，只有轴线，没有宜人的环境。所以我在 1984 年以后，又写了一篇文章《京派、海派和广派》。当然因为我在广州跟北京的时间长了，在上海的时间还是很短。所以我就说，为什么咱们看到冯先生的作品，感觉这是一个人性化的作品，尊重人、尊重环境。不是某个公式、某个经验、某个命令、某一个教条产生出来的。我体会最多的就是这一点。

我常常到上海，我就找北京跟上海不一样的地方。我在北京已经 47 年了，对北京的建筑创作的状态还是有所了解的。国家大剧院，我看到反对的都是北京的。评委里头，上海的评委、天津的评委、广东的评委，没表意见；来自南京、天津的评委都赞成安德鲁的方案；北京的评委都反对。这都不是偶然的。所以方塔园只能在上海出来，当然也有人批判，但方塔园绝对不可能在北京出现，好像也是北京的人去批的。如果出在北京，那就惹了大祸。刚刚市长说嘛，那 1980 年代就是反对精神污染。冯先生的作品肯定又是精神污染了。

我对冯先生是非常尊敬的，他有一名中国知识分子的骨气。建筑，也应有它自己的骨气。一个建筑师作品跟他的底气、他的骨气、他的观点很有关系。所以，有些建筑我们说它是创作的，有些我们说它是抄袭的、偷来的，没自己的思想、没自己的人格、没自己的创意。冯先生就一直保持自己的个性，保持自己的创意，那是非常不容易的。我记得，1957 年 6 月，我就住在同济大学建筑系。当时，同济已经开始反"右派"了。运动一起来，就看到冯先生所受打压的一些情况。但他一直保留了骨气，保留了对建筑学的忠诚。

所以我有时候就考虑，我们建筑师对建筑学应该有忠诚，有个忠心耿耿的、把它做好的一个心思，不是为了赚多少钱。有的很有水平的建筑师的方案，一个小科长就可以把它改掉，几句话就把你的方案给否了，这种情况很多。但冯先生经过那么多运动的打压，仍能保持这样建筑师的品格，保持对建筑学的忠诚，我是非常佩服的。

顾大庆（香港中文大学建筑系 教授）

我跟同济大学好像没什么缘，昨天晚上才有幸第一次见到冯先生。我跟冯先生的关系，还是通过他的著述和译作。我手头有两本书，一本是登载冯先生的"空间原理"的《同济大学学报》；还有一个是冯先生翻译的《设计方法》。当时的印刷质量很差，薄薄的两本，我把它带到瑞士，又带到香港，现在还在我的办公室里面。我总觉得好像那一篇文章和那本译作，将来总还是会回到那个问题上来。

具体讲到冯先生空间原理的问题，我想讲的是，应把它放到一个国际的大环境里面来看。我们讲中国建筑的教育，都讲是巴黎美院的那个体系。巴黎美院的体系，从国际的大环境来讲，肯定都是从巴黎美院的传统转到现代建筑。都在转，那中国为什么转得很慢？今天不去讲这个问题。当然国际上那个转，是在 1950 年代左右，前面也转，那"布扎"（Beaux-Arts）啊，我就觉得是比较浅，就是一年级的"构成"那些东西。但是"布扎"的那些老师到了美国以后，他们都是白手起家，办的新学校，自己要干什么就干什么。不过，大部分的建筑学校其实都是老学校，这些老学校，怎么从原来"布扎"和巴黎美院的一套东西变成现代的呢？这个问题你如果仔细去看看的话，其实大部分的变化是在1950年代左右。那么这个变化的指针，不应该是一年级的教学，应该是更早的变化。当然，真正建筑教育要发生变化，应该是设计课发生变化。这个变化就在1950年代。有一个我比较感兴趣的，叫"德州骑警"，在1950年代中后期，有一帮年轻人在德州大学搞一套新的教学，这套教学也很有影响，但因为在一所老学校，到了第二年第三年，老教师就不愿意了，就把这些年轻教师的合同给中断掉了，然后把这帮人给赶走了。这帮人后来就到了其他的地方，"星星之火，可以燎原"，在其他地方就发展起来了。我很喜欢这个故事，因为以前我在东南大学，那里也有一帮人后来全跑掉了。

但是，回头看看，冯先生的"空间原理"发生的时间也是在那个时代。而且，大家关注的问题几乎也是一样的。所以从另外一个角度再来看这个事情，我觉得很有意思。如果让我来总结一下冯先生的"空间原理"的话，我觉得可能有两个意义。

第一，他那时抓住了"空间"主题。现代建筑教育其实有一个很重要的东西，就是解决"空间"问题，"德州骑警"这帮人其实就是解决了这个问题，冯先生的时间基本上是与它们同步的。所以这一点，就已经是很重要的一件事情。第二，"德州骑警"这帮人解决了"空间"怎么去教的问题。1950年代以前，有很多学校的教学都是以大师为榜样的，就是说这个学校可能跟密斯去学，那个学校跟柯布去学。那他们觉得，我们应该有一套东西，一套超越个人的东西，要抓住现代建筑的这个共同点。他们怎么去抓住呢？就是抓住"空间"的问题。从原理上解决这个问题，要有一套教学方法。从冯先生的"空间原理"来讲的话，他也很强调一个"原理"。就是说，他不是去就事论事，每一个学生的问题都不一样，他却把原理的东西抓住。从这一点来讲的话，冯先生应该也是我们国家第一个有现代教育观念的教授。因为我们国家基本上都是师父带徒弟，都是师徒制，冯先生在那个时候提出的这个东西，是非常不简单的。

有一点遗憾，就是"德州骑警"所做的这个事情是把建筑设计问题当作一个形式问题去研究，冯先生在一些文章或者讲话里面，其实也讲得很清楚，就是他也要有意避免从艺术的角度去谈空间原理，因为是很犯"忌"的。他从功能谈已经是很倒霉了，那从艺术谈，就更倒霉了。所以，他是有意识地避免，这一点我认为很可惜。因为不太清楚冯先生会怎么样去解决这个问题。如果我们把空间的形式问题，在那个时候也去解决了的话，我觉得那应该是很有意思的。

第二个遗憾，我问过很多人，我说这些东西，除了已经发表了的文字以外，是不是还有一些物证？这个教学究竟怎么教的啊？有没有当时的学生作业啊？有没有教学笔记啊？回答都是说没有了。很可惜。从研究的角度讲，那就不完整。我觉得同济大学不会一点资料都没有的，可能还是会有点留下的东西。有这些资料的话，我想对冯先生"空间原理"的研究应该是个很好的条件。不然这个事情，大家只能是去猜了，这是很遗憾的。

最后一个是假想。因为在今天来看，"德州骑警"实际上是最早提出这种有一套办法的空间教育，这一帮人是在1950年代中后期干的这件事，跟冯先生提出"空间原理"是差不多同一个时间。所以就是假设：如果没有"文化大革命"，当时的学术气氛也很开放，那么巴黎美院的那套东西，可能大家也准备放弃了，那我们中国今天的建筑教育，会是怎样的景象？所以，我想可能应该跟国际上是同步的吧。并不是说我们落后多少，我想更多说的是，中国建筑教育现代化之路很多时候因为政治的原因被延迟了，到今天我们才有这个条件，慢慢去谈这个事情。

不管怎么讲，把冯先生的"空间原理"，放在这么一个历史大环境来看的话，我想它的重要性应该是不言而喻的吧。

孟建民（深圳建筑设计研究总院 总建筑师、原院长）

我跟冯先生的接触是在1986年，我们国家第一届建筑学博士——项秉仁老师毕业的时候，我是毕业答辩的秘书，当时把全国建筑领域里的泰斗级的专家老师都请到南京工学院去了，冯先生就是其中之一。当时的条件不像现在这么好，没有电话与电子邮件，我给每一位老师都发信，而每一位泰斗级的老师都亲自回信，这令我非常感动。那一次和冯先生接触以后，他给我的印象是儒雅而和蔼的，但从骨子里面透出一种清高。

当时项秉仁博士答辩时，引起两个观点的争论；一方特别的赞同，清华大学的哪位教授我忘了；还有一方意见特别反对，陈占祥先生说这篇文章写得就像一个长篇读书报告。冯先生对项秉仁这篇论文，没有在座谈当中给予一个明确的评论。但是，项秉仁先生分到同济大学以后，对冯先生倒有一个令我记忆犹新的评语。他认为冯先生的教育是一种启发式的教育，另外，他特别强调逆向思维。这是项秉仁先生回到学校以后，跟我谈他的一些体会。我们当时对这一点的记忆特别深刻。

另外我对冯先生印象比较深刻的一点，就是他的方塔园。1980 年代初，方塔园建起来以后，我们业内对这个园子进行了铺天盖地的一番评论。我们这批莘莘学子秉着朝拜的心态去方塔园参观。有两点印象特别深：一是在处理空间时的收放以及地坪标高的处理，路基逐步下沉，树木往上抬高，给人一种甬道的感觉；另外就是刚才谈到的北门，当时大家对它的最主要评价是"一种中国文化内涵的东西与现代技术的结合"。

我本人在从业过程中，就曾经专门尝试研究将中国传统文化的一些要素和现代技术结合。我在合肥新图书馆和深圳的会展中心这两个项目中，都尝试采用了中国传统文化要素和现代科技结合，虽然不知成功不成功，但可以说就是受冯先生当时这种理念与追求的影响。所以说，作为"开中国现代建筑之先"的冯先生，他的建筑思想不仅影响了同济，也影响了我们东南，影响了清华、天大，影响了很多的学子。

今天早晨，我读到篇报道，冯先生讲，"城市规划和城市改造要保持原有城市的一种气韵，或者营造出一种气韵，有气才有势，有势才有象"。我觉得这一点可以作为我们今后设计过程中的第一指导，也是对当今青年建筑师的一种非常好的指导思想。

李灏（深圳前市委书记）

我是深圳市前市委书记李灏，现在我已经是普通市民了。

我可以这样讲，深圳是一个非常开放的城市，各方面都是抱着学习的态度。我记得有一年，李瑞环同志来，我说深圳将来一定会盖很多建筑，究竟是什么风格啊，有没有什么风格？他说，大家都知道北京是因为大屋顶的问题，有很多争论。中国的建筑，不仅要有中国传统的风格，外国的风格我们也要，我们也吸收。他讲了这话。我想我们洋的、土的都要有，这就需要专家来研讨。

大家来我们这里办展览，开研讨会、讲学，对我们这里一定很有帮助。我作为一个普通市民，对在座各位教授的到来表示欢迎，谢谢大家！

张振山（同济大学建筑与城市规划学院 教授）

刚才吴家骅教授讲了一个字，对我很有启发，讲到在同济学习就是一个"场"。我觉得这个"场"字，非常好。我是天津大学毕业的，我经历过好多老师，徐中和彭一刚都是我的启蒙老师。后来到了同济，为首的就是冯纪忠先生。我也一直在琢磨同济的特点是什么。吴家骅这话我觉得很形象，学生不一定是冯先生亲自去教的，但是这个环境"熏"出来的。

搞了大半辈子建筑，太有局限了。过去的建筑师就是工匠，就是造房子的。为什么现在建筑师的地位提高了呢？因为建筑已不再是技术问题，而是如何将深厚的文化底蕴内容在建筑上体现的问题，这是非常重要的。鲁迅讲，"吃的是草，挤出的是奶"，冯先生的方塔园就是"一滴奶"，他吃的是什么呢？是文化底蕴，不仅是深厚的东方文化底蕴，更有西洋的现代文化底蕴。他对德文很精通，英文也很精通，把这些东西方的文化精华融汇到建筑里面来，吸收这么多营养，挤出来。方塔园，只是一点点。

我跟冯先生接触，感觉得到他的学识和人品，"与世无争"，非常令人尊重。同济大学有两位非常有个性的教授，一个金经昌先生，另一个就是冯纪忠先生。金经昌先生眼光敏锐，看问题很尖刻，什么他都看出来了；冯先生似乎什么都没看出来，我跟他讲好多事情，他都不晓得，真是个君子。就这一点，我们非常敬重他，当然我们也很尊重金经昌先生，因为他讲出来的都很有道理。我那篇文章也写了一点儿，比方你做设计做到一定地步的，给他看，他给你点拨，总会让你提高一步；然后你再做设计他再看，他又让你提高一步。这就是高人。

古代和现代怎么结合，在建筑界是一个很大的难题。大家都在做，能有几个好作品出来？我们在创作方面，在古代和现代怎么结合上，未来还是有很长的一段路要走。建筑师要终身追求的，就是要为后人创造一些机会，一些氛围，创造一个"场"。我觉得冯先生在建筑创作方面，在古与新的结合上，就很有独到的见解，创造了一个"场"。我们跟随冯先生这么多年，不管间接的还是直接的，还是受益匪浅！为什么讲"场"？老子写《道德经》，孔子写《论语》，他们都制造了一个"场"。几千年前的《周易》也是古人制造的"场"，后来的人不断地补充完善，就形成了一个很大的学问。

我觉得我们的建筑创作就在这个"场"的氛围中不断地创新。作为一个建筑师，作为一个教师，应该带学生，教他们向这个方向走。建筑就是一种创新的艺术。就象齐白石画画，有一句名言，"学我者生，像我者死"。你不能像我啊，齐白石的画看得出来受"八大"的影响，但是他不一样，创造了一些新的东西。套在我们建筑设计中，也是一样的事情。

臧庆生（同济大学建筑与城市规划学院 教授）

我是同济大学城市规划专业第一届毕业的。从我们读书开始，冯先生就教我们规划。冯先生那时候是在规划教研组，我 1953 年毕业以后，就留下来任教，在冯先生身边接受到很多的指导，一直到冯先生主持做方塔园。

一开始我们就有幸参与方塔园设计，深知方塔园能够做成这个样子，是经过了不少的欢乐，也有不少的艰辛。钱学中市长也谈到，那个时候有人批判方塔园很厉害，甚至要把北大门拆掉。

从一开始，冯先生就想突破上海以前的绿地规划风格。当时市园林局程绪珂局长说，整个要跟以前做的不一样，要有个大的突破。这点看来基本上是做到了。大家刚才已经讲了很多，就是在方塔园的设计当中，怎么"中西结合"，这些我就不重复说了，我要补充的是，方塔园在做的时候，还考虑了周围的环境。

在园子里面怎么考虑四周环境？当时四周环境乱七八糟，对面有个大烟囱，怎么样把那个烟囱给挡掉？还有一些居民楼，虽然不像现在这么高，但也是多层的。怎么把能够挡的部分尽量挡在外面，这就要把那些外部的环境考虑进来，冯先生非常注重这点。

还有就是对里面原来的现状的考虑。我们这次展览没有把建方塔园以前的样子表现出来，但书上有。原来不仅有一个塔、一个照壁，还有个瓦砾场、村庄。当中大的河面实际上当时是没有这么大的，这个大水面是将几个交叉的小河扩大形成的。现在能看到塔影，在那个时候，只能看到塔的一个尖。规划设计的时候，冯先生教导我们结合现状条件因地制宜地来做，把原状的情况跟规划现状的情况一对比，就可以感觉出他思想的精髓。

冯先生是非常注重外部环境和里面的原状条件相结合的，怎么样因地制宜是有一套非常深的思想和方法的。"何陋轩"进去以后水面有一个弯，然后还有一个土堆，这个土堆就是原来的，不是后来堆的，水面的弯也是原来的，冯先生将后面再加一个弯，跟原状结合得非常好。

冯先生的设计也是独具一格的。一般讲一个"庙"，它总有一个出口，严整对称，而方塔园就没有一个地方是对称的。在我一开始出图的时候，也问过，要不要恢复一点庙什么的，冯先生就说，"不要"。总体规划的第一张图，是我参与画的，能在冯先生的指导下参与规划设计工作，我是非常荣幸的！

张遴伟（同济大学建筑与城市规划学院 教授）

"文化大革命"以前，我在读书的时候就对冯先生很敬仰。那时候我还是学生，参加批判花港茶室的会。我当时就觉得，我们这些学生的批判尽是胡说八道！这么好的作品，他用的是中国民居的方式，没有用宫殿的大屋顶，而且让这个大空间流动起来，不光是水平的，也有竖向的，那屋顶做下来，楼梯上去，我觉得非常好，把中国的传统跟西方现代文明结合在一起。

但是在当时的政治环境下，大家都在批判。我在批判会里倒是学到了好多东西。现在我们看到的这个花港茶室，大屋顶实际上是已经被砍掉了，这非常可惜。刚才那位先生讲，去看花港茶室，看到的是被改造以后的茶室，但是多少还是能感觉得到这种空间的味道。但是如果说，当初的那个东西留下来，就更不得了了。

后来我有幸当上冯纪忠先生的研究生，"文化大革命"后最早的研究生，每天能够得到他的教诲，这是我一生之幸！跟冯先生接触当中，觉得冯先生总是走在时代的前列。比方说，建筑声学，冯先生最早翻译了《建筑声学》那本书，叫王季卿去搞声学，最早的建筑声学就是这么建立起来的；再到后来，在北京大量搞大屋顶的时候，我们上海做的什么？上海做的就是白墙青瓦，把江南的这些民居的形式做到我们现代建筑里面来，实际上这种形式，江南这一带的老百姓喜欢，是喜闻乐见的形式，它跟现代建筑也是能接得上的，而这是冯先生开创的。

冯先生不是抱住旧的东西不放，他一直是往前看的。后来讲"空间原理"也好，做医院设计也好，他所有做的东西，在当时完全是处在前沿的。很可惜，我们国家的政治形势一直压抑着他，不让他发挥出来。到了方塔园，还有人开会指着他讲，你这是在搞"精神污染"。不过讲起来，方塔园这么一个作品还是相对完整地体现了他的思想。

他的人生是非常坎坷的，有的东西做好了被拆掉了。比方在公交一场做的薄壳，那薄壳还不是一般薄壳。傅先生讲，一头是圆的一头是平的，扭壳，当时在世界上讲也是最新的一个东西，很可惜拆掉了。花港茶室虽然做起来，但落下来的屋顶被砍掉了。能够真正完整做下来的东西，现在留下的真是不多了，可能东湖甲所还留着，但胳膊腿都砍光了。现在还有的东西真的要保护，包括方塔园的厨房，我记得还是我帮他画的图，现在已经被改成草顶了。因为人家觉得这个茶社是草顶的，所以那个东西非得是草顶的，就随便改。我觉得像大师的作品，应该留下来昭示给后人的，不能够这么随便改的。所以今天，我听到钱学中市长强调方塔园的保护，就很有感触。

冯先生还有很多的想法，还有空间原理。他在"文化大革命"中还写过一些东西，当时包括葛如亮先生、戴先生等的很多老师都参与了。我现在还跟葛先生讲，我记得你给我们最早的时候讲的这课讲得好，他说，这实际上不是我的课啊，他说我们那时都先跟冯先生上次课，然后把笔记记下来。后来，冯先生就不讲了，接下来冯先生就讲二年级。我这才知道，我们听到的其他老师的课，实际上都是由冯先生首创，用笔记整理下来，传下来讲给我们听。所以吴家骅刚才讲到的，空间原理没有直接听过，实际上间接是有的。我们作为后辈，应该有义务好好地把他的东西整理出来。

赵冰 （冯纪忠首届博士生、武汉大学城市建设学院 创院院长）

不是总结发言，我说几句话。今天在这儿听到各位先生谈冯先生的思想，受益很大。我们会把各位先生的谈话录音整理出来，再反馈给各位，然后我们还是会把它结集出版，希望今后对冯先生学术思想的探讨能更进一步往前推进。这次作为首届，在深圳来做这个事情，本身也确实是一个机缘，深圳这么重视，我们希望把它做成功。截止到现在，我认为应该算是比较成功的了。今后，第二届、第三届……如果陆陆续续地探讨，也希望各位先生能够支持。我们希望能把这件事情进一步往前推进！谢谢。

（本实录由中国地质大学（武汉）艺术与传媒学院景观学系王琦博士整理）

"第二届冯纪忠学术思想研讨会暨冯纪忠讲谈录首发式"发言实录

  冯纪忠先生是中国现代建筑的奠基人,中国城市规划专业和风景园林专业的创始人,是中国现代建筑、城市规划和风景园林教育的一代宗师。值冯纪忠先生辞世百日之际,"第二届冯纪忠学术思想研讨会"暨"冯纪忠讲谈录"新书首发式于 2010 年 3 月 28 日在北京世纪国建宾馆召开。这三本新书是《建筑人生——冯纪忠自述》、《意境与空间——论规划与设计》、《与古为新——方塔园规划》。以下是此次会议的发言实录,会议由著名建筑批评家王明贤主持。

邹德慈（中国工程院院士、中国城市规划设计研究院原院长）

　　1951 年，我考进同济大学。1952 年全国院系大调整，同济大学建立了建筑系，同时设立了城市规划专业。我是 1952 年进入这个专业学习的，1955 年毕业。冯先生当时是这个专业的创办人，他和金经昌先生两位都是城市规划教研室的。现在同济大学建筑与城规学院已经是很大一个学院了，那时候城市规划教研室没有几个人，除了他们两位，还有李德华先生、董鉴弘先生、邓述平先生，以及一位兼职教授钟耀华先生。现在，金先生和冯先生已经不在了，其他几位老师还健在。

　　1955 年是第一次试行工科院校毕业生要做毕业设计，在上海选了几个高校的少数专业，同济大学城市规划专业就在其中，我们班只有 6 位同学被选上，我是其中之一。我和另一位同学共同做一个毕业设计，指导老师就是冯纪忠先生。跟冯先生接触比较多的是在毕业设计的阶段，他指导我们。那个时候建筑学、城市规划的教学方式授课只是一部分，设计课多半是教师分别辅导若干个学生，建筑设计是这样，城市规划也是这样，或者说是师傅带徒弟的模式。我记得在我上学那几年，冯先生主要是通过课程设计、毕业设计来给我们看图、改图，这是当时指导老师的一种教课方式。最后那一年，我个人和冯先生接触比较多，因为他常到我们的图板前面跟我们讲点什么，内容非常丰富。非常可惜的是，当年没有做一些笔记，哪怕是一点简单的摘录。我能够回忆的就是冯先生确实知识渊博，而且他的教学风格不拘一格。并不是用什么教科书照本宣科，起码对那时候对我们没有这样做过。金经昌先生是讲课的，可是也没有教科书，那时候都是他们用自己的讲义来讲。虽然，很多他讲的东西已经记不清楚了，但确实是对我产生了潜移默化的影响。

　　我觉得冯纪忠先生确实是一位学贯中西、睿智求实，同时富有创新理念的中国建筑与城市规划、风景园林领域的杰出学者，一位杰出的建筑教育家和设计大师，这是我个人对冯先生的一个评价，不一定全面。近几年，包括他去年去世后，我们学术界、建筑界、规划界做了不少活动来纪念他，我认为是非常必要的，特别是他的一些学术思想，他的一些著作的出版，能够留存下来，传播下去，也是非常必要的。冯先生为人还是比较低调的，他不像有的学者那样知名度很高。

　　我下面讲三点，主要还是围绕着冯先生在城市规划方面的一些思想和主要观点来讲。

第一，1984 年，冯先生参加了在哥本哈根召开的 ICAT 国际建筑与城市规划第三届会议，回来以后，针对这次国际会议写了一篇文章，归纳了当年国际上的一些主要观点，也有他自己对这些观念的认识，这篇文章可以从一个侧面看出冯先生对城市规划、城市设计的一些观点，至今仍然有重要意义。

冯先生的空间设计理论是其学术上很重要的一部分，他几十年一直研究和论述的就是"空间"，他认为空间是建筑设计、城市规划设计的核心问题。建筑不是研究立面好不好看，城市设计也同样是，它的核心问题也是"空间"。他是把建筑空间和城市空间结合起来作为一个序列提出来，将建筑学、城市规划学所要研究的核心问题联系起来论述。

1984 年时，他就城市规划方面提出了"网络化"的思想，这在当时是比较新的一种思想。他认为城市应该看成是一种网络，网络的节点就是由城市的一些标志所构成，这些标志就是有代表性的一些典型的建筑物。这跟我们今天社会上流行的标志性建筑不完全相同，流行的标志性建筑几乎变异成了超高层的巨型建筑，这跟冯先生倡导的网络思想完全不同。他还提出，城市的空间就是要使人能够感受和使用，感受也不是仅仅只是看，而是要给人使用。冯先生认为，塑造城市是公民共享的权利，也是共同承担的义务。

冯先生认为，城市是一个有机体。城市是动态的，城市里的人是动的，城市交通也是动态的，如果把城市看作静态的，就很难去研究和解决很多城市问题。1980 年代初的时候，中国的汽车拥有量还不算多，可世界上那些发达国家城市已经是汽车时代。当年，我们学界确实存在着是欢迎汽车进城市，还是不欢迎汽车进城市的争论。冯先生的汽车观很有意思，他还是主张不能否定汽车。他说，"否定汽车是糊涂的"，这话说得很尖锐，我想今天可能越来越多的人会承认这一点。问题是，要在规划上，特别在城市规划上要接受这么一个现实，比如今天北京的汽车拥有量是 430 万辆，这个水平在世界大城市里都还是比较高的，纽约、伦敦也就 500 多万辆。我们的汽车产量已经世界第一了，所以否定是糊涂的，不能否定，只能接受。接受以后，我们在规划上，在交通规划上，道路规划上，方方面面都要在接受这样一个事实的基础上采取措施，这才是积极的。所以我认为，冯先生是一个理想主义者，他又非常求实，不像有的学者可能是太理想主义了。

他很早就提出来城市和郊区要作为一个整体来看待，我觉得这一点直到今天看也还是非常有远见的。今天中央一再提要城乡统筹，要城乡一体化，现在要解决城乡的问题确实是我们现代城市规划一个挺难接受的问题。

第二，我想谈一下冯先生的专业思想。在他的倡导下，同济大学一直是把建筑和城市规划放在一起。从中古以后，西方的城市规划往往以建筑设计来替代一定的规划设计。所以，过去西方城市规划学界有个观点——现代城市规划不能再沿用扩大了的建筑设计的方法。因为现代城市特别是进入工业化以后的城市和过去的城市有很大的发展。我们中国也经历了这个过程，所以今天的现代化城市如果还以建筑设计的方法和思路来做，显然是做不通的。现代的城市规划和建筑设计要有适当的分离，要有所区别。但现代城市规划确实发展得很宽，要涉及经济、社会、环境和交通以及一些新的科技等，非常复杂，越来越显示出多学科交叉的特点。

我觉得，原来传统的基础性城市规划和建筑的结合被一定程度淡化了，而这个淡化是不对的，给我们城市的规划、城市的建设以至于城市的形象带来了很多问题。任何一座建筑都不是孤立的，这点也是冯先生的思想，我做学生的时候他已经讲了，他说，"在城市里面没有孤立的建筑物"，那么城市又不能离开建筑物，城市的物质要素里最重要的就是建筑，而且建筑的类别很多，不但有公共建筑、住宅，还有很多的工业建筑，一些构筑物，甚至于桥梁、高架路等。所有这些物质要素与城市规划都有关系，城市规划不能只是经济、社会，城市规划确实离不开经济、社会的发展，但是不能只是这样，城市规划体现了公共政策，可是这个公共政策不是空的、虚的，是很具体的，是要落实的。要落实到城市的土地上，土地怎么合理利用。自从我们开放房地产开发以后，好多情况有很大变化了，这些要研究。可是比较基础性的是建筑和城市规划，或者说加上城市设计。这点我又再学习了冯先生的思想，虽然他没有专门论述，可是非常清楚。所以为什么一直到现在同济大学学院就叫建筑与城市规划学院，有一度同济大学曾经调整过，把城市规划拿出来另外搞一个系，冯先生表示遗憾，后来过了半年又调到一块了，冯先生非常高兴。据我所知，这代表了他的思想、理念，可是他又非常地清楚规划设计、城市设计和建筑设计不是一回事，这样那样愣把它们放在一块，稀里糊涂扩大化等等，其实对于城市规划学科的发展都是不利的。实践证明他是对的。

540

第三，冯先生是有创新精神的，由于各种客观原因，虽然建筑设计作品的数量不多，但却有很多精品。据我所知，他自己最满意的是方塔园。它表面上并不很起眼，却是一个有内涵的作品。我记得我上次写了一篇短文，我说，"方塔园是超凡脱俗的"，不知道这样一种评价对不对。这个草顶可比超高层的大楼水平要高多了，这里有创新的精神。而且冯先生还研究了建筑设计的数学模型，出过一本小书，很技术性的。走入信息化时代后，他对信息化和建筑的关系也有论述。一个人生命有限，客观的环境条件有时候也不是自己所能左右的，冯先生一生也有曲折，这是一些客观的因素造成的。

今天纪念他，怀念他，我仍然很有感受，以后一定跟大家一起把冯先生的学术思想广泛传播，发扬光大。

侯俊智（人民出版社东方编辑室　主任）

我是在 2007 年 11 月深圳的一次会议上第一次听到冯先生的名字的，当时"冯纪忠和方塔园"展览正在布展。对于建筑，我是外行，但还是被冯先生作品中那种充满了现代主义气息，而又具有东方主义的建筑作品所深深吸引。也就是在这次会上，我结识了冯叶女士和赵冰先生，于是开始了我们共同为出版冯纪忠著作长达两年的努力。在这期间，赵先生在武汉，我在北京，冯叶女士有时候在上海，我们之前反复商谈，多次往来，其中几易其稿。我至今深深遗憾的是，在这期间我可以有很多机会当面聆听冯先生的教诲，但是都因故未能如愿。去年底，冯先生病逝，我赴上海参加同济大学召开的冯先生追思会，并亲自来到了方塔园，这更加深了我对冯先生建筑成就的认识。于是在今年的前三个月，我和赵老师共同做最后的努力，终于完成了"冯纪忠讲谈录"这三本书的编辑出版工作，并在今天召开的这样一个会议上献上这样一份厚礼。就这本书的出版，我想做三点说明：

第一，在"冯纪忠讲谈录"这三本书中，我们集中收录了冯先生在 2007 年至 2009 年关于自己的人生、建筑生涯、建筑作品的讲话。这些讲话是首次公开集中发表，内容丰富，涉及人物和事件众多。冯先生在此袒露心声，为后人研究冯先生的学术思想留下了宝贵的史料，这里我要十分感谢赵老师领导下的团队，为保留这些珍贵的讲谈付出了大量的心血。

第二，在冯先生讲谈内容之外，我们在这三本书中还精选了冯先生在各个时期的重要文章，第一次全面展示了冯先生在学术领域的杰出贡献。我们还收录他的同事、学生或相关各界学者对冯先生学术思想、代表作品的评析。我们还特别选取了冯先生女儿冯叶女士的几篇文章，使我们可以从作为一个女儿和画家的眼中来看到一个亲近而真实的冯先生，这些文章读来都十分亲切感人，对冯先生一生的成就也给予了专业而中肯的评价。

第三，需要指出的是，"冯纪忠讲谈录"不单单出给专业人士看的，而是更多的希望专业外的人士来读。因此，我们在图书题材的选取和设计的风格上，都有这方面的一些考虑。冯先生在建筑学界桃李满天下，成就有目共睹，但是作为大众而言，冯先生的名字还不广为人知，冯先生在教学和设计中花费了大量的时间和精力，加上众所周知的历史原因，以及就像刚才邹院士所说到的，我看他的自述确实是一个非常低调的人，所以今天很多人，即使非常喜欢建筑学的一些业外人士，也很少知道冯先生的名字。但我们认为冯先生为公民建筑奋斗了一生，我们应该让更多的人知道他，知道在我们这样一个时代，曾经有一位学贯中西的建筑大师，为了中国的建筑事业，为了使我们国家建筑既能够满足人民的需求，又能够体现时代的特色，所进行的不懈努力和取得的卓越成就。也正因为此，我们希望通过这些书籍，使我们能够认识这位真正的大师。我们也希望在座的各位专家、学者更好地研讨冯先生的学术成果，更好地向大家介绍冯先生的学术成就。

郝斌（北京大学 原副校长）

我是北大的，担任过几年副校长的行政工作，我的专业是历史学，跟建筑实在是无缘。我跟冯先生也是无亲无故，我完全是一个业外人士。但是，就我来说，我是屡闻冯先生的大名，听到冯先生的大名，有这么一段渊源。

有一个讨论建筑的论坛叫做"海峡两岸大学的校园学术研讨会"，是中国大陆的若干学校，包括东南、同济、清华、北大、武大、华南和中国台湾的几个大学——台大、高雄等共同主办的，讨论的主题就是"大学的校园"。第一届是在北大开的，以后就延续下来了。我完全是一个业外人士，就因为第一届在北大开的，有这么一点关系后就加入到这个论坛，以后历届都参加，就是在这个论坛上我认识了赵冰先生。

这个论坛有 10 年了，开了有 9 次了。像我对建筑完全是外行，为什么能够知道冯先生，就是因为赵冰先生，他在会议上，没有一次发言不提到冯先生，可以说"言必提冯"。像方塔园这个名字我完全不知道，我是从赵老师那儿听到的。冯先生身体不好，病得很重了，病得更重了，这个情况我也是从赵老师那儿听到，冯先生的女儿，冯叶女士的名字也是在赵老师那儿听到的。赵老师还把冯先生的书，他写的有关冯先生的文章，在这个会上，都给了我们海峡两岸的人。因为我对建筑是外行，我不会用建筑的语言来说话，但是刚才对面邹先生一说，就使我回想起赵老师引用冯先生的一些话，比如说到规划和设计涉及公民共享的权利和义务等等。赵老师自己不知道记得不记得，我当时在这个会上听到的时候，建筑设计应具有公民意识，这样提出来，对我来说是很新鲜的。作为一个公民，公民意识深入到这个领域里面，我们学文科的，一讲到公民就是选举权、罢免权等等，还停留在这个范围里面，公民意识还可以深入到一个具体的领域里面，对我来说是一种很新鲜的感受。

我可以这样说，我跟冯先生无缘，但是今天有幸能够参加这个会。刚才拿到这三本书，如果说给业外人士看，那对我们来说就更好了。赵老师在我们那个会上说过，这套书要出版了，他也答应过，我们海峡两岸参加会的人，每个人都要送这套书，这是一个很好的事情，也是对冯先生的一个很好的纪念。

赵冰（冯纪忠首届博士生、武汉大学城市建设学院 创院院长）

关于这三本书，我要在前面发言，做些背景性的介绍，抛砖引玉。

这三本书的第一本《建筑人生——冯纪忠自述》是冯先生自己人生经历的一个完整自述。冯先生 2000 年之前，有将近 8 年在海外讲学。回国以后，已经 85 岁了，我们希望能够多留下一些冯先生晚年的思想和人生回忆，所以我就建议冯先生做这么一个自述。这本自述对于今后研究建筑史，特别是作为知识分子的建筑师所走过的中国现代历程应该说是非常有价值的，他展现了一名知识分子在现代中国的发展历程中走过的路，对于我们研究或反思整个中国现代发展的历史都具有启发的意义。

第二本《意境与空间——论规划和设计》，是关于冯先生创作思想，其理念、方法及作品的论述，主要是他晚年的思想。冯先生早年受到现代主义最纯正的教育：他1930年代在维也纳工科大学，那里是现代主义的发源地。回到中国以后，如何在其后的建筑生涯中跟中国的现实和历史相结合，去开创一个现代空间规划设计的新局面，形成他的创作理念、方法，这本书就反映了他晚年在这方面所获得的最新的思想成果。虽然目前我们展示出来的还并不算特别完整，但是至少有些相关论述在这里面涉及到了，东方意境的体验和西方现代空间创作相结合，是第二本论述的主题。

第三本《与古为新——方塔园规划》是他创作的作品的个案研究，方塔园是他晚年重要的作品，也是中国现代空间规划和设计发展中具有里程碑性质的杰作。通过个案的论述，我们也能够看到他的创作前后的理念，有些可能在创作当时已经是那样一个想法了，有些是在创作之后所做的一些反思。所以这本关于方塔园规划及何陋轩设计个案的论述，应该是一个规划师、建筑师非常有价值的规划设计的案例的呈现。

这三本书构成了"冯纪忠讲谈录"系列。我们也希望这三本书能够初步地把冯先生晚年的学术思想呈现给读者。感谢人民出版社东方编辑室侯主任的大力推动。同时我觉得建筑界一定要走出自己的行业，要跟文化领域的其他各界、跟公众相互沟通，因为空间的规划和设计本身就涉及每个公民的权利和义务，规划师、建筑师应担当一定的责任，要有人文关怀。这是关于这三本书的情况。

因为在座有很多专家不是规划和建筑界的，对于冯先生的情况，我还想做一个简单的介绍。

冯先生1915年出生于河南开封，1918年随父母移居北京，就住在现在还部分存留的东堂子胡同。他的姨夫，也是他的义父，外交部的次长刘崇杰的家也在同一大院，刘崇杰跟梁启超的关系很好，在"五四运动"的时候，他们都在那个地方住，所以梁思成也住在那个地方，很有意思，同时期都在东堂子胡同住过。

北京的记忆一直贯穿到冯先生后来所有的创作中，特别是对屋顶的记忆。你看他说他早期到景山俯瞰北京城，后来所有的创作，都有对屋顶的记忆。一直到我们看到的方塔园，包括最后何陋轩这样一个作品。总之，北京应该是他所有童年记忆最深刻的地方。

后来因为他父亲去世，他随母亲到了上海，住在外公家。中学毕业以后，进入圣约翰大学，读了两年土木工程。1936 年随姨母到了维也纳。维也纳是欧洲现代主义运动的发源地，他恰恰到了发源地的地方，而且选择了维也纳工科大学。和它相对的还有一个学校，叫维也纳艺术学院。维也纳艺术学院在 19 世纪末、20 世纪初的时候，瓦格纳在那个地方发展了一种现代主义，后来经过包豪斯，再到格罗皮乌斯，他成立了包豪斯。从那儿遭到希特勒迫害以后，他们这些力量都到了美国，所以美国战后出现了一种从欧洲来的现代主义。这个现代主义基本上就是从瓦格纳开始的维也纳艺术学院出来的这条线索。当然 1960 年代以后，这条线索遭到了后现代的否定。为什么呢？因为这条线索关注形式，它对历史基本上是持反叛的态度，所以它是一个批判历史的形式，这样的话，它的所有的创作，取消历史的装饰、取消历史的符号，所以到了后现代，当历史这一部分又恢复出来的时候，反而觉得这种现代主义，好象不大合适。但是维也纳另外一个学校，工科大学，就是冯先生读书的学校，不一样，它强调设计的生成。所谓设计的生成，就是说形式不重要，重要的是生成形式的过程。比如说古希腊，甚至到后来的巴洛克，它的形式不重要，重要的是怎么产生古希腊这样一个柱式，怎么产生巴洛克这样一个形式，它是根据当时的功能、技术以及特定的材料来生成出形式的，因此它不反对历史。这条线，跟瓦格纳同时的卡尔·克尼西是其代表人物，他之后的学生基本发展出不反历史的现代主义，而这条线在欧洲后来就蔓延开来，经过一个多世纪的发展，成为今天欧洲主导的力量。

同时有一条线来到东亚，来到中国，这就是冯先生带来的，这条线由于它不反历史，相对来讲能够融入到具有深厚历史的中华文化之中，所以冯先生的创作从一开始他就融入历史。看他从 1950 年代初期，以及后来参与人民大会堂设计的这些方案，虽然没有被采纳，他都是跟中国传统的那种境界体验相关的，或者至少说跟一些意象相关。所以他这条线后来自己延伸总结出来就叫"与古为新"，他的核心思想就是今与古共同成为新的，这也源于早期维也纳不反历史的现代主义。那么这个现代主义的线索，今天不仅在欧洲，我认为在中国也开始发展壮大起来了。所以这样一个现代主义，在欧亚的壮大，也得到了国际学术界的认识。比如美国的得克萨斯大学的克里斯托弗·隆（Christopher Long）就写了一篇文章，论述从维也纳工科大学发展出来的现代主义，如何成为今天全球的一个主要学派。我觉得这篇论文非常重要，标志着目前对现代规划与设计的新的认识。冯先生恰恰是这条线上的一个承传和自我超越者，特别是在他

1970 年代末方塔园规划和 1980 年代中期何陋轩的设计中，完全出现了一个新的格局，已经把东方境界跟空间的规划设计融入一体。这是关于冯先生情况的一个基本的介绍。

2008 年 12 月，深圳南方都市报以及一些专业媒体，包括《建筑师》、《新建筑》还有很多杂志，他们评选"中国建筑传媒大奖"，其中的"杰出成就奖"给了冯先生，作为第一届杰出成就奖的获得者，这说明冯先生的现代的思想和作品得到了业内外人士的认可。这标志着我们时代在进步，现代的脚步已经更加加快了，这也是未来中华全球化过程中走向公民社会的一个新的起点。

冯先生 2009 年 12 月 11 日去世。3 月 19 号是他 95 岁的冥寿，阴历、阳历都在这一天。我们希望通过出这些书及召开"第二届冯纪忠学术思想研讨会"来纪念冯先生。

朱文一（清华大学建筑学院　院长）

我是学建筑的，我知道冯先生，还是在我读书的时候。赵冰先生是 1985 年到 1988 年读冯先生的博士研究生，那时博士研究生非常少，全国也是刚开始。当时我还在读硕士研究生，和赵先生有过交流，听赵先生说起过冯先生。当然，我在清华大学读书的时候，也听说过比较多冯先生的学术思想，就像刚才邹院士讲的"空间原理"的影响是非常大的。后来也知道了方塔园，这个著名的设计。

我非常感谢主办方提供了这个平台，让我能够更多了解冯先生，让我也更多了解中国现代建筑的发展历史。我记得读书的时候，一般把建筑师中学问更高一些的叫建筑大师，再高的就叫高人。在我们学建筑的人当中，我相当于冯先生学生的学生辈，像邹院士刚才讲，他都是学生，我就是学生的学生辈，冯先生是我们非常敬仰的一位高人。

这三本《冯纪忠讲谈录》，不仅是给建筑专业人士阅读，同时也考虑给广大社会普及宣传建筑，这是非常好的。冯先生去年 12 月份去世，清华大学也在第一时间发了唁电，我还看到材料，说他去世前还在做建筑设计，一生的追求，学贯中西，当然中间有坎坷，到最后 95 岁高龄，还在从事自己喜爱的事业，可以说是为中国的建筑事业做出了巨大的贡献。我在这儿代表清华大学建筑学院，不光是我个人，对冯先生为中国建筑事业所做出的贡献表示敬意！

冯叶（冯纪忠女儿 著名画家）

我在这里不多讲了，想讲的是，我爸爸冯纪忠，在我的心中是一位最亲最亲的亲人，我学的是绘画，他走了以后，我也失去了一个能够教导我的很好的导师，这是非常遗憾的一件事，也非常伤感。

另外，他虽然在世的时候有很多坎坷和磨难，但是今天有你们大家能够继续研讨他的学术思想，给他很高的评价，我觉得这点作为女儿来讲，非常非常地感动。谢谢大家今天来到这里。我也特别要感谢侯主任和他们的出版社，筹备研讨会的王先生、赵先生等朋友，还有不同专业的各位专家，认同我父亲的学术思想，认为他做出很多贡献的朋友们，我在此表示深深的谢意。

马国馨（中国工程院院士、北京市建筑设计研究院 资深总建筑师）

冯先生是我非常景仰的学术大家。但非常遗憾，我没见过他。我记得最早是我们上学的时候，就听说冯先生的作品受到了批判，那时候大家就特别关注，怎么会受批判呢？不就是这儿有墙那儿有个空间流动什么的，这不是挺好的嘛。

去年，冯先生去世了。去年过世的大家太多了，像季羡林先生和任继愈先生等，但我觉得，从学术成就、思想深度和其他各个方面来讲，冯老先生一点儿也不逊于他们那几位。可是，相形之下，对这样一个在规划和设计方面卓有成就的大家，社会和各个方面的认识是很不够的。当时，上海的报纸如《文汇报》基本没什么反应；倒是韩小蕙在《光明日报》上写了一篇《冯纪忠：远去的大师》，整整一版；然后在《新建筑》上，我也看到了有关的介绍；其他的杂志都只发了很小的一条消息。

为什么冯先生在这样长的时间，他的成就、他的思想没有被大家所认识？其实我觉得这个恐怕也是我们现在要举办他的学术思想研讨会的一个很重要的目的，就是让他的思想能够为更多的人所了解。

我们这个行业，大家过去比较多地注重从技术与科学方面解决问题。盖房子时，考虑的都是怎么把一个结构弄得很结实，怎么造型……这些层面上的问题。我觉得冯先生不是从技术层面，而是从价值观的层面，将建筑上升到一个更高的科学理性上来看待。这次出的这几本书，将冯先生的思想、经历和成就从各个方面很好地提炼了出来，使我们能够更好地了解冯先生，更好地学习冯先生。冯先生的活儿并不是很多，但是他的每一个活儿都渗透了他的想法和独立的思考。所以我觉得从这点来说，我们研究他的思想就非常重要，这是我想说的第一点。

第二点，我非常感谢赵冰老师，下了非常大的工夫把这几本书给整理出来。尤其是冯先生的这本《建筑人生》，我觉得这是一部非常好的口述史。现在口述史非常时兴，从唐德刚以后，各处都有口述历史，但是对于我们建筑界来说，非常缺少！到目前为止，我们对于建筑师本身的研究、对于建筑师思想的研究还是非常贫乏的。相对比较多的就是梁先生，更多说的是林徽因，到了梁思成晚年，他非常彷徨，这一段儿，几乎只有林洙先生的一点儿回忆。像杨廷宝先生，介绍他的书更少了，还有出过戴念慈、林乐义的书籍，都是非常片断、非常零碎的东西。

我一直也有这样的体会，像我们北京建筑设计院，从建国开始到现在60年了，应该说有非常丰富的人文资源。我们这儿有"八大总"，有那么多故事，大家可以从各个方面进行发掘。我其实一直主张口述历史，以前还给明贤说过，我们单位原来还有个李先生，中央大学毕业的，在赖特、格罗皮乌斯和阿尔托那儿都呆过，这么一个留过洋、在三个大师那儿都呆过的人，大家对他也不是特别了解。因此，我觉得现在亟需抢救性的口述历史，赵冰做的基本就有点抢救性的工作，我估计开始做的时候，冯先生也八十多了吧。幸好是在这一段时间里，赵冰能有那么多次访谈，而且做了很好的记录，这确实对于我们建筑学界是个非常好的启发。

现在各个单位，很多老前辈都是硕果仅存了，大概90岁以上的也没几位了吧。这种口述历史的工作，是从另一个角度来反映我们建筑学的发展以及建筑学当中所遇到的问题。我觉得这是一个非常重要的工作，严格来说，它是一个非常重要的基础性工作。所以对这三本书的出版，我第一表示祝贺。第二，对编者，对冯小姐，对责任编辑，对出版社，做这么大量的工作表示感谢，对我们学界这也是善莫大焉、功莫大焉！

布正伟（中国建筑学会建筑创作与理论委员会　主任委员）

冯老是我最敬重、最崇拜的建筑老前辈了。他是一位低调、高智、全能（城市规划、城市设计、建筑设计与环境设计）的建筑大家，名副其实的大师。他的思想和作品，具有可持续的感染力和影响力。

1970 年代，四人帮刚打倒，我进入中南院，看到了冯老的两个作品。一个是武汉的同济医院，很明显的现代式样，中央入口的实墙上有一个十字型符号的窗洞，很别致，印象很深；另一个作品是我在东湖做一项保密工程时，看到的东湖客舍，它的布局很自然，细部也很精到，就连外墙上的壁灯，从造型到定位都很得体。

到了 1980 年代初，在民航院当总建筑师的时候，从王小慧（那时候还是研究生）那里了解到一些冯老的建筑思想和设计风格。有一年在杭州开学术会议，冯老有一个演讲，是讲园林的，跟意境有关系，讲完后主持人让我上台点评一下。其实，我是作为学生谈收获和感想，他的演讲对我触动很大。在这次会上还和冯老照了一张合影，现在找不到了，非常遗憾。

1990 年代中叶，第一届梁思成奖评比时，我当时是提名委员会委员，看到前辈里面没有冯老的名字，感到非常遗憾。后来才知道，冯老一直非常低调，从不主动参与社会评奖。

2010 年，我在网上 ABBS 论坛上看到了冯老的纪念活动和相关报道，了解到他提出的"公民建筑"。因为我一直关注"平民建筑"，这一重要思想引起了我的共鸣。

作为他的学生，虽只有一面之交，没有直接给我指教，但对我的影响却是潜移默化的。冯老的贡献一言难尽，作为职业建筑师来讲，我们应该恭恭敬敬地向冯老学习。

首先，他总是从城市到建筑，到环境（包括园林）三位一体地去全面考虑问题。冯老之所以把建筑做得非常得体，除了设计功力不凡之外，还有就是能同时把建筑融化到具体的城市和环境中去考量。他在上海做的，肯定跟在其他地方做的不一样，他的每一栋建筑都不是同一个模式里出来的。

其二，冯老把传统跟创新之间的辩证关系掌控得特别好。冯老讲，"创新不应该是反前人的，而是巧妙地运用已有的知识成果，生动地、天衣无缝地去解决问题……创新不是'不破不立'，你不会破，就不要硬破……"冯老拥有深厚的中国文化根基，再加上深厚的现代设计技巧，所以，什么时候可以破，破到什么份上，又怎么个创法，都会依据城市文脉、建筑性质、场所环境、施工条件以及审美追求去统筹夺定。他设计的方塔园里面的何陋轩就是很好的例子，"破"跟"立"的关系十分妥贴。它的很多细钢管杆件的排列组合，支撑点的特殊造型处理，坡屋顶草棚的穿插整合等，都是冯老艺高胆大的生动写照。可见，传统跟创新的关系，并不是像现在我们一些人所理解的那样，搞创新可以脱离开对传统的认识和把握。

其三，要学习冯老为公民设计的求实精神。他具有这么高的智慧，这么高的技巧，这么丰厚的创作经验，但他没有忘记建筑应该是为众多公民服务的。我们在上海刚开完主题为《世博建筑文化与当代建筑理念》的学术年会，会上就提到，在当代低碳经济文化背景下，中国的建筑状态是什么样子的？是不是仍然存在乱用职权、无视法规、奢华无度、铺张浪费、追求虚荣的不正之风呢？！为了诚心实意地去实现说了许久的"回归建筑本体"的诺言，我们就得学习冯老的创作态度和创作理念，面对当今低碳时代的新挑战，把他的"公民建筑"理想作为我们职业实践精进的始终目标。

邹德侬（天津大学建筑学院 教授）

说实在的，我是冯先生的铁杆粉丝。我上学的时候，就看了东湖客舍和同济医院，非常欣赏。1950年代初，可不是现在啊，中国就有这么经典的现代建筑作品！这让我很振奋，我就顺着这个线找下去，发现中国现代建筑源远流长。冯先生就是现代建筑的先驱之一，这是我对他的评价。

不过，当时的现代先驱，很困难，甚至很危险。为什么呢？这是中国近现代建筑史造成的一个"心结"或者叫做"情结"。解放以前，由于列强侵入中国，中国人民有民族恨。解放以后，咱们是社会主义阵营，和美帝国主义有阶级仇。而偏偏现代的东西是发源于欧美的，是不能被接受的。如果翻阅过去的文件，帝国主义的、资本主义的设计思想怎样怎样，一到了运动，整的就是资产阶级设计思想。当时有个词叫"洋奴哲学"，扣上这样一个帽子，就算惨了。

处于这样的背景下，在中国宣传现代思想非常困难。但以冯先生为代表的"同济"这一帮人，是接受和宣传现代思想的一股力量。我不愿意叫学派，因为我认为现代建筑不是学派，不是文化，现代建筑是建筑发展到一定阶段的国际性的东西。我觉得世界上好多东西，都是有国际性的。这个国际性的东西，中国人就可以把它拿来当自己的传统。电视机不是你发明的，你用得不是挺好嘛；汽车也不是你发明的，你不是也在用嘛。哪一个人变成洋奴了？经典的现代建筑也是这么个东西，混凝土、玻璃……

这些建筑的材料及其技术手段也不是咱们中国发明的，我们也在用，这已经成为人类的传统。我觉得我们不要总是去谈什么我们中国怎么样，许多国际性的东西就是传统的，就可以拿来继承。

但有大量的外国东西并不是国际性的，"栽不活的花，哭不活的妈"，我觉得这些东西，大家看看热闹就行了。像我们中国西藏的建筑，大家看了以后觉得非常好，我觉得藏袍也非常好，但欣赏欣赏可以，它并不能成为国际的大传统。恰恰是很多这种不是国际性的东西，到中国来占领了市场，人家也是来玩一玩的，我觉得"洋奴哲学"的帽子应该扣到那些地方官员的头上，他们是真正的洋奴。他们把中国的这点儿家底、把手里卖土地的那点钱不断地折腾。我们建筑界，甚至包括一般的文化界，都应该对这些东西加以区别：哪一些是真正有用的、可以在国际上流行的东西；哪一些是可以在国际上供大家称赞称赞、玩一玩的；哪一些是可以和我们中国的实际情况结合起来的；哪一些是根本栽不活的。

要现代化就是要追求一些国际性的东西，然后在现代化的基础上要追求地域化。这就把国际性的东西转回到本土上来了。我觉得，冯先生就是这样的一名先驱。他设计的东西既是现代的，又是中国的，我觉得这个路是非常正确的，可惜我们现在走这个路的人太少了。

布正伟：我不是说一刀切。低碳时代有不同的标准，不是说低碳，大家就不吃肉，我们不能降低生活标准，不能降低维系健康的标准和生存环境的质量，在这个前提下，要讲的是少投入，多产出。生活质量是这样，建筑也是这样的。现在很多企业根本不需要那么多通风换气，却做得大得吓人。一个是建筑外表很复杂，一个是空间很高大。现在，很多城市都在赶做超高层，不是说绝对不需要，但它并不是创作的主要趋势。

冯叶：当时有媒体采访，他谈了很多这方面的话题。我爸爸也很反对现在很多政府办公楼的做法，他特别提到说，办公楼都喜欢做一个很大很高的台阶上去，像个太师椅，先搞一个气势在那里，让人感到惧怕。公民建筑不应该是这样的，因为政府部门是为公民服务的。他后来跟我提过，1980年代初的时候，上海正进行旧城改建，他很反对把东西全拆掉，他觉得应该好好保护一些很好的建筑，并去改善居民的生活。

他在市政府会议上，也提了好几点：第一，要保护起来，这个大家都谈过；第二，他说，"我讲一句很不好听的话，我们现在的现代化，不是应该把东西全推倒了以后造所谓漂亮的高层建筑。"；第三，最主要的还有一句话，"现在最主要的是消灭马桶，你看看现在上海很多老百姓家里还是在用马桶，你要有一个规划，怎样逐步把马桶给消灭了，这才表示我们上海的城市走向现代化。"这一点，他后来告诉我的时候，我挺感动的。因为到了1990年代末的时候，我看到报上说，现在要逐步减少有马桶的住户。我觉得，他当年讲的话都似乎不太合时宜，只能默默地让人给踢走了，但是我佩服他的正直。作为女儿来讲，我说你当时讲得很好，我很感动。他让人整，我也心疼。

叶廷芳（中国社会科学院　研究员）

我也想讲几句话，我对政府大厦是非常不能容忍的，我认为，这完全是封建帝王时代的遗风。这令我想起了汉代萧何回应汉帝刘邦的话，"天子以四海为家，非壮丽无以重威"。他们要建造高大宏伟的群楼，是为了显示自己的威严，吓唬老百姓。

走近省、地、市、县的政府大厦，政府大厦多宏伟壮丽，前面一个花园，而且它要占据制高点。过去长江三峡移民的时候，一个小县城，2万人口，政府大厦正好建在一个缓坡上，县委、县政府、人大、政协都在，从下面看上去，是很高的地方！吃完晚饭，我爬上那里，出了一身大汗，最下面的却是一所中学。我觉得这两个完全颠倒了，应该把中学建在山坡上，政府大厦建在底下倒更合适。

有朋友发给我两组图片，一组是美国议会大厦，一组是我们中国的政府大厦，真是"小巫见大巫"，美国这个发达富裕的国家，它的建筑是非常低矮的，且体量很小，我们的建筑体量则非常庞大，还"辉煌"。过去我对很多政协委员提了提案，叫"政府大厦应该是低调建筑"，但是我记得在回答我的时候，当局千方百计地抹煞这个事实，不承认有这回事。我到了青岛、到了威海、到了南通，到了中国许多地方，都有很高的政府大厦，有的甚至是二层楼还带自动扶梯，一天到晚滚动。楼上都是五星级的装修，浴室和床位什么都有。

包泡（艺术家）

我的方法很简单，因为布先生和马大师在中国建筑界都有话语权，我建议，每年从你们建筑学术的角度，评出中国最坏的建筑，腐化堕落的建筑，指名道姓，怎么样，有意见没？

我们说了半天，这些活是谁干的？不是建筑界干的吗？大家要分清是非，老一辈的冯先生在学术上的成就我不提，就凭他于 1950 年代在东湖给中央领导盖了那么一个石头房子，就体现了他的人格！现在建筑师都不这样了。

布正伟：还要评出真正的平民建筑，这得要宣传。

包泡：一定要投票，网络投票！揭发出这种腐败建筑，也给一个奖，就像美国电影一样，最坏的也给一个奖，看他敢来不敢来。

王明贤：刚才各位讲到中国现代建筑的发展非常曲折，就包括冯先生。冯先生 1960 年代设计了杭州花港茶室，结果，除了那个建筑被乱拆建以外，还让大教授去倒茶、扫地，拿着大茶壶去泡茶。1980 年代，冯先生做方塔园的时候，也有人批判他是资产阶级，把他折磨得没有办法。老先生于 1950 年代开始执掌同济大学建筑系，近 30 年几乎是困难重重，根本没办法开展工作，中国的环境，现代建筑的环境，就是这样。

丁东（社会科学学者）

我其实在这种场合没有资格发言，纯粹是外行，明贤给我一个学习的机会，我听了之后，觉得确实收获非常大。原来不太了解这个领域，原来建筑跟公民、跟宪政还有这么重要的内在联系，而且还有这样的大师级先驱，有这么多精彩的思想。

今天得到这套书，我觉得跟我平常感兴趣的事情还是有一个接轨的点。因为我这些年一个是关心口述史，一个是关心百年来知识分子的历史、教育史、学术史、思想史。所以，冯先生这个个案，我回去一定会认真学习。

大家刚才一谈到现实的问题，我就觉得，冯先生可不就是一个远去的背影。在我们现实的公共生活中，在中国走向未来的进程中，他应当是一个重要的思想资源。虽然我跟建筑是完全不搭界的，但我回去也会尽可能从历史学的角度，或者思想史的角度，吸取这方面的营养，让这种思想、这种力量，嵌入到现实的生活当中。一谈到现实，它就不是死的，就是活的。

方振宁（跨学科学者）

我不是学建筑的，但是我现在做当代建筑评论。我是 2001 年才知道冯先生的名字，那时是在东南大学做的杂志上看到的，里面有篇很长的关于他的文章，这是我第一次知道他。冯先生今天才获得的这些知名度，已经太晚了！对所有做传媒的人来说，是应该有责任的。

我觉得这三本书里面最重要的一本就是自述。马先生刚才也说了，不仅是建筑界，包括政治界、哲学界和文化界，都有很多名人相继去世，没有留下任何东西。我觉得这些大家的口述史应该作为一个档案留下来。所以关于冯先生这三本书的出版，实际上就是一个抢救的工作。

我一直在听大家现在的回忆，哪些东西是我们今天还有意义的？因为今天开这个研讨会，就是要发现冯先生有价值的部分，我觉得有价值的部分就是最朴素的部分，当然，"公民建筑"是一个口号，中国人特别容易满足一个口号，没有细节，不能做下去了。所以刚才冯先生女儿说的有句话很关键，上海做世博会也好，旧城改造也好，"消灭使用马桶"才是最根本的。

因为我是做建筑批评的，基本上是比较自由的，没有单位，没有所属，有一些杂志也不一定发我的文章，所以我基本上用博客的形式来发表。当北京市提出要成为"世界城市"的时候，我就发了一篇博客，我想说，"世界城市"的第一步应该是北京的厕所里面配备卫生纸，这是最起码的，就像上海"消灭马桶"一样。如果我们基本的生活都不能解决，那"世界城市"这个目标实在太遥远了。所以我觉得冯先生的业绩，最重要的基础是他的"公民思想"，就是我们大众生活需要什么样的环境，需要什么样的空间。但是如果说到他的建筑成就的话，当然明贤刚才说了遇到很多困难，跟国家的体制和社会发展有关系，实际上中国当代的建筑史也是一部政治建筑史，它跟社会结构是有关系的。所以冯先生是不属于这个政治的历史当中的，他基本上是一个很直率的人，他用的词是我们的媒体根本不可能用的，他也不能参加正式的会议，他唯一的空间就是他的教育。我看他的简历中，有很多年不在中国，去了美国。

冯叶：就是因为方塔园受到了批判，还有就是他提了很多不合时宜的"消灭马桶"之类的建议，所以就受到排挤。这么多年，他一直保持不加入任何政党，包括民主党派他都不加入。在他工作的环境里，也是受到很多的排挤。所以到后来，他有点心灰意冷，刚好美国那边请他去讲学，他就去了。

方振宁：他如果是在台湾，可能就不是这样了，他是留在中国大陆，所以很遗憾。但他还是培养了很多弟子，不过我也不觉得同济的很多状况都继承了冯先生的思想，因为同济的很多规划也是很烂的，而且拿很高的规划设计费，都是同样的复制，我们叫套图。

通过冯先生特别少的作品，我们能够看到现代主义的语言和元素运用得特别纯粹。刚才说到冯先生学贯中西，这个"贯"是什么意思呢？贯，我理解就是流畅，就是这两个字。你看他的模型，一个是方塔园，另外一个是花港茶室，当然这个房子建起来又乱拆了，通过模型可以看出来，他的空间是非常流畅的，就是因为做一个非常流畅的空间就被批判了，批得死去活来，最后还得到国外去。

赵冰：自我放逐。

冯叶：他到那边去研究屈原了，实际上也跟建筑有关，他一直很想写一部中国的园林史，通过研究园林史，他觉得需要进行《楚辞》研究，就研究起屈原来了。听说也有一些屈原的专家，说他跟其他研究屈原的学者有不同的切入点，有他自己独到的见解。

方振宁：其实我今天就是来学习的，今天邹德慈先生说的，冯先生的空间秩序，我觉得说得特别好，因为他研究有秩序的空间。我刚才问黄居正，他说这是冯先生很早的说法，但我是第一次知道，这可能跟我自己的兴趣有关系，我原来在故宫工作，所以我就对故宫有秩序的空间特别感兴趣，但是我再听听之后，发现秩序的空间还有别的涵义，就是冯先生把城市的空间和园林的空间以及环境是联在一起的，我觉得这是一个大的秩序。

邹德侬：今天有很多人说知名度问题，好像冯先生的知名度不够，大家都为冯先生不平，我觉得正确的知名度不在现在，而在身后。现在非常红火，可能只是昙花一现！你看他现在不火，但是将来大家会都记住他！所以，我觉得知名度问题，不必太在意了。

布正伟：我想问一下，现在是不是有"冯纪忠奖"？

冯叶：同济大学已经成立了一个基金。是学生和家属捐助的。但是他们说是校内的。既然这样，我们暂时认为这只是教育方面的用途。

布正伟：如果将来有的话，我建议发展成全国的"冯纪忠奖"，我觉得现在就应该鼓励扎扎实实地做设计，返璞归真地做设计，真正回到"以人为本、回归建筑"的本体。我觉得应该提倡多元，而不是一刀切。低碳时代有一个主流，在这里面提倡一些求实的、真实的建筑，我觉得将来应该推动这样的建筑，一些平民建筑，这些非常好的公建，要给予奖励，要出专门的集子，要以"冯纪忠奖"的方式来推动。冯老的根基，我认为比那些徒有虚名的人强得多。

王明贤：布总讲得好。大家现在也正在筹备。一方面，由冯先生的学生和家属捐赠，在同济大学设立了"冯纪忠先生奖励基金"，他们学院的想法就是主要奖励校内的师生；下一步我们要在北京建立"冯纪忠学术基金"，设立"冯纪忠奖"，支持整个中国建筑学术的研究和创作。我们也在筹备中，也希望得到布总及各位的支持！

周榕（清华大学建筑学院 博士）

我今天来参加这个会，确实心里也还是有很惶恐的一面，因为跟冯纪忠先生真是素昧平生，虽然闻名 30 年以上了，但是从来没有见面。去年，应《时代建筑》之邀，写一篇评论中国建筑 30 年的文章。我后来想了非常久，发现了一个现象——中国建筑在过去的 30 年，如果以每一年为单位来切片的话，每一年都足够让我们眼花缭乱；但是如果以 30 年为单位来切片的话，居然乏善可陈，几乎拿不出总结性的建筑来代表这 30 年。我找了半天，最后发现唯一可以代表中国建筑 30 年最高成就的，只有松江方塔园。所以我当时为了写这个文章，就专门搭飞机到上海，去松江方塔园呆了一天。那天什么都没干，就是去看方塔园。当时从侧面了解到，冯先生的身体已经不太好了，就放弃去拜访的打算。现在想想，很遗憾！没有在冯先生有生之年，见上一面，当面聆听他的教诲。不过，从他的这个作品面，我已经受益匪浅了。

回来以后，我写了一篇名为《时间的棋局与幸存者的维度》的文章，这是我过去十年写的四五十篇文章里，最重要的一篇。这篇文章主要谈冯纪忠先生的一个创作，从他的创作角度来看中国建筑 30 年。过去 30 年到底发生了什么事？出了什么问题？我觉得这是一个很大的、很有意思的评论方式，即从一个微观角度，从一个个体来回顾我们一个集体的历程。

2009 年是一个很重要的年份。2008 年，世界范围内爆发金融危机，这对在经济发展方向上狂奔的中国敲了很大的警钟，狂奔突然丧失了方向。在过去的 30 年，如果把我们所积攒的 2 万多亿美金的外汇储备去掉后，把我们所有可以用金钱来衡量的东西去掉后，就没有东西了，我们的 30 年是白过的。这个空白，很大程度上是文化上的空白。

2009 年是对中国既往历史评价的一个关键时点，这年是改革开放 30 年，建国 60 年。这个关键时点也面临着对中国整个文化参照系的重新定位。对于中国建筑的再评价也是为中国文化重新寻找意义定位的大进程中的一环，所以，在这样的大格局下，我们今天来研讨冯纪忠先生的建筑创作思想，就是为中国建筑文化重新寻找它的文化意义。在这个定位里面，我想可以毫不夸张地说，冯纪忠先生的作品，尤其是他的松江方塔园，就成为一个坐标点，或者是一个标尺。这个标尺完全可以评价中国建筑过去 30 年和 60 年的成就或者是得失。

中国建筑的文化品格，基本上在过去这 30 年里彻底丧失了，而这正源于中国建筑师文化人格的丧失。历史上有过两次批判，第一次是 1955 年对梁思成先生思想的批判，第二次是 1980 年代初对冯纪忠先生思想的批判。我觉得这两次批判足可以毁灭掉绝大多数中国建筑师的文化人格，因为你发现有文化追求的，有文化操守的人，基本上都在这个国度被毁灭掉了。所以，冯纪忠先生在 1980 年代后期的自我放逐，已经决定了在他之后，中国 30 年建筑发展的方向。

刚才马总也提到了，2009 年是很重要的一年。在这样一个中国的文化体系里面，作为文化标尺的一些人物如季羡林先生、任继愈先生，还有冯纪忠先生都相继辞世了。中国进入到一个"文化失控"的时代，最后的文化遗存已经没有了。再后面这一代人，基本上跟文化没有太大关系，不管你有多少知识，跟文化也已经没有什么太大联系了。冯纪忠先生，我认为他是中国最后一个知识分子型的建筑师，他之后，所有的都是作为工程师的建筑师。也就是说，我们通过 60 年的时间，将所有中国建筑师都改造成了工程师型的建筑师，这个过程是有计划、有目的，可能还有很多的无意识的过程。作为工程师型的建筑师，不可能做出有文化品格的建筑。这是我们的一个大的基本格局。

过去 60 年，通过几套体系，如 1952 年院系调整，将建筑学放在一个纯粹理工科的学校里面，这是一个很重要的从根子上、从教育上，把建筑师的人文关怀去掉了。马总也谈了，设计院作为一个庞大的国家体系，它是为一个庞大的乌托邦建设服务的，一个庞大体系上非常密切地咬合的一个环节。基本上，建筑师那残存的一点文化意识，如果在学校里没有搞干净的话，在设计院的职业打拼中也基本上搞得差不多了。

在 1990 年代以后，中国又出现了事务所体系，事务所体系其实根本无助于我们建筑师培养出文化人格，那是一种市场经济的设计院体系，它企图以比设计院更加有效率，更加有创新的体制，参与到现代化的乌托邦建设当中。

作为知识分子型的建筑师和作为工程师型的建筑师有哪些根本性的不同呢？作为知识分子的建筑师的主要特征如下：第一，具有个人独特的价值操守，他有其价值上坚守的东西，他这种坚守不会为时代、为一个潮流而妥协；第二，他有人文关切，他看待建筑创作，看待如何营造环境，并不仅仅是个人的情绪以及好恶，他身上是有文化延续的；第三，他有文化的责任，他知道他自己不是简单的个体，而是先人的历史、文化的历史和现实之间连接的的纽带，这是非常重要的连接点。但是，作为工程师的建筑师的特点就是无所谓价值操守，一切都为现实的乌托邦服务。即使有个人的价值上的取向，那么面对现实，他总会曲意奉迎，投机诌媚。那么尽一切可能，服务于集体的选择，将个人的趣味非常巧妙地迎合在集体趣味中，共同塑造起我们所谓的"时代精神"。对于这些人来说，生产的只是空间，而不是文化。

刚才大家都谈到"与古为新"，我觉得这确实是冯纪忠先生一生建筑精神的总结。那么大家谈到公民建筑，也是他基本的建筑态度。正是由于有了自身独特的文化操守，冯先生的创作有一种超越性的东西。以方塔园为例，我在这篇文章中也提到，我从冯纪忠先生写的《何陋轩答客问》这一篇小文章里面，摘出了12个字。第一个词叫"谦挹自若"，什么意思呢？就是建筑师作为个体，必须将代表的那些集体倾向进行"超离"，要有一个距离。中国的工程师型建筑师，就太没有一种"超离"，而是太有"站队"意识，他们太需要替这个集体来发言，而没有个体的意识。第二个，叫做"互不隶属"，意思是与时代要超离，你不要太醉心于时代精神。站在时代的潮头做一名弄潮儿是件非常危险的事儿，也就是说，你在每一年的《建筑学报》的封面都出现，30年以后，你就会进入一个历史垃圾堆。第三个叫做"逸散偶然"，这说的是与功利相超离。就是与非常功利性的计较相超离，但这也是我们工程型的建筑师所不具备的，因为工程师型的建筑师他考虑的一切都是功利性的，哪怕他的基本价值观——功能主义，也是在一个基本的功利格局里面产生的。

我当时把这个称为"方塔园密码"，"何陋轩密码"。我觉得这12个字可能是我们去理解冯先生在方塔园，在何陋轩的创作的关键词。这些关键词虽然字数不多，但是已经够我们受用一辈子。因为绝大部分中国集体建筑师走的路和冯先生是背道而驰的，即使冯先生曾经桃李满天下，但是也很难说他们真正继承了冯先生在文化上的这些追求。所以我们今天回过头来看，我特别同意邹德侬先生谈的，也就是说知名度不要看现在，而是在历史的格局里，谁来给你念这个悼词是特别重要的。我们在为冯先生开追悼会的时候，相信悼词已经念过了。在历史的悼词中谁去给他念，这个悼词是什么时候念？我觉得现在还远没有见分晓，也没有到一个盖棺论定的时刻。我想，我要做的事情就是刻苦锻炼身体，以便活得更久一点，坚持到能听到历史为冯先生念出真正悼词的那一时刻。

黄居正（《建筑师》主编）

　　早就听到冯先生的名字，但是真正了解是很晚的事情。前几年，我们杂志收到了一篇论文，是同济大学的一位姓孙的作者写的关于方塔园的文章，非常长，对方塔园进行了非常仔细的解读，看了那篇文章以后，我对冯先生的思想有了进一步的认识。实际上今天看到方塔园的很多照片，这些设计的手法、思想、概念，也是我们当代建筑师、青年建筑师应该学习的东西，对材料的把握，对结构、对空间、对文化等等方面，包括平面总图跟各单体之间的关系，确实都做得非常好。

　　刚才赵冰博士在前面给我们大概介绍了一下冯先生早年求学背景。让我非常感兴趣的一点，就是他在维也纳工科大学的学习过程。我记得前几天出了一本书，是翻译过来的《西方现代建筑史》，前言里面写到，西方现代建筑史大概有三个主要的支流：第一个就是法国的，以结构理性为主的；第二个是学院派；第三个源头是在英国，但是发展到后面，主要是以德语圈的建筑师继承过来的，具社会责任感的建筑。我觉得冯先生就恰恰继承了具有社会责任感的建筑思想。2008 年时，《南方都市报》联合业内外媒体稿了个"中国建筑传媒大奖"，当时我参与了提名，冯先生获得了杰出成就奖。参加颁奖典礼时，冯先生的一段话令我特别感动，他说，"所有建筑都是公民建筑"。因为刚才很多老师也谈到了，一般来说，中国建筑都是一些官方的政治性的建筑。冯先生那么大年龄，却对建筑的公民性理解得那么透彻，这对我们产生了非常大的影响。

　　另外一点，就是经常在会上听到同济老师谈一些老先生，里面就有冯先生的《空间组合原理》，其实在我们读书的时候是见不到这本书的，1960 年代时，它是作为讲义出的，后来再也没有出版过。1980 年代上大学的时候，老师不讲空间，就给你画一个草图，画一个立面，怎么修改，画几棵树，很少谈到空间，对空间的理解要很晚以后。后来读到像意大利建筑史，历史学家赛维写的《现代建筑语言》，读到吉登到现在还没有大陆版的《空间、时间与建筑》，才知道现代建筑根本的主角就是空间，冯先生其实在 1960 年代的《空间组合原理》里就已经说了。

　　刚才周榕讲 30 年建筑，我觉得总结得非常好。实际上对现在的人来讲，应该重拾这种断离的传统。2007 年的时候去湖南大学看了几个建筑，也是感触特别深，柳世英1920 年代、1930 年代做的几个设计，可以看到，他的风格也是受到德语圈当时的表现主义思潮的影响。实际上，在中国，这种现代主义的脉络时断时续，应该说解放以后这条线基本断了，改革开放以后，逐渐地好起来，我们现在应该重视这么一条对我们以前有意、无意收获的这么一条主线，这对于我们现在是非常重要的一点。

前两天正好读了一本叫《大师之后再无大师》，谈陈寅恪和傅斯年的，实际上中国这一代知识分子的命运基本上都差不多。当然冯先生如果去了台湾，命运是否会改变一些，也许如此；但我觉得，在中国当时这么严格的情况下，他还能坚持知识分子的操守，反而是更应该值得学习和重视的。尤其他不仅思考专业，而且把人文关怀跟建筑很好地结合了起来。刚才周榕讲现在建筑师有两种，知识分子的建筑师跟工程师的建筑师，确实是这样的，那么冯先生就是当得起"知识分子建筑师"这个名称的。

杨昌鸣（天津大学建筑学院 教授）

其实我没有资格在这儿讲的，我跟冯先生素昧平生，只是对同济、东南，还有天大、清华这些学校的历史有点兴趣，就梳理了一下当时中国的建筑学院。我认为，基本上是两大流派，一个是美国系的，再就是欧洲这一系的。我总觉得，南工、清华、天大，基本上都是老中大这一支，尽管刘先生是从日本留学回来，但老中大的一大批毕业生基本都到美国留学，然后再回来，包括清华的汪先生、吴先生，天大的徐先生都是从中大出去经过美国的训练之后再回来的，所以这三个学校的传统很相近，唯独同济是另外一条路线。

同济这条路线跟美国有一些区别，原来的印象是同济比较现代，另外几个学校相对比较保守。那时候只是一个感觉，后来继续思考这个问题，到底差异在哪儿？实际上就是对于历史的理解和认识上的差异。

从美国这一系回来的就比较关注形式，包括后来中国在 1950 年代时的追求。而冯先生这一支，他们更注重对形式生成的认识，形式不是简单搬过来，搬一个屋顶，搬一个窗户，而是追问形式到底是怎么产生的。由于他对生成过程的认识和理解比较深入，他创作出来的作品就带有更自然的感觉。方塔园和何陋轩就走了一条不同的路。

当然，也不是完全不一样，我看了冯先生做的人民大会堂的方案，他也用了红墙之类的中国元素，但当时他的方案并不拘泥于大屋顶，而是用了比较先进的多瓣中心型薄壳顶。我觉得，冯先生是用另外一条路线在探求历史的传承。冯先生对历史建筑、旧城改建与修复和更新等提出了"与古为新"，到现在来看，这也是值得我们去思考的。关于"修旧如故"，他谈到雷峰塔的复建，他认为，雷峰塔在很多人的印象里并不是现在所看到的飞檐翼角的完整形象，而是比较残破的。但我们现在采用了一种恢复，将它做得很辉煌，这到底是不是以前它的"故"的形象？这是值得探讨的。他主张用一些其他的手段再现当年的景象，而不是用一种很直观的形象表达出来，这些观点与现在历史建筑修复中"原真性的保留"相关，在这个方面，我觉得冯先生的观点对我们有启发意义。

　　还有一个感触，就是现在的建筑教育很悲哀。刚才布总也说了，如今的建筑师基本上都是在现在的建筑教育体系下培养出来的，所以他习惯出去就玩形式。有时候真是让人哭笑不得。最近有一个项目，我的学生做了一个方案，画得花里胡哨的，我说这个方案不行，但甲方要看，同时送出去的还有几个比较规矩的方案。我说，应该是那几个规矩的方案比较好，业主却喜欢那个花哨的。所以，现在业主也有问题，但是建筑师的问题更大。我们建筑师有时候会迎合业主，带着点无奈，被迫迎合还是可以容忍的，但刻意迎合就有点过分了。对于今后的建筑教育来说，我觉得应该更多地向冯先生学习，把冯先生的"空间原理"作为最基本的教材，回归我们建筑的本体，在基本面上，把学生教育好。

马岩松（MAD 建筑事务所 创始人、主持建筑师）

　　关于资料整理，我确实有同感。最近一两年，我开始对中国传统有兴趣，比如园林思想，但这些资料特别少。我之前也拜访过几位老先生，他们也不教书了，找到的书都是别人整理的。其实欧美与日本的年轻建筑师，他们能够有一代一代的传承，这跟他们一代一代连续的交流和资料的整理、记载有关系。前几天参加的年轻建筑师活动与今天参加的这个活动，这两拨人完全没有关系。一个是年轻的，很多媒体，很多外国人；一转身，就是前辈的，然后又谈到前辈的先锋。

　　今天讲到方塔园的地位，我觉得这个空间非常有意思。因为说到现代建筑的中国先驱，我联想到国外老的建筑师，欧美就不说了，我想到尼迈耶。我觉得他也可以称为"知识分子"，是"带枪的知识分子"，他不是一个完全只谈理想的人，而是能有实现力的一个先驱。他今年100多岁，还在做设计。而且在世界上很多的场合，你能够听到一些大师的讲座，这些人大多是70多岁、80多岁、90多岁，所以我觉得执行力很重要。我今天来之前，就知道冯老也做过北京重要的建筑，我特别想看这些方案，今天在书里也看到一些，我觉得非常宝贵。这些都没中标，但他也还是特别想做。如果中标了，从今天的角度讲，也很难讲是"公民建筑"了。我觉得方塔园是个非常适合他的项目，所以他也做到了，也做好了。

刚才周榕也批评了现在的建筑师商业化，我想今天城市面临的挑战是高密度的城市，高楼、高密度、城市交通……有很多问题都摆在面前，怎么解决？我觉得这是一个很新的问题。因为今天的城市，直接将曼哈顿和芝加哥搬过来了，就跟当时第一批现代主义的学生带回各个国家的思想一样。但是今天中国城市变成这样，像方塔园这样的思想，或者是公民思想等，怎么执行？城市本身就是资本和权力的综合体，你只有放弃，或者自己把自己放到农村，即使不参与，也是放纵。怎么参与，这是一个严肃的问题，我觉得怎么执行特别重要。

刚才说的批评，我觉得也是一种参与。我特别想体会他当时把外国的东西带回中国后，是如何转变成独立的想法？与传统融合时所遇到的阻力又是什么？在这种阻力中怎么行动？这些都是我特别感兴趣的问题。其实，冯先生的很多观点我都特别认同，就是意境和现代空间融合在一起。但是在今天的城市，比那个时候还有更巨大的挑战。所以我觉得必须得找到一个方法，而且要非常有力量的去实现。

陈大阳（建筑与地产评论家）

我觉得这几年，从地产市场和艺术这些东西贯穿的感觉来看，2008年之后，整个社会特别困惑，建筑师、艺术家，包括一些所谓的文化人都非常困惑，困惑的是什么呢？就是一下失掉了一个传统目标。实际上中国近30年的发展，是在追赶一个电动兔子，这个电动兔子是以西方文明为标尺的东西，这30年主要是商业上的事情，跟文化没有关系。到了2008年之后，中国以经济能力确认自己的地位以后，突然发现我们的形象是空的。于是政府比较着急，希望把中国制造转化为中国创造，简简单单换个字眼，这是中国目前最大的危机。

突然发现我们是没有思想、没有哲学的一个经济国度，这会影响到以后整个的发展。这个可能也不奇怪，实际上就是集权主义，加上后现代，目前中国面临困难，但也不是绝境。往前说，春秋经过思想高度解放以后，马上是秦帝国的高度集权的国家主义，我们现在在新版本的国家主义下，比如说奥运会也好，世博会也好，实际上都是一种国家主义，刚才叶老先生说的，"非壮丽无以重威"这就是国家主义落实在建筑上的一个情形。我觉得，目前对困境，实际上有两种态度，一种是介入，一种是不介入。不介入可能会变成像甘地式的，非暴力不合作的方式，实际上它取决于自我供养，就是对这个体制没有过多需求，这是一种有限的自由。

再有限的自由，好像揣着明白装糊涂，陷入国家主义主导下的商业浪潮里面，可能意志是清醒的，但是做出来的事情恰恰也是为国家主义服务的。可能我们判断起来，未来五年、十年，建筑师也好，艺术家也好，学生也好，可能就是这样的使命。周榕讲得很好，就是关于人文和操守问题。我们想艺术家也好，建筑师也好，从他职业定位本身来讲，艺术家他们是做什么的？以前是翰林院，做不成翰林院可能去终南山了，但是基本上角色定位就是乙方定位，这个可能是一个麻烦。就是真正能够让它在性格上有操守的，一定是不依赖的状态。但是现在真正能够做到不依赖的人，我觉得很少有，可能是在有限的自由里去做事情。

包括刚才大家说这几年随着一些大师的故去，本来我们的文脉传统就很薄弱，基本上这些都成绝学了。那可不可惜呢？也不可惜。因为中国这种情况下，就活该这样传承不下来，如果用帝制年代的眼光来看，可能是很短的一个阶段。中国的历史是一个多灾多难的历史，基本上所有的好东西，包括建筑，每个朝代全给毁一遍，然后再重新盖，但每次都有些不一样。但是比较遗憾的是，它呈一个衰减的状态。我想这种衰减，经过30年的经验告诉我们，这种衰减靠什么来弥补？要靠后现代、传媒化、西方标准，所谓新的标准来弥补掉。这就是我们的困惑。我们已经被人家覆盖了，然后我们企图找出自己的特点，突然发现接不上了，每一个大师的离去，都让接不上的信号又闪现一下，更明显。说悲哀吧，好像太抒情，但是它就是这么一个现实。就好象我们现在回过头来看秦始皇的作为一样，秦始皇的阿房宫，包括刘邦，历代都重新盖，一直到我们的紫禁城。其实这里面有多少积极向上的因素？都是国家集权的东西，但是我们现在把它作为文化瑰宝，像包括创意工程也好，包括世博会工程也好，它仍然在史书上会变成一个国家主义的盛世的象征，可是它内在的人文东西有多少？这揭示了另外一个不好听的真相，我们民族里面对人的尊重是极少的。明白这个，我们就能够理解为什么我们的建筑是这样的。文化是这样，艺术也是这样。

可能太悲观了。

王军（著名作家、《城记》作者）

拿了这三本书我很感动，封面是方塔园的石砖，这是让冯先生倒霉的砖，精神污染的砖，其实我知道毛主席的东湖客舍是他做的。我找到的史料，就是毛泽东住进去的时候，把中南局的领导叫过来谈话，专门谈这个房子的事，老人家就说是"乌龟壳"。然后我再看1980年代的时候，批方塔园说它的北门是"道士帽"。毛泽东那会说的观点跟刚才邹德侬先生说的观点惊人的相似，毛主席说要什么民族形式。1955年批梁思成，批民族形式，那个时候已经埋下了伏笔。

后来大家都不知道老人家喜欢什么样的房子，1950年代初把现代主义给批了，1955年又把民族形式给批了，大家不知道该怎么设计了。我觉得那代建筑师，真是很不容易。他们实际上面对着毛主席对建筑的爱好，和现在一些地方官员的爱好是一样的，喜欢那种西洋古典，咱们现在把毛主席的愿望给实现了，全中国就是欧陆风。

它不是一个偶然的事件，也不是某一个领导的孤立事件，实际上中国人在近代以后，特别是跟西方的那场战争之后，把自己的文化自信搞没有了。搞没有了之后要毁两样东西，文化的两大矫正，一个是文字，另一个就是建筑。认为自己落后挨打，认为中国人的文化水平不高，所以要把文字拉丁化，把建筑改造掉。在这样的情况下，怎么样再造这个文化？我觉得冯先生一生的探索，给我们提供了一个非常重要的研究样本。

我几次采访过贝聿铭先生。我知道这几块砖头被批的时候，香山饭店也在被批。1980年代初的时候，学报是连篇累牍地刊登了很多文章。贝先生主张"老树发新枝"，冯先生则主张"与古为新"。其实他们是在追求同样一种信念。我两次问他，你那会儿为什么没有回来？他说1947年的时候，梁思成先生是联合国大厦的设计顾问，贝先生要去拜访梁先生，梁先生说，"你回去跟我搞建设吧"。贝先生为什么没有回来？他说，"那时候拿不到护照"。第二次，他跟我说，"我回来也没有用，我现在还能够干点事"。冯先生就是那个时候回来的。

赵冰：刚提到的东湖客舍，是比较隐伏的感觉。毛泽东是相当喜欢的，哪怕是后来给他另建了层高很高的建筑，他都不愿意去，每次到武汉，他都愿意住在这里，当时警卫局的朱局长有一个口述，曾谈到过这点。而且，他隐退的决定，比如说不当国家主席，都是在那里做的。空间在某种程度上影响了他的心态。恰恰那个地方给人一种隐伏的感觉，在那里面呆上几个月后，毛泽东决定不再当国家主席了。

包泡：我记得十几年前，我是这么讲的：政府给了一个题叫"大家做，北京的大门"，马先生做了一个，朱先生做了一个，还有清华的一个人做了一个，三个方案都是答题。前年在昆明，市长和建筑大师坐在前面。谁干的活？就是建筑师干的？批评谁？自己批评。周榕说的我非常赞同，这么多年我就坚持这么一个观点，如果建筑师没有人格，叫你干什么就干什么，叫你答题你就答题，那你批评谁。我认为这个问题不是某个领导和某个开发商的问题，建筑师有责任。我们这个民族没有经过大工业的社会秩序、社会文化的洗礼，一个农民工和一个市长没有差距，都一样，中国建筑师，他的当代文化意识、当代文化人格要求他站出来，我们批评市长，还不如批小子无能。建筑师们，你们有没有当代文化意识？你的人格在哪儿？所以我还是提出很具体的办法，我们每年做一次很具体的事，来提高中国当代建筑师的文化意识。我的意思就是说，建筑师，要把历史责任担负起来。

今天我还提议我们每年评出全国最不好的 10 个建筑，点名，点市政府的名，点建筑的名，点建筑师的名，然后发奖；再提出 10 个好的，从今天起咱们做点实事。

今天有杂志社的，有学术委员会的，还有研究所的，这么多学者，大家一起干这个活还不行吗？

布正伟：可以。但是要选出 10 个非常好的平民建筑。你光打差的也不行。我早就给《世界建筑》建议过，每年要推举 10 个好的平民建筑。

马国馨：包泡用一种比较激进的方式跟大家说，其实大家都在思考这个问题。你也不要做出众人皆醉，你独醒。我们都在思考这个问题。

周榕：我觉得包老师这个建议特别好，但是很难实现。我有一个建议，因为松江方塔园确实是个非常了不起的创造，随着时间的流逝，越发觉得它好。现在中国做了那么多申遗，其实松江方塔园是可以考虑的，因为最年轻的世界文化遗产是巴西利亚这个城市，也不过比松江方塔园早了 10 年，也就是 1970 年代的。你可能很难一下子把它变成遗产，但是要有这个意识。因为中国的文化保护单位都是按照时间来算的，比如说清朝乾隆以前的算文物。我觉得人类文化遗产涵盖的范围比较大，它包含了对整个历史文化的思考，我们可以促成上海市政府将松江方塔园定为上海的人类文化遗产。

陈大阳：这是一个很有意思的现象，为什么大家要申遗？这就是全球化的西方文明标准。我觉得前一段最有意思，中国的书法篆刻，为了更好的发展就申遗了，这个跟国外有什么关系？

周榕：这就是曲线救国。你要这么说，可能一些文化遗产就真的没有了，好歹有一个光环。

方振宁：刚才周榕这个建议特别好，实际上有一个机制。有一个世界近代遗产保护组织，中国没有加入这个组织，咱们中国应该参加，参加这个组织有什么好处？它会批准将近代主义建筑列为保护范畴，像日本早期的这些建筑就已经被保护起来。刚才周榕说的现代主义建筑里面，第一个受到申遗保护的就是巴西利亚的建筑。大家晓得现代主义建筑也能够作为"申遗"后，法国就急了，把柯布西耶的建筑全一起"申遗"了。但是东京的西洋美术馆却是个案，依照东京的法律规定，这座建筑如果不够 50 年，就不具备近代申遗的资格，后来东京的议会，为这个建筑专门做了讨论，可以参加法国的申遗，它有一个法律手续。像冯先生设计的方塔园等，需要有一个国际舆论的保护，光中国自己不行，他们买通了官员就能够拆，各个城市发展中拆了这些建筑是非常可惜的。现在最实际的事就是积极参加近代保护组织。日本现在对于近代建筑保护呈一种风气，出了大量的书，就因为加入了这个组织，他们发现这也是遗产，其实就是三四十年的建筑，咱们国家博物馆要申请了，就不能这么改造了。

王明贤：中国建筑界其实还可以提出一个保护中国现代建筑的名单，然后大家一起呼吁。

原载于《华中建筑》2010 年第 4 期

图书在版编目（ＣＩＰ）数据

冯纪忠百年诞辰研究文集 / 赵冰，王明贤主编. --
北京 ：中国建筑工业出版社，2015.5
　　（赵冰主编冯纪忠研究系列 ）
　　ISBN 978-7-112-18102-5

　　Ⅰ．①冯… Ⅱ．①赵… ②王… Ⅲ．①建筑设计－文
集 Ⅳ．①TU2-53

　　中国版本图书馆CIP数据核字 (2015) 第088390号

责任编辑：徐明怡 徐纺 宫姝泰
美术编辑：孙芯云

赵冰主编
冯纪忠研究系列
冯纪忠百年诞辰研究文集

赵冰 王明贤 主编

中国建筑工业出版社出版、发行（北京西郊百万庄）
各地新华书店、建筑书店 经销
上海雅昌艺术印刷有限公司 制版、印刷

开本：787*1092毫米 1/16 印张：36¼ 字数：882千字
2015年5月第一版 2015年5月第一次印刷
定价：98.00元
ISBN 978-7-112-18102-5
　　（27341）